Berliner Studienreihe zur Mathematik

herausgegeben von

R. Gorenflo und H. Lenz

Fachbereich Mathematik
Freie Universität
Berlin

Heldermann Verlag

Thomas Ihringer
Fachbereich Mathematik
Technische Universität
Schlossgartenstr. 7
64289 Darmstadt
Germany

Die Figur auf dem Umschlag wurde von Alexander Koewius freundlicherweise zur Verfügung gestellt.

Alle Rechte vorbehalten. Das Werk einschließlich aller seiner Teile ist urheberrechtlich geschützt. Jede Verwertung außerhalb der engen Grenzen des Urheberrechtsgesetzes ist ohne Zustimmung des Verlages unzulässig und strafbar. Das gilt insbesondere für Vervielfältigungen, Übersetzungen, Mikroverfilmungen und die Einspeicherung und Verarbeitung in elektronischen Systemen.

Gedruckt auf säurefreiem Papier.

© Copyright 2003 by Heldermann Verlag, Langer Graben 17, 32657 Lemgo, Germany; www.heldermann.de. All rights reserved.

ISBN 3-88538-110-9

Berliner Studienreihe zur Mathematik
Band 10

Thomas Ihringer

Allgemeine Algebra

Mit einem Anhang über

Universelle Coalgebra

von H. P. Gumm

Heldermann Verlag

Unserem Lehrer
Rudolf Wille
gewidmet
anläßlich seiner Emeritierung
im Januar 2003

Heinz Peter Gumm
Thomas Ihringer

Inhaltsverzeichnis

Vorwort	ix
Einleitung	xi
Kapitel 1. Einige Grundbegriffe	**1**
1.1 Algebren	1
1.2 Unteralgebren	5
1.3 Isomorphismen, Homomorphismen	8
1.4 Kongruenzrelationen und Faktoralgebren	11
1.5 Anmerkungen zu Kapitel 1	17
1.6 Aufgaben	18
Kapitel 2. Unteralgebren, Hüllensysteme und Verbände	**21**
2.1 Hüllensysteme, Hüllenoperatoren	21
2.2 Geordnete Mengen, Verbände	24
2.3 Anmerkungen zu Kapitel 2	30
2.4 Aufgaben	31
Kapitel 3. Kongruenzrelationen, Galoisverbindungen und Verbände	**33**
3.1 Galoisverbindungen	33
3.2 Graphische Kompositionen	36
3.3 Anmerkungen zu Kapitel 3	40
3.4 Aufgaben	41
Kapitel 4. Homomorphie- und Isomorphiesätze	**43**
4.1 Homomorphie- und Isomorphiesätze	43
4.2 Kongruenzrelationen von Faktoralgebren	46
4.3 Anmerkungen zu Kapitel 4	46
4.4 Aufgaben	47
Kapitel 5. Direkte und subdirekte Produkte	**48**
5.1 Direkte Produkte	48
5.2 Subdirekte Produkte	52
5.3 Anmerkungen zu Kapitel 5	55
5.4 Aufgaben	56
Kapitel 6. Freie Algebren und Gleichungen	**58**
6.1 Varietäten	58
6.2 Terme und Polynome	60
6.3 Gleichungsdefinierte Klassen und freie Algebren	63
6.4 Maltsev-Bedingungen	70
6.5 Anmerkungen zu Kapitel 6	76
6.6 Aufgaben	77
Kapitel 7. Primale und funktional vollständige Algebren	**81**
7.1 Der Entwicklungssatz von Post	81
7.2 Primalität und Maltsev-Bedingungen	84

7.3 Anmerkungen zu Kapitel 7	89
7.4 Aufgaben	90

Kapitel 8. Termbedingung und Kommutator — 92

8.1 Termbedingung	92
8.2 Kommutator	96
8.3 Eine Anwendung	97
8.4 Anmerkungen zu Kapitel 8	101
8.5 Aufgaben	101

Kapitel 9. McKenzies Strukturtheorie endlicher Algebren — 103

9.1 Minimale Algebren	104
9.2 Zahme Kongruenzrelationen	110
9.3 Permutationsalgebren	114
9.4 Die Typen minimaler Algebren	120
9.5 Anmerkungen zu Kapitel 9	126
9.6 Aufgaben	127

Kapitel 10. Abstrakte Datentypen — 130

10.1 Mehrsortige Algebren	130
10.2 Terme, freie Algebren und abstrakte Datentypen	135
10.3 Termersetzung und Normalformen	138
10.4 Erweiterungen und Parametrisierungen	144
10.5 Anmerkungen zu Kapitel 10	148
10.6 Aufgaben	148

Symbolverzeichnis — 151

Anhang. Universelle Coalgebra — 155

Inhaltsverzeichnis	157
1 Zustandsbasierte Systeme	159
2 Grundbegriffe der Kategorientheorie	170
3 Coalgebren	179
4 Terminale Coalgebren	192
5 Anmerkungen zum Anhang	204
6 Symbolverzeichnis zum Anhang	207

Literaturverzeichnis — 209

Namen- und Sachverzeichnis — 213

Vorwort

Das vorliegende Lehrbuch hat sich seit seinem Erscheinen als Grundlage zahlreicher Vorlesungen, aber auch zum Selbststudium und als Nachschlagewerk bewährt. Es kann wohl als deutschsprachiger „Klassiker" der Allgemeinen Algebra angesehen werden. Deshalb ist es umso erfreulicher, daß es zu dieser Neuauflage beim Heldermann-Verlag kommt. Meinen herzlichen Dank hierfür an Herrn Prof. N. Heldermann, der dies ermöglicht hat!

Mein besonderer Dank gilt Herrn Prof. H. P. Gumm, der für diese Neuauflage einen hochaktuellen, aus seiner eigenen Forschungsarbeit motivierten Anhang zum Thema *Coalgebren* verfaßt hat. Der Anhang rundet das Buch in hervorragender Weise ab. Er verbindet Allgemeine Algebra und Theoretische Informatik und wirft ein neues Licht auf zuvor behandelte Themen des Buches.

Dieses Lehrbuch wendet sich vor allem an Studenten der Mathematik, aber auch an Studenten der Informatik und ganz allgemein an mathematisch vorgebildete Leser mit Interesse an moderner Algebra. In erster Linie kann man die Allgemeine Algebra als eine übergreifende Theorie der verschiedenen algebraischen Einzeldisziplinen (wie z. B. Gruppen-, Ring- und Verbandstheorie) verstehen, in der die diesen Gebieten gemeinsamen Phänomene und Methoden herausgearbeitet werden. Darüberhinaus hat die Allgemeine Algebra, wie jedes andere eigenständige mathematische Gebiet, ihre eigenen Methoden und Betrachtungsweisen entwickelt. Dieses Buch möchte eine Einführung in grundlegende Begriffe und Ergebnisse der Allgemeinen Algebra geben. Die ersten sieben Kapitel behandeln den Standardstoff einer Einführungsvorlesung in die Allgemeine Algebra. In den beiden folgenden Kapiteln werden dann zwei der faszinierendsten Entwicklungen der letzten 25 Jahre vorgestellt, nämlich die Kommutatortheorie der Allgemeinen Algebra sowie R. McKenzies völlig neuartige Strukturtheorie endlicher Algebren. Die aktuelle Bedeutung der Allgemeinen Algebra liegt aber nicht nur in der Entwicklung interessanter, weitreichender Methoden innerhalb des Gebiets selbst, sondern auch in den engen Verbindungen zu verschiedenen Bereichen der Informatik, so daß Kenntnisse in Allgemeiner Algebra gerade aus Sicht der Informatik nützlich sind. Dies wird im letzten Kapitel über abstrakte Datentypen und auch in H. P. Gumms Anhang über Coalgebren besonders deutlich.

Neue Begriffe werden in diesem Buch nach Möglichkeit erst dort eingeführt, wo sie wirklich benötigt werden. Dadurch soll die Theorie auch für den Anfänger durchschaubar bleiben, und gleich im ersten Kapitel kann mit den Grunddefinitionen der Allgemeinen Algebra begonnen werden, ohne die sonst oft üblichen Vorschübe über Mengen, Hüllensysteme, Verbände oder Kategorien. Außerdem wird die Theorie durch zahlreiche Beispiele und Aufgaben illustriert. Trotzdem an dieser Stelle eine Warnung: Vorkenntnisse in klassischer Algebra, wie sie z. B. im Grundstudium in der Einführung in die Algebra gelehrt werden, sind für das Verständnis der Allgemeinen Algebra zwar nicht unbedingt erforderlich, aber doch sehr nützlich. Umgekehrt kann Allgemeine Algebra das Verständnis für klassische Algebra (also für Gruppen, Ringe, Körper, Vektorräume u. a.) durch das Herausfiltern von Grundideen wesentlich vertiefen. Die Vertrautheit des Lesers mit elementaren Begriffen und Schreibweisen aus Mengenlehre und Logik wird im ganzen Buch stillschweigend vorausgesetzt.

Ich bedanke mich:
bei Herrn Dr. M. Tischendorf für das Anfertigen der Druckvorlagen (samt zugehöriger LaTeX-Dateien) für die ersten beiden Auflagen,

bei Frau Dipl.-Math. S. Puhlmann, die in gewohnt gekonnter Weise die Überarbeitung für die Neuauflage übernommen hat,
bei Frau U. Gruner für das perfekte Anfertigen der Zeichnungen,
bei Frau Dr. J. Mitas, Herrn Dr. N. Newrly und Frau Dipl.-Math. B. Scherbaum für das erfolgreiche Korrekturlesen,
bei den zahlreichen Hörern meiner Vorlesungen, die durch ihr anspornendes Interesse und ihre kritische Aufmerksamkeit wesentlich zur Entstehung des Buches beigetragen haben,
bei vielen Kollegen, die über Jahre hinweg mit konstruktiven Kommentaren zur Verbesserung des Buches beigetragen haben,
bei den Mitarbeitern des Heldermann-Verlags für ihren idealistischen und erfolgreichen Einsatz!

Darmstadt, im Januar 2003   Thomas Ihringer

Einleitung

Obwohl der Begriff „universal algebra" schon im vergangenen Jahrhundert verwendet wurde (z. B. 1898 von A. N. Whitehead), setzte die eigentliche Entwicklung der Allgemeinen Algebra erst nach 1930 ein. Zu dieser Zeit begann vor allem G. Birkhoff mit grundlegenden Untersuchungen, deren Interesse sich auf algebraische Strukturen sehr allgemeiner Art richtete, nämlich auf sog. Algebren. Dabei versteht man unter einer Algebra im Prinzip nichts weiter als eine Menge zusammen mit einer Familie endlichstelliger Operationen auf dieser Menge. In diesem Sinn lassen sich bekannte Strukturen wie Gruppen, Ringe oder Verbände offensichtlich als Algebren auffassen, im Fall der Gruppen z. B. mit der Gruppenmultiplikation als zweistelliger Operation.

In diesem Buch findet man die präzise Definition des Begriffs Algebra sowie zahlreiche Beispiele schon im ersten Abschnitt von **Kapitel 1**. In den weiteren Abschnitten werden dann die wichtigen Begriffe Unteralgebra, Homomorphismus und Kongruenzrelation eingeführt. Ordnungs- und verbandstheoretische Aspekte spielen in der Allgemeinen Algebra gerade im Bezug auf Kongruenzrelationen und Unteralgebren eine zentrale Rolle. In **Kapitel 2** werden die nötigen ordnungstheoretischen Begriffe bereitgestellt, und es wird untersucht, wie die Unteralgebren einer Algebra angeordnet sein können. Die Unteralgebrensysteme von Algebren werden mengentheoretisch als die induktiven Hüllensysteme und ordnungstheoretisch als die algebraischen Verbände charakterisiert. In ähnlicher Weise kann man die Systeme von Kongruenzrelationen beschreiben, wofür in **Kapitel 3** der auch sonst wichtige Begriff der Galoisverbindung benötigt wird: Es wird die Galoisverbindung zwischen Äquivalenzrelationen und Operationen auf einer Menge betrachtet (mit der Verträglichkeit als Bindeglied). In **Kapitel 4** werden die aus verschiedenen Gebieten der Algebra bekannten Homomorphie- und Isomorphiesätze einheitlich in der Sprache der Allgemeinen Algebra formuliert. Die Erkenntnis des universellen (d. h. von der konkreten algebraischen Struktur unabhängigen) Charakters dieser Sätze, der schon 1931 in B. L. van der Waerdens Werk „Modern Algebra" angedeutet wurde, kann als wichtiger Anstoß in Richtung Allgemeine Algebra betrachtet werden. Mittels direkter und subdirekter Produkte, die in **Kapitel 5** definiert werden, kann man aus vorgegebenen Algebren größere Algebren konstruieren. Im Mittelpunkt dieses Kapitels steht ein klassisches Resultat der Allgemeinen Algebra von G. Birkhoff: Jede Algebra ist isomorph zu einem subdirekten Produkt subdirekt unzerlegbarer Algebren. In **Kapitel 6** werden die Grundlagen der Gleichungslogik entwickelt, eines zentralen Gebietes der Allgemeinen Algebra, in dem sehr elegante und wirkungsvolle Methoden zur Untersuchung ganzer Klassen von Algebren bereitgestellt werden. Die dabei verwendeten Begriffe (Stichworte: Term, Gleichung, freie Algebra) sind für Anwendungen in der Informatik von großer Bedeutung. Ähnliches gilt für **Kapitel 7**, wo primale und funktional vollständige Algebren untersucht werden. Ausgangspunkt ist dort die Frage, wann man aus gegebenen Operationen alle Operationen auf einer Menge zusammenbauen kann. In den beiden letzten Kapiteln werden zwei neuere Theorien vorgestellt, die für die heutige Entwicklung der Allgemeinen Algebra von größter Bedeutung sind. **Kapitel 8** gibt einen Einblick in die Kommutatortheorie der Allgemeinen Algebra, in der einige gruppentheoretische Begriffsbildungen auf weite Bereiche der Allgemeinen Algebra übertragen werden. **Kapitel 9** behandelt dann R. McKenzies hochaktuelle Strukturtheorie endlicher Algebren („tame congruence theory"). Von beiden Theorien können nur die elementarsten Grundzüge wiedergegeben werden. Für die Darstellung von McKenzies Theorie werden große Teile des Materials der vorangehenden Kapitel verwendet, und es wird besonders deutlich, wie zutreffend G. Birkhoffs Einschätzung war, als er 1967 schrieb: „... lattices and groups provide two of the most important basic tools of 'universal algebra' ...". In **Kapitel 10** werden schließlich einige Grundbegriffe der Algebraischen Spezifikation vorgestellt, einem eng mit der Allgemeinen Algebra verbundenen Gebiet der Informatik. Ein neuer algebraischer Gesichtspunkt ergibt sich hierbei aus der Tatsache, daß in der Algebraischen Spezifikation zur Modellierung abstrakter Datentypen üblicherweise mehrsortige anstelle der zuvor betrachteten einsortigen Algebren verwendet werden.

Der von H. P. Gumm für diese Neuauflage verfaßte **Anhang** über *Universelle Coalgebra* präsentiert ein aktuelles und wichtiges Thema, nämlich die Theorie allgemeiner *zustandsbasierter Systeme*. Diese zeichnen sich dadurch aus, daß ihr Verhalten von einem internen Zustand abhängig ist, der nicht unmittelbar beobachtet werden kann. Den freien Algebren der Universellen Algebra entsprechen in der Universellen Coalgebra die cofreien Coalgebren, deren Elemente als „Verhaltensmuster" interpretiert werden können. Mit Hilfe kategorientheoretischer Begriffsbildungen wird eine umfassende, zur Universellen Algebra „duale" Theorie entwickelt. Beispielsweise wird ein Co-Birkhoffscher Satz formuliert und bewiesen, der dem klassischen Birkhoff-Satz für gleichungsdefinierte Klassen entspricht.

Aus dem Inhaltsverzeichnis und den vorstehenden Bemerkungen ergibt sich schon sehr weitgehend, wie der vorliegende Text organisiert ist. Daher hier nur noch wenige Bemerkungen. Das Buch ist inhaltlich stark linear aufgebaut, d. h. in jedem Kapitel werden Begriffe und Resultate sämtlicher vorangehender Kapitel verwendet. Eine Ausnahme bildet lediglich das Kapitel 10, das gut schon nach dem sechsten Kapitel bearbeitet werden kann. Bei einem ersten Durcharbeiten können allerdings die Abschnitte 3.2 und 8.2 weggelassen werden. Erfahrungsgemäß werden die Kapitel 8 und 9 häufig als schwierig empfunden. Bei so hochentwickelten Theorien wie Kommutatortheorie und Strukturtheorie endlicher Algebren ist das nicht weiter erstaunlich, zumal die Anwendbarkeit der Theorien auf algebraische Probleme nur angedeutet werden kann (in den Abschnitten 8.3 und 9.4). In diesem Buch werden vor allem die schon für sich genommen beeindruckenden Grundideen beider Theorien herausgearbeitet. In den Anmerkungen am Ende eines jeden Kapitels findet man für das jeweilige Kapitel wichtige Literaturhinweise. Am Ende des Buchs sind dann sämtliche Literaturhinweise noch einmal zusammengefaßt.

Hier eine Liste von Standardwerken über Allgemeine Algebra:

S. Burris, H. P. Sankappanavar: *A course in universal algebra*. Springer, New York, 1981.

P. M. Cohn: *Universal algebra*. D. Reidel, Dordrecht, 1981 (ursprünglich erschienen 1965 bei Harper & Row).

G. Grätzer: *Universal algebra*. Springer, New York, 1979 (ursprünglich erschienen 1968 bei van Nostrand).

R. N. McKenzie, G. F. McNulty, W. F. Taylor: *Algebras, lattices, varieties, vol. 1*. Wadsworth, Belmont, Cal., 1987.

1 Einige Grundbegriffe

Zuerst wird der grundlegende Begriff dieses Buches definiert, nämlich der Begriff der *allgemeinen Algebra*, kurz auch *Algebra* genannt. Außerdem werden drei wichtige Strukturbegriffe vorgestellt, mit deren Hilfe man aus gegebenen Algebren weitere (kleinere) Algebren gewinnen kann, nämlich zum einen *Unteralgebren*, dann *homomorphe Bilder*, und schließlich *Faktoralgebren*, die man durch Faktorisieren nach *Kongruenzrelationen* erhält.

1.1 Algebren

Als Beispiele für algebraische Strukturen werden hier, wie an anderen Stellen des Buches, zuerst einmal Gruppen betrachtet. Unter einer **Gruppe** versteht man bekanntlich eine Menge G, gemeinsam mit einer zweistelligen Operation auf G (d. h. einer Abbildung von $G \times G$ in G, mit $(x,y) \mapsto x \cdot y$), die den folgenden Regeln genügt:

$$\forall x, y, z \in G : (x \cdot y) \cdot z = x \cdot (y \cdot z) \quad \text{(Assoziativität)},$$
$$\exists e \in G \,\forall x \in G : e \cdot x = x \cdot e = x \quad \text{(neutrales Element)},$$
$$\forall x \in G \,\exists x' \in G : x \cdot x' = x' \cdot x = e \quad \text{(inverse Elemente)}.$$

In diesen Regeln werden der **Allquantor** $\forall$ und der **Existenzquantor** $\exists$ verwendet. Die dritte Regel liest man beispielsweise so: „Für alle x aus G gibt es ein x' aus G mit $x \cdot x' = x' \cdot x = e$." Dabei ist e das durch die zweite Regel gegebene (und eindeutig bestimmte) neutrale Element. Ganz ähnlich wie Gruppen kann man z. B. auch **Ringe** definieren, für die man allerdings zwei zweistellige Operationen benötigt (Addition und Multiplikation). Aus diesen Beobachtungen ergibt sich schon die Idee für den Grundbegriff dieses Buches: Unter einer „allgemeinen Algebra" versteht man eine Menge gemeinsam mit einer Familie von Operationen, die allerdings keineswegs immer zweistellig sein müssen. Dies soll jetzt in präzise Definitionen gefaßt werden.

Definition 1.1.1 Für jede Zahl $n \in \mathbb{N} \cup \{0\}$ und jede Menge A heißen die Abbildungen $f : A^n \to A$ n-**stellige Operationen** auf A. Die Menge aller n-stelligen Operationen auf A wird mit $Op_n(A)$ bezeichnet. Unter den **endlichstelligen** Operationen auf A versteht man die Operationen in $Op(A) := \bigcup_{n=0}^{\infty} Op_n(A)$.

Bemerkungen 1.1.2 Was soll man, nach der eben gegebenen Definition, unter einer 0-stelligen Operation verstehen? Strenggenommen ist A^n die Menge aller Abbildungen $g : \{0, 1, \ldots, n-1\} \to A$. Insbesondere gilt also $A^0 = \{g \mid g : \emptyset \to A\}$. Es gibt aber nur eine Abbildung $g : \emptyset \to A$, nämlich $g = \emptyset$ (wobei man beachten muß, daß jede Abbildung $g : B \to A$ genaugenommen eine Menge von Paaren ist, nämlich $g = \{(x, g(x)) \mid x \in B\}$, für $B = \emptyset$ also $g = \emptyset$). Eine nullstellige Operation ist daher eine Abbildung $f : \{\emptyset\} \to A$. Diese Abbildungen entsprechen aber genau den Elementen von A, denn f ist durch das Element $f(\emptyset) \in A$ eindeutig bestimmt, und zu jedem $a \in A$ gibt es genau eine Abbildung $f_a : \{\emptyset\} \to A$ mit $f_a(\emptyset) = a$. Aus diesem Grund nennt man die nullstelligen Operationen auch **Konstanten**, und anstelle von f_a schreibt man einfach a.

Definition 1.1.3 Unter einem **Typ** von Algebren versteht man ein geordnetes Paar $(\mathcal{F}, \sigma)$, wobei $\mathcal{F}$ eine Menge ist, deren Elemente **Operationssymbole** genannt werden, und $\sigma : \mathcal{F} \to \mathbb{N} \cup \{0\}$ eine Abbildung, die jedem $f \in \mathcal{F}$ die **Stelligkeit** $\sigma(f)$ zuordnet. Man nennt f dann $\sigma(f)$-**stelliges Operationssymbol**.

Eine **allgemeine Algebra** (kurz: **Algebra**) vom Typ $(\mathcal{F}, \sigma)$ ist ein geordnetes Paar $\mathbf{A} = (A, F)$, bestehend aus einer Menge A und einer Familie $F = (f_\mathbf{A} \mid f \in \mathcal{F})$ von Operationen auf A, wobei jedem Operationssymbol $f \in \mathcal{F}$ eine $\sigma(f)$-stellige Operation $f_\mathbf{A} \in Op(A)$ zugeordnet wird. Die Menge A heißt die **Grundmenge** von $\mathbf{A}$, und die Elemente von F heißen **fundamentale Operationen** von $\mathbf{A}$.

Bemerkungen 1.1.4 a) Wem die eben gegebene Definition einer Algebra, mit Typ, Operationssymbolen usw., zu kompliziert ist, der kann sich unter einer Algebra erst einmal ein Paar $\mathbf{A} = (A, F)$ vorstellen, wobei A eine Menge ist, und F eine Menge von endlichstelligen Operationen auf A. Die Bedeutung, die hinter den Feinheiten von Definition 1.1.3 steckt, wird ohnehin erst allmählich bei der weiteren Entwicklung der Theorie deutlich werden.

b) In diesem Buch wird unter dem Begriff *Algebra* immer eine *allgemeine Algebra* verstanden, so daß eine Verwechslung mit dem klassischen Begriff der *Algebra über einem Ring* nicht zu befürchten ist. Der Zusatz *allgemein* wird daher im folgenden immer weggelassen.

c) Einige Bemerkungen zur Notation: Man nennt oft $\mathcal{F}$ den Typ einer Algebra, d. h. man denkt sich die Stelligkeit zu den Operationssymbolen dazu. Umgekehrt spricht man häufig vom Typ σ, wenn es mehr auf die Stelligkeiten und weniger auf die Operationssymbole ankommt.

Wenn eine Algebra (A, F) nur endlich viele fundamentale Operationen hat, z. B. $F = (f_1, \ldots, f_k)$, dann schreibt man meistens $(A, f_1, \ldots, f_k)$ anstelle von (A, F), und man notiert den Typ in der Form $(\sigma_1, \ldots, \sigma_k)$, wobei σ_i die Stelligkeit von f_i angibt.

Bei Algebren eines Typs $\mathcal{F}$ bezeichnet man die fundamentalen Operationen meist nicht mit $f_\mathbf{A}$, sondern einfach mit f, d. h. mit dem zugehörigen Operationssymbol, so wie man die Addition in abelschen Gruppen meistens mit „+" bezeichnet. Die Gefahr, daß dies zu Mißverständnissen führt, ist gering.

Beispiele 1.1.5 a) GRUPPEN. Ähnlich wie zu Beginn dieses Abschnitts kann man eine **Gruppe** als eine Algebra $(G, \cdot)$ vom Typ (2) definieren (genauer: als eine Algebra vom Typ $(\mathcal{F}, \sigma)$ mit $\mathcal{F} = \{\cdot\}$ und $\sigma(\cdot) = 2$), die den dort angegebenen Axiomen genügt. Allerdings ist es oft vorteilhaft, Gruppen anders zu definieren. Die gebräuchlichste Methode ist: Eine **Gruppe** ist eine Algebra $(G, \cdot, ^{-1}, e)$ vom Typ $(2, 1, 0)$, die den folgenden Axiomen genügt:

(G1) $\quad (x \cdot y) \cdot z = x \cdot (y \cdot z) \quad$ (Assoziativität),
(G2) $\quad e \cdot x = x \cdot e = x \quad$ (neutrales Element),
(G3) $\quad x \cdot x^{-1} = x^{-1} \cdot x = e \quad$ (inverse Elemente).

Der Vorteil dieser Methode ist, daß man keine Existenzquantoren mehr braucht. Inverse Elemente erhält man einfach als Ergebnis einer einstelligen Operation, und das neutrale Element ist als nullstellige Operation „im Typ enthalten". Wenn man die Allquantoren wegläßt, kann man die Gruppenaxiome auf so einfache Art als **Gleichungen** schreiben wie hier angegeben. Es wird noch deutlich werden, daß Gleichungen in der Allgemeinen Algebra eine große Rolle spielen.

Man kann Gruppen natürlich auch noch auf andere Arten notieren, beispielsweise als Algebren (G, p) vom Typ (3), wobei p mit Hilfe der ursprünglichen Gruppenoperation

1.1 Algebren

definiert ist als $p(x,y,z) := x \cdot y^{-1} \cdot z$. Der Leser möge sich selbst überlegen, ob man die Gruppenaxiome ausschließlich unter Verwendung von p formulieren kann.

Es sei noch angemerkt, daß eine Gruppe $(G, \cdot, ^{-1}, e)$ **abelsch** (oder **kommutativ**) genannt wird, falls folgende Gleichung gilt:

(G4) $\qquad x \cdot y = y \cdot x.$

Es ist üblich, daß man in abelschen Gruppen $+, -, 0$ anstelle von $\cdot, ^{-1}, e$ verwendet (*additive* Schreibweise).

b) GRUPPOIDE. Eine Algebra $(G, \cdot)$ vom Typ (2) heißt **Gruppoid**. Ein Gruppoid ist also nichts anderes als eine Menge mit irgendeiner zweistelligen Operation. Insbesondere sind Gruppen gleichzeitig Gruppoide, wenn man sie als Algebren vom Typ (2) auffaßt.

c) HALBGRUPPEN. Ein Gruppoid $(H, \cdot)$ heißt **Halbgruppe**, wenn $(H, \cdot)$ die Gleichung (G1) erfüllt.

d) MONOIDE. Eine Algebra $(M, \cdot, e)$ vom Typ $(2, 0)$ heißt **Monoid**, wenn $(M, \cdot)$ eine Halbgruppe ist, und außerdem die Gleichung (G2) erfüllt.

e) QUASIGRUPPEN. Ein Gruppoid $(Q, \cdot)$ heißt **Quasigruppe**, wenn für alle $a \in Q$ die folgenden Abbildungen von Q in Q Permutationen sind:

$$x \mapsto a \cdot x \qquad \text{(Linksmultiplikation mit } a\text{)},$$
$$x \mapsto x \cdot a \qquad \text{(Rechtsmultiplikation mit } a\text{)}.$$

Oft ist es üblich, **Quasigruppen** als Algebren $(Q, \cdot, /, \backslash)$ vom Typ $(2,2,2)$ zu definieren, die den folgenden Gleichungen genügen:

(Q1) $\qquad x \backslash (x \cdot y) = y,$
(Q2) $\qquad (x \cdot y)/y = x,$
(Q3) $\qquad x \cdot (x \backslash y) = y,$
(Q4) $\qquad (x/y) \cdot y = x.$

f) LOOPS. Eine **Loop** ist eine Algebra $(L, \cdot, e)$ vom Typ $(2,0)$, bei der $(L, \cdot)$ eine Quasigruppe ist, und e ein neutrales Element ist, d. h. die Gleichung (G2) gilt. Ähnlich wie Quasigruppen kann man **Loops** natürlich auch als Algebren $(L, \cdot, /, \backslash, e)$ vom Typ $(2,2,2,0)$ definieren, mit den entsprechenden Gleichungen.

g) RINGE. Eine Algebra $(R, +, -, 0, \cdot)$ vom Typ $(2,1,0,2)$ heißt **Ring**, wenn $(R, +, -, 0)$ eine abelsche Gruppe ist, $(R, \cdot)$ eine Halbgruppe ist, und wenn die folgenden Distributivgesetze gelten:

(D1) $\qquad x \cdot (y + z) = x \cdot y + x \cdot z,$
(D2) $\qquad (x + y) \cdot z = x \cdot z + y \cdot z.$

Man beachte: Um Klammern zu sparen, gilt hier die altbekannte Regel „Punktrechnung geht vor Strichrechnung". Ein **unitärer Ring** (d. h. Ring mit Einselement) ist eine Algebra $(R, +, -, 0, \cdot, 1)$, wobei $(R, +, -, 0, \cdot)$ ein Ring ist, und 1 eine zusätzliche nullstellige Operation, die die Gleichung (G2) erfüllt (natürlich mit 1 anstelle von e).

h) KÖRPER. Ein unitärer Ring $(K, +, -, 0, \cdot, 1)$ heißt **Körper**, falls $(K \setminus \{0\}, \cdot)$ eine abelsche Gruppe ist, mit 1 als neutralem Element. Es läge natürlich nahe, zusätzlich die einstellige Operation $x \mapsto x^{-1}$ (Inversenbildung in $(K \setminus \{0\}, \cdot)$) zu betrachten. Da 0^{-1} nicht erklärt ist, wäre allerdings $(K, +, -, 0, \cdot, ^{-1}, 1)$ keine Algebra im Sinn von Definiton 1.1.3. In der Theorie der *partiellen Algebren*, die in diesem Buch nicht behandelt wird, sind nicht vollständig definierte Operationen erlaubt.

i) MODULN. Es sei $\mathbf{R} = (R, +, -, 0, \cdot)$ ein Ring. Eine Algebra $(M, +, -, 0, R)$ vom Typ $(2, 1, 0, (1)_{r \in R})$ heißt **R-Modul** (oder **Modul über dem Ring R**), wenn $(M, +, -, 0)$ eine abelsche Gruppe ist, und wenn für alle $r, s \in R$ die folgenden Gleichungen gelten:

(M1) $\qquad r(x + y) = r(x) + r(y),$
(M2) $\qquad (r + s)(x) = r(x) + s(x),$
(M3) $\qquad (r \cdot s)(x) = r(s(x)).$

Von einem **Modul über einem unitären Ring** $(R, +, -, 0, \cdot, 1)$ wird zusätzlich die Gültigkeit der folgenden Gleichung verlangt:

(M4) $\qquad 1(x) = x.$

Dies sind die ersten Beispiele mit unendlich vielen fundamentalen Operationen (natürlich nur, wenn R unendlich ist). Außerdem ist eine gewisse Vorsicht geboten, denn die *Operationssymbole* $+, -, 0$ tauchen in zwei verschiedenen Bedeutungen auf: Einmal als Operationen der abelschen Gruppe $(R, +, -, 0)$ und dann als Operationen der abelschen Gruppe $(M, +, -, 0)$. Dieses Problem läßt sich leicht beheben, z. B. indem man $(R, +_R, -_R, 0_R)$ und $(M, +_M, -_M, 0_M)$ schreibt. Doch erscheint es schon allein aus Gründen der Bequemlichkeit angebracht, bei abelschen Gruppen einheitlich bei $+, -, 0$ zu bleiben.

j) VEKTORRÄUME. Es sei $\mathbf{K} = (K, +, -, 0, \cdot, 1)$ ein Körper. Dann wird jeder **K**-Modul $(V, +, -, 0, K)$ **K-Vektorraum** (oder **Vektorraum über einem Körper K**) genannt.

k) VERBÄNDE. Ein **Verband** (engl.: lattice) ist eine Algebra $(L, \vee, \wedge)$ vom Typ $(2, 2)$, die den folgenden Gleichungen genügt:

(L1) $\qquad x \vee y = y \vee x, \; x \wedge y = y \wedge x \qquad$ (Kommutativität),
(L2) $\qquad x \vee (y \vee z) = (x \vee y) \vee z$
$\qquad\qquad x \wedge (y \wedge z) = (x \wedge y) \wedge z \qquad$ (Assoziativität),
(L3) $\qquad x \vee x = x, \; x \wedge x = x \qquad$ (Idempotenz),
(L4) $\qquad x \vee (x \wedge y) = x, \; x \wedge (x \vee y) = x \qquad$ (Absorption).

Man liest Ausdrücke der Form „$x \vee y = z$" bzw. „$x \wedge y = z$" meist als „x **verbunden** y gleich z" bzw. „x **geschnitten** y gleich z".

Ein **beschränkter Verband** (oder ein **Verband mit 0 und 1**) ist eine Algebra $(L, \vee, \wedge, 0, 1)$ vom Typ $(2, 2, 0, 0)$, so daß $(L, \vee, \wedge)$ ein Verband ist, und zusätzlich folgende Gleichungen gelten:

(L5) $\qquad x \wedge 0 = 0, \; x \vee 1 = 1.$

Verbände werden besonders im folgenden Kapitel näher betrachtet, wo auch ein anschaulicherer Zugang zu ihnen gegeben wird (Stichwort: Hasse-Diagramme).

l) HALBVERBÄNDE. Eine Halbgruppe $(S, \cdot)$ heißt **Halbverband** (engl.: semilattice), falls sie kommutativ und idempotent ist, d. h. falls die Gleichung (G4) sowie die folgende Gleichung gilt:

(S1) $\qquad x \cdot x = x \quad$ (Idempotenz).

Für jeden Verband $(L, \vee, \wedge)$ sind offensichtlich die Strukturen $(L, \vee)$ und $(L, \wedge)$ Halbverbände.

m) DISTRIBUTIVE VERBÄNDE. Ein Verband $(L, \vee, \wedge)$ heißt **distributiv**, falls die folgenden Distributivgesetze erfüllt sind:

(DL1) $\qquad x \wedge (y \vee z) = (x \wedge y) \vee (x \wedge z)$,
(DL2) $\qquad x \vee (y \wedge z) = (x \vee y) \wedge (x \vee z)$.

Man kann übrigens mit Hilfe der Gleichungen (L1) bis (L4) zeigen, daß (DL1) und (DL2) äquivalent sind, so daß man nur eine der beiden Gleichungen zu fordern braucht.

n) BOOLESCHE ALGEBREN. Eine Algebra $(B, \vee, \wedge, ', 0, 1)$ vom Typ $(2, 2, 1, 0, 0)$ heißt **boolesche Algebra**, falls $(B, \vee, \wedge)$ ein distributiver Verband ist, die Gleichungen (L5) gelten, und außerdem noch folgende Gleichungen:

(B1) $\qquad x \wedge x' = 0, \; x \vee x' = 1$.

Die meisten der oben aufgeführten Beispiele für Algebren werden in den weiteren Kapiteln noch zu den verschiedensten Zwecken benötigt. In R. McKenzies *Theorie der zahmen Kongruenzrelationen* (Kapitel 9) werden insbesondere Gruppen, Vektorräume, Halbverbände, Verbände und boolesche Algebren eine besondere Rolle spielen. In dieser Theorie werden auch *nichtindizierte* Algebren verwendet, im Gegensatz zu den Algebren von Definition 1.1.3, wo die fundamentalen Operationen mit den Operationssymbolen aus $\mathcal{F}$ indiziert sind. Für beide Sorten von Algebren erhält man beispielsweise einen unterschiedlichen Isomorphiebegriff, während es bei Untersuchungen einzelner Algebren natürlich gleichgültig ist, in welchem Typ man die jeweilige Algebra betrachtet, bzw. ob überhaupt eine Indizierung der Operationen vorliegt.

1.2 Unteralgebren

Es ist ein wichtiges Ziel einer jeden algebraischen Disziplin, genügend Beispiele zu gewinnen. Sehr oft versucht man, aus vorhandenen algebraischen Strukturen neue Strukturen zu erhalten. In diesem Abschnitt wird hierfür eine Methode (von mehreren möglichen) vorgestellt, die sich an klassischen Begriffen wie Untergruppe, Untervektorraum oder Unterverband orientiert.

Definition 1.2.1 Es sei $\mathbf{A} = (A, F)$ eine Algebra vom Typ $\mathcal{F}$, und $B \subseteq A$ eine Teilmenge von A mit der Eigenschaft, daß

$$f_\mathbf{A}(b_1, \ldots, b_n) \in B$$

für alle $f \in \mathcal{F}$ und alle n-Tupel $(b_1, \ldots, b_n) \in B^n$ (wobei $\sigma(f) = n$ gesetzt wurde). Die Algebra $\mathbf{B} = (B, (f_\mathbf{B} \mid f \in \mathcal{F}))$ heißt dann **Unteralgebra** von $\mathbf{A}$, wobei $f_\mathbf{B} : B^n \to B$ für alle $f \in \mathcal{F}$ als Einschränkung von $f_\mathbf{A}$ auf die Menge B definiert ist. Für „$\mathbf{B}$ ist Unteralgebra von $\mathbf{A}$" schreibt man $\mathbf{B} \leq \mathbf{A}$. Mit *Sub* $\mathbf{A}$ wird die Menge aller Grundmengen von Unteralgebren von $\mathbf{A}$ bezeichnet, d.h. *Sub* $\mathbf{A} = \{B \mid \mathbf{B} \leq \mathbf{A}\}$ (engl.: Unteralgebra = subalgebra).

Eine Teilmenge $B \subseteq A$ ist also genau dann die Grundmenge einer Unteralgebra von $\mathbf{A} = (A, F)$, wenn B unter allen fundamentalen Operationen $f_\mathbf{A} \in F$ abgeschlossen ist. Etwas ungenau schreibt man oft $\mathbf{B} = (B, F)$, d.h. man bezeichnet die Familie der fundamentalen Operationen von $\mathbf{B}$ wieder mit F. Wie für $f_\mathbf{A}$ verwendet man auch für $f_\mathbf{B}$ meist einfach das Operationssymbol f.

Am Beispiel der Gruppen wird deutlich, daß es bei Unteralgebren auf den Typ ankommen kann, den man gewählt hat: Betrachtet man Gruppen als Algebren vom Typ $(2, 1, 0)$, wie in Beispiel 1.1.5a, dann sind die Unteralgebren genau die Untergruppen im klassischen Sinn. Betrachtet man Gruppen hingegen als Algebren vom Typ (2), mit der Gruppenmultiplikation als einziger Operation, dann ist es möglich, Unteralgebren zu erhalten, die keine Untergruppen sind. Wieder andere Unteralgebren erhält man, wenn man Gruppen als Algebren mit $p(x, y, z) := xy^{-1}z$ als einziger Operation auffaßt.

Für jede Algebra ist das System der Unteralgebren gegen Durchschnittsbildung abgeschlossen. Genauer:

Satz 1.2.2 *Es sei $\mathbf{A}$ eine Algebra. Dann gilt:*

a) $A \in \text{Sub } \mathbf{A}$,

b) $\bigcap \mathcal{B} \in \text{Sub } \mathbf{A}$ *für jede nichtleere Teilmenge* $\mathcal{B} \subseteq \text{Sub } \mathbf{A}$.

Anmerkung: Der Ausdruck „$\bigcap \mathcal{B}$" steht für $\bigcap_{B \in \mathcal{B}} B$ bzw. $\bigcap \{B \mid B \in \mathcal{B}\}$.

Beweis. a) ist klar. Für den Nachweis von b) sei $\mathcal{B} \subseteq \text{Sub } \mathbf{A}$, $\mathcal{B} \neq \emptyset$. Es ist zu zeigen, daß $\bigcap \mathcal{B}$ unter jeder fundamentalen Operation f von $\mathbf{A}$ abgeschlossen ist. Sei $n = \sigma(f)$. Aus $b_1, \ldots, b_n \in \bigcap \mathcal{B}$ folgt $b_1, \ldots, b_n \in B$ für alle $B \in \mathcal{B}$. Da alle $B \in \mathcal{B}$ Grundmengen von Unteralgebren sind, gilt $f(b_1, \ldots, b_n) \in B$ für alle $B \in \mathcal{B}$. Es folgt $f(b_1, \ldots, b_n) \in \bigcap \mathcal{B}$. □

Folgerung 1.2.3 *Für jede Algebra $\mathbf{A}$ und jede Teilmenge $X \subseteq A$ ist*

$$\langle X \rangle := \bigcap \{B \in \text{Sub } \mathbf{A} \mid B \supseteq X\}$$

*die Grundmenge einer Unteralgebra von $\mathbf{A}$, d.h. $\langle X \rangle \in \text{Sub } \mathbf{A}$. Offenbar ist $\langle X \rangle$ die Grundmenge der kleinsten X umfassenden Unteralgebra von $\mathbf{A}$ (die von X **erzeugte** Unteralgebra).*

Zur Betonung der Algebra $\mathbf{A}$ schreibt man oft $\langle X \rangle_\mathbf{A}$ anstelle von $\langle X \rangle$, und andererseits einfach $\langle x_1, \ldots, x_n \rangle$ für endliche Mengen $X = \{x_1, \ldots, x_n\}$.

Als Beispiel wird die zyklische Gruppe $(\mathbb{Z}_6, +, -, 0)$ betrachtet (mit den Zahlen aus $\mathbb{Z}_6 = \{0, 1, 2, 3, 4, 5\}$ wird modulo 6 gerechnet): Es gilt $\langle 0 \rangle = \{0\}$, $\langle 1 \rangle = \mathbb{Z}_6$, $\langle 2 \rangle = \{0, 2, 4\}$, $\langle 3 \rangle = \{0, 3\}$, $\langle 2, 3 \rangle = \mathbb{Z}_6$.

1.2 Unteralgebren

Satz 1.2.4 *Sei* **A** *eine Algebra. Für alle Teilmengen* $X, Y \subseteq A$ *gilt:*

a) $\quad X \subseteq \langle X \rangle \quad$ *(Extensivität)*,
b) $\quad X \subseteq Y \Rightarrow \langle X \rangle \subseteq \langle Y \rangle \quad$ *(Monotonie)*,
c) $\quad \langle X \rangle = \langle \langle X \rangle \rangle \quad$ *(Idempotenz)*.

Der **Beweis** von 1.2.4 ergibt sich unmittelbar aus der Definition des Operators $\langle \ \rangle$. $\square$

Man erhält die Grundmenge $\langle X \rangle$ der von X erzeugten Unteralgebra von $\mathbf{A} = (A, F)$ tatsächlich durch einen Erzeugungsprozeß: Für jede Teilmenge $X \subseteq A$ sei

$$E(X) := X \cup \{f(a_1, \ldots, a_n) \mid f \in F, \ a_1, \ldots, a_n \in X \ (n = \sigma(f))\}.$$

Weiter sei
$$E^0(X) := X,$$
und für alle $k \in \mathbb{N} \cup \{0\}$
$$E^{k+1}(X) := E(E^k(X)).$$

Satz 1.2.5 *Für jede Algebra* $\mathbf{A} = (A, F)$ *und jede Teilmenge* $X \subseteq A$ *gilt*

$$\langle X \rangle = \bigcup_{k=0}^{\infty} E^k(X).$$

Beweis. $\supseteq$: Es gilt $\langle X \rangle \supseteq X = E^0(X)$. Werde angenommen daß $\langle X \rangle \supseteq E^k(X)$ schon gezeigt ist, und sei $a \in E^{k+1}(X)$. Es werde $a \notin E^k(X)$ vorausgesetzt (denn sonst gilt $a \in \langle X \rangle$ trivialerweise). Dann gibt es $f \in F$, $a_1, \ldots, a_n \in E^k(X)$ mit $a = f(a_1, \ldots, a_n)$. Wegen $\langle X \rangle \supseteq E^k(X)$, und da $\langle X \rangle$ die Grundmenge einer Unteralgebra ist, folgt $a \in \langle X \rangle$. Dies zeigt $\langle X \rangle \supseteq E^{k+1}(X)$, und Induktion über k liefert $\langle X \rangle \supseteq \bigcup_{k=0}^{\infty} E^k(X)$.

$\subseteq$: Es ist nur zu zeigen, daß $\bigcup_{k=0}^{\infty} E^k(X)$ die Grundmenge einer Unteralgebra ist, d. h. abgeschlossen unter allen Operationen in F. Sei also $f \in F$, $n = \sigma(f)$, $a_1, \ldots, a_n \in \bigcup_{k=0}^{\infty} E^k(X)$. Dann gibt es für jedes $i \in \{1, \ldots, n\}$ ein $k(i) \in \mathbb{N} \cup \{0\}$ mit $a_i \in E^{k(i)}(X)$. Sei $m := \max\{k(i) \mid i = 1, \ldots, n\}$. Dann gilt $a_i \in E^m(X)$ für alle $i = 1, \ldots, n$. Es folgt $f(a_1, \ldots, a_n) \in E^{m+1}(X) \subseteq \bigcup_{k=0}^{\infty} E^k(X)$, d. h. $\bigcup_{k=0}^{\infty} E^k(X)$ ist abgeschlossen unter f. $\square$

Die bisherigen Überlegungen dieses Abschnitts geben einigen Aufschluß über die Mengensysteme *Sub* **A**. In der Terminologie von Kapitel 2 sagt Satz 1.2.2 gerade aus, daß *Sub* **A** für jede Algebra **A** ein *Hüllensystem* ist, und nach Satz 1.2.4 ist $\langle \ \rangle$ ein *Hüllenoperator*. Darüberhinaus bilden die Grundmengen von Unteralgebren einer Algebra **A** in natürlicher Weise einen Verband: Für $B, C \in$ *Sub* **A** sei

$$B \wedge C := B \cap C,$$
$$B \vee C := \langle B \cup C \rangle.$$

Dann gilt:

Satz 1.2.6 *Für jede Algebra* **A** *ist* (*Sub* **A**, $\vee, \wedge$) *ein Verband (der* **Unteralgebrenverband** *von* **A**).

Beweis als Übungsaufgabe: Es ist die Gültigkeit der Verbandsaxiome (L1)–(L4) nachzuprüfen. $\square$

In Kapitel 2 wird geklärt, welche Hüllensysteme, Hüllenoperatoren und Verbände man mit Hilfe der Unteralgebren einer Algebra erhält.

1.3 Isomorphismen, Homomorphismen

Es ist klar, daß die abstrakten algebraischen Eigenschaften einer Algebra nicht geändert werden, wenn man den Elementen der Grundmenge der Algebra andere Namen gibt. Diese Überlegung führt unmittelbar zum Begriff des *Isomorphismus*: Zwei Algebren heißen *isomorph*, wenn eine Algebra aus der anderen durch Umbenennen der Elemente hervorgeht. Dies kann präziser in folgender Weise ausgedrückt werden:

Definition 1.3.1 Es seien **A** und **B** zwei Algebren desselben Typs $\mathcal{F}$, und $\varphi : A \to B$ sei eine bijektive Abbildung. Dann heißt φ **Isomorphismus** von **A** nach **B**, falls für alle $f \in \mathcal{F}$ und alle $a_1, \ldots, a_n \in A$ ($n = \sigma(f)$) die folgende Bedingung erfüllt ist:

(Hom) $\qquad \varphi f_{\mathbf{A}}(a_1, \ldots, a_n) = f_{\mathbf{B}}(\varphi a_1, \ldots, \varphi a_n).$

Die Algebren **A** und **B** werden dann **isomorph** genannt, in Zeichen $\mathbf{A} \cong \mathbf{B}$.

Beispiele 1.3.2 a) Zwei Gruppen $(G, \cdot, {}^{-1}, e)$ und $(H, \cdot, {}^{-1}, e)$ sind genau dann isomorph, wenn es eine bijektive Abbildung $\varphi : G \to H$ gibt, die für alle $a, b \in G$ die folgenden Bedingungen erfüllt:

(i) $\qquad \varphi(a \cdot b) = \varphi(a) \cdot \varphi(b),$
(ii) $\qquad \varphi(e) = e,$
(iii) $\qquad \varphi(a^{-1}) = \varphi(a)^{-1}.$

Übrigens sind hier die Bedingungen (ii) und (iii) überflüssig, denn sie lassen sich aus (i) folgern:
$$\varphi(e) = \varphi(e \cdot e) = \varphi(e) \cdot \varphi(e) \Rightarrow \varphi(e) = e,$$
$$e = \varphi(e) = \varphi(a \cdot a^{-1}) = \varphi(a) \cdot \varphi(a^{-1}) \Rightarrow \varphi(a^{-1}) = \varphi(a)^{-1}.$$

b) Es sei $(\mathbb{Z}_7 \setminus \{0\}, \cdot, {}^{-1}, 1)$ die multiplikative Gruppe des Körpers $(\mathbb{Z}_7, +, -, 0, \cdot, 1)$. Dann erhält man einen Isomorphismus $\varphi : (\mathbb{Z}_6, +, -, 0) \to (\mathbb{Z}_7 \setminus \{0\}, \cdot, {}^{-1}, 1)$ durch:

x	0	1	2	3	4	5
$\varphi(x)$	1	3	2	6	4	5

Die Definition eines Isomorphismus ist bzgl. **A** und **B** nicht ganz symmetrisch formuliert. Es gilt aber:

Satz 1.3.3 *Ist φ ein Isomorphismus von **A** nach **B**, so ist die Umkehrabbildung φ^{-1} ein Isomorphismus von **B** nach **A**.*

Beweis. Es ist die Bedingung (Hom) aus 1.3.1 nachzuprüfen, für φ^{-1} anstelle von φ. Sei also $f \in \mathcal{F}, b_1, \ldots, b_n \in B$. Mit $a_1 := \varphi^{-1}(b_1), \ldots, a_n := \varphi^{-1}(b_n)$ erhält man dann

$$\begin{aligned}\varphi^{-1} f_{\mathbf{B}}(b_1, \ldots, b_n) &= \varphi^{-1} f_{\mathbf{B}}(\varphi a_1, \ldots, \varphi a_n) \\ &= \varphi^{-1}[\varphi f_{\mathbf{A}}(a_1, \ldots, a_n)] \qquad \text{da } \varphi \text{ Isomorphismus,} \\ &= f_{\mathbf{A}}(\varphi^{-1}(b_1), \ldots, \varphi^{-1}(b_n)). \quad \square\end{aligned}$$

1.3 Isomorphismen, Homomorphismen

Wenn man in 1.3.1 auf die Forderung verzichtet, daß $\varphi : A \to B$ bijektiv ist, gelangt man zum allgemeineren Begriff des *Homomorphismus*. Homomorphismen stellen also nicht die Gleichheit von Algebren fest (bis auf Umbenennung der Elemente wie bei den Isomorphismen), aber doch eine strukturelle Ähnlichkeit:

Definition 1.3.4 Es seien **A** und **B** Algebren desselben Typs $\mathcal{F}$. Eine Abbildung $\varphi : A \to B$ heißt **Homomorphismus** von **A** nach **B**, falls für alle $f \in \mathcal{F}$ und alle $a_1, \ldots, a_n \in A$ ($n = \sigma(f)$) die **Homomorphiebedingung** (Hom) aus 1.3.1 erfüllt ist. Für „φ ist Homomorphismus von **A** nach **B**" ist auch die Kurzschreibweise „$\varphi : \mathbf{A} \to \mathbf{B}$" üblich.

Die Bedingung (i) aus 1.3.2a ist offenbar die übliche Homomorphiebedingung für Gruppen. Genauso wie für Gruppenhomomorphismen werden allgemein für Homomorphismen von Algebren die folgenden Bezeichnungen verwendet: Surjektive Homomorphismen heißen **Epimorphismen**. Ist $\varphi : \mathbf{A} \to \mathbf{B}$ ein Epimorphismus, dann wird **B homomorphes Bild** von **A** genannt (in Zeichen: $\varphi \mathbf{A} = \mathbf{B}$). Injektive Homomorphismen werden aus einem naheliegenden Grund **Einbettungen** genannt (siehe 1.3.9). Ein Homomorphismus $\varphi : \mathbf{A} \to \mathbf{A}$ einer Algebra **A** in sich selbst heißt **Endomorphismus** von **A**, und ein Endomorphismus, der gleichzeitig ein Isomorphismus ist (d.h. bijektiv), heißt **Automorphismus** von **A**. Die Menge *End* **A** aller Endomorphismen von **A** bildet in natürlicher Weise eine Halbgruppe, und die Menge *Aut* **A** aller Automorphismen eine Gruppe. Um dies zu sehen, werden die folgenden beiden Aussagen benötigt, deren Beweis eine einfache Übungsaufgabe ist:

Bemerkungen 1.3.5 *a) Für jede Algebra* **A** *ist die identische Abbildung* $id_A : \mathbf{A} \to \mathbf{A}$ *ein Automorphismus.*

b) Sind $\varphi_1 : \mathbf{A} \to \mathbf{B}$ *und* $\varphi_2 : \mathbf{B} \to \mathbf{C}$ *Homomorphismen, dann ist die Hintereinanderausführung* $\varphi_2 \circ \varphi_1$ *ein Homomorphismus von* **A** *nach* **C**.

Wegen 1.3.5b sind die Mengen *End* **A** bzw. *Aut* **A** abgeschlossen unter der Operation $\circ$. Wegen 1.3.5a enthält *Aut* **A** immer das neutrale Element id_A. Satz 1.3.3 zeigt, daß $\varphi \in Aut\,\mathbf{A}$ immer $\varphi^{-1} \in Aut\,\mathbf{A}$ impliziert. Also gilt:

Satz 1.3.6 *Für jede Algebra* **A** *ist* (*End* **A**, $\circ$) *eine Halbgruppe (die* **Endomorphismenhalbgruppe** *von* **A***), und* (*Aut* **A**, $\circ$, $^{-1}$, id_A) *eine Gruppe (die* **Automorphismengruppe** *von* **A***).*

Unteralgebren und Homomorphismen wurden bisher völlig unabhängig voneinander betrachtet. Jetzt wird gezeigt, daß diese Strukturbegriffe miteinander in gewisser Weise *verträglich* sind:

Satz 1.3.7 *Es sei* $\varphi : \mathbf{A} \to \mathbf{B}$ *ein Homomorphismus. Dann gilt:*

a) Aus $U \in Sub\,\mathbf{A}$ *folgt* $\varphi U \in Sub\,\mathbf{B}$.
b) Aus $V \in Sub\,\mathbf{B}$ *folgt* $\varphi^{-1}V \in Sub\,\mathbf{A}$.
c) Für alle Teilmengen $X \subseteq A$ *gilt* $\langle \varphi X \rangle = \varphi \langle X \rangle$.

Beweis. a) Es sei $f \in \mathcal{F}, b_1, \ldots, b_n \in \varphi U$ (wobei wieder, wie üblich, $n = \sigma(f)$ gesetzt wurde). Dann gibt es $a_1, \ldots, a_n \in U$ mit $b_1 = \varphi a_1, \ldots, b_n = \varphi a_n$. Es gilt

$$\begin{aligned} f_{\mathbf{B}}(b_1, \ldots, b_n) &= f_{\mathbf{B}}(\varphi a_1, \ldots, \varphi a_n) \\ &= \varphi f_{\mathbf{A}}(a_1, \ldots, a_n) \qquad \text{da } \varphi \text{ Homomorphismus,} \\ &\in \varphi U \qquad \qquad \qquad \text{wegen } U \in Sub\ \mathbf{A}. \end{aligned}$$

Dies zeigt $\varphi U \in Sub\ \mathbf{B}$.

b) Es sei $f \in \mathcal{F}, a_1, \ldots, a_n \in \varphi^{-1} V$. Dann gilt $\varphi a_1, \ldots, \varphi a_n \in V$. Es folgt

$$\begin{aligned} \varphi f_{\mathbf{A}}(a_1, \ldots, a_n) &= f_{\mathbf{B}}(\varphi a_1, \ldots, \varphi a_n) \qquad \text{da } \varphi \text{ Homomorphismus,} \\ &\in V \qquad \qquad \qquad \qquad \text{wegen } V \in Sub\ \mathbf{B}. \end{aligned}$$

Daher gilt $f_{\mathbf{A}}(a_1, \ldots, a_n) \in \varphi^{-1} V$, und deshalb $\varphi^{-1} V \in Sub\ \mathbf{A}$.

c) Offensichtlich gilt $X \subseteq \varphi^{-1} \varphi X \subseteq \varphi^{-1} \langle \varphi X \rangle$. Mit b) folgt $\langle X \rangle \subseteq \varphi^{-1} \langle \varphi X \rangle$, und es ergibt sich

$$\varphi \langle X \rangle \subseteq \varphi \varphi^{-1} \langle \varphi(X) \rangle = \langle \varphi(X) \rangle.$$

Für die letzte Gleichheit beachte man hierbei: für jede Abbildung f und jede Teilmenge Y des Bildbereiches von f gilt $ff^{-1}Y = Y$.

Die umgekehrte Inklusion ergibt sich noch einfacher: Wegen $X \subseteq \langle X \rangle$ gilt $\varphi X \subseteq \varphi \langle X \rangle$, also auch $\langle \varphi X \rangle \subseteq \langle \varphi \langle X \rangle \rangle$. Wegen a) gilt $\varphi \langle X \rangle \in Sub\ \mathbf{B}$, also $\langle \varphi \langle X \rangle \rangle = \varphi \langle X \rangle$. Damit ist alles gezeigt. □

Die Algebra mit Grundmenge φU aus 1.3.7a bezeichnet man mit $\varphi \mathbf{U}$, und die Algebra mit Grundmenge $\varphi^{-1} V$ aus 1.3.7b mit $\varphi^{-1} \mathbf{V}$. Man kann oft 1.3.7c verwenden, um alle Homomorphismen (oder Isomorphismen) einer Algebra $\mathbf{A}$ in eine Algebra $\mathbf{B}$ zu bestimmen:

Beispiel 1.3.8 Zur Bestimmung der Elemente $\varphi \in Aut\,(\mathbb{Z}_6, +, -, 0)$ überlegt man $\langle \varphi 1 \rangle = \varphi \langle 1 \rangle = \varphi \mathbb{Z}_6 = \mathbb{Z}_6$. Daher gilt entweder $\varphi 1 = 1$, woraus $\varphi = id\,(:= id_{\mathbb{Z}_6})$ folgt, oder $\varphi 1 = 5$, d. h. $\varphi = -id$. Also: $Aut\,(\mathbb{Z}_6, +, -, 0) = \{id, -id\}$.

Ähnlich bestimmt man die Elemente von $End\,(\mathbb{Z}_6, +, -, 0)$.

Wie schon zuvor erwähnt, wird ein injektiver Homomorphismus $\varphi : \mathbf{A} \to \mathbf{B}$ **Einbettung** genannt; durch φ wird $\mathbf{A}$ in $\mathbf{B}$ **eingebettet**. Dieser Abschnitt wird mit folgenden offensichtlichen Feststellungen über den Zusammenhang von Unteralgebren und Einbettungen beendet:

Bemerkungen 1.3.9 a) Für jede Einbettung $\varphi : \mathbf{A} \to \mathbf{B}$ gilt $\varphi \mathbf{A} \leq \mathbf{B}$ und $\varphi \mathbf{A} \cong \mathbf{A}$, d. h. $\varphi \mathbf{A}$ ist eine zu $\mathbf{A}$ isomorphe Unteralgebra von $\mathbf{B}$.

b) Für jede Unteralgebra $\mathbf{A}$ einer Algebra $\mathbf{B}$ ist die **Inklusionsabbildung**

$$i : A \to B, \ i(x) := x,$$

eine Einbettung.

1.4 Kongruenzrelationen und Faktoralgebren

Für den in der Gruppentheorie zentralen Begriff des *Normalteilers* oder den Begriff des *Ideals* in der Ringtheorie gibt es in der Allgemeinen Algebra den Oberbegriff der *Kongruenzrelation*. Es wird sich herausstellen, daß eine enge Beziehung zwischen Kongruenzrelationen und Homomorphismen besteht. Wie in der Gruppen- und der Ringtheorie kann man Algebren nach Kongruenzrelationen faktorisieren, wodurch man zu *Faktoralgebren* gelangt. Man faktorisiert eine Gruppe nach einem Normalteiler, indem man die Nebenklassen des Normalteilers als Elemente einer neuen Gruppe verwendet, nämlich der Faktorgruppe. Die Nebenklassen bilden die Äquivalenzklassen einer Äquivalenzrelation. Diese Beobachtung liefert die Idee für Kongruenzrelationen, die hier verfolgt werden soll.

Definition 1.4.1 Es sei A eine Menge. Jede Teilmenge $R \subseteq A^n$ heißt *n***-stellige Relation** auf A. Eine 2-stellige Relation Θ auf A heißt **Äquivalenzrelation** auf A, falls für alle $x, y, z \in A$ die folgenden Bedingungen erfüllt sind:

(E1) $(x,x) \in \Theta$ (Reflexivität),
(E2) $(x,y) \in \Theta \Rightarrow (y,x) \in \Theta$ (Symmetrie),
(E3) $(x,y) \in \Theta$ und $(y,z) \in \Theta \Rightarrow (x,z) \in \Theta$ (Transitivität).

Anstelle von $(a,b) \in \Theta$ schreibt man oft auch $a = b \pmod{\Theta}$ (in Worten: „a gleich b modulo Θ"), oder auch $a \; \Theta \; b$. So kann Axiom (E3) folgendermaßen formuliert werden: Aus $x \; \Theta \; y \; \Theta \; z$ folgt $x \; \Theta \; z$. Für jede Äquivalenzrelation Θ heißen die Mengen der Form $[a]\Theta := \{x \in A \mid x \; \Theta \; a\}$ **Äquivalenzklassen**. Bekanntlich gehört jedes Element $x \in A$ zu *genau* einer Äquivalenzklasse von Θ. Die Menge aller Äquivalenzrelationen auf einer Menge A wird mit $Eq\, A$ bezeichnet (engl.: Äquivalenzrelation = equivalence relation).

Für jede Menge A erhält man zwei Äquivalenzrelationen ∇_A und Δ_A durch

$$\nabla_A := A^2 \qquad \textbf{(Allrelation)},$$
$$\Delta_A := \{(a,a) \mid a \in A\} \qquad \textbf{(Identität oder Diagonale)}.$$

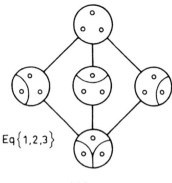

Abb. 1.1

In Abbildung 1.1 sind alle Äquivalenzrelationen auf der Menge $\{1,2,3\}$ der Größe nach geordnet wiedergegeben (es handelt sich um ein *Hasse-Diagramm*, siehe Kapitel 2). Jede Äquivalenzrelation ist durch Wiedergabe der Äquivalenzklassen dargestellt.

Satz 1.4.2 *Es sei A eine Menge und $\mathcal{R}$ eine nichtleere Teilmenge von Eq A. Dann gilt*
$$\bigcap \mathcal{R} \in \text{Eq } A.$$

(Zur Schreibweise „$\bigcap \mathcal{R}$" vgl. 1.2.2).

Der **Beweis** von 1.4.2 ist eine einfache Übungsaufgabe. □

Die Äquivalenzrelationen einer Menge A bilden in natürlicher Weise einen Verband. Für $\Theta, \Psi \in \text{Eq } A$ sei
$$\Theta \wedge \Psi := \Theta \cap \Psi,$$
$$\Theta \vee \Psi := \bigcap \{\Phi \in \text{Eq } A \mid \Phi \supseteq \Theta \cup \Psi\}.$$
Dann kann man leicht zeigen:

Satz 1.4.3 *Für jede Menge A ist $(\text{Eq } A, \vee, \wedge)$ ein Verband (der **Äquivalenzrelationenverband** auf A).*

Die oben angegebene Definition von $\Theta \vee \Psi$ ist i. a. wenig geeignet, $\Theta \vee \Psi$ tatsächlich zu berechnen. Hierfür kann man das für beliebige zweistellige Relationen Θ_1, Θ_2 definierte **Relationenprodukt**
$$\Theta_1 \circ \Theta_2 := \{(x,y) \mid \exists z \in A : x \, \Theta_1 \, z \, \Theta_2 \, y\}$$
verwenden. Das Relationenprodukt ist assoziativ (Übungsaufgabe):
$$(\Theta_1 \circ \Theta_2) \circ \Theta_3 = \Theta_1 \circ (\Theta_2 \circ \Theta_3).$$

Daher können bei mehrfacher Ausführung Klammern weggelassen werden. Es gilt:

Satz 1.4.4 *Für jede Menge A und alle $\Theta, \Psi \in \text{Eq } A$ gilt*
$$\Theta \vee \Psi = \Theta \cup (\Theta \circ \Psi) \cup (\Theta \circ \Psi \circ \Theta) \cup (\Theta \circ \Psi \circ \Theta \circ \Psi) \cup \ldots,$$
d. h. $(a,b) \in \Theta \vee \Psi$ genau dann, wenn es Elemente $c_1, \ldots, c_n \in A$ gibt mit $a = c_1 \, \Theta \, c_2 \, \Psi \, c_3 \, \Theta \, c_4 \ldots c_n = b$.

Beweis als Übungsaufgabe: Man überlegt zuerst, daß auf der rechten Seite der zu beweisenden Gleichung eine Äquivalenzrelation steht, und dann, daß jedes der eingeklammerten Relationenprodukte auf der rechten Seite in $\Theta \vee \Psi$ enthalten ist. □

Für eine Äquivalenzrelation Θ auf der Menge A heißt die Menge $A/\Theta := \{[a]\Theta \mid a \in A\}$ aller Äquivalenzklassen von Θ die **Faktormenge** von A nach Θ. Faktormengen werden oft auch **Partitionen** genannt (denn A/Θ ist eine Zerlegung von A in disjunkte Teilmengen), und die Äquivalenzklassen **Blöcke** der Partition.

Selbstverständlich haben Faktormengen und (die noch zu definierenden) Faktoralgebren etwas miteinander zu tun. Auf dem Weg dahin hilft es, die Situation bei Gruppen zu betrachten: Sei $(G, \cdot, ^{-1}, e)$ eine Gruppe und N ein **Normalteiler** von G, d. h. eine Untergruppe mit
$$\forall x \in G : x^{-1}Nx = N \quad \text{(Normalteilerbedingung)}.$$

1.4 Kongruenzrelationen und Faktoralgebren

Es sei Θ_N die Äquivalenzrelation auf G mit den **Nebenklassen** aN als Äquivalenzklassen, d.h. mit $G/\Theta_N = \{aN \mid a \in G\}$. Dann kann man auf G/Θ_N eine Gruppenstruktur $(G/\Theta_N, \cdot, ^{-1}, e_N)$ definieren durch

$$(aN) \cdot (bN) := abN,$$
$$(aN)^{-1} := a^{-1}N,$$
$$e_N := eN.$$

Es ist nun wesentlich zu zeigen, daß die so definierten Operationen *wohldefiniert* sind. Beispielsweise ist für die Multiplikation · nachzuweisen, daß aus $aN = a'N$ und $bN = b'N$ stets $abN = a'b'N$ folgt. Dies kann man mit Hilfe der Normalteilerbedingung aber leicht nachrechnen. Man sagt dann, Θ_N und · sind *verträglich*. Entsprechend definiert man allgemein:

Definition 1.4.5 Sei A eine Menge, $\Theta \in Eq\,A$ und $f \in Op_n(A)$. Dann heißen Θ und f **verträglich**, falls für alle $a_1, \ldots, a_n, b_1, \ldots, b_n \in A$ mit $a_1\,\Theta\,b_1, \ldots, a_n\,\Theta\,b_n$ immer

$$f(a_1, \ldots, a_n)\,\Theta\,f(b_1, \ldots, b_n)$$

gilt. Man nennt $\Theta \in Eq\,A$ eine **Kongruenzrelation** auf der Algebra $\mathbf{A} = (A, F)$, falls Θ mit *allen* $f \in F$ verträglich ist. Die Menge aller Kongruenzrelationen auf $\mathbf{A}$ wird mit $Con\,\mathbf{A}$ bezeichnet (engl.: Kongruenzrelation = congruence relation).

Beispiele 1.4.6 a) Auf jeder Menge A sind die konstanten Operationen $f_c : A^n \to A$, $f_c(x_1, \ldots, x_n) := c$, und die identische Abbildung id_A mit *allen* $\Theta \in Eq\,A$ verträglich. Dasselbe gilt für die **Projektionsabbildungen**

$$p_i : A^n \to A,\ p_i(x_1, \ldots, x_n) := x_i.$$

b) Für alle Algebren (A, F) gilt $\Delta_A, \nabla_A \in Con\,(A, F)$. Eine Algebra (A, F), die außer Δ_A und ∇_A keine weiteren Kongruenzrelationen hat, heißt **einfach**. Z. B. ist für jede Menge A die Algebra $(A, Op(A))$ einfach: $Con\,(A, Op(A)) = \{\Delta_A, \nabla_A\}$.

c) Es gilt $Con\,(A, \emptyset) = Eq\,A$.

Kongruenzrelationen können schon durch die Verträglichkeit mit gewissen *einstelligen* Operationen charakterisiert werden:

Definition 1.4.7 Es sei (A, F) eine Algebra. Eine Abbildung der Form

$$x \mapsto f(a_1, \ldots, a_{i-1}, x, a_{i+1}, \ldots, a_n),$$

mit $f \in F$ (n-stellig) und $a_1, \ldots, a_{i-1}, a_{i+1}, \ldots, a_n \in A$, heißt **Translation** von (A, F).

Satz 1.4.8 *Für jede Algebra (A, F) gilt: $\Theta \in Eq\,A$ ist genau dann eine Kongruenzrelation auf (A, F), wenn Θ mit allen Translationen von (A, F) verträglich ist.*

Beweis. Daß jedes $\Theta \in Con\,(A,F)$ mit allen Translationen verträglich ist, folgt direkt aus der Definition einer Kongruenzrelation in 1.4.5. Sei umgekehrt $\Theta \in Eq\,A$ mit allen Translationen verträglich. Es ist zu zeigen, daß Θ mit jedem $f \in F$ verträglich ist. Sei f n-stellig und gelte $a_1\,\Theta\,b_1, \ldots, a_n\,\Theta\,b_n$. Da jede der aus f gewonnenen Translationen mit Θ verträglich ist, erhält man

$$\begin{aligned}
f(a_1, a_2, \ldots, a_n) \quad &\Theta \quad f(b_1, a_2, a_3, \ldots, a_n) \\
&\Theta \quad f(b_1, b_2, a_3, \ldots, a_n) \\
&\vdots \\
&\Theta \quad f(b_1, \ldots, b_n). \quad \Box
\end{aligned}$$

Definition 1.4.9 Sei $\mathbf{A}$ eine Algebra vom Typ $\mathcal{F}$ und $\Theta \in Con\,\mathbf{A}$. Die folgendermaßen definierte Algebra $\mathbf{A}/\Theta$ heißt **Faktoralgebra** von $\mathbf{A}$ nach Θ: Die Grundmenge von $\mathbf{A}/\Theta$ ist gerade die Faktormenge A/Θ, d.h. die Menge aller **Kongruenzklassen** von Θ. Die fundamentalen Operationen von $\mathbf{A}/\Theta$ werden aus denen von $\mathbf{A}$ gewonnen durch

$$f_{\mathbf{A}/\Theta} : (A/\Theta)^n \to A/\Theta,$$
$$f_{\mathbf{A}/\Theta}([a_1]\Theta, \ldots, [a_n]\Theta) := [f_{\mathbf{A}}(a_1, \ldots, a_n)]\Theta.$$

Die Operationen $f_{\mathbf{A}/\Theta}$ sind auf diese Art wohldefiniert: Aus $[a_1]\Theta = [b_1]\Theta, \ldots, [a_n]\Theta = [b_n]\Theta$ folgt $[f_{\mathbf{A}}(a_1,\ldots,a_n)]\Theta = [f_{\mathbf{A}}(b_1,\ldots,b_n)]\Theta$ (genau dies ist die Aussage der Verträglichkeitseigenschaft in Definition 1.4.5). Die Algebra $\mathbf{A}/\Theta = (A/\Theta, (f_{\mathbf{A}/\Theta} \mid f \in \mathcal{F}))$ ist wieder vom Typ $\mathcal{F}$. Man schreibt oft einfach $\mathbf{A} = (A, F)$ und $\mathbf{A}/\Theta = (A/\Theta, F)$.

Homomorphismen sind eng verwandt mit Kongruenzrelationen und Faktoralgebren. Dies wird in 1.4.10 – 1.4.14 gezeigt.

Definition 1.4.10 Es sei $\varphi : A \to B$ eine Abbildung. Dann ist der **Kern** von φ definiert als
$$Kern\,\varphi := \{(a,b) \in A^2 \mid \varphi a = \varphi b\}.$$

Es ist klar, daß $Kern\,\varphi$ immer eine Äquivalenzrelation auf A ist. Darüberhinaus gilt für Algebren:

Satz 1.4.11 *Für jeden Homomorphismus $\varphi : \mathbf{A} \to \mathbf{B}$ ist $Kern\,\varphi$ eine Kongruenzrelation auf $\mathbf{A}$, d.h. es gilt $Kern\,\varphi \in Con\,\mathbf{A}$.*

Beweis. Sei f eine n-stellige fundamentale Operation von $\mathbf{A}$, und gelte $(a_1,b_1),\ldots,(a_n,b_n)$ $\in Kern\,\varphi$, d.h. $\varphi a_1 = \varphi b_1, \ldots, \varphi a_n = \varphi b_n$. Dann erhält man

$$\begin{aligned}
\varphi f(a_1, \ldots, a_n) &= f(\varphi a_1, \ldots, \varphi a_n) \\
&= f(\varphi b_1, \ldots, \varphi b_n) \\
&= \varphi f(b_1, \ldots, b_n).
\end{aligned}$$

Hieraus folgt $(f(a_1,\ldots,a_n), f(b_1,\ldots,b_n)) \in Kern\,\varphi$, d.h. $Kern\,\varphi$ ist verträglich mit allen fundamentalen Operationen von $\mathbf{A}$. $\Box$

1.4 Kongruenzrelationen und Faktoralgebren

Umgekehrt erhält man aus Kongruenzrelationen immer Homomorphismen:

Definition 1.4.12 Es sei A eine Menge, und $\Theta \in Eq\ A$. Dann heißt

$$\pi_\Theta : A \to A/\Theta,\ \pi_\Theta(x) := [x]\Theta,$$

kanonische Abbildung von Θ.

Satz 1.4.13 *Sei $\mathbf{A}$ eine Algebra und $\Theta \in Con\ \mathbf{A}$. Dann ist die kanonische Abbildung π_Θ ein surjektiver Homomorphismus $\pi_\Theta : \mathbf{A} \to \mathbf{A}/\Theta$ (der **kanonische Homomorphismus** von Θ). Es gilt $Kern\ \pi_\Theta = \Theta$.*

Die Aussagen von 1.4.13 sind leicht zu beweisen. Insgesamt erhält man aus 1.4.11 und 1.4.13:

Folgerung 1.4.14 *Die Kongruenzrelationen auf einer Algebra $\mathbf{A}$ sind genau die Kerne von Homomorphismen mit Start $\mathbf{A}$.*

Beispiel 1.4.15 Es sei Θ die Kongruenzrelation der Gruppe $\mathbf{Z}_6 = (\mathbb{Z}_6, +, -, 0)$ mit den Kongruenzklassen $\{0,3\}, \{1,4\}, \{2,5\}$. Dann ist $\mathbf{Z}_6/\Theta = (\mathbb{Z}_6/\Theta, +, -, 0_\Theta)$, mit $\mathbb{Z}_6/\Theta = \{\{0,3\},\{1,4\},\{2,5\}\}$ und $0_\Theta = \{0,3\}$. Offensichtlich gilt $\mathbf{Z}_6/\Theta \cong \mathbf{Z}_3$, wobei $\mathbf{Z}_3$ die zyklische Gruppe mit drei Elementen ist (siehe Abbildung 1.2).

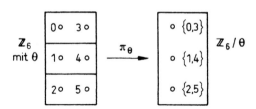

Abb. 1.2

Natürlich bilden die Kongruenzrelationen einer Algebra, ähnlich wie die Unteralgebren, einen Verband. Um dies zu sehen, benötigt man folgendes Ergebnis:

Satz 1.4.16 *Es sei $\mathbf{A}$ eine Algebra und $\mathcal{R}$ eine nichtleere Teilmenge von $Con\ \mathbf{A}$. Dann gilt*

$$\bigcap \mathcal{R} \in Con\ \mathbf{A}.$$

Beweis. Es sei f eine n-stellige fundamentale Operation von $\mathbf{A}$, und es sei $(a_1, b_1), \ldots, (a_n, b_n) \in \bigcap \mathcal{R}$. Dann gilt $(a_1, b_1), \ldots, (a_n, b_n) \in \Theta$ und daher

$$f(a_1, \ldots, a_n)\ \Theta\ f(b_1, \ldots, b_n)$$

für alle $\Theta \in \mathcal{R}$. Deshalb gilt

$$f(a_1, \ldots, a_n)\ \bigcap \mathcal{R}\ f(b_1, \ldots, b_n).\ \square$$

Als nächstes wird gezeigt, daß für $\Theta, \Psi \in Con\ \mathbf{A}$ immer $\Theta \wedge \Psi \in Con\ \mathbf{A}$ und $\Theta \vee \Psi \in Con\ \mathbf{A}$ gilt, mit $\wedge$ und $\vee$ wie in 1.4.3. In anderen Worten: Die größte in Θ und Ψ enthaltene Äquivalenzrelation und die kleinste Θ und Ψ umfassende Äquivalenzrelation sind beide automatisch *Kongruenz*relationen. Während $\Theta \wedge \Psi \in Con\ \mathbf{A}$ unmittelbar aus 1.4.16 folgt, kann der Nachweis von $\Theta \vee \Psi \in Con\ \mathbf{A}$ folgendermaßen geführt werden: Da $\Theta \vee \Psi \in Eq\ A$ klar ist, muß nach 1.4.8 nur noch die Verträglichkeit von $\Theta \vee \Psi$ mit den Translationen von $\mathbf{A} = (A, F)$ gezeigt werden. Sei also $(a, b) \in \Theta \vee \Psi$, und $g(x) := f(a_1, \ldots, a_{i-1}, x, a_{i+1}, \ldots, a_n)$ eine Translation, mit $f \in F$ und $a_1, \ldots, a_{i-1}, a_{i+1}, \ldots, a_n \in A$. Zu beweisen ist $(g(a), g(b)) \in \Theta \vee \Psi$. Satz 1.4.4 liefert die Existenz von Elementen $c_1, \ldots, c_m \in A$ mit $a = c_1\ \Theta\ c_2\ \Psi\ c_3\ \Theta\ c_4\ \ldots\ c_m = b$. Da g mit Θ sowie Ψ verträglich ist, folgt $g(a) = g(c_1)\ \Theta\ g(c_2)\ \Psi\ g(c_3)\ \Theta\ g(c_4)\ \ldots\ g(c_m) = g(b)$, woraus sich nach 1.4.4 $(g(a), g(b)) \in \Theta \vee \Psi$ ergibt, wie gewünscht (siehe Abbildung 1.3).

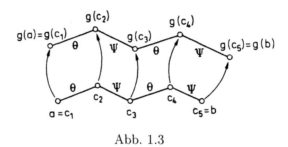

Abb. 1.3

Die eben angestellten Überlegungen können folgendermaßen zusammengefaßt werden:

Satz 1.4.17 *Für jede Algebra $\mathbf{A}$ ist $(Con\ \mathbf{A}, \vee, \wedge)$ ein Unterverband von $(Eq\ A, \vee, \wedge)$. Insbesondere ist $(Con\ \mathbf{A}, \vee, \wedge)$ ein Verband (der **Kongruenzverband** von $\mathbf{A}$).*

Eine unmittelbare Folgerung von 1.4.16 ist auch:

Satz 1.4.18 *Für jede Algebra $\mathbf{A}$ und jede Teilmenge $X \subseteq A^2$ ist*

$$\Theta(X) := \bigcap \{\Theta \in Con\ \mathbf{A} \mid \Theta \supseteq X\}$$

eine Kongruenzrelation auf $\mathbf{A}$, d. h. $\Theta(X) \in Con\ \mathbf{A}$. Offenbar ist $\Theta(X)$ die kleinste X umfassende Kongruenzrelation auf $\mathbf{A}$.

Man nennt $\Theta(X)$ die von X **erzeugte** Kongruenzrelation. Für endliche Mengen $X = \{(a_1, b_1), \ldots, (a_n, b_n)\}$ schreibt man oft $\Theta((a_1, b_1), \ldots, (a_n, b_n))$ anstelle von $\Theta(X)$. Für $Y \subseteq A$ schreibt man meist einfacher $\Theta(Y)$ anstelle von $\Theta(Y^2)$, und $\Theta(a_1, \ldots, a_n)$, falls $Y = \{a_1, \ldots, a_n\}$. Kongruenzrelationen der Form $\Theta(a, b)$, mit $a \neq b$, heißen **Hauptkongruenzen**.

Wie für Unteralgebren in 1.2.5 kann man einen von X zu $\Theta(X)$ führenden Erzeugungsprozeß konkret beschreiben. Dies geht am einfachsten, indem man Kongruenzrelationen als Grundmengen von Unteralgebren beschreibt: Es sei $\mathbf{A}$ eine Algebra mit Grundmenge

A vom Typ $\mathcal{F}$. Die Grundmenge der neuen Algebra wird A^2. Für jedes n-stellige Operationssymbol $f \in \mathcal{F}$ definiert man eine ebenfalls n-stellige Operation f_2 auf A^2 durch

$$f_2((x_1, y_1), \ldots, (x_n, y_n)) := (f_\mathbf{A}(x_1, \ldots, x_n), f_\mathbf{A}(y_1, \ldots, y_n)).$$

Dann nimmt man für jedes $a \in A$ das Element (a, a) als nullstellige Operation hinzu, außerdem die durch

$$s((x, y)) := (y, x)$$

definierte einstellige Operation, und schließlich die folgendermaßen definierte zweistellige Operation:

$$t((x_1, y_1), (x_2, y_2)) := \begin{cases} (x_1, y_2) & \text{falls } y_1 = x_2, \\ (x_1, y_1) & \text{sonst.} \end{cases}$$

Mit der Familie F_{Con}, bestehend aus den Operationen f_2 ($f \in \mathcal{F}$), (a, a) ($a \in A$), s, t erhält man die gewünschte Algebra (Beweis als Übungsaufgabe):

Satz 1.4.19 *Für jede Algebra* $\mathbf{A}$ *gilt*

$$Con\,\mathbf{A} = Sub\,(A^2, F_{Con}),$$

d. h. die Kongruenzrelationen auf $\mathbf{A}$ *sind genau die Grundmengen von Unteralgebren von* (A^2, F_{Con}).

Man kann jetzt 1.2.5 direkt auf Kongruenzrelationen anwenden, denn es gilt $\Theta(X) = \langle X \rangle_{Con}$, wobei $\langle X \rangle_{Con}$ die kleinste X umfassende Unteralgebra von (A^2, F_{Con}) bezeichnet. Eine andere konstruktive Beschreibung von $\Theta(X)$ wird in Satz 8.1.5 gegeben werden, wo dann der Begriff der *Polynomfunktion* zur Verfügung steht.

Ein weiterer Zusammenhang zwischen Kongruenzrelationen und Unteralgebren wird in folgendem Satz beschrieben, dessen Beweis ebenfalls dem Leser überlassen bleibt. Zuvor eine weitere Definition: Für jede Menge A, $\Theta \in Eq\,A$ und $X \subseteq A$ sei

$$[X]\Theta := \bigcup_{x \in X} [x]\Theta,$$

d. h. $[X]\Theta$ ist die Vereinigung von denjenigen Äquivalenzklassen von Θ, die ein $x \in X$ enthalten.

Satz 1.4.20 *Es sei* $\mathbf{A}$ *eine Algebra,* $\Theta \in Con\,\mathbf{A}$, *und* $B \in Sub\,\mathbf{A}$. *Dann gilt:*

$$[B]\Theta \in Sub\,\mathbf{A}.$$

1.5 Anmerkungen zu Kapitel 1

In diesem Kapitel wurden Unteralgebren, homomorphe Bilder und Faktoralgebren beschrieben. Diese Strukturen liefern aus gegebenen Algebren neue Algebren, allerdings immer mit kleineren (oder gleichgroßen) Grundmengen. Größere Algebren erhält man beispielsweise mit direkten Produkten oder (allgemeiner) mit subdirekten Produkten, die aber erst in Kapitel 5 eingeführt werden. Zuvor werden die hier vorgestellten wichtigen

Strukturbegriffe Unteralgebra, Kongruenzrelation, und Homomorphismus in den folgenden drei Kapiteln sehr genau untersucht: In den Kapiteln 2 und 3 werden die mit den Systemen von Unteralgebren bzw. Kongruenzrelationen auftretenden Hüllensysteme vor allem unter ordnungstheoretischen Gesichtspunkten analysiert, und in Kapitel 4 werden die klassischen Homomorphie- und Isomorphiesätze in der Sprache der Allgemeinen Algebra formuliert und bewiesen.

Spezielle Literaturhinweise werden für dieses Kapitel ausnahmsweise nicht gegeben. Natürlich empfiehlt es sich, in das eine oder andere der in der Einleitung genannten Bücher über Allgemeine Algebra hineinzusehen. Obwohl die bisher behandelten Konzepte überall im Prinzip genauso definiert sind, unterscheiden sich viele Bücher in Aufbau und Schwerpunkten ganz erheblich voneinander.

1.6 Aufgaben

1. Für welche $n \in \mathbb{N}$ gibt es eine Gruppe mit n Elementen? Gib möglichst viele Beispiele für Gruppen an.

2. Sei $A := \{a, b, c, d\}$. Für welche der folgenden Operationen f_i ist (A, f_i) eine Halbgruppe, eine Quasigruppe, ein Halbverband?

f_1	a	b	c	d
a	a	b	c	d
b	b	b	c	d
c	c	c	c	d
d	d	d	d	d

f_2	a	b	c	d
a	a	b	c	d
b	b	a	d	c
c	c	d	a	b
d	d	c	b	a

f_3	a	b	c	d
a	a	b	c	d
b	b	c	d	a
c	d	a	b	c
d	c	d	a	b

f_4	a	b	c	d
a	a	a	a	a
b	b	b	b	b
c	c	c	c	c
d	d	d	d	d

3. Für jede der Quasigruppenoperationen in Aufgabe 2 bestimme man die zugehörigen Operationen / und \ (vgl. 1.1.5e).

4. Es sei $\mathbf{A} = (A, f, g)$ die Algebra mit $A := \{1, 2, 3, 4, 5\}$ und den folgenden Operationen:

f	1	2	3	4	5
1	2	2	2	2	2
2	2	2	2	2	2
3	2	2	2	2	2
4	3	3	3	4	1
5	3	3	3	3	5

x	1	2	3	4	5
$g(x)$	2	3	4	2	5

   (a) Für $X := \{1\}$ bestimme man $E^k(X)$, $k \in \mathbb{N} \cup \{0\}$, sowie die Unteralgebra $\langle X \rangle$.

   (b) Bestimme jetzt sämtliche Unteralgebren von $\mathbf{A}$.

1.6 Aufgaben

5. Gib möglichst viele Unteralgebren an von
$$(\mathbb{Z}, +, -, 0), \quad (\mathbb{Z}, +), \quad (\mathbb{Z}, p).$$
Hierbei ist p definiert durch $p(x, y, z) := x - y + z$.

6. Sei $(G, \cdot, {}^{-1}, e)$ eine *endliche* Gruppe. Beweise: Jede nichtleere Unteralgebra von $(G, \cdot)$ ist auch Unteralgebra von $(G, \cdot, {}^{-1}, e)$.

7. Sei $\mathbf{V} = (V, +, -, 0, K)$ ein Vektorraum. Zeige: Für jede Teilmenge $X \subseteq V$ gilt $\langle X \rangle_{\mathbf{V}} = \{k_1 x_1 + \ldots + k_n x_n \mid n \in \mathbb{N}, \; x_1, \ldots, x_n \in X, \; k_1, \ldots, k_n \in K\}$. Bei Vektorräumen nennt man $\langle X \rangle_{\mathbf{V}}$ oft die **lineare Hülle** von X.

8. (a) Zeige: Ist $\mathbf{A}$ eine **einstellige Algebra** (d. h. eine Algebra mit ausschließlich einstelligen Operationen), dann folgt aus $B, C \in Sub\,\mathbf{A}$ immer $B \cup C \in Sub\,\mathbf{A}$.

    (b) Gib ein Beispiel einer Algebra an, die zwei Unteralgebren besitzt, deren Vereinigung keine Unteralgebra ist.

9. Bestimme alle Elemente von $End\,(\mathbb{Z}_6, +, -, 0)$ (siehe Beispiel 1.3.8).

10. Zeige: Für jede abelsche Gruppe $\mathbf{G} = (G, +, -, 0)$ ist $(End\,\mathbf{G}, +, -, \underline{0}, \circ, id_G)$ ein unitärer Ring (der **Endomorphismenring** von $\mathbf{G}$). Dabei definiert man für $\varphi_1, \varphi_2 \in End\,\mathbf{G}$ wie üblich $\varphi_1 + \varphi_2, \; -\varphi_1, \; \underline{0}, \; \varphi_1 \circ \varphi_2, \; id_G$ durch
$$(\varphi_1 + \varphi_2)(x) := \varphi_1(x) + \varphi_2(x),$$
$$(-\varphi_1)(x) := -\varphi_1(x),$$
$$\underline{0}(x) := 0,$$
$$(\varphi_1 \circ \varphi_2)(x) := \varphi_1(\varphi_2(x)),$$
$$id_G(x) := x,$$
jeweils für alle $x \in G$.

11. Zeige: Für jede abelsche Gruppe $\mathbf{G} = (G, +, -, 0)$ ist $(G, +, -, 0, End\,\mathbf{G})$ ein Modul über dem Endomorphismenring $End\,\mathbf{G}$ (vgl. vorige Aufgabe).

12. Formuliere die Homomorphiebedingungen konkret für Ringe und für Vektorräume.

13. Für die in der folgenden Skizze durch die Einteilung in Äquivalenzklassen beschriebenen Äquivalenzrelationen Θ und Ψ bestimme man $\Theta \wedge \Psi, \; \Theta \circ \Psi, \; \Psi \circ \Theta, \; \Theta \vee \Psi$.

14. Man bestimme zuerst einen surjektiven Gruppenhomomorphismus $\varphi : (\mathbb{Z}, +, -, 0) \to (\mathbb{Z}_2, +, -, 0)$ (es gibt nur einen), und gebe dann die Kongruenzklassen von $Kern\,\varphi$ an. Erinnerung: In $\mathbb{Z}_2 = \{0, 1\}$ wird modulo 2 gerechnet.

15. Es wird nochmals die Algebra $\mathbf{A}$ aus Aufgabe 4 betrachtet.

(a) Wieviele Translationen hat **A**?

(b) Bestimme sämtliche Kongruenzrelationen auf **A**.

(c) Beschreibe die Faktoralgebren durch konkrete Angabe von Verknüpfungstafel bzw. Wertetabelle der fundamentalen Operationen.

16. Zeige: Jeder Körper **K** ist einfach, d. h. es gilt $Con\,\mathbf{K} = \{\Delta_K, \nabla_K\}$.

17. Sei $\mathbf{G} = (G, \cdot, ^{-1}, e)$ eine Gruppe. Für jeden Normalteiler N von **G** sei Θ_N die Äquivalenzrelation auf G mit den Äquivalenzklassen aN, $a \in G$ (vgl. die Bemerkungen vor Definition 1.4.5). Beweise, daß durch $N \mapsto \Theta_N$ eine bijektive Abbildung von der Menge aller Normalteiler auf die Menge aller Kongruenzrelationen von **G** gegeben wird.
    Anleitung: Zuerst muß gezeigt werden, daß Θ_N immer eine Kongruenzrelation ist, d. h. mit den Gruppenoperationen verträglich ist. Die Injektivität ist klar, denn aus $\Theta_N = \Theta_M$ folgt $eN = eM$, also $N = M$. Für die Surjektivität zeigt man für $\Theta \in Con\,\mathbf{G}$ zuerst, daß die Kongruenzklasse $N(\Theta) := [e]\Theta$ ein Normalteiler ist, und anschließend, daß $\Theta = \Theta_{N(\Theta)}$ gilt.

18. Unter einem **Ideal** eines Ringes $\mathbf{R} = (R, +, -, 0, \cdot)$ versteht man einen Unterring I mit der zusätzlichen Eigenschaft, daß $rI \subseteq I$ und $Ir \subseteq I$ für alle $r \in R$ gilt. Für jedes Ideal I sei Θ_I die Äquivalenzrelation auf R mit den Äquivalenzklassen $a + I$, $a \in R$. Beweise analog zu Aufgabe 17, daß durch $I \mapsto \Theta_I$ eine bijektive Abbildung von der Menge aller Ideale auf die Menge aller Kongruenzrelationen von **R** gegeben wird.

19. Formuliere und beweise eine zu den vorigen beiden Aufgaben analoge Aussage über Vektorräume.
    Hinweis: Bei Vektorräumen entsprechen die Kongruenzrelationen genau den Untervektorräumen.

20. Beweise Satz 1.4.20.

2 Unteralgebren, Hüllensysteme und Verbände

In diesem Kapitel werden grundlegende ordnungstheoretische Begriffe wie *Hüllensystem*, *geordnete Menge* und *Verband* systematisch entwickelt, und es wird sehr genau untersucht, wie die Unteralgebren einer Algebra relativ zueinander angeordnet sein können. Die große Bedeutung ordnungstheoretischer Gesichtspunkte für viele Bereiche der Algebra wird aber auch in den weiteren Kapiteln dieses Buches deutlich hervortreten.

2.1 Hüllensysteme, Hüllenoperatoren

In vielen Bereichen des Denkens, nicht nur in der Mathematik, spielt die Idee des Erzeugens „abgeschlossener" Gebilde aus kleineren Teilen eine wichtige Rolle. So lassen sich Flächenstücke in der Ebene beispielsweise durch ihren Rand beschreiben. Mathematisch ergeben sich in solchen Situationen immer zwei Hauptprobleme, nämlich die Charakterisierung der abgeschlossenen Gebilde, die auch *Hüllen* genannt werden (bei Unteralgebren sind das die unter den fundamentalen Operationen abgeschlossenen Teilmengen der Grundmenge), und die Beschreibung des Erzeugungsprozesses (für Unteralgebren siehe Satz 1.2.5). Zuerst werden Hüllensysteme betrachtet:

Definition 2.1.1 Es sei A eine Menge, und $\mathcal{M}$ eine Teilmenge der Potenzmenge $\mathcal{P}(A)$ von A. Dann nennt man $\mathcal{M}$ ein **Mengensystem** auf A. Ein Mengensystem $\mathcal{H} \subseteq \mathcal{P}(A)$ heißt **Hüllensystem**, falls

(i) $\quad A \in \mathcal{H}$,
(ii) $\quad \bigcap \mathcal{B} \in \mathcal{H}$ für jede nichtleere Teilmenge $\mathcal{B} \subseteq \mathcal{H}$.

Die Elemente $H \in \mathcal{H}$ werden **Hüllen** genannt.

Beispiele 2.1.2 a) Der Hauptanlaß für die Betrachtung von Hüllensystemen in diesem Buch sind folgende Tatsachen: Für jede Algebra **A** ist *Sub* **A** ein Hüllensystem auf A (1.2.2), und *Con* **A** ein Hüllensystem auf A^2 (1.4.6b und 1.4.16).
 b) Die abgeschlossenen Mengen in jedem topologischen Raum bilden ein Hüllensystem, die offenen Mengen i. a. aber nicht.
 c) Die konvexen Teilmengen des $\mathbb{R}^n$ bilden ein Hüllensystem.
 d) Für jede Menge A sind die Mengensysteme $\mathcal{P}(A)$, $\{A\}$ und $\{A\} \cup \{E \in \mathcal{P}(A) \mid E \text{ endlich}\}$ immer Hüllensysteme auf A, und *Eq* A ist ein Hüllensystem auf A^2.

Definition 2.1.3 Es sei A eine Menge. Eine Abbildung

$$\mathcal{C} : \mathcal{P}(A) \to \mathcal{P}(A)$$

heißt **Hüllenoperator** auf A, falls für alle Teilmengen $X, Y \subseteq A$ folgendes gilt:

(i) $\quad X \subseteq \mathcal{C}(X) \quad$ (Extensivität),
(ii) $\quad X \subseteq Y \Rightarrow \mathcal{C}(X) \subseteq \mathcal{C}(Y) \quad$ (Monotonie),
(iii) $\quad \mathcal{C}(X) = \mathcal{C}(\mathcal{C}(X)) \quad$ (Idempotenz).

Man nennt die Mengen der Form $\mathcal{C}(X)$ **abgeschlossen** und sagt, daß $\mathcal{C}(X)$ von X **erzeugt** ist.

Nach 1.2.4 ist für jede Algebra **A** der Operator $\langle\ \rangle_{\mathbf{A}}$, der jeder Teilmenge $X \subseteq A$ die Grundmenge $\langle X \rangle_{\mathbf{A}}$ der kleinsten X umfassenden Unteralgebra zuordnet, ein Hüllenoperator. Besonders gut bekannt ist diese Situation speziell für Vektorräume (vgl. Aufgabe 7 in Kapitel 1).

Ganz allgemein sind Hüllensysteme und Hüllenoperatoren im wesentlichen dasselbe:

Satz 2.1.4 *Es sei $\mathcal{H}$ ein Hüllensystem auf A. Für alle $X \subseteq A$ sei*

$$\mathcal{C}_{\mathcal{H}}(X) := \bigcap \{H \in \mathcal{H} \mid H \supseteq X\}.$$

Dann ist $\mathcal{C}_{\mathcal{H}}$ ein Hüllenoperator auf A, und die abgeschlossenen Mengen von $\mathcal{C}_{\mathcal{H}}$ sind genau die Hüllen von $\mathcal{H}$.

Sei umgekehrt $\mathcal{C}$ ein Hüllenoperator auf A. Dann ist

$$\mathcal{H}_{\mathcal{C}} := \{\mathcal{C}(X) \mid X \subseteq A\}$$

ein Hüllensystem auf A, und die Hüllen von $\mathcal{H}_{\mathcal{C}}$ sind genau die abgeschlossenen Mengen von $\mathcal{C}$.

Für jedes Hüllensystem $\mathcal{H}$ auf A gilt

$$\mathcal{H}_{(\mathcal{C}_{\mathcal{H}})} = \mathcal{H},$$

und für jeden Hüllenoperator $\mathcal{C}$ auf A gilt

$$\mathcal{C}_{(\mathcal{H}_{\mathcal{C}})} = \mathcal{C}.$$

Beweis als Übungsaufgabe. Hinweis: Man beachte, daß $\mathcal{C}_{\mathcal{H}}(X)$ nach Definition die kleinste X umfassende $\mathcal{H}$-Hülle ist, und daß $\mathcal{H}_{\mathcal{C}}$ genau aus den $\mathcal{C}$-abgeschlossenen Mengen besteht.
□

Die Hüllen eines Hüllensystems $\mathcal{H}$ bilden immer einen Verband $(\mathcal{H}, \vee, \wedge)$, wenn man $\vee$ und $\wedge$ analog zu $(Sub\ \mathbf{A}, \vee, \wedge)$ definiert (1.2.6). Dieser Aspekt wird in Abschnitt 2.2 näher betrachtet. Jetzt wird das Hauptziel dieses Abschnitts angesteuert: In Satz 2.1.7 werden die Eigenschaften der Hüllensysteme der Form $Sub\ \mathbf{A}$ bzw. der Unteralgebren-Hüllenoperatoren $\langle\ \rangle_{\mathbf{A}}$ genau beschrieben. Dafür werden einige weitere Definitionen benötigt:

Definition 2.1.5 Ein nichtleeres Mengensystem $\mathcal{G}$ heißt **nach oben gerichtet**, falls es für alle $X, Y \in \mathcal{G}$ immer ein $Z \in \mathcal{G}$ gibt mit $X \cup Y \subseteq Z$. Man nennt ein Mengensystem $\mathcal{M}$ **induktiv**, falls für jedes nach oben gerichtete Teilsystem $\mathcal{G}$ folgendes gilt:

$$\bigcup \mathcal{G} \in \mathcal{M}.$$

Ein Hüllenoperator $\mathcal{C}$ auf A wird **induktiv** genannt, falls für alle $X \subseteq A$:

$$\mathcal{C}(X) = \bigcup \{\mathcal{C}(E) \mid E \subseteq X,\ E \text{ endlich}\}.$$

Induktivität ist für Mengensysteme und für Hüllenoperatoren ganz unterschiedlich definiert. Handelt es sich beim Mengensystem aber um ein Hüllensystem, so stimmen beide Induktivitätsbegriffe überein:

2.1 Hüllensysteme, Hüllenoperatoren

Satz 2.1.6 *Ein Hüllensystem $\mathcal{H}$ ist genau dann induktiv, wenn der zugehörige Hüllenoperator $\mathcal{C}_\mathcal{H}$ induktiv ist.*

Beweis. Sei $\mathcal{H}$ ein induktives Hüllensystem auf A und $X \subseteq A$. Offenbar gilt $X \subseteq \bigcup\{\mathcal{C}_\mathcal{H}(E) \mid E \subseteq X, E \text{ endlich}\} \subseteq \mathcal{C}_\mathcal{H}(X)$. Das Mengensystem $\{\mathcal{C}_\mathcal{H}(E) \mid E \subseteq X, E \text{ endlich}\} \subseteq \mathcal{H}$ ist nach oben gerichtet: Für endliche Mengen $E, F \subseteq X$ gilt $\mathcal{C}_\mathcal{H}(E) \cup \mathcal{C}_\mathcal{H}(F) \subseteq \mathcal{C}_\mathcal{H}(E \cup F)$. Wegen $\mathcal{H}$ induktiv folgt $\bigcup\{\mathcal{C}_\mathcal{H}(E) \mid E \subseteq X, E \text{ endlich}\} \in \mathcal{H}$, und daher $\mathcal{C}_\mathcal{H}(X) = \bigcup\{\mathcal{C}_\mathcal{H}(E) \mid E \subseteq X, E \text{ endlich}\}$. Also ist $\mathcal{C}_\mathcal{H}$ induktiv.

Sei nun $\mathcal{C}_\mathcal{H}$ ein induktiver Hüllenoperator auf A, und sei $\mathcal{G} \subseteq \mathcal{H}$ nach oben gerichtet. Für jede endliche Teilmenge $E = \{e_1, \ldots, e_n\}$ von $\bigcup \mathcal{G}$ gibt es $G_1, \ldots, G_n \in \mathcal{G}$ mit $e_1 \in G_1, \ldots, e_n \in G_n$, d. h. mit $E \subseteq \bigcup_{i=1}^n G_i$. Da $\mathcal{G}$ nach oben gerichtet ist, und $\bigcup_{i=1}^n G_i$ eine *endliche* Vereinigung, gibt es eine Menge $G_E \in \mathcal{G}$ mit $\bigcup_{i=1}^n G_i \subseteq G_E$ (da gerichtete Mengensysteme generell als nichtleer vorausgesetzt waren, ist die Existenz eines solchen $G_E \in \mathcal{G}$ auch für $E = \emptyset$ gesichert). Also gilt $E \subseteq G_E$, woraus $\mathcal{C}_\mathcal{H}(E) \subseteq \mathcal{C}_\mathcal{H}(G_E) = G_E$ folgt. Hiermit, und mit der Induktivität von $\mathcal{C}_\mathcal{H}$, erhält man

$$\begin{aligned}\mathcal{C}_\mathcal{H}(\bigcup \mathcal{G}) &= \bigcup\{\mathcal{C}_\mathcal{H}(E) \mid E \subseteq \bigcup \mathcal{G}, E \text{ endlich}\} \\ &\subseteq \bigcup\{G_E \mid E \subseteq \bigcup \mathcal{G}, E \text{ endlich}\} \\ &\subseteq \bigcup \mathcal{G}.\end{aligned}$$

Die Extensivität von $\mathcal{C}_\mathcal{H}$ liefert nun $\mathcal{C}_\mathcal{H}(\bigcup \mathcal{G}) = \bigcup \mathcal{G}$, was gleichbedeutend ist mit $\bigcup \mathcal{G} \in \mathcal{H}$. Doch damit ist die Induktivität von $\mathcal{H}$ gezeigt. □

Es folgt das Hauptergebnis dieses Abschnitts:

Satz 2.1.7 *a) Für jede Algebra $\mathbf{A} = (A, F)$ ist Sub $\mathbf{A}$ ein induktives Hüllensystem, und $\langle \ \rangle_\mathbf{A}$ ist ein induktiver Hüllenoperator (wobei $\langle \ \rangle_\mathbf{A}$ der $\mathbf{A}$ zugeordnete Unteralgebren-Hüllenoperator ist).*

b) Umgekehrt gibt es zu jedem induktiven Hüllensystem $\mathcal{H}$ auf A eine Algebra $\mathbf{A} = (A, F)$ mit $\mathcal{H} = Sub\ \mathbf{A}$ und $\mathcal{C}_\mathcal{H} = \langle \ \rangle_\mathbf{A}$.

Beweis. a) Sei $\mathcal{G} \subseteq Sub\ \mathbf{A}$ nach oben gerichtet. Es ist $\bigcup \mathcal{G} \in Sub\ \mathbf{A}$ nachzuweisen. Sei $f \in F$ (n-stellig) und $b_1, \ldots, b_n \in \bigcup \mathcal{G}$. Dann gibt es $G_1, \ldots, G_n \in \mathcal{G}$ mit $b_1 \in G_1, \ldots, b_n \in G_n$ und, da $\mathcal{G}$ nach oben gerichtet ist, auch ein $G_0 \in \mathcal{G}$ mit $b_1, \ldots, b_n \in G_0$. Wegen $G_0 \in Sub\ \mathbf{A}$ folgt $f(b_1, \ldots, b_n) \in G_0 \subseteq \bigcup \mathcal{G}$, d. h. $\bigcup \mathcal{G} \in Sub\ \mathbf{A}$. Damit ist gezeigt, daß $Sub\ \mathbf{A}$ induktiv ist. Wegen $\langle \ \rangle_\mathbf{A} = \mathcal{C}_{Sub\ \mathbf{A}}$ und Satz 2.1.6 ist daher auch $\langle \ \rangle_\mathbf{A}$ induktiv.

b) Es wird eine Algebra $\mathbf{A}$ definiert mit $\mathcal{C}_\mathcal{H} = \langle \ \rangle_\mathbf{A}$ ($\mathcal{H} = Sub\ \mathbf{A}$ ist dann automatisch erfüllt): Für jede endliche Teilmenge $E = \{e_1, \ldots e_n\}$ von A und jedes $b \in \mathcal{C}_\mathcal{H}(E)$ wird eine n-stellige Operation $f_{E,b}$ auf A definiert durch

$$f_{E,b}(x_1, \ldots, x_n) := \begin{cases} b & \text{falls } \{x_1, \ldots, x_n\} = E, \\ x_1 & \text{sonst}.\end{cases}$$

Die Algebra mit diesen fundamentalen Operationen wird $\mathbf{A}$ genannt. Zu zeigen ist $\mathcal{C}_\mathcal{H}(X) = \langle X \rangle_\mathbf{A}$, für alle $X \subseteq A$. Sei $b \in \mathcal{C}_\mathcal{H}(X)$. Wegen der Induktivität von $\mathcal{C}_\mathcal{H}$ folgt die Existenz einer endlichen Menge $E = \{e_1, \ldots, e_n\} \subseteq X$ mit $b \in \mathcal{C}_\mathcal{H}(E)$. Für die fundamentale Operation $f_{E,b}$ gilt dann $f_{E,b}(e_1, \ldots, e_n) = b$. Hieraus folgt $b \in \langle e_1, \ldots, e_n\rangle_\mathbf{A} \subseteq \langle X \rangle_\mathbf{A}$, womit $\mathcal{C}_\mathcal{H}(X) \subseteq \langle X \rangle_\mathbf{A}$ gezeigt ist. Für die umgekehrte Inklusion $\langle X \rangle_\mathbf{A} \subseteq \mathcal{C}_\mathcal{H}(X)$ genügt der Nachweis, daß $\mathcal{C}_\mathcal{H}(X)$ eine Unteralgebra von **A** ist. Sei also $b_1, \ldots, b_n \in \mathcal{C}_\mathcal{H}(X)$, und sei $f_{E,b}$ eine fundamentale Operation mit E endlich und $b \in \mathcal{C}_\mathcal{H}(E)$. Im Fall $\{b_1, \ldots, b_n\} = E$ gilt $f_{E,b}(b_1, \ldots, b_n) = b$ mit $b \in \mathcal{C}_\mathcal{H}(b_1, \ldots, b_n) \subseteq \mathcal{C}_\mathcal{H}(\mathcal{C}_\mathcal{H}(X)) = \mathcal{C}_\mathcal{H}(X)$. Die einzige andere Möglichkeit ist $f_{E,b}(b_1, \ldots, b_n) = b_1$, falls $\{b_1, \ldots, b_n\} \neq E$. Daher gilt in beiden Fällen $f_{E,b}(b_1, \ldots, b_n) \in \mathcal{C}_\mathcal{H}(X)$. □

Mit 1.4.19 erhält man:

Folgerung 2.1.8 *Für jede Algebra* **A** *ist Con* **A** *ein induktives Hüllensystem auf* A^2, *und die Abbildung*
$$X \mapsto \Theta(X),$$
die jedem $X \subseteq A^2$ die kleinste X umfassende Kongruenzrelation $\Theta(X)$ zuordnet, ist ein induktiver Hüllenoperator.

Schwieriger als für *Sub* **A** ist die Frage zu beantworten, welche Hüllensysteme in der Form *Con* **A** auftreten. Dieses Problem, und die Frage nach verbandstheoretischen Charakterisierungen von Unteralgebren- und Kongruenzverbänden, gehören zu den Themen des nächsten Abschnitts bzw. von Kapitel 3.

2.2 Geordnete Mengen, Verbände

Dieser Abschnitt stellt die Grundbegriffe einer abstrakten (d. h. nicht mehr ausschließlich mengentheoretischen) Ordnungstheorie bereit. Durch den zentralen Begriff der *geordneten Menge* erhält man auch einen neuen Zugang zu Verbänden, der in vieler Hinsicht anschaulicher ist als die algebraische Definition in Kapitel 1. Das Hauptziel dieses Abschnitts ist die abstrakt-ordnungstheoretische Beschreibung von Unteralgebrenverbänden.

Definition 2.2.1 Eine zweistellige Relation $\leq$ auf einer Menge A heißt **Ordnung** (auch: **Halbordnung**), falls für alle $x, y, z \in A$ die folgenden Bedingungen gelten:

(O1) $\quad\quad x \leq x \quad\quad\quad\quad\quad\quad\quad\quad$ (Reflexivität),
(O2) $\quad\quad x \leq y$ und $y \leq x \Rightarrow x = y \quad$ (Antisymmetrie),
(O3) $\quad\quad x \leq y$ und $y \leq z \Rightarrow x \leq z \quad$ (Transitivität).

Man nennt dann A, aber auch das Paar $(A, \leq)$, eine **(halb-)geordnete Menge**. Zwei Elemente $a, b \in A$ heißen **vergleichbar**, falls $a \leq b$ oder $b \leq a$, und sonst **unvergleichbar**. Eine **linear geordnete Menge** (oder **Kette**) ist eine (halb-)geordnete Menge, in der je zwei Elemente vergleichbar sind. In einer (halb-)geordneten Menge bedeutet $a < b$ immer $a \leq b$ und $a \neq b$.

Beispiele 2.2.2 a) Für jedes Mengensystem $\mathcal{M}$ ist $(\mathcal{M}, \subseteq)$ eine (halb-) geordnete Menge.

b) Die natürlichen, rationalen und reellen Zahlen bilden mit der üblichen Ordnung linear geordnete Mengen, d. h. Ketten.

c) $(\mathbb{N}, |)$ ist eine geordnete Menge, mit $x|y :\Leftrightarrow x$ teilt y.

d) Gleichheit „=" ist eine Ordnung auf jeder Menge.

Viele der folgenden Begriffe für Halbordnungen sind von den reellen Zahlen her bekannt:

2.2 Geordnete Mengen, Verbände

Definition 2.2.3 Es sei $(A, \leq)$ eine geordnete Menge, und B eine Teilmenge von A. Ein Element $a \in A$ heißt **obere Schranke** von B, falls $b \leq a$ für alle $b \in B$. Eine obere Schranke a von B heißt **kleinste obere Schranke** von B (auch: **Supremum** von B, in Zeichen $a = \bigvee B$), falls $a \leq a'$ für alle oberen Schranken a' von B. Entsprechend definiert man die Bedeutung von: a ist **untere Schranke** von B, a ist **größte untere Schranke** von B (auch: **Infimum** von B, in Zeichen $a = \bigwedge B$). Ein **maximales Element** von B ist ein Element $b \in B$ mit

$$b < a \Rightarrow a \notin B$$

für alle $a \in A$. Das **größte Element** von B ist ein Element $b \in B$ mit $b' \leq b$ für alle $b' \in B$. Entsprechend werden **minimale** und **kleinste Elemente** definiert.

Für $a, b \in A$ ist das (**abgeschlossene**) **Intervall** $[a, b]$ definiert als die Menge aller $x \in A$ mit $a \leq x \leq b$. Man nennt b einen **oberen Nachbarn** von a, falls $[a, b] = \{a, b\}$, und schreibt dafür $a \prec b$.

Endliche geordnete Mengen $(A, \leq)$ lassen sich oft bildlich durch sog. **Hasse-Diagramme** darstellen: Man zeichnet für jedes Element einen kleinen Kreis (oder Punkt), und zwar den Kreis für b oberhalb des Kreises für a, falls $a \prec b$, und man verbindet dann beide Kreise durch ein Geradenstück. Abbildung 2.1 zeigt einige Beispiele. In Diagramm

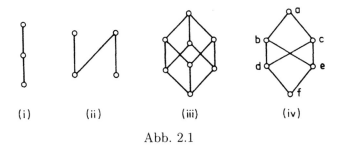

Abb. 2.1

(iv) hat die Menge $B = \{b, c, d, e\}$ weder größte noch kleinste Elemente, aber b und c sind maximale und d und e minimale Elemente von B. Supremum und Infimum von B existieren: $\bigvee B = a$, $\bigwedge B = f$. Das Supremum von $\{d, e\}$ existiert nicht: a, b, c sind obere Schranken von $\{d, e\}$, aber es gibt kein kleinstes Element von $\{a, b, c\}$.

In gewissen Fällen kann man auch für unendliche geordnete Mengen Hasse-Diagramme zeichnen, so z. B. für die Menge der ganzen Zahlen, mit der üblichen Ordnung (siehe Abbildung 2.2). Hier ist der angekündigte ordnungstheoretische Zugang zu Verbänden:

Definition 2.2.4 Eine geordnete Menge $(L, \leq)$ heißt **Verband**, falls für alle $x, y \in L$ das Supremum $\bigvee\{x, y\}$ und das Infimum $\bigwedge\{x, y\}$ existieren.

Beide Verbandsdefinitionen stimmen im wesentlichen überein: Ist $(L, \leq)$ ein Verband im Sinne von 2.2.4, dann erhält man einen Verband $(L, \vee, \wedge)$ im Sinne von 1.1.5k durch $x \vee y := \bigvee\{x, y\}$ und $x \wedge y := \bigwedge\{x, y\}$. Umgekehrt erhält man aus einem Verband in der Form $(L, \vee, \wedge)$ einen Verband in der Form $(L, \leq)$, indem man definiert: $x \leq y :\Leftrightarrow x \wedge y = x$. Diese Übergänge sind invers zueinander, d. h. führt man zwei solche Übergänge

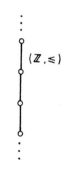

Abb. 2.2

hintereinander aus, erst in der einen Richtung, und dann in der anderen, so landet man wieder bei der Ausgangsstruktur.

Diese Aussagen können leicht bewiesen werden: Sei z. B. $(L, \leq)$ ein Verband im Sinne von 2.2.4. Dann muß u.a. gezeigt werden, daß die zugeordnete Struktur $(L, \vee, \wedge)$ das Absorptionsgesetz $x \vee (x \wedge y) = x$ erfüllt. Nachzuweisen ist also $\bigvee\{x, \bigwedge\{x,y\}\} = x$. Die Richtung $\bigvee\{x, \bigwedge\{x,y\}\} \geq x$ ist trivial, da $\bigvee\{x, a\} \geq x$ für alle $a \in L$ gilt. Die andere Richtung ergibt sich aus $\bigwedge\{x,y\} \leq x$, denn x ist deshalb eine obere Schranke von $\{x, \bigwedge\{x,y\}\}$, und es folgt $\bigvee\{x, \bigwedge\{x,y\}\} \leq x$. In ähnlicher Weise beweist man die anderen Aussagen über den Zusammenhang zwischen beiden Definitionen eines Verbandes. Im folgenden Text wird immer die Definition verwendet, die gerade bequemer ist, und manchmal wird einfach die zugrundeliegende halbgeordnete Menge L selbst Verband genannt.

Von den Hasse-Diagrammen in Abbildung 2.1 stellen übrigens (i) und (iii) einen Verband dar, (ii) und (iv) aber nicht.

Für Hüllensysteme $\mathcal{H}$ existieren sogar beliebige Infima und Suprema in der geordneten Menge $(\mathcal{H}, \subseteq)$: Für alle $\mathcal{B} \subseteq \mathcal{H}$ gilt

$$\bigwedge \mathcal{B} = \bigcap \mathcal{B},$$
$$\bigvee \mathcal{B} = \bigcap \{H \in \mathcal{H} \mid H \supseteq \bigcup \mathcal{B}\}.$$

Dies führt zu folgender Definition:

Definition 2.2.5 Ein **vollständiger Verband** ist eine halbgeordnete Menge $(L, \leq)$, in der für *alle* Teilmengen $B \subseteq L$ das Infimum $\bigwedge B$ und das Supremum $\bigvee B$ existieren. Entsprechend nennt man für einen vollständigen Verband $(L, \leq)$ eine Teilmenge L' von L einen **vollständigen Unterverband** (genauer: Grundmenge eines vollständigen Unterverbandes), falls für alle $B' \subseteq L'$ auch $\bigvee B' \in L'$ und $\bigwedge B' \in L'$ gilt (wobei das Supremum $\bigvee B'$ und das Infimum $\bigwedge B'$ im ursprünglichen Verband $(L, \leq)$ genommen werden). Für vollständige Verbände $(L, \leq)$ und $(M, \leq)$ heißt eine Abbildung $\varphi : L \to M$ ein **vollständiger Homomorphismus** von $(L, \leq)$ in $(M, \leq)$, falls für $B \subseteq L$ immer $\varphi(\bigvee B) = \bigvee \varphi(B)$ und $\varphi(\bigwedge B) = \bigwedge \varphi(B)$ gilt.

2.2 Geordnete Mengen, Verbände

Bemerkungen 2.2.6 a) Jeder vollständige Verband, vollständige Unterverband, vollständige Homomorphismus ist ein Verband, Unterverband, Verbandshomomorphismus. Unter einem Unterverband des Verbandes $(L, \leq)$ versteht man dabei natürlich eine Unteralgebra von $(L, \vee, \wedge)$, wobei es sich um den Verband in algebraischer Schreibweise handelt (vgl. die Bemerkungen nach Definition 2.2.4). Entsprechend versteht man unter einem Verbandshomomorphismus einen Homomorphismus $\varphi : \mathbf{L} \to \mathbf{M}$ im Sinne der Allgemeinen Algebra zwischen Verbänden $\mathbf{L} = (L, \vee, \wedge)$ und $\mathbf{M} = (M, \vee, \wedge)$: Für alle $a, b \in L$ müssen also die Bedingungen $\varphi(a \vee b) = \varphi(a) \vee \varphi(b)$ und $\varphi(a \wedge b) = \varphi(a) \wedge \varphi(b)$ erfüllt sein.

b) Jeder vollständige Verband L besitzt ein größtes Element $\bigwedge \emptyset$ und ein kleinstes Element $\bigvee \emptyset$. Jeder vollständige Unterverband L' von L enthält diese Elemente. Für jeden vollständigen Homomorphismus $\varphi : L \to M$ gilt $\varphi(\bigvee \emptyset) = \bigvee \varphi(\emptyset) = \bigvee \emptyset$. Das kleinste Element von L wird also auf das kleinste Element von M abgebildet, und entsprechend das größte auf das größte.

c) Jeder nichtleere endliche Verband ist vollständig, und ebenso jeder nichtleere endliche Unterverband eines vollständigen Verbandes, wenn er dessen kleinstes und größtes Element enthält. Homomorphismen endlicher Verbände sind vollständig, wenn sie kleinstes bzw. größtes Element wieder auf kleinstes bzw. größtes Element abbilden.

d) Vollständige Verbände sind Beispiele für Algebren mit unendlichstelligen Operationen, da $\bigvee$ und $\bigwedge$ auf unendliche Mengen angewendet werden können. Solche Algebren sind sonst nicht das Thema dieses Buches.

Beispiele 2.2.7 a) Für jede Algebra $\mathbf{A}$ sind $Sub\ \mathbf{A}$ und $Con\ \mathbf{A}$ Hüllensysteme (siehe 2.1.2a). Daher sind $(Sub\ \mathbf{A}, \subseteq)$ und $(Con\ \mathbf{A}, \subseteq)$ vollständige Verbände. Über die Aussage von 1.4.17 hinaus ist $Con\ \mathbf{A}$ ein vollständiger Unterverband von $Eq\ A$ (siehe Aufgabe 8 am Ende dieses Kapitels).

b) Die Verbände $(\mathbb{N}, \leq)$, $(\mathbb{Q}, \leq)$, $(\mathbb{R}, \leq)$ sind nicht vollständig (siehe 2.2.6b). Fügt man zu $\mathbb{N}$ ein Element ∞ hinzu, das größer als alle Elemente von $\mathbb{N}$ ist, dann wird $(\mathbb{N} \cup \{\infty\}, \leq)$ vollständig. Entsprechend kann man $\mathbb{R}$ vervollständigen, mit neuen Elementen $-\infty, +\infty$. Frage: Ist auch $(\mathbb{Q} \cup \{-\infty, +\infty\}, \leq)$ vollständig?

c) $\mathbb{N}$ ist ein Unterverband von $\mathbb{N} \cup \{\infty\}$, aber kein vollständiger Unterverband. Die Menge $(\mathbb{R} \cup \{-\infty, +\infty\}) \setminus [0, 1)$ ist ein Unterverband von $\mathbb{R} \cup \{-\infty, +\infty\}$, ist selbst ein vollständiger Verband (wegen $\bigvee \{r \in \mathbb{R} \mid r < 0\} = 1$), aber kein vollständiger Unterverband von $\mathbb{R} \cup \{-\infty, +\infty\}$ (siehe Abbildung 2.3(i)).

d) Abbildung 2.3(ii) zeigt einen Verbandshomomorphismus, der nicht vollständig ist.

Die geordneten Mengen dieses Abschnitts sind im wesentlichen dasselbe wie die Mengensysteme des vorigen Abschnitts. Um dies zu sehen (in Satz 2.2.10), muß zuerst geklärt werden, wann zwei geordnete Mengen als im wesentlichen gleich angesehen werden können. Hierfür muß man sagen, was die strukturverträglichen Abbildungen bei geordneten Mengen sein sollen:

Definition 2.2.8 Es seien $(L, \leq)$ und $(M, \leq)$ geordnete Mengen. Eine Abbildung $\varphi : L \to M$ heißt **ordnungserhaltend** (oder **monoton**), falls

$$a \leq b \Rightarrow \varphi a \leq \varphi b$$

für alle $a, b \in L$. Ein (**Ordnungs-**)**Isomorphismus** von $(L, \leq)$ auf $(M, \leq)$ ist eine bijektive Abbildung $\varphi : L \to M$, so daß φ und φ^{-1} ordnungserhaltend sind.

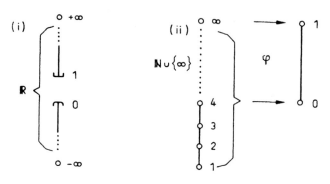

Abb. 2.3

Bemerkung 2.2.9 *Eine Abbildung $\varphi: L \to M$ der Verbände $(L, \vee, \wedge)$ und $(M, \vee, \wedge)$ ist genau dann ein Verbandsisomorphismus, wenn φ ein Isomorphismus der entsprechenden geordneten Mengen $(L, \leq)$ und $(M, \leq)$ ist.*

Beweis. Sei φ ein Verbandsisomorphismus, und $a \leq b$ in L. Dann gilt $a = a \wedge b$, und deshalb $\varphi(a) = \varphi(a \wedge b) = \varphi(a) \wedge \varphi(b)$, d. h. $\varphi(a) \leq \varphi(b)$, und φ ist ordnungserhaltend. Dasselbe gilt für φ^{-1}, da auch φ^{-1} ein Verbandsisomorphismus ist (1.3.3). Also ist φ ein Isomorphismus der geordneten Mengen.

Werde nun umgekehrt angenommen, daß φ ein Isomorphismus von $(L, \leq)$ auf $(M, \leq)$ ist. Für $a, b \in L$ gilt dann $a \leq a \vee b$ und $b \leq a \vee b$. Da φ ordnungserhaltend ist, folgt $\varphi(a) \leq \varphi(a \vee b)$, $\varphi(b) \leq \varphi(a \vee b)$, und deshalb $\varphi(a) \vee \varphi(b) \leq \varphi(a \vee b)$. Da auch φ^{-1} ordnungserhaltend ist, gilt für $a', b' \in M$ entsprechend $\varphi^{-1}(a') \vee \varphi^{-1}(b') \leq \varphi^{-1}(a' \vee b')$. Mit $a' := \varphi(a)$, $b' := \varphi(b)$ erhält man hieraus $\varphi(a \vee b) \leq \varphi(a) \vee \varphi(b)$, insgesamt also $\varphi(a \vee b) = \varphi(a) \vee \varphi(b)$. Analog zeigt man $\varphi(a \wedge b) = \varphi(a) \wedge \varphi(b)$. □

Wie das Beispiel in Abbildung 2.4 zeigt, kann man in 2.2.9 nicht auf die Forderung verzichten, daß bei Ordnungsisomorphismen auch φ^{-1} ordnungserhaltend ist:

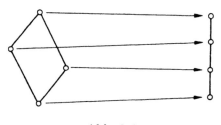

Abb. 2.4

Mengensysteme sind typische Beispiele für geordnete Mengen (siehe 2.2.2a). Tatsächlich gibt es im wesentlichen (d. h. bis auf Isomorphie) gar keine anderen Beispiele, wie der folgende Satz zeigt:

Satz 2.2.10 *Für jede geordnete Menge $(A, \leq)$ gibt es ein Mengensystem $\mathcal{M}_A$, so daß die geordneten Mengen $(A, \leq)$ und $(\mathcal{M}_A, \subseteq)$ isomorph sind.*

2.2 Geordnete Mengen, Verbände

Beweis. Für jedes $a \in A$ sei $M(a) := \{x \in A \mid x \leq a\}$. Dann ist $\mathcal{M}_A := \{M(a) \mid a \in A\}$ das gesuchte Mengensystem, und $M : A \to \mathcal{M}_A$, $a \mapsto M(a)$, der zugehörige Isomorphismus: M ist nach Definition surjektiv. Aus $M(a) = M(b)$ folgt $a \in M(b)$ und $b \in M(a)$, also $a \leq b$ und $b \leq a$, d. h. $a = b$. Daher ist M auch injektiv. M ist ordnungserhaltend, denn aus $a \leq b$ und $x \in M(a)$ folgt $x \leq a \leq b$, d. h. $x \in M(b)$. Auch M^{-1} ist ordnungserhaltend: Aus $M(a) \subseteq M(b)$ folgt sofort $a \leq b$. □

Die zahlreichen Definitionen und Ergebnisse dieses Abschnitts sollten nicht nur die in der Allgemeinen Algebra überall benötigten Begriffe bereitstellen, sondern auch ein wenig die nötige Intuition vermitteln. Das eigentliche Ziel dieses Abschnitts ist hierbei etwas aus dem Blickfeld geraten, nämlich die verbandstheoretische Charakterisierung von Unteralgebrenverbänden. Wegen 2.1.7 müssen also die Hüllenverbände induktiver Hüllensysteme charakterisiert werden. Bekanntlich sind die Hüllen eines jeden induktiven Hüllensystems $\mathcal{H}$ auf A gerade die abgeschlossenen Mengen $\mathcal{C}_\mathcal{H}(X)$, $X \subseteq A$. Jede $\mathcal{H}$-Hülle ist das Supremum (sogar die Vereinigung) endlich erzeugter Hüllen:

$$\mathcal{C}_\mathcal{H}(X) = \bigcup\{\mathcal{C}_\mathcal{H}(E) \mid E \subseteq X, E \text{ endlich}\}.$$

Wesentlich ist nun die Beobachtung, daß die Eigenschaft, endlich-erzeugte Hülle zu sein, verbandstheoretisch beschrieben werden kann:

Hilfssatz 2.2.11 *Sei $\mathcal{H}$ ein induktives Hüllensystem und $H \in \mathcal{H}$. Es gilt genau dann $H = \mathcal{C}_\mathcal{H}(E)$ für eine endliche Teilmenge $E \subseteq H$, wenn es für jedes $\mathcal{B} \subseteq \mathcal{H}$ mit $H \subseteq \bigvee \mathcal{B}$ eine endliche Teilmenge $\mathcal{B}_0 \subseteq \mathcal{B}$ gibt mit $H \subseteq \bigvee \mathcal{B}_0$ (hierbei wird das Supremum im vollständigen Verband $(\mathcal{H}, \subseteq)$ genommen).*

Beweis. Sei $H = \mathcal{C}_\mathcal{H}(E)$, mit $E = \{e_1, \ldots, e_n\}$. Für $\mathcal{B} \subseteq \mathcal{H}$ gelte $H \subseteq \bigvee \mathcal{B}$, d. h. $H \subseteq \mathcal{C}_\mathcal{H}(\bigcup \mathcal{B})$. Da $\mathcal{C}_\mathcal{H}$ induktiv ist, gibt es für jedes e_i eine endliche Menge $E_i \subseteq \bigcup \mathcal{B}$ mit $e_i \in \mathcal{C}_\mathcal{H}(E_i)$. Insgesamt gilt also $E \subseteq \mathcal{C}_\mathcal{H}(E_1) \cup \ldots \cup \mathcal{C}_\mathcal{H}(E_n) \subseteq \mathcal{C}_\mathcal{H}(E_1 \cup \ldots \cup E_n)$, woraus $H \subseteq \mathcal{C}_\mathcal{H}(E_1 \cup \ldots \cup E_n)$ folgt. Wegen der Endlichkeit von $E_1 \cup \ldots \cup E_n$ existiert eine endliche Teilmenge $\mathcal{B}_0 \subseteq \mathcal{B}$ mit $E_1 \cup \ldots \cup E_n \subseteq \bigcup \mathcal{B}_0$. Für $\mathcal{B}_0$ gilt dann $H \subseteq \mathcal{C}_\mathcal{H}(\bigcup \mathcal{B}_0)$, was gleichbedeutend ist mit $H \subseteq \bigvee \mathcal{B}_0$.

Für den Beweis der Umkehrung sei nun $H \in \mathcal{H}$, d. h. es gelte $H = \mathcal{C}_\mathcal{H}(H)$. Die Induktivität von $\mathcal{C}_\mathcal{H}$ liefert nun $H = \bigvee \mathcal{B}$, wobei $\mathcal{B} := \{\mathcal{C}_\mathcal{H}(E) \mid E \subseteq H, E \text{ endlich}\}$ gesetzt wurde (tatsächlich gilt sogar $H = \bigcup \mathcal{B}$). Nach Voraussetzung gibt es eine endliche Teilmenge $\mathcal{B}_0 = \{\mathcal{C}_\mathcal{H}(E_1), \ldots, \mathcal{C}_\mathcal{H}(E_n)\}$ von $\mathcal{B}$ (mit endlichen Teilmengen $E_i \subseteq H$), so daß $H = \bigvee \mathcal{B}_0$ gilt. Hieraus folgt $H = \mathcal{C}_\mathcal{H}(\mathcal{C}_\mathcal{H}(E_1) \cup \ldots \cup \mathcal{C}_\mathcal{H}(E_n)) = \mathcal{C}_\mathcal{H}(E_1 \cup \ldots \cup E_n)$, d. h. H wird von der endlichen Menge $E_1 \cup \ldots \cup E_n$ erzeugt. □

Die Aussage von 2.2.11 könnte man etwa so formulieren: Eine Hülle H (eines induktiven Hüllensystems) ist genau dann endlich erzeugt, wenn zu jeder Überdeckung von H eine endliche Teilüberdeckung existiert. Es liegt nahe, eine Hülle mit dieser Eigenschaft *kompakt* zu nennen (in Anlehnung an eine für eine ähnliche Situation in der Topologie übliche Bezeichnungsweise). Hier wird Kompaktheit gleich abstrakt für beliebige vollständige Verbände definiert:

Definition 2.2.12 Es sei $(L, \leq)$ ein vollständiger Verband. Ein Element $a \in L$ heißt **kompakt**, falls es zu jeder Menge $B \subseteq L$ mit $a \leq \bigvee B$ eine endliche Teilmenge $\mathcal{B}_0 \subseteq B$

gibt mit $a \leq \bigvee B_0$. Ein **algebraischer Verband** ist ein vollständiger Verband, in dem jedes Element das Supremum kompakter Elemente ist.

Trivialerweise ist jeder endliche (nichtleere) Verband algebraisch. Der Verband $(\mathbb{N} \cup \{\infty\}, \leq)$ ist algebraisch, da alle Elemente von $\mathbb{N}$ kompakt sind. Der Verband $(\mathbb{R} \cup \{-\infty, +\infty\}, \leq)$ ist nicht algebraisch, da $-\infty$ das einzige kompakte Element ist.

Wichtig ist die folgende Aussage:

Satz 2.2.13 *Für jedes induktive Hüllensystem $\mathcal{H}$ ist $(\mathcal{H}, \subseteq)$ ein algebraischer Verband. Umgekehrt gibt es zu jedem algebraischen Verband $(L, \leq)$ ein induktives Hüllensystem $\mathcal{H}_L$, so daß $(L, \leq)$ und $(\mathcal{H}_L, \subseteq)$ zueinander isomorphe Verbände sind.*

Beweis. In einem induktiven Hüllensystem ist nach Definition jede Hülle das Supremum endlich erzeugter Hüllen, nach 2.2.11 also das Supremum kompakter Elemente. Das zeigt, daß induktive Hüllensysteme algebraische Verbände liefern.

Sei $(L, \leq)$ nun ein algebraischer Verband, und K die Menge der kompakten Elemente von L. Für jedes $a \in L$ sei $H(a) := \{x \in K \mid x \leq a\}$. Dann ist $\mathcal{H}_L := \{H(a) \mid a \in L\}$ ein induktives Hüllensystem auf K, und $H : L \to \mathcal{H}_L$, $a \mapsto H(a)$, der zugehörige Verbandsisomorphismus: Es gilt $K = H(\bigvee L) \in \mathcal{H}_L$. Für $M \subseteq L$ und $\mathcal{B} := \{H(a) \mid a \in M\}$ gilt $\bigcap \mathcal{B} = \{k \in K \mid k \leq a \text{ für alle } a \in M\} = \{k \in K \mid k \leq \bigwedge M\} = H(\bigwedge M) \in \mathcal{H}_L$. Damit ist $\mathcal{H}_L$ als Hüllensystem nachgewiesen. Daß $\mathcal{H}_L$ induktiv ist, sieht man schnell, wenn man zum Hüllenoperator $\mathcal{C} := \mathcal{C}_{\mathcal{H}_L}$ übergeht: Für $X \subseteq K$ gilt $\mathcal{C}(X) = H(\bigvee X) = \{k \in K \mid k \leq \bigvee X\}$. Aus k kompakt, $k \leq \bigvee X$, folgt jedoch die Existenz einer endlichen Teilmenge $E \subseteq X$ mit $k \leq \bigvee E$, d. h. mit $k \in \mathcal{C}(E)$. Daher gilt $\mathcal{C}(X) = \bigcup \{\mathcal{C}(E) \mid E \subseteq X, E \text{ endlich}\}$, womit die Induktivität von $\mathcal{C}$ gezeigt ist, und deshalb auch die von $\mathcal{H}_L$. Die Abbildung H ist nach Definition surjektiv. Sie ist injektiv, da in einem algebraischen Verband jedes Element durch die unter ihm liegenden kompakten Elemente eindeutig bestimmt ist. Offensichtlich sind H und auch H^{-1} ordnungserhaltend, und H ist deshalb ein Verbandsisomorphismus. $\square$

Folgerung 2.2.14 *Ein Verband L ist genau dann isomorph zum Unteralgebrenverband einer Algebra, wenn L algebraisch ist.*

2.3 Anmerkungen zu Kapitel 2

Die große Bedeutung ordnungstheoretischer und speziell verbandstheoretischer Begriffe für die Allgemeine Algebra wurde schon in diesem Kapitel angedeutet. Darüberhinaus ist gerade die Verbandstheorie eine für sich genommen interessante algebraische Disziplin. Hier einige Standardwerke der Ordnungs- und Verbandstheorie:

G. Birkhoff: *Lattice theory*. AMS Colloquium Publications vol. 25, Providence, R.I., dritte Ausgabe, zweite Auflage, 1973.

P. Crawley, R.P. Dilworth: *Algebraic theory of lattices*. Prentice Hall, Englewood Cliffs, 1973.

B. A. Davey, H. A. Priestley: *Introduction to lattices and order*. Cambridge University Press, Cambridge, 1990.

M. Erné: *Einführung in die Ordnungstheorie.* B.I.-Wissenschaftsverlag, Mannheim, 1982.

G. Grätzer: *General lattice theory.* Academic Press, New York, 1978.

Das heute noch aktuelle Buch von G. Birkhoff, dessen erste Ausgabe 1940 erschien, hat wesentlich zur Entwicklung der Verbandstheorie zu einer eigenständigen Disziplin beigetragen. Von diesem Buch, aber auch von anderen Arbeiten Birkhoffs, gingen zahlreiche Anregungen für die Allgemeine Algebra aus. Das Ergebnis von 2.2.14 wurde zuerst bewiesen in:

G. Birkhoff, O. Frink: *Representation of lattices by sets.* Trans. Amer. Math. Soc. **64** (1948), 299–313.

2.4 Aufgaben

1. Bilden die offenen Mengen reeller Zahlen ein Hüllensystem auf $\mathbb{R}$?

2. Überlege, daß es sich bei jedem der folgenden Mengensysteme um ein Hüllensystem handelt, und beschreibe jeweils den zugehörigen Hüllenoperator.

   (a) Die Potenzmenge $\mathcal{P}(A)$ von A,

   (b) die Menge $Eq\,A$ aller Äquivalenzrelationen auf A,

   (c) $\{A\} \cup \{E \subseteq A \mid E \text{ endlich}\}$,

   (d) die konvexen Teilmengen des $\mathbb{R}^n$.

3. Welche Hüllensysteme in Aufgabe 2 sind induktiv? Es sei A dabei immer eine *unendliche* Menge.

4. Für jedes der induktiven Hüllensysteme aus Aufgabe 2 gebe man eine Algebra an, bei der die Grundmengen der Unteralgebren gerade die Hüllen des Hüllensystems sind. Dabei sollten möglichst weniger und einfachere fundamentale Operationen als im Beweis von 2.1.7b gewählt werden.

5. (a) Bestimme alle Untergruppen von $\mathbf{Z}_{12} = (\mathbb{Z}_{12}, +, -, 0)$ und zeichne das Hasse-Diagramm des Verbandes $Sub\,\mathbf{Z}_{12}$.

   (b) Zeichne das Hasse-Diagramm der Halbordnung $T_{12} = (\{1, 2, 3, 4, 6, 12\}, |)$ aller Teiler von 12 (mit $a|b :\Leftrightarrow a$ teilt b).

6. Zeichne die Hasse-Diagramme aller Halbordnungen auf 4 Elementen. Welche dieser Halbordnungen sind Verbände?

7. Zeige, daß $(L, \vee, \wedge)$ mit $L = \{a, b, c, d, e\}$ und den folgenden Operationen ein Verband ist.

$\vee$	a	b	c	d	e
a	a	b	c	d	e
b	b	b	c	d	d
c	c	c	c	d	d
d	d	d	d	d	d
e	e	d	d	d	e

$\wedge$	a	b	c	d	e
a	a	a	a	a	a
b	a	b	b	b	a
c	a	b	c	c	a
d	a	b	c	d	e
e	a	a	a	e	e

Hinweis: Am besten versucht man zuerst, das Hasse-Diagramm des Verbandes zu zeichnen, und prüft dann nach, daß ∨ und ∧ tatsächlich die zugehörigen Verbandsoperationen sind.

8. (a) Beweise: Im vollständigen Verband $(Eq\ A, \subseteq)$ gilt für jede Teilmenge $\mathcal{R} \subseteq Eq\ A$
$$\bigvee \mathcal{R} = \bigcup \{\Theta_1 \circ \ldots \circ \Theta_n \mid n \in \mathbb{N},\ \Theta_i \in \mathcal{R}\}.$$

(b) Beweise jetzt: Für jede Algebra **A** mit Grundmenge A ist $Con\ \mathbf{A}$ ein vollständiger Unterverband von $Eq\ A$.

9. Bestimme die kompakten Elemente der Verbände $(\mathcal{P}(A), \subseteq)$, $(Eq\ A, \subseteq)$ (A eine beliebige Menge) und von $(\mathbb{N} \cup \{\infty\} \cup \{c\}, \leq)$ (siehe folgende Skizze). Welche dieser Verbände sind algebraisch?

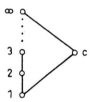

10. Finde eine Algebra **A** mit $Sub\ \mathbf{A} \cong (\mathbb{N} \cup \{\infty\}, \leq)$. Wieviele fundamentale Operationen muß so eine Algebra mindestens haben?

3 Kongruenzrelationen, Galoisverbindungen und Verbände

Die Beziehung zwischen den fundamentalen Operationen und den Kongruenzrelationen einer Algebra (nämlich die *Verträglichkeit*) führt direkt zu einem weiteren wichtigen Denkmuster, das mathematisch im Begriff der *Galoisverbindung* eingefangen wird. Galoisverbindungen stehen in natürlicher Beziehung mit Hüllenoperatoren. In Abschnitt 1 werden Galoisverbindungen vor allem am Beispiel von Kongruenzrelationen und fundamentalen Operationen betrachtet. Der zugehörige Hüllenoperator, der jeder Menge von Äquivalenzrelationen auf einer gegebenen Menge die kleinste umfassende Menge von Kongruenzrelationen zuordnet, wird in Abschnitt 2 auf besonders schöne, aber auch eigenartige Weise mit Hilfe sogenannter *graphischer Kompositionen* beschrieben.

3.1 Galoisverbindungen

Wie stellt man für eine Teilmenge $L \subseteq Eq\, A$ fest, ob es eine Algebra $\mathbf{A}$ gibt mit $L = Con\, \mathbf{A}$? Natürlich muß L ein vollständiger (sogar ein algebraischer) Unterverband von $Eq\, A$ sein. Für die weiteren Überlegungen ist es praktisch, nur einstellige Algebren zu betrachten, d. h. Algebren, deren sämtliche fundamentale Operationen einstellig sind. Wegen 1.4.8 ist das keine Einschränkung, denn zu jeder Algebra (A, F) gibt es eine einstellige Algebra (A, D) mit $Con\, (A, F) = Con\, (A, D)$.

Definition 3.1.1 Es sei A eine Menge, und $L \subseteq Eq\, A$. Eine mit allen $\Theta \in L$ verträgliche einstellige Operation $f : A \to A$ heißt **Dilatation** von L. Die Menge aller Dilatationen von L wird mit $\mathcal{D}(L)$ bezeichnet. Für eine Algebra $\mathbf{A}$ nennt man die Dilatationen von $Con\, \mathbf{A}$ auch **(einstellige) zulässige Operationen** von $\mathbf{A}$.

Für jede Menge D einstelliger Operationen auf A sei umgekehrt $\mathcal{L}(D) := Con\, (A, D)$, d. h. $\mathcal{L}(D)$ ist die Menge der mit allen $f \in D$ verträglichen $\Theta \in Eq\, A$.

Für jede Teilmenge $L \subseteq Eq\, A$ ist offenbar $(A, \mathcal{D}(L))$ eine Algebra mit $L \subseteq Con\, (A, \mathcal{D}(L)) = \mathcal{L}(\mathcal{D}(L))$, und $\mathcal{L}(\mathcal{D}(L))$ ist die kleinste L umfassende Menge der Form $Con\, \mathbf{A}$. Hieraus folgt unmittelbar:

Satz 3.1.2 *Es sei A eine Menge. Dann wird durch*
$$[L] := \mathcal{L}(\mathcal{D}(L))$$
ein Hüllenoperator $[\ ]$ auf $Eq\, A$ definiert. Eine Teilmenge $L \subseteq Eq\, A$ ist genau dann die Menge aller Kongruenzrelationen einer Algebra, wenn $[L] = L$, d. h. wenn L $[\ ]$-abgeschlossen ist.

Die Tatsache, daß $[\ ]$ ein Hüllenoperator ist, folgt übrigens auch aus den Sätzen 3.1.4 bis 3.1.6, die anschließend bewiesen werden. Eine zu 3.1.2 analoge Aussage gilt natürlich auch für Mengen einstelliger Operationen auf A: Eine Menge D einstelliger Operationen auf A ist genau dann die Menge aller einstelligen zulässigen Operationen einer Algebra, wenn $\mathcal{D}(\mathcal{L}(D)) = D$, d. h. wenn D unter dem Hüllenoperator $\mathcal{DL}$ abgeschlossen ist.

In der folgenden Definition wird für die eben angestellten Überlegungen der passende allgemeine Rahmen geschaffen:

Definition 3.1.3 Eine **Galoisverbindung** zwischen den Mengen A und B ist ein Paar (σ, τ) von Abbildungen $\sigma : \mathcal{P}(A) \to \mathcal{P}(B)$ und $\tau : \mathcal{P}(B) \to \mathcal{P}(A)$, so daß für alle $X, X' \subseteq A$ und alle $Y, Y' \subseteq B$ die folgenden Bedingungen erfüllt sind:

(i) $\left.\begin{array}{l} X \subseteq X' \;\Rightarrow\; \sigma(X) \supseteq \sigma(X') \\ Y \subseteq Y' \;\Rightarrow\; \tau(Y) \supseteq \tau(Y') \end{array}\right\}$ (Antitonie),

(ii) $\left.\begin{array}{l} X \subseteq \tau\sigma(X) \\ Y \subseteq \sigma\tau(Y) \end{array}\right\}$ (Extensivität).

Die zu einer Ordnung $\leq$ **duale Ordnung** $\leq^\delta$ ist definiert durch $x \leq^\delta y :\Leftrightarrow y \leq x$. Anstelle von $(G, \leq^\delta)$ schreibt man vereinfachend oft G^δ. Man kann sich das Hasse-Diagramm von G^δ als das „auf den Kopf gestellte" Hasse-Diagramm von G vorstellen. Ein **dualer Isomorphismus** der geordneten Mengen G und H ist definiert als ein Isomorphismus von G und H^δ. Man nennt G und H dann **dual isomorph**.

Jetzt kann der folgende grundlegende Satz für Galoisverbindungen formuliert werden:

Satz 3.1.4 *Das Paar (σ, τ) von Abbildungen $\sigma : \mathcal{P}(A) \to \mathcal{P}(B)$ und $\tau : \mathcal{P}(B) \to \mathcal{P}(A)$ sei eine Galoisverbindung zwischen A und B. Dann gilt:*

a) Die Abbildungen $\tau\sigma$ und $\sigma\tau$ sind Hüllenoperatoren auf A bzw. B.

b) Die $\tau\sigma$-abgeschlossenen Mengen sind genau die Mengen der Form $\tau(Y)$, $Y \subseteq B$. Die $\sigma\tau$-abgeschlossenen Mengen sind genau die Mengen der Form $\sigma(X)$, $X \subseteq A$.

c) Es seien $\mathcal{H}_{\tau\sigma}$ und $\mathcal{H}_{\sigma\tau}$ die $\tau\sigma$ und $\sigma\tau$ zugeordneten Hüllensysteme. Die Verbände $(\mathcal{H}_{\tau\sigma}, \subseteq)$ und $(\mathcal{H}_{\sigma\tau}, \subseteq)$ sind dual isomorph, und σ und τ sind zueinander inverse duale Isomorphismen dieser Verbände.

Beweis. a) Die Extensivität von $\sigma\tau$ und $\tau\sigma$ steht in 3.1.3(ii), und die Monotonie folgt aus (i). Für alle $X \subseteq A$ gilt $X \subseteq \tau\sigma(X)$ nach (ii), und wegen (i) deshalb $\sigma(X) \supseteq \sigma\tau\sigma(X)$. Aus (ii) folgt andererseits $\sigma(X) \subseteq \sigma\tau(\sigma(X))$. Also gilt für alle $X \subseteq A$, und entsprechend für alle $Y \subseteq B$:

$(*)$ $\qquad\qquad\qquad \sigma(X) = \sigma\tau\sigma(X), \; \tau(Y) = \tau\sigma\tau(Y).$

Hieraus erhält man sofort $\tau\sigma(\tau\sigma(X)) = \tau\sigma(X)$, d.h. die Idempotenz von $\tau\sigma$, und entsprechend die Idempotenz von $\sigma\tau$.

b) Jede $\tau\sigma$-abgeschlossene Menge ist von der Form $\tau\sigma(X) = \tau(Y)$, mit $Y := \sigma(X)$. Umgekehrt ist jede Menge der Form $\tau(Y)$ wegen $(*)$ $\tau\sigma$-abgeschlossen. Analog schließt man für $\sigma\tau$-abgeschlossene Mengen.

c) Wegen b) gilt $\mathcal{H}_{\tau\sigma} = \{\tau(Y) \mid Y \subseteq B\}$ und $\mathcal{H}_{\sigma\tau} = \{\sigma(X) \mid X \subseteq A\}$, also $\sigma(\mathcal{H}_{\tau\sigma}) = \mathcal{H}_{\sigma\tau}$ und $\tau(\mathcal{H}_{\sigma\tau}) = \mathcal{H}_{\tau\sigma}$. Wegen 3.1.3(i) sind σ und τ ordnungsumkehrend, und daher auch die Einschränkungen dieser Abbildungen auf $\mathcal{H}_{\tau\sigma}$ bzw. $\mathcal{H}_{\sigma\tau}$. Aus der Idempotenz von $\tau\sigma$ folgt, daß $\tau\sigma$ auf $\mathcal{H}_{\tau\sigma}$ als identische Abbildung operiert, und entprechend sieht man, daß $\sigma\tau$ die Identität auf $\mathcal{H}_{\sigma\tau}$ ist. Also sind die Abbildungen $\sigma : \mathcal{H}_{\tau\sigma} \to \mathcal{H}_{\sigma\tau}$ und $\tau : \mathcal{H}_{\sigma\tau} \to \mathcal{H}_{\tau\sigma}$ bijektiv und invers zueinander, d.h. σ und τ sind Isomorphismen der Verbände $(\mathcal{H}_{\tau\sigma}, \subseteq)$ und $(\mathcal{H}_{\sigma\tau}, \subseteq^\delta)$ (siehe Bemerkung 2.2.9). Hieraus folgt die Behauptung von c). $\square$

3.1 Galoisverbindungen

Unter einer **Relation** zwischen den Mengen A und B versteht man eine Teilmenge $R \subseteq A \times B$. Man erhält Galoisverbindungen oft mit Hilfe solcher Relationen:

Satz 3.1.5 *Es sei $R \subseteq A \times B$ eine Relation zwischen A und B. Die Abbildungen $\sigma : \mathcal{P}(A) \to \mathcal{P}(B)$ und $\tau : \mathcal{P}(B) \to \mathcal{P}(A)$ seien definiert durch*

$$\sigma(X) := \{y \in B \mid \forall x \in X : (x,y) \in R\},$$
$$\tau(Y) := \{x \in A \mid \forall y \in Y : (x,y) \in R\}.$$

Dann ist das Paar (σ, τ) eine Galoisverbindung zwischen A und B.

Beweis. Sei $X \subseteq X' \subseteq A$ und $y \in \sigma(X')$. Dann gilt $(x,y) \in R$ für alle $x \in X'$, also erst recht für alle $x \in X$. Hieraus folgt $y \in \sigma(X)$, d. h. $\sigma(X') \subseteq \sigma(X)$. Daher ist σ eine antitone Abbildung. Die Extensivität von $\tau\sigma$ folgt aus $\tau\sigma(X) = \{x \in A \mid \forall y \in \sigma(X) : (x,y) \in R\}$, da jedes $x \in X$ für alle $y \in \sigma(X)$ die Bedingung $(x,y) \in R$ erfüllt. Die Symmetrie in den Voraussetzungen liefert automatisch die Antitonie von τ und die Extensivität von $\sigma\tau$. □

Dieser Beweis benutzt ganz ähnliche Argumente, wie sie in etwas speziellerer Form für Satz 3.1.2 benötigt wurden. Die dort verwendete Relation war gerade „$\Theta \in Eq\,A$ ist *verträglich* mit $f \in Op_1(A)$". Insbesondere gilt:

Satz 3.1.6 *Für jede Menge A ist das in 3.1.1 definierte Paar $(\mathcal{D}, \mathcal{L})$ von Abbildungen eine Galoisverbindung zwischen $Eq\,A$ und $Op_1(A)$.*

Das vielleicht bekannteste Beispiel einer Galoisverbindung tritt in der Theorie der Körpererweiterungen auf:

Beispiel 3.1.7 Es sei L ein Körper, K ein Unterkörper von L, und $G := \{\varphi \in Aut(L) \mid \varphi x = x$ für alle $x \in K\}$ die Gruppe derjenigen Automorphismen von L, die K elementweise festlassen. Die folgende Relation R (und Satz 3.1.5) liefert dann die klassische Galoisverbindung zwischen G und L:

$$(\varphi, x) \in R :\Leftrightarrow \varphi x = x.$$

Auf diese Weise kann man die Zwischenkörper von K und L mit gruppentheoretischen Methoden untersuchen. Dies geht besonders gut bei sog. **galoisschen** Körpererweiterungen, d. h. wenn G endlich ist, und die Zwischenkörper von K und L genau den Untergruppen von G entsprechen (mit dem dualen Isomorphismus aus 3.1.4c).

In Kapitel 6 wird die Galoisverbindung der Gleichungstheorie betrachtet werden, während im folgenden Abschnitt die Galoisverbindung $(\mathcal{D}, \mathcal{L})$ aus 3.1.6 Verwendung findet.

3.2 Graphische Kompositionen

Satz 3.1.2 liefert für jede Menge A eine *externe* Charakterisierung der Hüllensysteme der Form $Con\,\mathbf{A}$ („extern" deshalb, weil man in 3.1.2 die Menge $Eq\,A$ vorübergehend verläßt und zu $Op_1(A)$ übergeht). Es fehlt noch eine *interne* Charakterisierung dieser Hüllensysteme, d. h. eine Charakterisierung, die sich ganz innerhalb eines vorgegebenen Hüllensystems abspielt. In diesem Abschnitt soll die von H. Werner 1974 hierfür entwickelte Methode wiedergegeben werden. Für diese Methode benötigt man als Hilfsmittel einige Begriffe aus der Graphentheorie.

Definition 3.2.1 Ein **Graph** ist ein Paar $G = (E, K)$, bestehend aus einer Menge E und einer Menge $K \subseteq \mathcal{P}_2(E)$ zweielementiger Teilmengen von E. Die Elemente von E heißen **Ecken** von G, und die von K **Kanten** von G. Anstelle von E und K schreibt man oft $E(G)$ bzw. $K(G)$. Unter einer **Eckenbewertung** von G mit den Werten aus einer Menge S versteht man eine Abbildung $s : E \to S$, und unter einer **Kantenbewertung** mit Werten aus T eine Abbildung $t : K \to T$.

Wie der Name schon andeutet, kann man Graphen oft graphisch darstellen: Für jede Ecke des Graphen zeichnet man einen Punkt oder kleinen Kreis, und man verbindet zwei Kreise durch eine Linie, wenn die zugehörigen Ecken gemeinsam eine Kante des Graphen bilden. Natürlich kann man außerdem noch an den Ecken bzw. Kanten eventuelle Bewertungen vermerken. Abbildung 3.1 zeigt ein Bild des Graphen $G = (E, K)$ mit $E = \{0, 1, 2, 3\}$, $K = \{\{0,2\}, \{0,3\}, \{1,2\}, \{1,3\}, \{2,3\}\}$. Durch

x	$\{0,2\}$	$\{0,3\}$	$\{1,2\}$	$\{1,3\}$	$\{2,3\}$
φx	β	γ	γ	β	α

erhält man eine Kantenbewertung φ des Graphen mit Symbolen aus $\{\alpha, \beta, \gamma\}$. Dieses Beispiel wird sich wie ein roter Faden durch den ganzen Abschnitt ziehen.

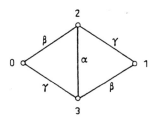

Abb. 3.1

Man beachte, daß Definition 3.2.1 weder gerichtete Kanten, noch Mehrfachkanten, noch Schleifen (d. h. Kanten von einer Ecke zu sich selbst) zuläßt. Für das Ziel dieses Abschnitts sind *graphische Kompositionen* von entscheidender Bedeutung:

Definition 3.2.2 Es sei G ein Graph, A eine Menge, und $\varphi : K(G) \to Eq\,A$ eine Kantenbewertung von G mit Äquivalenzrelationen auf A. Eine Eckenbewertung $f : E(G) \to A$ heißt mit der Kantenbewertung φ **verträglich**, falls

$$\{x, y\} \in K(G) \Rightarrow (fx, fy) \in \varphi\{x, y\}$$

3.2 Graphische Kompositionen

für alle $x, y \in E(G)$, $x \neq y$. Jetzt werden außer der Kantenbewertung φ noch zwei Ecken 0 und 1 von G ausgewählt. Man erhält dann eine zweistellige Relation auf A durch

$$S_{G,0,1}(\varphi) := \{(f0, f1) \mid f : E(G) \to A, f \text{ mit } \varphi \text{ verträglich}\}.$$

Schließlich sei $P_{G,0,1}(\varphi)$ die kleinste $S_{G,0,1}(\varphi)$ umfassende Äquivalenzrelation von $Eq\,A$, d. h.

$$P_{G,0,1}(\varphi) := \Theta_{Eq\,A}(S_{G,0,1}(\varphi)).$$

Jede Kantenbewertung $\varphi : K(G) \to Eq\,A$ entspricht einem $|K(G)|$-Tupel mit Werten aus $Eq\,A$. Daher ist $P_{G,0,1}$ eine $|K(G)|$-stellige Operation auf $Eq\,A$, genannt **graphische Komposition**.

In Satz 3.2.5 wird sich herausstellen, daß ein vollständiger Unterverband L von $Eq\,A$ genau dann die Menge aller Kongruenzrelationen einer Algebra ist, wenn L unter allen graphischen Kompositionen abgeschlossen ist. Man macht sich die auf den ersten Blick vielleicht kompliziert aussehende Definition 3.2.2 am besten an einem Beispiel klar:

Beispiel 3.2.3 Es sei $A = \{a, b, c, d\}$, und α, β, γ seien die folgendermaßen durch ihre Äquivalenzklassen definierten Äquivalenzrelationen auf A:

$$\alpha : \{a, b\}, \{c\}, \{d\},$$
$$\beta : \{a, c\}, \{b, d\},$$
$$\gamma : \{a, d\}, \{b, c\}.$$

Betrachtet man den Graphen aus Abbildung 3.1, auf den Kanten mit den eben definierten Äquivalenzrelationen α, β, γ bewertet, dann erhält man die folgenden damit verträglichen Eckenbewertungen:

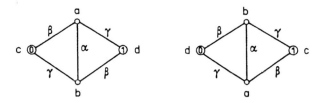

Abb. 3.2

Alle weiteren verträglichen Eckenbewertungen sind konstant. Daher hat $\delta := P_{G,0,1}(\varphi)$ die folgenden Äquivalenzklassen:

$$\delta : \{a\}, \{b\}, \{c, d\}.$$

Oft werden spezielle graphische Kompositionen betrachtet: Es sei A eine Menge, und L ein vollständiger Unterverband von $Eq\,A$ (auf solche L kann man sich bei der Suche nach Kongruenzverbänden beschränken). Dann existiert für alle $x, y \in A$ die kleinste das Paar

(x,y) enthaltende Äquivalenzrelation $\Theta_L(x,y) \in L$. Mit A^* wird der Graph $(A, \mathcal{P}_2(A))$ bezeichnet, d. h. der **vollständige Graph** auf A, und $\lambda : \mathcal{P}_2(A) \to L$ sei die durch

$$\lambda\{x,y\} := \Theta_L(x,y)$$

definierte Bewertung von A^*. Die graphischen Kompositionen der Form $P_{A^*,a,b}$ spielen in 3.2.5 eine wichtige Rolle, wofür das folgende Ergebnis benötigt wird:

Hilfssatz 3.2.4 *Es sei A eine Menge, und L ein vollständiger Unterverband von Eq A. Dann gilt:*

a) Die mit der oben definierten Kantenbewertung λ des vollständigen Graphen A^* verträglichen Eckenbewertungen sind genau die Abbildungen $f \in \mathcal{D}(L)$, d. h. die Dilatationen von L.

b) Für alle $a, b \in A$ gilt

$$S_{A^*,a,b}(\lambda) = \{(fa, fb) \mid f \in \mathcal{D}(L)\}.$$

Beweis. a) Eine Abbildung $f : A \to A$ ist genau dann mit λ verträglich, wenn $(fx, fy) \in \Theta_L(x,y)$ für alle $x, y \in A$ gilt. Die Dilatationen von L haben diese Eigenschaft, da sie insbesondere mit allen $\Theta_L(x,y)$ verträglich sind. Sei umgekehrt f eine mit λ verträgliche Eckenbewertung, und sei $(x,y) \in \Theta$, mit $x,y \in A$ und $\Theta \in L$. Dann gilt $\Theta_L(x,y) \subseteq \Theta$, und deshalb $(fx, fy) \in \Theta_L(x,y) \subseteq \Theta$, d. h. $f \in \mathcal{D}(L)$.

b) folgt unmittelbar aus a). □

Satz 3.2.5 *Es sei A eine Menge, und L ein vollständiger Unterverband von Eq A. Dann sind die folgenden Aussagen äquivalent:*

(i) L ist die Menge der Kongruenzrelationen einer Algebra,
(ii) L ist abgeschlossen unter allen graphischen Kompositionen,
(iii) für alle $a, b \in A$ gilt $P_{A^*,a,b}(\lambda) \in L$ (hierbei bezeichnet λ die vor 3.2.4 definierte Kantenbewertung).

Beweis. (i)⇒(ii): Sei $L = \text{Con}\,(A, D)$, wobei D nur aus einstelligen Operationen besteht. Es ist zu zeigen, daß $P_{G,0,1}(\varphi)$ mit allen $f \in D$ verträglich ist, für jede graphische Komposition $P_{G,0,1}$ und jede Kantenbewertung φ von G mit Werten aus L. Sei $(x,y) \in P_{G,0,1}(\varphi)$, d. h. (x,y) sei in der symmetrischen und transitiven Hülle von $S_{G,0,1}(\varphi)$ enthalten. Dann gibt es $x_0, x_1, \ldots, x_n \in A$ mit $x = x_0$, $y = x_n$, und der Eigenschaft, daß für $i = 0, 1, \ldots, n-1$ immer mindestens eins der Paare (x_i, x_{i+1}) oder (x_{i+1}, x_i) in $S_{G,0,1}(\varphi)$ enthalten ist. Also gibt es für jedes i eine mit φ verträgliche Eckenbewertung f_i von G mit

$$\{f_i(0), f_i(1)\} = \{x_i, x_{i+1}\}.$$

Für $f \in D$ sind aber auch alle ff_i mit φ verträgliche Eckenbewertungen, und es gilt

$$\{ff_i(0), ff_i(1)\} = \{f(x_i), f(x_{i+1})\}.$$

Daher ist für alle i immer mindestens eins der Paare $(f(x_i), f(x_{i+1}))$ und $(f(x_{i+1}), f(x_i))$ in $S_{G,0,1}(\varphi)$ enthalten. Es folgt $(f(x), f(y)) = (f(x_0), f(x_n)) \in P_{G,0,1}(\varphi)$.

(ii)⇒(iii) ist trivial.

3.2 Graphische Kompositionen

(iii)⇒(i): Es ist nachzuweisen, daß aus $\Theta \in [L]$ immer $\Theta \in L$ folgt (wobei [ ] der Hüllenoperator aus 3.1.2 ist). Nach Definition von [ ] ist $\Theta \in [L]$ mit allen $f \in \mathcal{D}(L)$ verträglich, d. h. aus $(a,b) \in \Theta$ folgt $(fa, fb) \in \Theta$. Daher gilt

$$\begin{aligned}\Theta &= \bigcup_{(a,b)\in\Theta} \bigcup_{f\in\mathcal{D}(L)} \{(fa, fb)\} \\ &= \bigcup_{(a,b)\in\Theta} S_{A^*,a,b}(\lambda) \qquad \text{wegen 3.2.4b,} \\ &= \bigcup_{(a,b)\in\Theta} P_{A^*,a,b}(\lambda) \qquad \text{da } \Theta \text{ eine } S_{A^*,a,b}(\lambda) \text{ umfassende Äquivalenzrelation ist.}\end{aligned}$$

Da alle $P_{A^*,a,b}(\lambda)$ in L enthalten sind, und da L unter der Bildung beliebiger Suprema abgeschlossen ist, folgt $\Theta \in L$. □

Bei Anwendungen von Satz 3.2.5 braucht man wegen Aussage (iii) nicht beliebig viele graphische Kompositionen zu betrachten. In der Regel wird man aber auch nicht alle $P_{A^*,a,b}(\lambda)$ berechnen, sondern nur bestimmte möglichst kleine Graphen verwenden, und zwar solche, die als „Muster" in der Menge $L \subseteq Eq\,A$ auftreten (vgl. Aufgaben 9 und 10 am Ende dieses Kapitels). Die Methode von 3.2.5 eignet sich daher vor allem zum Nachweis, daß die Menge L *nicht* von der Form $Con\,\mathbf{A}$ ist.

Zur Illustration von 3.2.5 wird Beispiel 3.2.3 weiter bearbeitet:

Beispiel 3.2.6 Es gelten weiter die Bezeichnungen aus 3.2.3. Wegen 3.2.5 ist $L := \{\alpha, \beta, \gamma, \Delta_A, \nabla_A\}$ nicht die Menge der Kongruenzrelationen einer Algebra, da die Hülle $[L]$ mindestens noch δ enthalten muß. Da $[L]$ ein Verband ist, gilt auch $\varepsilon := \alpha \vee \delta \in [L]$, wobei ε die folgenden Äquivalenzklassen hat:

$$\varepsilon: \{a,b\}, \{c,d\}.$$

Die Abbildung $f : A \to A$ sei definiert durch:

x	a	b	c	d
fx	b	a	d	c

Man überzeugt sich leicht, daß $Con\,(A, f) = \{\alpha, \beta, \gamma, \delta, \varepsilon, \Delta_A, \nabla_A\}$ gilt (siehe Abbildung 3.3).

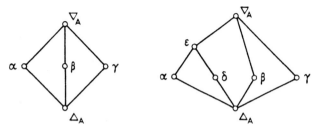

Abb. 3.3

Genau wie Unteralgebrenverbände lassen sich auch Kongruenzverbände abstrakt verbandstheoretisch charakterisieren, und zwar ebenfalls genau als die algebraischen Verbände:

Satz 3.2.7 *Ein Verband ist genau dann isomorph zum Kongruenzverband einer Algebra, wenn er algebraisch ist.*

Daß jeder Kongruenzverband algebraisch ist, folgt direkt aus 2.1.8 und 2.2.13. Der Beweis der Umkehrung, die 1963 von G. Grätzer und E. T. Schmidt gefunden wurde, sprengt bei weitem den Rahmen dieses Buches.

3.3 Anmerkungen zu Kapitel 3

Das große Interesse der Allgemeinen Algebra an Kongruenzverbänden liegt teilweise in deren Bedeutung für strukturelle Untersuchungen (Birkhoff nennt Kongruenzverbände „structure lattices"). Hier eine kleine Auswahl von Publikationen zu diesem Themenkreis:

G. Grätzer, E.T. Schmidt: *Characterizations of congruence lattices of abstract algebras.* Acta Sci. Math. Szeged **24** (1963), 34–59.

Th. Ihringer: *Congruence lattices of finite algebras: the characterization problem and the role of binary operations.* Algebra-Berichte 53, Fischer, München, 1986.

B. Jónsson: *Topics in universal algebra.* Lecture Notes in Mathematics 250, Springer, Berlin, 1972.

P. Pudlák: *A new proof of the congruence lattice representation theorem.* Algebra Universalis **6** (1976), 269–275.

H. Werner: *Which partition lattices are congruence lattices?* In: Coll. Math. Soc. Janos Bolyai, 14. Lattice theory, Szeged (Hungary), 1974.

R. Wille: *Kongruenzklassengeometrien.* Lecture Notes in Mathematics 113, Springer, Berlin, 1970.

Satz 3.2.5 steht in der zitierten Arbeit von H. Werner. Satz 3.2.7 wurde zuerst in der Arbeit von G. Grätzer und E. T. Schmidt bewiesen. Man kann den Beweis von 3.2.7 auch in Grätzers Buch „Universal algebra" nachlesen (vgl. Einleitung), und in o. g. Buch von B. Jónsson, das noch weitere interessante Informationen zu Kongruenzverbänden enthält. In P. Pudláks Arbeit findet man einen etwas einfacheren Beweis von 3.2.7. Einen Überblick über Ergebnisse zur Darstellung von Verbänden durch Kongruenzverbände gibt mein Artikel. R. Wille hat in seinem Buch die Systeme von Kongruenzklassen einer Algebra untersucht, und dabei vor allem geometrische Aspekte in den Vordergrund gestellt (die Kongruenzklassen sind *Geraden* und die Elemente der Grundmenge der Algebra *Punkte*).

3.4 Aufgaben

1. Die Algebra (A, f) sei definiert durch $A := \{1, 2, 3, 4, 5\}$ und $f(x, y) := max\{x, y\}$.

    (a) Bestimme sämtliche Hauptkongruenzen von (A, f), d. h. die Kongruenzrelationen der Form $\Theta(a, b)$ mit $a, b \in A$, $a \neq b$.

    (b) Bestimme jetzt *alle* Kongruenzrelationen von (A, f) und zeichne ein Hasse-Diagramm von $Con\,(A, f)$.

3.4 Aufgaben

2. Überlege: Durch die Angabe der Hauptkongruenzen einer Algebra **A** sind alle Kongruenzrelationen von **A** schon eindeutig festgelegt.

3. Bestimme $Con\ \mathbf{M}_3$ und $Con\ \mathbf{N}_5$ für die Verbände $\mathbf{M}_3$ und $\mathbf{N}_5$ aus Abbildung 6.2 (in Kapitel 6).

4. Sei **L** ein Verband, $\Theta \in Con\ \mathbf{L}$, $(a,b) \in \Theta$. Zeige, daß dann $[a \wedge b, a \vee b] \subseteq [a]\Theta$ gilt.

5. Zeige: Für jede Gruppe $(G, \cdot, ^{-1}, e)$ gilt $Con\ (G, \cdot, ^{-1}, e) = Con\ (G, \cdot)$.

6. Es seien α und β die Äquivalenzrelationen auf $A = \{a,b,c,d\}$ mit den folgenden Äquivalenzklassen:
$$\alpha:\ \{a,b\}, \{c\}, \{d\}$$
$$\beta:\ \{a,c\}, \{b,d\}$$

   (a) Bestimme $\mathcal{D}(\{\alpha, \beta\})$ und $\mathcal{L}(\mathcal{D}(\{\alpha, \beta\}))$.

   (b) Gibt es eine Algebra **A** mit $Con\ \mathbf{A} = \{\alpha, \beta, \Delta, \nabla\}$?

7. Für $U \subseteq \mathbb{R}^n$ sei $\sigma(U) := \{\vec{x} \in \mathbb{R}^n \mid \vec{x} \perp \vec{u}\ \text{für alle}\ \vec{u} \in U\}$.

   (a) Zeige: Das Paar (σ, σ) ist eine Galoisverbindung zwischen $\mathbb{R}^n$ und $\mathbb{R}^n$.

   (b) Wie sehen die abgeschlossenen Mengen bzgl. des Hüllenoperators $\sigma\sigma$ aus?

8. Die Relation $R \subseteq \mathbb{P} \times \mathbb{N}$ zwischen der Menge $\mathbb{P} = \{2,3,5,7,11,\ldots\}$ aller positiven Primzahlen und $\mathbb{N}$ sei definiert durch
$$(p,n) \in R :\Leftrightarrow p\ \text{teilt}\ n.$$

Nach Satz 3.1.5 wird durch R eine Galoisverbindung (σ, τ) zwischen $\mathbb{P}$ und $\mathbb{N}$ definiert, mit Abbildungen $\sigma : \mathcal{P}(\mathbb{P}) \to \mathcal{P}(\mathbb{N})$ und $\tau : \mathcal{P}(\mathbb{N}) \to \mathcal{P}(\mathbb{P})$.

   (a) Bestimme die Mengen $\sigma(\{2,3\})$, $\tau\sigma(\{2,3\})$, $\tau(\{8,12\})$, $\sigma\tau(\{8,12\})$.

   (b) Beschreibe jetzt allgemein die Wirkung der Hüllenoperatoren $\tau\sigma$ und $\sigma\tau$ auf $\mathbb{P}$ bzw. $\mathbb{N}$.

9. Der Graph G und die Kantenbewertung φ seien wie in Abbildung 3.1 gewählt. Die Äquivalenzrelationen α, β, γ seien durch die Angabe ihrer Äquivalenzklassen beschrieben:

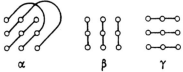

   (a) Bestimme die Äquivalenzrelation $P_{G,0,1}(\varphi)$.

   (b) Sei $\delta := P_{G,0,1}(\varphi)$. Gibt es eine Algebra **A** mit $Con\ \mathbf{A} = \{\alpha, \beta, \gamma, \delta, \Delta, \nabla\}$?

10. Bestimme $[\alpha, \beta, \gamma] = \mathcal{L}(\mathcal{D}(\alpha, \beta, \gamma))$ für die folgenden Äquivalenzrelationen auf $\mathbb{Z}_p^{\ 2}$ (p prim):

$$\alpha := \{((a,b),(c,d)) \mid a,b,c,d \in \mathbb{Z}_p,\ a-c = b-d\},$$
$$\beta := \{((a,b),(c,d)) \mid a,b,c,d \in \mathbb{Z}_p,\ a = c\},$$
$$\gamma := \{((a,b),(c,d)) \mid a,b,c,d \in \mathbb{Z}_p,\ b = d\}.$$

Hinweis: In Aufgabe 9 wurde der Spezialfall $p = 3$ betrachtet. Man kommt wie in Aufgabe 9 wieder mit dem Graphen aus Abbildung 3.1 aus. Allerdings muß man sukzessive verschiedene Kantenbewertungen φ verwenden.

11. Finde Algebren **A** und **B** mit $Con\ \mathbf{A} \cong \mathbf{M}_3$ bzw. $Con\ \mathbf{B} \cong \mathbf{N}_5$ (wobei $\mathbf{M}_3$ und $\mathbf{N}_5$ wieder die Verbände aus Abbildung 6.2 bezeichnen).

12. Finde eine Algebra **A** mit $Con\ \mathbf{A} \cong (\mathbb{N} \cup \{\infty\}, \leq)$.

4 Homomorphie- und Isomorphiesätze

In Kapitel 1 wurden grundlegende Ergebnisse über Homomorphismen und Kongruenzrelationen bereitgestellt, und gezeigt, daß beide Konzepte eng miteinander zusammenhängen (Folgerung 1.4.14). Diese Überlegungen sollen hier vertieft werden: In Abschnitt 1 werden die aus der Gruppen- und der Ringtheorie bekannten *Homomorphie-* und *Isomorphiesätze* unmittelbar in die Sprache der Allgemeinen Algebra übersetzt. In Abschnitt 2 werden dann die Kongruenzrelationen von Faktoralgebren beschrieben.

4.1 Homomorphie- und Isomorphiesätze

Jeder Homomorphismus kann zerlegt werden in einen surjektiven Homomorphismus, einen Isomorphismus und einen injektiven Homomorphismus:

Satz 4.1.1 (Homomorphiesatz) *Es sei $\varphi : \mathbf{A} \to \mathbf{B}$ ein Homomorphismus von Algebren, mit $\Theta := \operatorname{Kern} \varphi$. Dann gibt es eine Zerlegung*

$$\varphi = i \circ \varphi' \circ \pi_\Theta,$$

wobei $\pi_\Theta : \mathbf{A} \to \mathbf{A}/\Theta$ der kanonische Homomorphismus bzgl. Θ ist, $i : \varphi\mathbf{A} \to \mathbf{B}$ die Inklusionsabbildung (definiert durch $i(x) := x$ für alle $x \in \varphi A$), und

$$\varphi' : \mathbf{A}/\Theta \to \varphi\mathbf{A}$$

ein Isomorphismus.

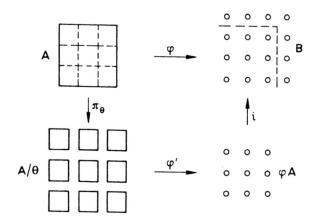

Abb. 4.1

Beweis. Es gilt genau dann $\varphi = i \circ \varphi' \circ \pi_\Theta$, wenn man für alle $a \in A$

$$\varphi'([a]\Theta) := \varphi a$$

definiert. Man sieht leicht, daß φ' bijektiv ist. Sei f ein n-stelliges Operationssymbol, und $a_1, \ldots, a_n \in A$. Dann gilt

$$\begin{aligned}
\varphi'(f_{\mathbf{A}/\Theta}([a_1]\Theta, \ldots, [a_n]\Theta)) &= \varphi'([f_{\mathbf{A}}(a_1, \ldots, a_n)]\Theta) \\
&= \varphi(f_{\mathbf{A}}(a_1, \ldots, a_n)) \\
&= f_{\mathbf{B}}(\varphi a_1, \ldots, \varphi a_n) \\
&= f_{\varphi\mathbf{A}}(\varphi a_1, \ldots, \varphi a_n) \\
&= f_{\varphi\mathbf{A}}(\varphi'([a_1]\Theta), \ldots, \varphi'([a_n]\Theta)).
\end{aligned}$$

Dies zeigt, daß φ' sogar ein Isomorphismus ist. □

Der eben bewiesene Satz, zusammen mit 1.4.14, zeigt, daß eine Algebra genau dann das homomorphe Bild einer Algebra $\mathbf{A}$ ist, wenn sie isomorph zu einer Faktoralgebra von $\mathbf{A}$ ist.

Definition 4.1.2 Es sei A eine Menge, und $\Theta, \Psi \in Eq\, A$ seien Äquivalenzrelationen mit $\Theta \subseteq \Psi$. Dann sei

$$\Psi/\Theta := \{([a]\Theta, [b]\Theta) \in (A/\Theta)^2 \mid (a,b) \in \Psi\}.$$

Offensichtlich gilt $\Psi/\Theta \in Eq\,(A/\Theta)$. Es gilt sogar:

Bemerkung 4.1.3 *Sei $\mathbf{A}$ eine Algebra, $\Theta, \Psi \in Con\, \mathbf{A}$, $\Theta \subseteq \Psi$. Dann ist Ψ/Θ eine Kongruenzrelation von $\mathbf{A}/\Theta$.*

Beweis. Es sei f ein n-stelliges Operationssymbol, und es gelte $([a_i]\Theta, [b_i]\Theta) \in \Psi/\Theta$, für $i = 1, \ldots, n$. Dann gilt $(a_i, b_i) \in \Psi$, und deshalb

$$(f_{\mathbf{A}}(a_1, \ldots, a_n), f_{\mathbf{A}}(b_1, \ldots, b_n)) \in \Psi,$$

d. h.

$$([f_{\mathbf{A}}(a_1, \ldots, a_n)]\Theta, [f_{\mathbf{A}}(b_1, \ldots, b_n)]\Theta) \in \Psi/\Theta.$$

Hieraus folgt

$$(f_{\mathbf{A}/\Theta}([a_1]\Theta, \ldots, [a_n]\Theta), f_{\mathbf{A}/\Theta}([b_1]\Theta, \ldots, [b_n]\Theta)) \in \Psi/\Theta. \quad \square$$

Satz 4.1.4 (Erster Isomorphiesatz) *Sei $\mathbf{A}$ eine Algebra, $\Theta, \Psi \in Con\, \mathbf{A}$, $\Theta \subseteq \Psi$. Dann sind die Algebren $(\mathbf{A}/\Theta)/(\Psi/\Theta)$ und $\mathbf{A}/\Psi$ isomorph:*

$$(\mathbf{A}/\Theta)/(\Psi/\Theta) \cong \mathbf{A}/\Psi.$$

Ein Isomorphismus $\varphi : (\mathbf{A}/\Theta)/(\Psi/\Theta) \to \mathbf{A}/\Psi$ wird gegeben durch

$$\varphi([[a]\Theta](\Psi/\Theta)) := [a]\Psi.$$

Beweis. Man sieht sofort, daß φ wohldefiniert und bijektiv ist. Außerdem gilt für jedes n-stellige Operationssymbol f und für alle $a_1, \ldots, a_n \in A$

$$\begin{aligned}
\varphi(f_{(\mathbf{A}/\Theta)/(\Psi/\Theta)}([[a_1]\Theta](\Psi/\Theta), \ldots, [[a_n]\Theta](\Psi/\Theta))) & \\
&= \varphi([f_{\mathbf{A}/\Theta}([a_1]\Theta, \ldots, [a_n]\Theta)](\Psi/\Theta)) \\
&= \varphi([[f_{\mathbf{A}}(a_1, \ldots, a_n)]\Theta](\Psi/\Theta)) \\
&= [f_{\mathbf{A}}(a_1, \ldots, a_n)]\Psi \\
&= f_{\mathbf{A}/\Psi}([a_1]\Psi, \ldots, [a_n]\Psi) \\
&= f_{\mathbf{A}/\Psi}(\varphi[[a_1]\Theta](\Psi/\Theta), \ldots, \varphi[[a_n]\Theta](\Psi/\Theta)). \quad \square
\end{aligned}$$

4.1 Homomorphie- und Isomorphiesätze

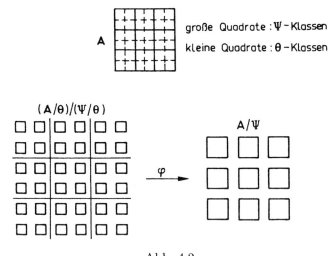

Abb. 4.2

Definition 4.1.5 Es sei **A** eine Algebra, $B \in Sub\,\mathbf{A}$ und $\Theta \in Con\,\mathbf{A}$. Die Unteralgebra von **A** mit Grundmenge $[B]\Theta := \bigcup\{[b]\Theta \mid b \in B\}$ wird mit $\mathbf{B}^{\Theta}$ bezeichnet (siehe 1.4.20). Die Einschränkung von Θ auf B wird mit $\Theta|_B$ bezeichnet: $\Theta|_B := \Theta \cap B^2$. Man überzeugt sich leicht, daß $\Theta|_B$ eine Kongruenzrelation auf **B** ist.

Satz 4.1.6 (Zweiter Isomorphiesatz) *Sei **A** eine Algebra, $B \in Sub\,\mathbf{A}$, $\Theta \in Con\,\mathbf{A}$. Dann sind die Algebren $\mathbf{B}/(\Theta|_B)$ und $\mathbf{B}^{\Theta}/(\Theta|_{[B]\Theta})$ isomorph:*

$$\mathbf{B}/(\Theta|_B) \cong \mathbf{B}^{\Theta}/(\Theta|_{[B]\Theta}).$$

Ein Isomorphismus $\varphi : \mathbf{B}/(\Theta|_B) \to \mathbf{B}^{\Theta}/(\Theta|_{[B]\Theta})$ wird gegeben durch

$$\varphi([b](\Theta|_B)) := [b]\Theta.$$

Der **Beweis** von 4.1.6 ist Routine und bleibt dem Leser überlassen. □

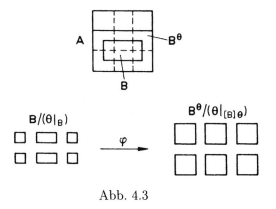

Abb. 4.3

4.2 Kongruenzrelationen von Faktoralgebren

Das Ergebnis dieses Abschnitts wird später bei der Untersuchung subdirekt irreduzibler Algebren eine wichtige Rolle spielen. Man beachte, daß für jeden Verband **L**, und je zwei Elemente $a, b \in L$ mit $a \leq b$, das abgeschlossene Intervall die Grundmenge $[a, b]$ eines Unterverbandes von **L** ist.

Satz 4.2.1 *Sei* **A** *eine Algebra, und* $\Theta \in Con\,\mathbf{A}$. *Dann ist der Verband* $Con\,\mathbf{A}/\Theta$ *isomorph zum Unterverband* $[\Theta, \nabla_A]$ *von* $Con\,\mathbf{A}$:

$$Con\,\mathbf{A}/\Theta \cong [\Theta, \nabla_A].$$

Die Abbildung $\varphi : [\Theta, \nabla_A] \to Con\,\mathbf{A}/\Theta$, *definiert durch*

$$\varphi(\Psi) := \Psi/\Theta,$$

ist ein Verbandsisomorphismus.

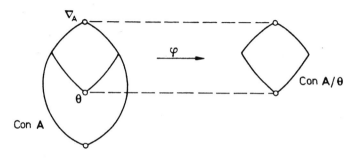

Abb. 4.4

Beweis. φ ist injektiv: Es seien $\Psi, \Phi \in [\Theta, \nabla_A]$, mit $\Psi \neq \Phi$. Dann gibt es o.B.d.A. Elemente $a, b \in A$ mit $(a, b) \in \Psi \setminus \Phi$. Daraus folgt aber $([a]\Theta, [b]\Theta) \in (\Psi/\Theta) \setminus (\Phi/\Theta)$, d. h. $\varphi(\Psi) \neq \varphi(\Phi)$.

φ ist surjektiv: Es sei $\Phi \in Con\,\mathbf{A}/\Theta$ und $\Psi := Kern\,(\pi_\Phi \circ \pi_\Theta)$. Dann sind, für $a, b \in A$, die folgenden Aussagen äquivalent:

(i) $([a]\Theta, [b]\Theta) \in \Psi/\Theta$,
(ii) $(a, b) \in \Psi$,
(iii) $([a]\Theta, [b]\Theta) \in \Phi$.

Die Äquivalenz von (i) und (ii) folgt aus der Definition von Ψ/Θ, und die von (ii) und (iii) aus der Definition von Ψ. Die Äquivalenz von (i) und (iii) liefert dann $\Psi/\Theta = \Phi$.

φ ist offensichtlich auch ordnungserhaltend: Für $\Psi, \Phi \in [\Theta, \nabla_A]$ ist $\Psi \subseteq \Phi$ äquivalent zu $\Psi/\Theta \subseteq \Phi/\Theta$. □

4.3 Anmerkungen zu Kapitel 4

Die Homomorphie- und Isomorphiesätze von Abschnitt 1 wurden für Gruppen und Ringe (sogar allgemeiner für *Gruppen mit Operatoren*) zuerst in den zwanziger Jahren des

20. Jahrhunderts von E. Noether formuliert. Damit war, vor allem durch die einheitliche Formulierung dieser Sätze für unterschiedliche algebraische Strukturen, schon früh ein wichtiger Anstoß zur Entwicklung der Allgemeinen Algebra gegeben. Man findet die Noetherschen Ergebnisse z. B. im ersten Band der folgenden Bücher B. L. van der Waerdens. Diese Bücher haben die abstrakte Algebra stark beeinflußt und wirken auch heute noch lesenswert und modern.

E. Noether: *Hyperkomplexe Größen und Darstellungstheorie*. Math. Z. **30** (1929), 641–692.

B. L. van der Waerden: *Moderne Algebra*. 2 Bände, Springer, Berlin, 1931.

4.4 Aufgaben

1. Die Abbildung $\varphi : \mathbb{Z} \to \mathbb{Z}_{12}$ sei definiert durch $\varphi x := (2x)'$ (hierbei bezeichnet x' die Zahl aus $\mathbb{Z}_{12} = \{0, 1, \ldots, 11\}$ mit $x' \equiv x \bmod 12$).

   (a) Zeige, daß φ ein Homomorphismus der zugehörigen additiven Gruppen $\mathbf{Z}$ und $\mathbf{Z}_{12}$ ist.

   (b) Bestimme Kern φ, $\varphi \mathbf{Z}$ und den Isomorphismus φ' aus dem Homomorphiesatz.

2. Sei $\mathbf{G}$ eine Gruppe, H eine Untergruppe und N ein Normalteiler von $\mathbf{G}$. Zeige:

   (a) $HN := \{hn \mid h \in H, n \in N\}$ ist eine Untergruppe von $\mathbf{G}$.

   (b) $[H]\Theta_N = HN$ (wobei Θ_N die Kongruenzrelation mit Kongruenzklasse N bezeichnet).

   Die Aussage von Teil a) ist also nichts anderes als Satz 1.4.20, konkret für Gruppen formuliert. Wie lauten die entsprechenden Formulierungen für Ringe und für Vektorräume?

3. (a) Formuliere die Isomorphiesätze und Satz 4.2.1 für Gruppen (d. h. mit Normalteilern anstelle von Kongruenzrelationen).
   <u>Hinweis:</u> Ist N ein Normalteiler der Gruppe $\mathbf{G}$, und Θ_N die zugehörige Kongruenzrelation, so schreibt man üblicherweise $\mathbf{G}/N$ anstelle von $\mathbf{G}/\Theta_N$.

   (b) Dieselbe Aufgabe für Ringe und für Vektorräume.

4. Sei $\varphi : \mathbf{A} \to \mathbf{B}$ ein Homomorphismus und $X \subseteq A$. Zeige: Aus $(a, b) \in \Theta(X)$ folgt $(\varphi a, \varphi b) \in \Theta(\varphi X)$.

5. Es seien A und B Mengen, $\varphi : A \to B$ eine Abbildung und $\Theta \in Eq\, A$ eine Äquivalenzrelation auf A. Zeige: Durch

   $$[x]\Theta \mapsto \varphi x$$

   läßt sich genau dann eine Abbildung $\overline{\varphi} : A/\Theta \to B$ definieren, wenn $\Theta \subseteq \mathit{Kern}\,\varphi$ gilt.

6. Es seien $\alpha : \mathbf{A} \to \mathbf{B}$ und $\beta : \mathbf{A} \to \mathbf{C}$ Homomorphismen, wobei β surjektiv ist und $\mathit{Kern}\,\beta \subseteq \mathit{Kern}\,\alpha$ gilt. Zeige, daß dann ein Homomorphismus $\gamma : \mathbf{C} \to \mathbf{B}$ existiert mit $\alpha = \gamma \circ \beta$.

5 Direkte und subdirekte Produkte

In jeder mathematischen Disziplin werden Methoden benötigt, mit denen man genügend viele Beispiele der zu untersuchenden Strukturen konstruieren kann. Die bisher bereitgestellten algebraischen Konstruktionsverfahren (nämlich die Bildung von Unteralgebren, Faktoralgebren bzw. homomorphen Bildern) sind für diesen Zweck kaum ausreichend, denn sie produzieren aus einer Ausgangsalgebra immer nur Algebren mit kleinerer oder mit gleichgroßer Grundmenge. In diesem Kapitel werden nun *direkte Produkte* vorgestellt, mit deren Hilfe man aus gegebenen Algebren solche mit größerer Grundmenge erhält. Natürlich stellt man sich sofort die Frage nach den kleinsten „Bausteinen", nämlich den direkt unzerlegbaren Algebren, und nach der Zerlegbarkeit von Algebren in solche Bausteine. Allerdings läßt sich nicht jede Algebra als ein direktes Produkt direkt unzerlegbarer Algebren darstellen. Diese Beobachtung ist der Ausgangspunkt von Abschnitt 2, wo anstelle von direkten Produkten allgemeiner *subdirekte Produkte* betrachtet werden: Es wird gezeigt, daß sich jede Algebra in ein subdirektes Produkt subdirekt irreduzibler Algebren zerlegen läßt.

5.1 Direkte Produkte

Zuerst werden direkte Produkte von *zwei* Algebren betrachtet:

Definition 5.1.1 Es seien **B** und **C** Algebren des Typs $\mathcal{F}$. Das **direkte Produkt** $\mathbf{B} \times \mathbf{C}$ ist definiert als die Algebra mit Grundmenge $B \times C$ und den für jedes $f \in \mathcal{F}$ durch

$$f_{\mathbf{B} \times \mathbf{C}}((b_1, c_1), \ldots, (b_n, c_n)) := (f_{\mathbf{B}}(b_1, \ldots, b_n), f_{\mathbf{C}}(c_1, \ldots, c_n))$$

definierten fundamentalen Operationen (wie gewohnt wurde $\sigma(f) = n$ gesetzt).

Für Gruppen gilt, daß **B** und **C** isomorph zu Untergruppen von $\mathbf{B} \times \mathbf{C}$ sind. Ein entsprechendes Resultat für beliebige Algebren gilt nicht. Allerdings sieht man sofort, daß **B** und **C** immer homomorphe Bilder von $\mathbf{B} \times \mathbf{C}$ sind, falls **B** und **C** nichtleer sind:

Bemerkung 5.1.2 *Die* **Projektionsabbildungen** $\beta : B \times C \to B$ *und* $\gamma : B \times C \to C$, *definiert durch*

$$\beta(b, c) := b \ \text{bzw.} \ \gamma(b, c) := c,$$

sind dann surjektive Homomorphismen von $\mathbf{B} \times \mathbf{C}$ *auf* **B** *bzw.* **C**.

Die Kongruenzrelationen *Kern* β und *Kern* γ zeichnen sich durch sehr spezielle Eigenschaften aus, die in 5.1.5 mit Hilfe der folgenden Definition beschrieben werden können:

Definition 5.1.3 Zwei Äquivalenzrelationen $\Theta, \Psi \in Eq\ A$ heißen **vertauschbar**, falls $\Theta \circ \Psi = \Psi \circ \Theta$, d.h. falls aus $x\ \Theta\ z\ \Psi\ y$ immer die Existenz eines $z' \in A$ folgt mit $x\ \Psi\ z'\ \Theta\ y$, und umgekehrt. In Abbildung 5.1 sind die auftretenden Θ- bzw. Ψ-Klassen jeweils als zueinander parallele Geradenstücke angedeutet.

Die folgende Bemerkung zeigt man leicht mit Hilfe von 1.4.4 (Nachweis als Übungsaufgabe):

5.1 Direkte Produkte

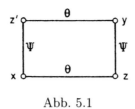

Abb. 5.1

Bemerkung 5.1.4 *Für $\Theta, \Psi \in Eq\,A$ sind folgende Aussagen äquivalent:*

(i) $\quad\quad\Theta$ *und* Ψ *sind vertauschbar, d. h.* $\Theta \circ \Psi = \Psi \circ \Theta$,
(ii) $\quad\quad\Theta \circ \Psi \subseteq \Psi \circ \Theta$,
(iii) $\quad\quad\Psi \circ \Theta \subseteq \Theta \circ \Psi$,
(iv) $\quad\quad\Theta \vee \Psi = \Psi \circ \Theta$,
(v) $\quad\quad\Theta \vee \Psi = \Theta \circ \Psi$.

Hierbei bezeichnet $\Theta \vee \Psi$ das Supremum von Θ und Ψ im Verband $(Eq\,A, \subseteq)$.

Satz 5.1.5 *Für Algebren $\mathbf{B}$ und $\mathbf{C}$ desselben Typs und die Projektionsabbildungen $\beta : \mathbf{B} \times \mathbf{C} \to \mathbf{B}$ und $\gamma : \mathbf{B} \times \mathbf{C} \to \mathbf{C}$ gilt:*

a) $\quad\quad Kern\,\beta \wedge Kern\,\gamma = \Delta_{B \times C}$,
b) $\quad\quad Kern\,\beta \vee Kern\,\gamma = \nabla_{B \times C}$,
c) $\quad\quad Kern\,\beta$ *und* $Kern\,\gamma$ *sind vertauschbar.*

Beweis. Aus $((b_1, c_1), (b_2, c_2)) \in Kern\,\beta \cap Kern\,\gamma$ folgt $\beta(b_1, c_1) = \beta(b_2, c_2)$ und $\gamma(b_1, c_1) = \gamma(b_2, c_2)$. Das bedeutet aber $b_1 = b_2$ und $c_1 = c_2$, womit Teil a) gezeigt ist.

Für beliebige $b_1, b_2 \in B$, $c_1, c_2 \in C$ gilt $(b_1, c_1)\,Kern\,\beta\,(b_1, c_2)\,Kern\,\gamma(b_2, c_2)$. Hieraus folgt $\nabla_{B \times C} = Kern\,\beta \circ Kern\,\gamma$, wegen 5.1.4 also auch die Aussagen b) und c). □

Jetzt soll untersucht werden, wann man eine Algebra in ein direktes Produkt von zwei kleineren Algebren zerlegen kann. Satz 5.1.5 liefert die Anleitung, wie man vorzugehen hat.

Satz 5.1.6 *Es sei $\mathbf{A}$ eine Algebra, und $\Theta, \Psi \in Con\,\mathbf{A}$ sei ein Paar von Kongruenzrelationen mit den folgenden Eigenschaften:*

(i) $\quad\quad\Theta \wedge \Psi = \Delta_A$,
(ii) $\quad\quad\Theta \vee \Psi = \nabla_A$,
(iii) $\quad\quad\Theta$ *und* Ψ *sind vertauschbar.*

Dann ist $\mathbf{A}$ isomorph zum direkten Produkt $\mathbf{A}/\Theta \times \mathbf{A}/\Psi$:

$$\mathbf{A} \cong \mathbf{A}/\Theta \times \mathbf{A}/\Psi.$$

Ein Isomorphismus $\varphi : \mathbf{A} \to \mathbf{A}/\Theta \times \mathbf{A}/\Psi$ wird gegeben durch:

$$\varphi a := ([a]\Theta, [a]\Psi).$$

Beweis. φ ist injektiv: Sei $\varphi a = \varphi b$. Dann gilt $[a]\Theta = [b]\Theta$ und $[a]\Psi = [b]\Psi$. Daraus folgt $(a, b) \in \Theta \wedge \Psi$, wegen (i) also $a = b$.

φ ist surjektiv: Für jedes Paar $a, b \in A$ gibt es wegen (ii) und (iii) ein $c \in A$ mit $a \Theta c \Psi b$. Daraus folgt $([a]\Theta, [b]\Psi) = ([c]\Theta, [c]\Psi) = \varphi c$.

φ ist ein Isomorphismus: Für jedes n-stellige Operationssymbol f und $a_1, \ldots, a_n \in A$ gilt

$$\begin{aligned}
\varphi f_{\mathbf{A}}(a_1, \ldots, a_n) &= ([f_{\mathbf{A}}(a_1, \ldots, a_n)]\Theta, [f_{\mathbf{A}}(a_1, \ldots, a_n)]\Psi) \\
&= (f_{\mathbf{A}/\Theta}([a_1]\Theta, \ldots, [a_n]\Theta), f_{\mathbf{A}/\Psi}([a_1]\Psi, \ldots, [a_n]\Psi)) \\
&= f_{\mathbf{A}/\Theta \times \mathbf{A}/\Psi}(([a_1]\Theta, [a_1]\Psi), \ldots, ([a_n]\Theta, [a_n]\Psi)) \\
&= f_{\mathbf{A}/\Theta \times \mathbf{A}/\Psi}(\varphi a_1, \ldots, \varphi a_n). \quad \square
\end{aligned}$$

Definition 5.1.7 Eine Algebra $\mathbf{A}$ heißt **direkt irreduzibel** (oder: **direkt unzerlegbar**), falls aus $\mathbf{A} \cong \mathbf{B} \times \mathbf{C}$ immer $|B| = 1$ oder $|C| = 1$ folgt.

Folgerung 5.1.8 *Eine Algebra $\mathbf{A}$ ist genau dann direkt irreduzibel, wenn Δ_A, ∇_A das einzige Paar von Kongruenzrelationen auf $\mathbf{A}$ ist, das die Bedingungen (i), (ii), (iii) von Satz 5.1.6 erfüllt.*

Beweis. Es sei $\mathbf{A}$ direkt irreduzibel, und das Paar $\Theta, \Psi \in \text{Con } \mathbf{A}$ erfülle die Bedingungen (i), (ii), (iii). Dann gilt wegen 5.1.6 $\mathbf{A} \cong \mathbf{A}/\Theta \times \mathbf{A}/\Psi$, also o. B. d. A. $|A/\Theta| = 1$. Daraus folgt $\Theta = \nabla_A$, und wegen (i) dann $\Psi = \Delta_A$.

Sei umgekehrt Δ_A, ∇_A das einzige Paar mit den Eigenschaften (i), (ii), (iii), und gelte $\mathbf{A} \cong \mathbf{B} \times \mathbf{C}$. Natürlich ist dann auch $\Delta_{B \times C}, \nabla_{B \times C}$ das einzige Paar von Kongruenzrelationen auf $\mathbf{B} \times \mathbf{C}$ mit (i), (ii), (iii). Wegen 5.1.5 erfüllen die Kerne der Projektionsabbildungen β und γ (i), (ii), (iii). Also gilt $\text{Kern } \beta = \Delta_{B \times C}$ oder $\text{Kern } \gamma = \Delta_{B \times C}$, und deshalb $|C| = 1$ oder $|B| = 1$. $\square$

Natürlich kann man auch direkte Produkte aus mehr als zwei (sogar aus unendlich vielen) Algebren bilden:

Definition 5.1.9 Die Algebren $\mathbf{A}_i$, $i \in I$, seien alle vom Typ $\mathcal{F}$. Das **direkte Produkt** $\prod_{i \in I} \mathbf{A}_i$ ist definiert als die Algebra mit Grundmenge $\prod_{i \in I} A_i$ und den für jedes $f \in \mathcal{F}$ (n-stellig) und $a_1, \ldots, a_n \in \prod_{i \in I} A_i$ durch

$$(f_{\prod \mathbf{A}_i}(a_1, \ldots, a_n))(j) := f_{\mathbf{A}_j}(a_1(j), \ldots, a_n(j))$$

für alle $j \in I$ komponentenweise definierten fundamentalen Operationen. Hinweis zur Schreibweise: Die j-te Komponente von $b \in \prod_{i \in I} A_i$ wird mit $b(j)$ bezeichnet.

Falls $\mathbf{A}_i = \mathbf{A}$ gilt für alle $i \in I$, schreibt man auch $\mathbf{A}^I$ anstelle von $\prod_{i \in I} \mathbf{A}_i$. Unter $\mathbf{A}^\emptyset$ versteht man die triviale (d. h. einelementige) Algebra vom selben Typ wie $\mathbf{A}$. Im Fall $I = \{1, \ldots, n\}$ schreibt man oft $\mathbf{A}_1 \times \ldots \times \mathbf{A}_n$ für das direkte Produkt der $\mathbf{A}_i$. Definition 5.1.9 ist selbstverständlich mit Definition 5.1.1 verträglich, wie die folgende Bemerkung zeigt:

Bemerkung 5.1.10 *Die Algebren $\mathbf{A}_1, \mathbf{A}_2, \mathbf{A}_3$ seien vom selben Typ. Dann gilt*
a) $\mathbf{A}_1 \times \mathbf{A}_2 \cong \mathbf{A}_2 \times \mathbf{A}_1$,
b) $\mathbf{A}_1 \times (\mathbf{A}_2 \times \mathbf{A}_3) \cong (\mathbf{A}_1 \times \mathbf{A}_2) \times \mathbf{A}_3$.

5.1 Direkte Produkte

Man kann sich ein direktes Produkt $\prod_{i \in I} A_i$ von Mengen so wie in Abbildung 5.2 vorstellen: Die Grundseite des Rechtecks stellt I dar, und der über $i \in I$ gelegene Abschnitt die Menge A_i. Ein Element $a = (a(i) \mid i \in I)$ von $\prod_{i \in I} A_i$ kann dann als Kurve veranschaulicht werden.

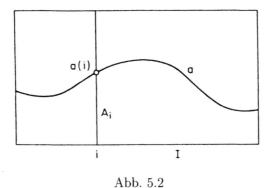

Abb. 5.2

In gewissen Fällen (leider nicht in allen) kann man eine Algebra als direktes Produkt direkt irreduzibler Algebren darstellen. Dies ist beispielsweise für **endliche Algebren** (d. h. für Algebren mit endlicher Grundmenge) immer möglich:

Satz 5.1.11 *Jede endliche Algebra ist isomorph zu einem direkten Produkt direkt irreduzibler Algebren.*

Beweis. Induktion über die Mächtigkeit der Grundmengen der Algebren: Jede Algebra $\mathbf{A}$ mit $|A| \leq 1$ ist sicher selbst schon direkt irreduzibel. Sei nun $\mathbf{A}$ eine endliche Algebra, und für alle Algebren $\mathbf{A}'$ mit $|A'| < |A|$ sei die Behauptung schon bewiesen. Ist $\mathbf{A}$ selbst direkt irreduzibel, dann ist nichts mehr zu zeigen. Gilt aber $\mathbf{A} \cong \mathbf{B} \times \mathbf{C}$ mit $|B| > 1, |C| > 1$, dann gilt auch $|B| < |A|$ und $|C| < |A|$, d. h. $\mathbf{B}$ und $\mathbf{C}$ können in direkt irreduzible Algebren zerlegt werden:
$$\mathbf{B} \cong \mathbf{B}_1 \times \ldots \times \mathbf{B}_m,$$
$$\mathbf{C} \cong \mathbf{C}_1 \times \ldots \times \mathbf{C}_n.$$
Also gilt $\mathbf{A} \cong \mathbf{B}_1 \times \ldots \times \mathbf{B}_m \times \mathbf{C}_1 \times \ldots \ldots \mathbf{C}_n$. $\square$

Direkte Produkte mit mehr als zwei Algebren haben ähnliche Eigenschaften wie sie oben für zwei Algebren gezeigt wurden:

Bemerkung 5.1.12 *Die Algebren $\mathbf{A}_i, i \in I$, seien nichtleer. Für jedes $j \in I$ ist die durch*
$$\alpha_j(a) := a(j)$$
definierte **Projektionsabbildung** *ein surjektiver Homomorphismus von $\prod_{i \in I} \mathbf{A}_i$ auf $\mathbf{A}_j$.*

Zum Abschluß dieses Abschnitts noch eine wesentliche Eigenschaft direkter Produkte:

Satz 5.1.13 *Für jede Familie $\varphi_i : \mathbf{B} \to \mathbf{A}_i$, $i \in I$, von Homomorphismen erhält man einen Homomorphismus $\varphi : \mathbf{B} \to \prod_{i \in I} \mathbf{A}_i$ durch*

$$(\varphi b)(i) := \varphi_i b.$$

Beweis. Für jedes n-stellige Operationssymbol f, $b_1, \ldots, b_n \in B$, und $i \in I$ gilt

$$\begin{aligned}
(\varphi f_{\mathbf{B}}(b_1, \ldots, b_n))(i) &= \varphi_i f_{\mathbf{B}}(b_1, \ldots, b_n) \\
&= f_{\mathbf{A}_i}(\varphi_i b_1, \ldots, \varphi_i b_n) \\
&= f_{\mathbf{A}_i}((\varphi b_1)(i), \ldots, (\varphi b_n)(i)) \\
&= (f_{\prod \mathbf{A}_i}(\varphi b_1, \ldots, \varphi b_n))(i),
\end{aligned}$$

d. h.

$$\varphi f_{\mathbf{B}}(b_1, \ldots, b_n) = f_{\prod \mathbf{A}_i}(\varphi b_1, \ldots, \varphi b_n). \quad \Box$$

Die Aussage von 5.1.13 charakterisiert direkte Produkte: Man kann zeigen, daß eine Algebra $\mathbf{A}$ genau dann zum direkten Produkt $\prod_{i \in I} \mathbf{A}_i$ isomorph ist, wenn es Homomorphismen $\pi_i : \mathbf{A} \to \mathbf{A}_i$ mit der folgenden Eigenschaft gibt: Zu jeder Algebra $\mathbf{B}$ und jeder Familie $\varphi_i : \mathbf{B} \to \mathbf{A}_i$, $i \in I$, von Homomorphismen gibt es genau einen Homomorphismus $\varphi : \mathbf{B} \to \mathbf{A}$ mit $\varphi_i = \pi_i \circ \varphi$, d. h. einen Homomorphismus, mit dem das folgende Diagramm *kommutiert*:

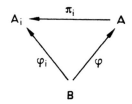

Abb. 5.3

5.2 Subdirekte Produkte

Anders als endliche Algebren können unendliche Algebren nicht immer als Produkt direkt irreduzibler Algebren dargestellt werden. Beispielsweise kann eine abzählbare boolesche Algebra schon aus Kardinalitätsgründen nicht isomorph zu einem direkten Produkt zweielementiger boolescher Algebren sein (siehe Aufgabe 12). Die Situation sieht besser aus, wenn man Unteralgebren von direkten Produkten betrachtet. Auf diese Weise gelangt man zu einem neuen Produktbegriff:

Definition 5.2.1 Die Algebren $\mathbf{A}_i$, $i \in I$, seien alle vom selben Typ. Eine Unteralgebra $\mathbf{B}$ von $\prod_{i \in I} \mathbf{A}_i$ heißt ein **subdirektes Produkt** der $\mathbf{A}_i$, falls

$$\alpha_j(\mathbf{B}) = \mathbf{A}_j$$

gilt für alle $j \in I$. Hierbei bezeichnet α_j die Projektionsabbildung von $\prod_{i \in I} \mathbf{A}_i$ auf $\mathbf{A}_j$.

5.2 Subdirekte Produkte

Beispiele 5.2.2 a) Jedes direkte Produkt ist auch ein subdirektes Produkt.

b) Für jede Algebra $\mathbf{A}$ ist die Diagonale $\Delta := \{(a,a) \mid a \in A\}$ ein subdirektes Produkt von $\mathbf{A}_i := \mathbf{A}$, $i = 1, 2$. Ein entsprechendes Ergebnis gilt für die Diagonale von $\mathbf{A}^I$ für eine beliebige Indexmenge I.

c) Abbildung 5.4 zeigt ein subdirektes Produkt $\mathbf{L}$ der Verbände $\mathbf{C}_2$ und $\mathbf{C}_3$.

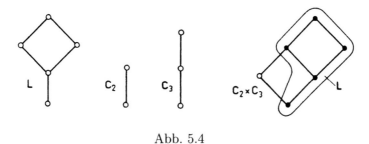

Abb. 5.4

Satz 5.2.3 *Für ein subdirektes Produkt $\mathbf{B}$ der Algebren $\mathbf{A}_i$, $i \in I$, und die Projektionsabbildungen $\alpha_j : \prod_{i \in I} \mathbf{A}_i \to \mathbf{A}_j$ gilt*

$$\bigcap_{j \in I} \operatorname{Kern}(\alpha_j|_B) = \Delta_B.$$

Beweis. Aus $(a,b) \in \bigcap_{j \in I} \operatorname{Kern}(\alpha_j|_B)$ folgt $a(j) = b(j)$ für alle $j \in I$, d.h. $a = b$. □

Durch Satz 5.2.3 und die Tatsache, daß alle $\alpha_j|_B$ surjektiv sind, werden subdirekte Produkte bereits charakterisiert:

Satz 5.2.4 *Es sei $\mathbf{A}$ eine Algebra. Für die Kongruenzrelationen $\Theta_i \in \operatorname{Con} \mathbf{A}$, $i \in I$, gelte*

$$\bigcap_{i \in I} \Theta_i = \Delta_A.$$

Dann ist $\mathbf{A}$ isomorph zu einem subdirekten Produkt der Algebren $\mathbf{A}/\Theta_i, i \in I$: Durch

$$\varphi a := ([a]\Theta_i \mid i \in I)$$

wird eine Einbettung $\varphi : \mathbf{A} \to \prod_{i \in I}(\mathbf{A}/\Theta_i)$ definiert, und $\varphi \mathbf{A}$ ist ein subdirektes Produkt der $\mathbf{A}/\Theta_i$.

Beweis. Wegen 5.1.13 ist φ ein Homomorphismus. φ ist sogar eine Einbettung, d.h. injektiv: Aus $\varphi a = \varphi b$ folgt $[a]\Theta_i = [b]\Theta_i$ und daher auch $(a,b) \in \Theta_i$ für alle $i \in I$. Also gilt $(a,b) \in \bigcap_{i \in I} \Theta_i = \Delta_A$, d.h. $a = b$. Damit ist gezeigt, daß $\mathbf{A}$ und $\varphi \mathbf{A}$ isomorph sind. Nach Definition von φ gilt sogar $\alpha_j(\varphi \mathbf{A}) = \mathbf{A}/\Theta_j$ für alle $j \in I$ (wobei $\alpha_j : \prod_{i \in I}(\mathbf{A}/\Theta_i) \to \mathbf{A}/\Theta_j$ die Projektionsabbildung bezeichnet). Daher ist $\varphi \mathbf{A}$ ein subdirektes Produkt der $\mathbf{A}/\Theta_i$. □

Definition 5.2.5 Eine Einbettung (d. h. ein injektiver Homomorphismus) $\varphi : \mathbf{A} \to \prod_{i \in I} \mathbf{A}_i$ heißt eine **subdirekte Darstellung** von $\mathbf{A}$, falls $\varphi \mathbf{A}$ ein subdirektes Produkt der $\mathbf{A}_i$ ist. Beispielsweise ist die Abbildung φ in Satz 5.2.4 eine subdirekte Darstellung.

Eine Algebra $\mathbf{A}$ heißt **subdirekt irreduzibel** (oder **subdirekt unzerlegbar**), falls für jede subdirekte Darstellung

$$\varphi : \mathbf{A} \to \prod_{i \in I} \mathbf{A}_i$$

ein $j \in I$ existiert, so daß die Abbildung

$$\alpha_j \circ \varphi : \mathbf{A} \to \mathbf{A}_j$$

ein Isomorphismus ist (wobei $\alpha_j : \prod_{i \in I} \mathbf{A}_i \to \mathbf{A}_j$ die j-te Projektionsabbildung ist). Eine Algebra ist also genau dann subdirekt irreduzibel, wenn man in jeder subdirekten Darstellung schon mit einer einzigen Komponente auskäme.

Der folgende Satz liefert eine äußerst nützliche Beschreibung subdirekt irreduzibler Algebren:

Satz 5.2.6 *Eine Algebra $\mathbf{A}$ ist genau dann subdirekt irreduzibel, wenn $\mathbf{A}$ trivial ist (d. h. höchstens ein Element besitzt), oder wenn in Con $\mathbf{A}$*

$$\Delta_A \neq \bigcap (Con\ \mathbf{A} \setminus \{\Delta_A\})$$

gilt. Dies ist offenbar genau dann der Fall, wenn Δ_A in Con $\mathbf{A}$ genau einen oberen Nachbarn hat (siehe Abbildung 5.5).

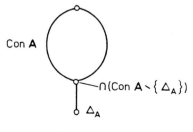

Abb. 5.5

Beweis. Es ist klar, daß triviale Algebren subdirekt irreduzibel sind. Sei daher $\mathbf{A}$ in diesem Beweis immer nichttrivial.

Gelte $\bigcap (Con\ \mathbf{A} \setminus \{\Delta_A\}) = \Delta_A$. Mit $I := Con\ \mathbf{A} \setminus \{\Delta_A\}$ erhält man dann mit Hilfe von 5.2.4 eine subdirekte Darstellung $\varphi : \mathbf{A} \to \prod_{\Theta \in I} (\mathbf{A}/\Theta)$. Für jede der Projektionsabbildungen α_Θ ($\Theta \in I$) und alle $a \in A$ gilt $(\alpha_\Theta \circ \varphi)a = [a]\Theta$. Wegen $\Delta_A \notin I$ ist daher $\alpha_\Theta \circ \varphi : \mathbf{A} \to \mathbf{A}/\Theta$ nie injektiv, d. h. kein Isomorphismus. Also ist $\mathbf{A}$ nicht subdirekt irreduzibel.

Gelte nun $\bigcap (Con\ \mathbf{A} \setminus \{\Delta_A\}) \neq \Delta_A$, und sei $\varphi : \mathbf{A} \to \prod_{i \in I} \mathbf{A}_i$ eine subdirekte Darstellung von $\mathbf{A}$. Für $\mathbf{B} := \varphi \mathbf{A}$ gilt dann wegen 5.2.3 $\bigcap_{i \in I} Kern\ (\alpha_i|_B) = \Delta_B$. Also existiert ein $j \in I$ mit $Kern\ (\alpha_j|_B) = \Delta_B$, d. h. $\alpha_j|_B$ ist injektiv, und damit ein Isomorphismus. Dann ist aber auch $\alpha_j \circ \varphi$ ein Isomorphismus, und $\mathbf{A}$ daher subdirekt irreduzibel. □

Beispiele 5.2.7 a) Jede zweielementige und, allgemeiner, jede einfache Algebra ist subdirekt irreduzibel. (Erinnerung: eine Algebra **A** heißt **einfach**, falls $Con\ \mathbf{A} = \{\Delta_A, \nabla_A\}$.)

b) Eine endliche abelsche Gruppe $\mathbf{G} = (G, +, -, 0)$ ist genau dann subdirekt irreduzibel, wenn $\mathbf{G}$ zyklisch ist und $|G| = p^n$ gilt, für eine Primzahl p.

c) Ein Vektorraum $(V, +, -, 0, K)$ über einem Körper K ist genau dann subdirekt irreduzibel, falls er trivial oder eindimensional ist.

d) Die dreielementige Kette $\mathbf{C}_3$ ist ein Verband, der zwar direkt irreduzibel ist, aber nicht subdirekt irreduzibel.

Der wesentliche Vorteil von subdirekten gegenüber direkten Produkten zeigt sich im folgenden Resultat von G. Birkhoff (Satz 5.2.9). Der in äußerst komprimierter Form wiedergegebene Beweis kann als besonders eindrucksvolles Beispiel für die Effizienz der bisher in diesem Buch entwickelten Methoden dienen. Der Leser sei gewarnt: Es könnte einige Mühe (und Zeit) erfordern, zu einem vollständigen Verständnis des Beweises zu gelangen.

Ein wesentliches Hilfsmittel im Beweis von Birkhoffs Resultat ist das *Zornsche Lemma*, das deshalb hier zitiert wird (ohne Beweis). Beim Zornschen Lemma handelt es sich um eine zum mengentheoretischen Auswahlaxiom äquivalente Aussage:

Zornsches Lemma 5.2.8 *In jedem induktiven Mengensystem $\mathcal{M}$ gibt es ein maximales Element, d. h. ein Element $M \in \mathcal{M}$, das in keiner Menge von $\mathcal{M}$ echt enthalten ist.*

Satz 5.2.9 *Jede Algebra ist isomorph zu einem subdirekten Produkt subdirekt irreduzibler Algebren.*

Beweis. Es sei **A** eine Algebra. Zuerst wird gezeigt: Für jedes Paar $a, b \in A$, mit $a \neq b$, ist $\mathcal{M}_{ab} := \{\Theta \in Con\ \mathbf{A} \mid (a, b) \notin \Theta\}$ ein induktives Mengensystem auf $A \times A$ (Beweis als Übungsaufgabe). Nach dem Zornschen Lemma besitzt $\mathcal{M}_{ab}$ daher ein maximales Element $\Phi(a, b)$. Im Verband $Con\ \mathbf{A}$ hat $\Phi(a, b)$ genau einen oberen Nachbarn, nämlich $\Phi(a, b) \vee \Theta(a, b)$, wobei $\Theta(a, b)$ die vom Paar (a, b) erzeugte Kongruenzrelation ist. Wegen 4.2.1 hat die Faktoralgebra $\mathbf{A}/\Phi(a, b)$ einen zum Intervall $[\Phi(a, b), \nabla_A]$ von $Con\ \mathbf{A}$ isomorphen Kongruenzverband. Nach 5.2.6 ist $\mathbf{A}/\Phi(a, b)$ subdirekt irreduzibel. Aus $\bigcap\{\Phi(a, b) \mid a, b \in A, a \neq b\} = \Delta_A$ und 5.2.4 folgt nun, daß **A** isomorph zu einem subdirekten Produkt subdirekt irreduzibler Algebren ist (nämlich der Algebren $\mathbf{A}/\Phi(a, b)$). □

5.3 Anmerkungen zu Kapitel 5

Neben direkten und subdirekten Produkten werden in der Allgemeinen Algebra noch andere Produkte verwendet. Eine große Bedeutung haben *Ultraprodukte* und *boolesche Produkte*, über die sich der interessierte Leser z. B. im Lehrbuch von Burris und Sankappanavar informieren kann. Die Bedeutung subdirekter Produkte für die Allgemeine Algebra wurde schon früh von G. Birkhoff erkannt, der in seiner 1944 erschienenen Arbeit auch den oben in 5.2.9 zitierten Darstellungssatz bewiesen hat. Am Beweis des Satzes mag die Verwendung des Zornschen Lemmas stören, das an dieser Stelle als „deus ex machina" auftritt. Einen Beweis des Zornschen Lemmas aus dem Auswahlaxiom findet man in vielen Büchern. Sehr gut lesbar ist der Beweis im Buch von H. Hermes.

G. Birkhoff: *Subdirect unions in universal algebra*. Bull. Amer. Math. Soc. **50** (1944), 764–768.

H. Hermes: *Einführung in die Verbandstheorie*. Springer, Berlin, 1955.

5.4 Aufgaben

1. Beschreibe das direkte Produkt $\mathbf{A} \times \mathbf{B}$ der Algebren $\mathbf{A} = (A, f_\mathbf{A}, g_\mathbf{A})$ und $\mathbf{B} = (B, f_\mathbf{B}, g_\mathbf{B})$ durch Angabe der Verknüpfungstafeln von $f_{\mathbf{A} \times \mathbf{B}}$ und $g_{\mathbf{A} \times \mathbf{B}}$.

   $A := \{a, b, c\}$

$f_\mathbf{A}$	a	b	c
a	b	a	c
b	a	b	c
c	c	c	b

x	a	b	c
$g_\mathbf{A}(x)$	a	b	c

   $B := \{0, 1\}$

$f_\mathbf{B}$	0	1
0	0	0
1	0	1

x	0	1
$g_\mathbf{B}(x)$	1	0

2. Besitzt die Algebra $\mathbf{A} \times \mathbf{B}$ aus Aufgabe 1 eine zu $\mathbf{A}$ oder zu $\mathbf{B}$ isomorphe Unteralgebra?

3. Zeichne die Hasse-Diagramme der Verbände $\mathbf{L}^2$, $\mathbf{L}^3$, $\mathbf{L} \times \mathbf{M}$.

   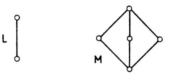

4. (a) Für eine Gruppe $\mathbf{G}$, Normalteiler M, N von G und Elemente $a, b, c \in G$ gelte $aM = cM$ und $bN = cN$. Beweise: Für $d := ac^{-1}b$ gilt dann $aN = dN$ und $bM = dM$.

   (b) Zeige unter Verwendung von Teil a): Je zwei Kongruenzrelationen einer Gruppe $\mathbf{G}$ sind vertauschbar (d.h. für alle $\Theta, \Psi \in Con\,\mathbf{G}$ gilt $\Theta \circ \Psi = \Psi \circ \Theta$).

5. (a) Formuliere die Bedingungen (i), (ii), (iii) von Satz 5.1.6 für direkte Zerlegbarkeit in möglichst einfacher Form speziell für Gruppen.
   <u>Hinweis:</u> Aufgabe 4 beachten.

   (b) Sei $\mathbf{M}$ der Verband aus Aufgabe 3. Überlege: Jede Gruppe $\mathbf{G}$ mit $Con\,\mathbf{G} \cong \mathbf{M}$ ist direkt zerlegbar, d.h. es gibt nichttriviale Gruppen $\mathbf{G}_1$ und $\mathbf{G}_2$ mit $\mathbf{G} \cong \mathbf{G}_1 \times \mathbf{G}_2$. Finde ein Beispiel $\mathbf{G}$ mit $Con\,\mathbf{G} \cong \mathbf{M}$.

6. Für die Kongruenzrelationen $\Theta_1, \ldots, \Theta_n$ einer Algebra $\mathbf{A}$ gelte:

   (i) $\bigcap_{i=1}^{n} \Theta_i = \Delta_A$,

   (ii) $\Theta_i \vee (\bigcap_{j \neq i} \Theta_j) = \nabla_A$ für alle i,

   (iii) Θ_i und $\bigcap_{j \neq i} \Theta_j$ sind vertauschbar.

   Beweise, daß dann
   $$\mathbf{A} \cong \prod_{i=1}^{n} (\mathbf{A}/\Theta_i).$$

5.4 Aufgaben

7. Stelle den Verband **L** aus Abbildung 5.4 als subdirektes Produkt subdirekt irreduzibler Verbände dar.

8. Sei $\mathbf{A} = (A, f, g)$ die Algebra vom Typ $(1,1)$ mit $A := \{(a_1, a_2, a_3, \ldots) \mid a_1, a_2, a_3, \ldots \in \{0,1\}\}$ und $f(a_1, a_2, a_3, \ldots) := (a_2, a_3, a_4, \ldots)$, $g(a_1, a_2, a_3, \ldots) := (a_1, a_1, a_1, \ldots)$. Zeige: **A** ist subdirekt irreduzibel.

9. Verifiziere die Aussagen in Beispiel 5.2.7.

10. (a) Sei **L** ein distributiver Verband. Für $a \in L$ sei
    $$\Theta := \{(x, y) \in L^2 \mid x \wedge a = y \wedge a\},$$
    $$\Psi := \{(x, y) \in L^2 \mid x \vee a = y \vee a\}.$$
    Beweise: Θ und Ψ sind Kongruenzrelationen von **L**, und es gilt $\Theta \wedge \Psi = \Delta_L$.

    (b) Zeige: Ein distributiver Verband **L** ist genau dann subdirekt irreduzibel, wenn $|L| \leq 2$ gilt.

11. (a) Beweise: Eine boolesche Algebra **B** ist genau dann subdirekt irreduzibel, wenn $|B| \leq 2$ gilt.
    Anleitung: Man kann wie in Aufgabe 10 zu vorgegebenem $a \in B$ Kongruenzrelationen Θ, Ψ von **B** definieren. Allerdings muß man noch zeigen, daß Θ und Ψ auch mit der Komplementbildung $'$ verträglich sind.

    (b) Zeige, daß man in Teil a) das Wort „subdirekt" durch das Wort „direkt" ersetzen kann.
    Anleitung: Man zeige für Θ und Ψ, daß auch $\Theta \vee \Psi = \nabla_B$ gilt, und daß Θ und Ψ vertauschbar sind. Anschließend wende man Satz 5.1.6 an.

12. Sei $B := \{M \subseteq \mathbb{N} \mid M \text{ endlich oder } \mathbb{N} \setminus M \text{ endlich}\}$. Für alle $M \in B$ sei $M' := \mathbb{N} \setminus M$.

    (a) Zeige: $\mathbf{B} := (B, \cup, \cap, ', \emptyset, \mathbb{N})$ ist eine boolesche Algebra.

    (b) Nach Satz 5.2.9, in Verbindung mit Aufgabe 11, ist **B** (und jede andere boolesche Algebra) isomorph zu einem subdirekten Produkt der 2-elementigen booleschen Algebra $\mathbf{B}_2 := (\{0,1\}, \vee, \wedge, ', 0, 1)$. Bestätige diese Aussage durch Angabe einer subdirekten Darstellung
    $$\varphi : \mathbf{B} \to \mathbf{B}_2^{\mathbb{N}}.$$

    (c) Überlege: Die Grundmenge von **B** ist abzählbar, aber jede direkte Potenz $\{0,1\}^I$ von $\{0,1\}$, mit I unendlich, ist überabzählbar. (Es folgt, daß **B** nicht zu einem direkten Produkt direkt unzerlegbarer boolescher Algebren isomorph ist.)

13. Sei **A** eine Algebra, $\Theta_i \in Con\,\mathbf{A}$ $(i \in I)$, und $\Theta := \bigcap_{i \in I} \Theta_i$. Zeige: $\mathbf{A}/\Theta$ ist isomorph zu einem subdirekten Produkt der $\mathbf{A}/\Theta_i$.

6 Freie Algebren und Gleichungen

Bisher wurde gezeigt, wie man mit Hilfe der Bildung von Unteralgebren, homomorphen Bildern und direkten Produkten aus gegebenen Algebren neue Algebren erhält. In diesem Kapitel wird eine ganz andere Methode zur Konstruktion von Algebren vorgestellt: Man bildet alle „sinnvoll interpretierbaren" Zeichenketten aus Operationssymbolen eines gegebenen Typs sowie aus Variablen, und anschließend setzt man diejenigen Zeichenketten gleich, die aufgrund von vorgegebenen Gleichungen gleich sein müssen. Auf diese Weise erhält man für alle gleichungsdefinierten Klassen von Algebren, wie z. B. für die Klasse aller Gruppen oder die Klasse aller Ringe, die allgemeinsten Strukturen der jeweiligen Klasse, nämlich die *freien Algebren*. Das Beschreiben von Algebren durch Gleichungen steht nach Satz 6.3.18 allerdings in enger Beziehung zu den schon bekannten Methoden zur Bildung neuer Algebren: Eine Klasse von Algebren ist genau dann gleichungsdefiniert, wenn sie unter der Bildung von Unteralgebren, homomorphen Bildern und direkten Produkten abgeschlossen ist (ein weiterer berühmter Satz von G. Birkhoff).

Die ersten drei Abschnitte dieses Kapitels behandeln den oben umrissenen Themenkreis. Wie wirkungsvoll das Arbeiten mit Gleichungen sein kann, wird in Abschnitt 4 anhand einiger häufig auftretender Eigenschaften von Kongruenzrelationen demonstriert (z. B. für *Kongruenzvertauschbarkeit*): Es stellt sich heraus, daß diese Eigenschaften durch Gleichungen beschrieben werden können, nämlich durch sog. *Maltsev-Bedingungen*.

6.1 Varietäten

Definiert man Gruppen wie in 1.1.5a als Algebren vom Typ $(2,1,0)$, dann sind Unteralgebren, homomorphe Bilder und direkte Produkte von Gruppen selbst wieder Gruppen. Das ist keineswegs selbstverständlich: Beispielsweise ist $+$ eine Gruppenverknüpfung auf $\mathbb{Z}$, aber nicht auf $\mathbb{N}$, obwohl $(\mathbb{N},+)$ eine Unteralgebra von $(\mathbb{Z},+)$ ist. Die folgenden Bezeichnungsweisen dienen der Untersuchung solcher Situationen:

Definition 6.1.1 Die folgenden Operatoren S, H, P, I bilden jede Klasse $\mathcal{K}$ von Algebren des Typs $\mathcal{F}$ wieder auf eine Klasse von Algebren desselben Typs ab: Es sei

$S(\mathcal{K})$ die Klasse aller Unteralgebren von Algebren aus $\mathcal{K}$,
$H(\mathcal{K})$ die Klasse aller homomorphen Bilder von Algebren aus $\mathcal{K}$,
$P(\mathcal{K})$ die Klasse aller direkten Produkte von Familien von Algebren aus $\mathcal{K}$.
$I(\mathcal{K})$ die Klasse aller zu Algebren aus $\mathcal{K}$ isomorphen Algebren.

Bemerkung 6.1.2 In bestimmten Fällen, wie z. B. in 6.1.1, ist es sinnvoll, von *Klassen* und nicht von *Mengen* zu reden. Dies zeigt das folgende als **Russellsche Antinomie** bekannte Beispiel: Sei R die Menge, deren Elemente selbst wieder Mengen sind, und zwar genau solche, die sich selbst nicht als Element enthalten. Dann würde aus $R \in R$ sofort $R \notin R$ folgen, und umgekehrt. Dieser Widerspruch wird aufgelöst, wenn man anstelle von *Menge* den allgemeineren Begriff *Klasse* einführt, und nur solche Klassen *Menge* nennt, die Elemente einer Klasse sind. Eine so große Gesamtheit wie R ist dann eine *echte Klasse*, und kann daher nur Mengen als Elemente enthalten, und nie sich selbst.

Der folgende Hilfssatz zeigt, daß die Operatoren H, S und IP **extensiv, monoton** und **idempotent** sind (vgl. die Definition eines Hüllenoperators in 2.1.3). Hierbei steht IP für die Hintereinanderausführung von P und I, d. h. $IP(\mathcal{K}) := I(P(\mathcal{K}))$.

6.1 Varietäten

Hilfssatz 6.1.3 *Sind $\mathcal{K}$ und $\mathcal{L}$ Klassen von Algebren desselben Typs, dann gilt*

$$\mathcal{K} \subseteq H(\mathcal{K}),$$
$$\mathcal{K} \subseteq \mathcal{L} \Rightarrow H(\mathcal{K}) \subseteq H(\mathcal{L}),$$
$$H(\mathcal{K}) = H(H(\mathcal{K})).$$

Die entsprechenden Aussagen gelten für die Operatoren S und IP.

Der **Beweis** von 6.1.3 ist elementar. Beispielsweise zeigt man $H(H(\mathcal{K})) \subseteq H(\mathcal{K})$ wie folgt: Sei $\mathbf{A} \in H(H(\mathcal{K}))$. Dann gibt es eine Algebra $\mathbf{B} \in H(\mathcal{K})$ und einen surjektiven Homomorphismus $\varphi : \mathbf{B} \to \mathbf{A}$. Zu $\mathbf{B} \in H(\mathcal{K})$ gibt es eine Algebra $\mathbf{C} \in \mathcal{K}$ und einen surjektiven Homomorphismus $\psi : \mathbf{C} \to \mathbf{B}$. Dann ist auch $\varphi \circ \psi : \mathbf{C} \to \mathbf{A}$ ein surjektiver Homomorphismus, woraus $\mathbf{A} \in H(\mathcal{K})$ folgt. Der Rest des Beweises von 6.1.3 bleibt dem Leser überlassen. □

Der Operator P selbst ist nicht idempotent: Für $\mathbf{A}_1, \mathbf{A}_2, \mathbf{A}_3 \in \mathcal{K}$ gilt zwar $(\mathbf{A}_1 \times \mathbf{A}_2) \times \mathbf{A}_3 \in P(P(\mathcal{K}))$, aber im allgemeinen nicht $(\mathbf{A}_1 \times \mathbf{A}_2) \times \mathbf{A}_3 \in P(\mathcal{K})$, sondern nur $(\mathbf{A}_1 \times \mathbf{A}_2) \times \mathbf{A}_3 \cong \mathbf{A}_1 \times \mathbf{A}_2 \times \mathbf{A}_3 \in P(\mathcal{K})$, d.h. $(\mathbf{A}_1 \times \mathbf{A}_2) \times \mathbf{A}_3 \in IP(\mathcal{K})$.

Definition 6.1.4 Eine Klasse $\mathcal{K}$ von Algebren desselben Typs heißt unter H (bzw. S, bzw. P) **abgeschlossen**, falls $H(\mathcal{K}) \subseteq \mathcal{K}$ (bzw. $S(\mathcal{K}) \subseteq \mathcal{K}$, bzw. $P(\mathcal{K}) \subseteq \mathcal{K}$) gilt. Eine unter allen drei Operatoren H, S, P abgeschlossene Klasse $\mathcal{K}$ wird **Varietät** genannt.

Satz 6.1.5 *Für jede Klasse $\mathcal{K}$ von Algebren desselben Typs ist $HSP(\mathcal{K})$ die kleinste $\mathcal{K}$ umfassende Varietät.*

Der Beweis von Satz 6.1.5 beruht auf folgender Beobachtung:

Hilfssatz 6.1.6 *Für jede Klasse $\mathcal{K}$ von Algebren desselben Typs gilt*

a) $SH(\mathcal{K}) \subseteq HS(\mathcal{K})$,
b) $PS(\mathcal{K}) \subseteq SP(\mathcal{K})$,
c) $PH(\mathcal{K}) \subseteq HP(\mathcal{K})$.

Beweis. a) Sei $\mathbf{A} \in SH(\mathcal{K})$. Dann gibt es eine Algebra $\mathbf{B}$ mit $\mathbf{A} \leq \mathbf{B}$, und eine Algebra $\mathbf{C} \in \mathcal{K}$ mit einem surjektiven Homomorphismus $\varphi : \mathbf{C} \to \mathbf{B}$. Für die Unteralgebra $\varphi^{-1}\mathbf{A}$ von $\mathbf{C}$ gilt $\varphi(\varphi^{-1}\mathbf{A}) = \mathbf{A}$. Daraus folgt $\mathbf{A} \in HS(\mathcal{K})$.

b) Sei $\mathbf{A} \in PS(\mathcal{K})$. Dann gilt $\mathbf{A} = \prod_{i \in I} \mathbf{B}_i$, mit $\mathbf{B}_i \leq \mathbf{C}_i \in \mathcal{K}$ für alle $i \in I$. Da offensichtlich $\prod_{i \in I} \mathbf{B}_i$ eine Unteralgebra von $\prod_{i \in I} \mathbf{C}_i$ ist, folgt $\mathbf{A} \in SP(\mathcal{K})$.

c) Sei $\mathbf{A} \in PH(\mathcal{K})$. Dann gilt $\mathbf{A} = \prod_{i \in I} \mathbf{B}_i$, wobei es für jedes $i \in I$ eine Algebra $\mathbf{C}_i$ und einen surjektiven Homomorphismus $\varphi_i : \mathbf{C}_i \to \mathbf{B}_i$ gibt. Für jede Projektionsabbildung $\gamma_j : \prod_{i \in I} \mathbf{C}_i \to \mathbf{C}_j$ ist $\varphi_j \circ \gamma_j : \prod_{i \in I} \mathbf{C}_i \to \mathbf{B}_j$ ein surjektiver Homomorphismus. Nach 5.1.13 erhält man durch $(\varphi c)(j) := (\varphi_j \circ \gamma_j)c$ einen Homomorphismus $\varphi : \prod_{i \in I} \mathbf{C}_i \to \prod_{i \in I} \mathbf{B}_i$, der offenbar ebenfalls surjektiv ist. Das zeigt $\mathbf{A} \in HP(\mathcal{K})$. □

Beweis von 6.1.5. Wegen 6.1.3 gilt $HSP(\mathcal{K}) \subseteq \mathcal{K}'$ für jede $\mathcal{K}$ umfassende Varietät $\mathcal{K}'$. Aber $HSP(\mathcal{K})$ ist selbst eine Varietät: $H(HSP(\mathcal{K})) = HSP(\mathcal{K})$ folgt aus der Idempotenz von H, $S(HSP(\mathcal{K})) \subseteq HSSP(\mathcal{K}) = HSP(\mathcal{K})$ aus 6.1.6a sowie der Idempotenz von S, und $P(HSP(\mathcal{K})) \subseteq HSPP(\mathcal{K}) \subseteq HSIPIP(\mathcal{K}) = HSIP(\mathcal{K}) \subseteq HSHP(\mathcal{K}) \subseteq HHSP(\mathcal{K}) = HSP(\mathcal{K})$ aus 6.1.6, sowie der Idempotenz von IP und H. □

Folgerung 6.1.7 *Eine Klasse $\mathcal{K}$ von Algebren desselben Typs ist genau dann eine Varietät, wenn $HSP(\mathcal{K}) = \mathcal{K}$ gilt.*

Jede Varietät ist durch die in ihr enthaltenen subdirekt irreduziblen Algebren eindeutig bestimmt:

Satz 6.1.8 *Jede Algebra einer Varietät $\mathcal{K}$ ist isomorph zu einem subdirekten Produkt subdirekt irreduzibler Algebren aus $\mathcal{K}$.*

Beweis. Nach 5.2.9 ist jede Algebra $\mathbf{A}$ isomorph zu einem subdirekten Produkt subdirekt irreduzibler Algebren $\mathbf{A}_i$. Dabei ist jedes $\mathbf{A}_i$ isomorph zu einer Faktoralgebra von $\mathbf{A}$, d. h. es gilt $\mathbf{A}_i \in H(\mathbf{A})$. Im Fall $\mathbf{A} \in \mathcal{K}$ ($\mathcal{K}$ Varietät) folgt $\mathbf{A}_i \in H(\mathcal{K}) \subseteq \mathcal{K}$. □

6.2 Terme und Polynome

Für die Untersuchung der aus den fundamentalen Operationen zusammengesetzten Operationen werden einige neue Bezeichnungen benötigt:

Definition 6.2.1 Sei $(\mathcal{F}, \sigma)$ ein Typ von Algebren, und X eine Menge, deren Elemente **Variablen** genannt werden, mit $X \cap \mathcal{F} = \emptyset$. Die Menge $T(X)$ wird durch folgende Rekursionsvorschrift definiert:

(1) Für alle $x \in X$ ist das 1-Tupel (x) in $T(X)$,
(2) für $f \in \mathcal{F}$ mit $\sigma(f) = n$ und $t_1, \ldots, t_n \in T(X)$ ist auch $(f, t_1, \ldots, t_n) \in T(X)$.

Die Elemente von $T(X)$ heißen **Terme** vom Typ $(\mathcal{F}, \sigma)$. Die **Termalgebra** $\mathbf{T}(X)$ vom Typ $(\mathcal{F}, \sigma)$ über X ist definiert als Algebra mit Grundmenge $T(X)$ und den für jedes $f \in \mathcal{F}$ (n-stellig) durch

$$f_{\mathbf{T}(X)}(t_1, \ldots, t_n) := (f, t_1, \ldots, t_n)$$

definierten fundamentalen Operationen.

Bemerkungen 6.2.2 a) Für $t \in T(X)$ schreibt man oft auch $t(x_1, \ldots, x_n)$, um anzudeuten, daß alle bei der Bildung von t verwendeten Variablen in der Menge $\{x_1, \ldots, x_n\}$ enthalten sind. Man nennt den Term t dann n-**stellig**.
b) Für jeden Typ $(\mathcal{F}, \sigma)$ besteht $T(X)$ genau aus den „sinnvoll interpretierbaren" Ausdrücken, die aus den Elementen von $X \cup \mathcal{F}$ gebildet werden können. Für $\mathcal{F} = \{+\}$, mit $\sigma(+) = 2$, und $X = \{x, y, z\}$ sind die folgenden Ausdrücke Terme über X:

$$(x), (y), (z), (+, x, y), (+, y, z), (+, x, x), (+, (+, x, y), z).$$

Hingegen sind
$$(x, y, +), (+, x), (+, x, y, z)$$

keine Terme. Natürlich identifiziert man die 1-Tupel $(x), (y), (z)$ mit den Elementen x, y, z. Anstelle von $(+, x, y), (+, x, x)$ und $(+, (+, x, y), z)$ schreibt man suggestiver auch

$$x + y, \quad x + x, \quad (x + y) + z.$$

Unmittelbar aus Definition 6.2.1 folgt:

6.2 Terme und Polynome

Hilfssatz 6.2.3 *Jede Termalgebra $\mathbf{T}(X)$ wird von der Variablenmenge X erzeugt, d. h. es gilt $T(X) = \langle X \rangle$.*

Jedes Element von $T(X)$ entsteht mit Hilfe der Rekursionsvorschrift aus 6.2.1 auf genau eine Weise:

Hilfssatz 6.2.4 *Sei $t = (f, t_1, \ldots, t_n) \in T(X)$, mit $f \in \mathcal{F}$, $\sigma(f) = n$, $t_1, \ldots, t_n \in T(X)$. Aus $t = (g, s_1, \ldots, s_m)$ folgt dann $f = g$, $n = m$, $t_1 = s_1, \ldots, t_n = s_m$. Außerdem gilt $t \neq (x)$ für alle $x \in X$.*

Beweis. Der erste Teil der Aussage von 6.2.4 ist trivial. Für den zweiten Teil werde $t = (x)$ mit $x \in X$ angenommen. Dann folgt $\sigma(f) = 0$ und $x = f$. Aufgrund der Voraussetzung $X \cap \mathcal{F} = \emptyset$ ist das unmöglich. (Man hätte in 6.2.1 also nur $X \cap \mathcal{F}_0 = \emptyset$ voraussetzen müssen, mit $\mathcal{F}_0 := \{f \in \mathcal{F} \mid \sigma(f) = 0\}$.) □

Eine wesentliche Eigenschaft der Algebra $\mathbf{T}(X)$ wird in folgendem Satz gezeigt:

Satz 6.2.5 *Sei $\mathbf{T}(X)$ die Termalgebra vom Typ $(\mathcal{F}, \sigma)$ über X. Dann gibt es für jede Algebra $\mathbf{A}$ vom Typ $(\mathcal{F}, \sigma)$ und jede Abbildung $\varphi : X \to A$ genau einen Homomorphismus $\overline{\varphi} : \mathbf{T}(X) \to \mathbf{A}$, der φ fortsetzt, d. h. mit $\overline{\varphi}|_X = \varphi$.*

Beweis. Sei $\mathbf{A}$ vom Typ $(\mathcal{F}, \sigma)$ und $\varphi : X \to A$ gegeben. Dann wird $\overline{\varphi} : T(X) \to A$ definiert durch
$$\overline{\varphi} x := \varphi x$$
für $x \in X$, und
$$\overline{\varphi}(f, t_1, \ldots, t_n) := f_{\mathbf{A}}(\overline{\varphi} t_1, \ldots, \overline{\varphi} t_n)$$
für $f \in \mathcal{F}$ und $t_1, \ldots, t_n \in T(X)$. Auf diese Weise ist $\overline{\varphi}$ auf ganz $T(X)$ definiert, und wegen 6.2.4 ist $\overline{\varphi}$ sogar wohldefiniert. Wegen $f_{\mathbf{T}(X)}(t_1, \ldots, t_n) = (f, t_1, \ldots, t_n)$ ist $\overline{\varphi}$ automatisch ein Homomorphismus. □

Definition 6.2.6 Es sei t ein Term vom Typ $(\mathcal{F}, \sigma)$ über $X = \{x_1, \ldots, x_n\}$ und $\mathbf{A}$ eine Algebra vom Typ $(\mathcal{F}, \sigma)$. Für $a_1, \ldots, a_n \in A$ sei $\varphi_{a_1, \ldots, a_n} : \mathbf{T}(X) \to \mathbf{A}$ der eindeutig bestimmte Homomorphismus mit $x_i \mapsto a_i$, $i = 1, \ldots, n$. Dann erhält man eine n-stellige Operation $t_{\mathbf{A}} : A^n \to A$ durch
$$t_{\mathbf{A}}(a_1, \ldots, a_n) := \varphi_{a_1, \ldots, a_n} t.$$

Die auf diese Weise aus den Termen gebildeten Operationen auf A heißen **Termfunktionen**. Die Menge aller Termfunktionen von $\mathbf{A}$ wird mit $T(\mathbf{A})$ bezeichnet.

Bemerkungen 6.2.7 a) Ähnlich wie für die fundamentalen Operationen schreibt man auch bei den Termfunktionen oft einfach t anstelle von $t_{\mathbf{A}}$.

b) Für jeden Typ $(\mathcal{F}, \sigma)$ gilt: Aus $Y \subseteq X$ folgt $T(Y) \subseteq T(X)$ (man beachte: ein Term aus $T(X)$ muß keineswegs alle Variablen aus X enthalten). Jedes $x \in X$ ist selbst ein Term von $T(X)$ (genauer gesagt das 1-Tupel (x)). Deshalb sind alle Projektionsabbildungen immer Termfunktionen einer Algebra $\mathbf{A}$: Für $X = \{x_1, \ldots, x_n\}$ und den Term $t = x_i$ aus

$T(X)$, mit $1 \leq i \leq n$, gilt $t_{\mathbf{A}}(a_1, \ldots, a_n) = a_i$, d. h. $t_{\mathbf{A}}$ ist die i-te Projektionsabbildung auf $\mathbf{A}$.

c) Die Termfunktionen einer Algebra sind genau die Operationen, die durch **Superposition** (Zusammensetzen) aus den fundamentalen Operationen sowie den Projektionsabbildungen entstehen. Z. B. induziert der Term $t = (+, (+, x, y), z)$ aus 6.2.2b (der auch als $t(x, y, z) = (x+y)+z$ geschrieben werden kann) auf jeder Algebra $(A, +)$ die Termfunktion $t_{(A,+)}(a_1, a_2, a_3) = (a_1 + a_2) + a_3$.

Das folgende Ergebnis über den Unteralgebren-Hüllenoperator $\langle \ \rangle$ ist eine unmittelbare Übersetzung von Satz 1.2.5. Für $T(\{x_1, \ldots, x_n\})$ wird einfach $T(x_1, \ldots, x_n)$ geschrieben:

Satz 6.2.8 *Für jede Algebra* $\mathbf{A}$ *und jede Teilmenge* $C \subseteq A$ *gilt*

$$\langle C \rangle = \{t_{\mathbf{A}}(c_1, \ldots, c_n) \mid n \in \mathbb{N} \cup \{0\}, \ t \in T(x_1, \ldots, x_n), \ c_1, \ldots, c_n \in C\}.$$

Die Termfunktionen verhalten sich bzgl. Homomorphismen wie fundamentale Funktionen:

Satz 6.2.9 *Die Algebren* $\mathbf{A}, \mathbf{B}$ *und der n-stellige Term t seien alle vom gleichen Typ. Dann gilt für jeden Homomorphismus* $\varphi: \mathbf{A} \to \mathbf{B}$ *und alle* $a_1, \ldots, a_n \in A$:

$$\varphi t_{\mathbf{A}}(a_1, \ldots, a_n) = t_{\mathbf{B}}(\varphi a_1, \ldots, \varphi a_n).$$

Beweis mit Induktion über den Aufbau der Terme (dieses Beweisprinzip nennt man **algebraische Induktion**): Sei $t \in T(x_1, \ldots, x_n)$. Die Behauptung gilt offenbar für $t = x_i$, $i = 1, \ldots, n$. Sei nun $t = (f, t^1, \ldots, t^m)$, wobei f ein m-stelliges Operationssymbol ist und $t^1, \ldots, t^m \in T(x_1, \ldots, x_n)$ gilt. Werde angenommen, daß die Behauptung für $t^1, \ldots, t^m$ schon gezeigt ist. Dann gilt

$$\begin{aligned}
\varphi t_{\mathbf{A}}(a_1, \ldots, a_n) &= \varphi f_{\mathbf{A}}(t^1_{\mathbf{A}}(a_1, \ldots, a_n), \ldots, t^m_{\mathbf{A}}(a_1, \ldots, a_n)) \\
&= f_{\mathbf{B}}(\varphi t^1_{\mathbf{A}}(a_1, \ldots, a_n), \ldots, \varphi t^m_{\mathbf{A}}(a_1, \ldots, a_n)) \\
&= f_{\mathbf{B}}(t^1_{\mathbf{B}}(\varphi a_1, \ldots, \varphi a_n), \ldots, t^m_{\mathbf{B}}(\varphi a_1, \ldots, \varphi a_n)) \\
&= t_{\mathbf{B}}(\varphi a_1, \ldots, \varphi a_n). \ \square
\end{aligned}$$

Unter einem *Polynom* über einem kommutativen Ring $(R, +, -, 0, \cdot)$ versteht man Ausdrücke der Form $p(x_1, \ldots, x_n) = \sum a_{i_1 i_2 \ldots i_n} x_1^{i_1} x_2^{i_2} \ldots x_n^{i_n}$. Polynome über Ringen sind i. a. keine Terme, da in ihnen die Konstanten $a_{i_1 i_2 \ldots i_n} \in R$ vorkommen. Nimmt man jedoch zum Ring noch alle $r \in R$ als nullstellige fundamentale Operationen hinzu, dann sind alle Polynome auch Terme. Diese Beobachtung wird jetzt verallgemeinert:

Definition 6.2.10 Es sei $\mathbf{A} = (A, F)$ eine Algebra vom Typ $\mathcal{F}$. Werden zu $\mathcal{F}$ jetzt alle $a \in A$ als neue nullstellige Operationssymbole hinzugefügt, dann erhält man den neuen Typ $\mathcal{F} \cup A$ (mit den alten Stelligkeiten $\sigma(f)$ für alle $f \in \mathcal{F}$, und $\sigma(a) = 0$ für alle $a \in A$). Die Terme des so gebildeten Typs $\mathcal{F} \cup A$ werden **Polynome** von $\mathbf{A}$ genannt. Die Menge all dieser Terme über der Variablenmenge X wird mit $P_A(X)$ bezeichnet. Aus **A** wird nun eine Algebra vom Typ $\mathcal{F} \cup A$, indem man für jedes $a \in A$ eine nullstellige Operation f_a mit Wert a hinzufügt. Die Termfunktionen der so erhaltenen Algebra $\mathbf{A}_A := (A, F \cup (f_a \mid a \in A))$ heißen **Polynomfunktionen**, und die Menge aller Polynomfunktionen von **A** wird mit $P(\mathbf{A})$ bezeichnet. Natürlich schreibt man oft einfacher a anstelle von f_a.

Bemerkung 6.2.11 Die Polynome einer Algebra **A** entstehen, indem in den Termen einige der Variablen durch Konstanten aus A ersetzt werden. Natürlich sind alle Terme auch Polynome. Für $\mathcal{F} = \{+\}$ mit $\sigma(+) = 2$, eine Algebra $(A, +)$ dieses Typs, und $b, c \in A$ sind z. B. die Ausdrücke

$$x + y, \ b + z, \ (b + y) + z, \ (b + y) + c$$

Polynome von $(A, +)$.

Interessiert man sich für die Kongruenzrelationen einer Algebra, so kann man die fundamentalen Operationen durch die Polynomfunktionen ersetzen. Dies folgt aus dem letzten Satz dieses Abschnitts, der ganz analog zu 6.2.9 mit algebraischer Induktion bewiesen werden kann:

Satz 6.2.12 *Die Polynomfunktionen einer Algebra **A** sind mit allen Kongruenzrelationen von **A** verträglich, d. h. aus $n \in \mathbb{N}$, $p \in P_A(x_1, \ldots, x_n)$, $\Theta \in \mathrm{Con}\,\mathbf{A}$ und $a_i \,\Theta\, b_i$ für $i = 1, \ldots, n$ folgt*

$$p_\mathbf{A}(a_1, \ldots, a_n) \ \Theta \ p_\mathbf{A}(b_1, \ldots, b_n).$$

6.3 Gleichungsdefinierte Klassen und freie Algebren

Viele Klassen von Algebren, darunter z. B. die Klasse der Gruppen, lassen sich durch Gleichungen beschreiben (vgl. 1.1.5). Mit Hilfe der Terme kann man den Begriff *Gleichung* präzise fassen:

Definition 6.3.1 Es sei $T(X)$ die Menge aller Terme vom Typ $(\mathcal{F}, \sigma)$ über der Variablenmenge X. Dann heißt jedes Paar $(s, t) \in T(X) \times T(X)$ eine **Gleichung** über X. Anstelle von (s, t) wird im folgenden meist

$$s \approx t \text{ oder } s(x_1, \ldots, x_n) \approx t(x_1, \ldots, x_n)$$

geschrieben (letzteres, falls alle in s und t auftretenden Variablen in der Menge $\{x_1, \ldots, x_n\}$ enthalten sind). Eine Algebra **A** vom Typ $(\mathcal{F}, \sigma)$ **erfüllt** die Gleichung $s(x_1, \ldots, x_n) \approx t(x_1, \ldots, x_n)$ (oder die Gleichung **gilt** in **A**), falls $s_\mathbf{A}(a_1, \ldots, a_n) = t_\mathbf{A}(a_1, \ldots, a_n)$ für jede Belegung $a_1, \ldots, a_n \in A$. In diesem Fall schreibt man

$$\mathbf{A} \models s(x_1, \ldots, x_n) \approx t(x_1, \ldots, x_n)$$

oder kürzer

$$\mathbf{A} \models s \approx t.$$

Beispielsweise ist ein Gruppoid $\mathbf{G} = (G, \cdot)$ genau dann kommutativ, wenn es die Gleichung $x \cdot y \approx y \cdot x$ erfüllt, d. h. falls

$$\mathbf{G} \models x \cdot y \approx y \cdot x.$$

Definition 6.3.2 In dieser Definition seien alle Algebren und Terme vom selben Typ $(\mathcal{F}, \sigma)$. Für jedes **Gleichungssystem** (d. h. jede Gleichungsmenge) $\Sigma \subseteq T(X) \times T(X)$ über der Variablenmenge X ist

$$M(\Sigma) := \{\mathbf{A} \mid \mathbf{A} \models s \approx t \text{ für alle } (s,t) \in \Sigma\}$$

die Klasse aller **Modelle** von Σ. Umgekehrt ist für jede Klasse $\mathcal{K}$ von Algebren

$$G_X(\mathcal{K}) := \{(s,t) \in T(X) \times T(X) \mid \mathbf{A} \models s \approx t \text{ für alle } \mathbf{A} \in \mathcal{K}\}$$

die Menge aller in allen Algebren von $\mathcal{K}$ gültigen Gleichungen über X.

Man nennt eine Klasse $\mathcal{K}$ von Algebren **gleichungsdefiniert**, falls ein Gleichungssystem Σ mit $\mathcal{K} = M(\Sigma)$ existiert. Ein Gleichungssystem $\Sigma \subseteq T(X) \times T(X)$ heißt **Gleichungstheorie** über X, falls es eine Klasse $\mathcal{K}$ von Algebren gibt mit $\Sigma = G_X(\mathcal{K})$.

Unter den Hilfsmitteln, die zur Beschreibung von Algebren und von algebraischen Eigenschaften verwendet werden, kommt Gleichungen eine große Bedeutung zu, da man mit ihnen besonders gut umgehen kann (fast alle Beispiele in 1.1.5 sind gleichungsdefinierte Klassen von Algebren). In diesem Abschitt wird folgenden naheliegenden Fragen nachgegangen:

1. Welche Klassen von Algebren sind gleichungsdefiniert? (Konkrete Frage: Lassen sich Körper durch Gleichungen beschreiben?)
2. Welche Gleichungsmengen sind Gleichungstheorien, d. h. abgeschlossen gegen das Folgern weiterer Gleichungen?

Satz 6.3.3 *Es sei $(\mathcal{F}, \sigma)$ ein Typ von Algebren und X eine Menge von Variablen. Dann gelten für alle $\Sigma, \Sigma' \subseteq T(X) \times T(X)$ und für alle Klassen $\mathcal{K}, \mathcal{K}'$ von Algebren vom Typ $(\mathcal{F}, \sigma)$ die folgenden Bedingungen:*

a) $\quad\quad \Sigma \subseteq \Sigma' \Rightarrow M(\Sigma) \supseteq M(\Sigma'),$
$\quad\quad\quad \mathcal{K} \subseteq \mathcal{K}' \Rightarrow G_X(\mathcal{K}) \supseteq G_X(\mathcal{K}'),$
b) $\quad\quad \Sigma \subseteq G_X M(\Sigma),$
$\quad\quad\quad \mathcal{K} \subseteq M G_X(\mathcal{K}).$

Der Beweis von Satz 6.3.3 ist elementar. Man nennt das Paar (M, G_X) die **Galoisverbindung der Gleichungstheorie**, obwohl es sich strenggenommen (d. h. im Sinn von 3.1.3) nicht um eine Galoisverbindung handelt, da der Operator G_X nicht auf einer Menge, sondern auf einer Klasse operiert, nämlich auf der Klasse aller Algebren eines Typs. Dennoch bleiben alle Aussagen von Abschnitt 3.1 über Galoisverbindungen sinngemäß gültig. Aus 3.1.4 folgt:

6.3 Gleichungsdefinierte Klassen und freie Algebren

Satz 6.3.4 *a) Die Operatoren MG_X und G_XM sind extensiv, monoton und idempotent.*
b) Eine Klasse $\mathcal{K}$ von Algebren ist genau dann gleichungsdefiniert (mit Gleichungen über X), wenn $\mathcal{K} = MG_X(\mathcal{K})$ gilt. Ein Gleichungssystem $\Sigma \subseteq T(X) \times T(X)$ ist genau dann eine Gleichungstheorie, wenn $\Sigma = G_XM(\Sigma)$ gilt.
c) Die gleichungsdefinierten Klassen (mit Gleichungen über X) und die Gleichungstheorien über X bilden jeweils Verbände bzgl. der Inklusion $\subseteq$. Beide Verbände sind dual isomorph. Die Abbildungen M und G_X sind zueinander inverse duale Isomorphismen dieser Verbände.

Satz 6.3.4 ist besonders interessant für die Variablenmenge $X = \{x_1, x_2, \ldots\}$ mit abzählbar vielen Variablen. Dies zeigt die folgende Bemerkung, die aus der Tatsache folgt, daß jede Gleichung nur endlich viele Variablen enthält:

Bemerkung 6.3.5 *Für jede Variablenmenge Y gilt: Aus $\mathcal{K} = M(\Sigma)$ mit $\Sigma \subseteq T(Y) \times T(Y)$ folgt $\mathcal{K} = M(\Sigma')$ für eine geeignete Teilmenge $\Sigma' \subseteq T(x_1, x_2, \ldots) \times T(x_1, x_2, \ldots)$.*

Folgerung 6.3.6 *Es sei $\mathcal{K}$ eine Klasse von Algebren vom Typ $(\mathcal{F}, \sigma)$. Für die Variablenmenge $X = \{x_1, x_2 \ldots\}$ und eine beliebige Variablenmenge Y gilt dann $MG_X(\mathcal{K}) \subseteq MG_Y(\mathcal{K})$, d.h. $MG_X(\mathcal{K})$ ist die kleinste $\mathcal{K}$ umfassende gleichungsdefinierte Klasse.*

Der Zusammenhang zwischen Varietäten (d.h. HSP-abgeschlossenen Klassen von Algebren) und gleichungsdefinierten Klassen beruht im wesentlichen auf folgendem Ergebnis:

Satz 6.3.7 *Es sei $\mathcal{K}$ eine Klasse von Algebren vom Typ $(\mathcal{F}, \sigma)$, und $\mathbf{T}(X)$ sei die Termalgebra dieses Typs über der Variablenmenge X. Dann gilt*

$$G_X(\mathcal{K}) = \bigcap \{Kern\ \varphi \mid \varphi : \mathbf{T}(X) \to \mathbf{A},\ \mathbf{A} \in \mathcal{K}\}.$$

Beweis. Sei $s, t \in T(x_1, \ldots, x_n)$, mit $x_1, \ldots, x_n \in X$. Zu jeder Algebra $\mathbf{A} \in \mathcal{K}$ und allen $a_1, \ldots, a_n \in A$ gibt es nach 6.2.5 einen Homomorphismus $\varphi : \mathbf{T}(X) \to \mathbf{A}$ mit $\varphi x_i = a_i$, $i = 1, \ldots, n$. Für dieses φ gilt $\varphi s = s_\mathbf{A}(a_1, \ldots, a_n)$ und $\varphi t = t_\mathbf{A}(a_1, \ldots, a_n)$. Daher gilt $(s, t) \in Kern\ \varphi$ für alle $\varphi : \mathbf{T}(X) \to \mathbf{A}$ mit $\mathbf{A} \in \mathcal{K}$ genau dann, wenn für alle $\mathbf{A} \in \mathcal{K}$ und alle Belegungen $a_1, \ldots, a_n \in A$ die Gleichung $s_\mathbf{A}(a_1, \ldots, a_n) = t_\mathbf{A}(a_1, \ldots, a_n)$ gilt. Doch das ist gleichbedeutend mit $\mathbf{A} \models s \approx t$ für alle $\mathbf{A} \in \mathcal{K}$. □

Folgerung 6.3.8 $G_X(\mathcal{K}) \in Con\ \mathbf{T}(X)$.

Die Faktoralgebra $\mathbf{T}(X)/G_X(\mathcal{K})$ hat bzgl. der Klasse $\mathcal{K}$ die gleiche Eigenschaft wie $\mathbf{T}(X)$ bzgl. der Klasse *aller* Algebren vom Typ $(\mathcal{F}, \sigma)$ (vgl. 6.2.5):

Satz 6.3.9 *Mit den Bezeichnungen von 6.3.7 sei $\overline{x} := [x](G_X(\mathcal{K}))$ und $\overline{X} := \{\overline{x} \mid x \in X\}$. Dann gibt es für jede Algebra $\mathbf{A} \in \mathcal{K}$ und jede Abbildung $\varphi : \overline{X} \to A$ genau einen Homomorphismus $\overline{\varphi} : \mathbf{T}(X)/G_X(\mathcal{K}) \to \mathbf{A}$, der φ fortsetzt, d.h. mit $\overline{\varphi}|_{\overline{X}} = \varphi$.*

Beweis. Sei $\psi : X \to A$ die durch $\psi x := \varphi \overline{x}$ definierte Abbildung. Nach 6.2.5 gibt es dann einen Homomorphismus $\overline{\psi} : \mathbf{T}(X) \to \mathbf{A}$, der ψ fortsetzt. Für den kanonischen Homomorphismus $\pi : \mathbf{T}(X) \to \mathbf{T}(X)/G_X(\mathcal{K})$ gilt $Kern\ \pi = G_X(\mathcal{K})$, und deshalb wegen 6.3.7 $Kern\ \pi \subseteq Kern\ \overline{\psi}$. Durch $\overline{\varphi}(\pi t) := \overline{\psi} t$ erhält man daher eine wohldefinierte Abbildungsvorschrift $\overline{\varphi} : T(X)/G_X(\mathcal{K}) \to A$. Es ist leicht zu sehen, daß $\overline{\varphi}$ ein Homomorphismus ist, und daß $\overline{\varphi}(\overline{x}) = \varphi \overline{x}$ für alle $x \in X$. Wegen $\langle \overline{X} \rangle = \langle \pi X \rangle = \pi \langle X \rangle = \pi(\mathbf{T}(X)) = \mathbf{T}(X)/G_X(\mathcal{K})$ ist $\overline{\varphi}$ durch die Festlegung auf $\overline{X}$ eindeutig bestimmt. □

Bemerkung 6.3.10 Man kann den Homomorphismus $\overline{\varphi}$ in Satz 6.3.9 sehr suggestiv beschreiben: Ist $t(x_1, \ldots, x_n)$ ein Term, $\overline{t(x_1, \ldots, x_n)}$ das zugehörige Element modulo $G_X(\mathcal{K})$, und gilt $\varphi\overline{x}_1 = a_1, \ldots, \varphi\overline{x}_n = a_n$, so folgt

$$\overline{\varphi} : \overline{t(x_1, \ldots, x_n)} \mapsto t_\mathbf{A}(a_1, \ldots, a_n).$$

Es handelt sich bei $\overline{\varphi}$ also um den durch φ festgelegten „Einsetzungshomomorphismus": Für jede Variable x wird in jedem Term der Wert $\varphi x \in A$ eingesetzt.

Als nächstes wird auf die Frage, wie sich die Algebra $\mathbf{T}(X)/G_X(\mathcal{K})$ aus den Algebren von $\mathcal{K}$ gewinnen läßt, eine konkrete Antwort gegeben:

Satz 6.3.11 *Für jede Klasse $\mathcal{K}$ von Algebren desselben Typs und jede Variablenmenge X gilt*

$$\mathbf{T}(X)/G_X(\mathcal{K}) \in ISP(\mathcal{K})$$

Beweis. Sei $\mathbf{T} := \mathbf{T}(X)$ und $\Theta := G_X(\mathcal{K})$. Nach Definition von $G_X(\mathcal{K})$ gilt

$$\bigcap \{(Kern\, \varphi)/\Theta \mid \varphi : \mathbf{T} \to \mathbf{A},\ \mathbf{A} \in \mathcal{K}\} = \Delta_{T/\Theta}.$$

Wegen 5.2.4 ist $\mathbf{T}/\Theta$ daher isomorph zu einem subdirekten Produkt der Algebren $(\mathbf{T}/\Theta)/((Kern\, \varphi)/\Theta)$, mit $\varphi : \mathbf{T} \to \mathbf{A},\ \mathbf{A} \in \mathcal{K}$. Für jedes solche φ gilt

$$\begin{aligned}(\mathbf{T}/\Theta)/((Kern\,\varphi)/\Theta) &\cong \mathbf{T}/(Kern\,\varphi) &&\text{wegen 4.1.4,}\\ &\cong \varphi\mathbf{T} &&\text{wegen 4.1.1,}\\ &\in S(\mathcal{K}) &&\text{nach Definition von } \varphi.\end{aligned}$$

Insgesamt erhält man daher $\mathbf{T}/\Theta \in ISP(IS(\mathcal{K})) \subseteq ISP(S(\mathcal{K})) \subseteq ISP(\mathcal{K})$, wobei die erste Inklusion offensichtlich ist und die zweite aus 6.1.6 folgt. $\square$

Folgerung 6.3.12 *Für jede unter den Operatoren I, S und P abgeschlossene Klasse $\mathcal{K}$ (insbesondere also für Varietäten, d. h. für HSP-abgeschlossene Klassen) gilt*

$$\mathbf{T}(X)/G_X(\mathcal{K}) \in \mathcal{K}.$$

Definition 6.3.13 Sei $\mathcal{K}$ eine Klasse von Algebren und X eine Menge von Variablen. Gilt $\mathbf{T}(X)/G_X(\mathcal{K}) \in \mathcal{K}$, dann wird $\mathbf{T}(X)/G_X(\mathcal{K})$ die **freie Algebra** von $\mathcal{K}$ mit **freier Erzeugendenmenge** X genannt und mit $\mathbf{F}_\mathcal{K}(X)$ bezeichnet. Man nennt $\mathbf{F}_\mathcal{K}(X)$ z. B. auch die von X **freierzeugte Algebra** der Klasse $\mathcal{K}$. Im Fall $X = \{x_1, \ldots, x_n\}$ schreibt man $\mathbf{F}_\mathcal{K}(x_1, \ldots, x_n)$ oder kürzer $\mathbf{F}_\mathcal{K}(n)$, und für $X = \{x_1, x_2, \ldots\}$ entsprechend $\mathbf{F}_\mathcal{K}(x_1, x_2, \ldots)$, oder $\mathbf{F}_\mathcal{K}(\omega)$.
Achtung: Im Sinne dieser Definition muß jede freie Algebra von $\mathcal{K}$ *in* $\mathcal{K}$ liegen. Andernfalls sagt man, daß die freie Algebra über der entsprechenden Variablenmenge **nicht existiert**.

Bemerkungen 6.3.14 a) Die freie Algebra $\mathbf{F}_\mathcal{K}(X)$ wird strenggenommen nicht von der Menge X erzeugt, sondern von den Kongruenzklassen $\overline{x} := [x](G_X(\mathcal{K}))$. Dennoch schreibt man meist x statt $\overline{x}$. Dies macht vor allem deshalb keine Probleme, weil in einer nichttrivialen Klasse $\mathcal{K}$ von Algebren aus $\overline{x} = \overline{y}$ immer $x = y$ folgt. (Eine Klasse $\mathcal{K}$ von

6.3 Gleichungsdefinierte Klassen und freie Algebren

Algebren heißt **trivial**, falls sie nur 0- oder 1-elementige Algebren enthält, d. h. wenn in allen Algebren von $\mathcal{K}$ die Gleichung $x \approx y$ gilt.)

b) In der Literatur wird eine Algebra $\mathbf{A} \in \mathcal{K}$ oft dann eine *freie Algebra* von $\mathcal{K}$ mit freier Erzeugendenmenge $M \subseteq A$ genannt, wenn es zu jeder Algebra $\mathbf{B} \in \mathcal{K}$ und jeder Abbildung $\varphi : M \to B$ genau eine homomorphe Fortsetzung $\overline{\varphi} : \mathbf{A} \to \mathbf{B}$ von φ gibt (vgl. 6.3.9). Für eine solche Algebra $\mathbf{A}$ kann man zeigen: Wenn $\mathbf{F}_\mathcal{K}(X)$ für eine Variablenmenge X mit $|X| = |M|$ existiert, dann sind $\mathbf{F}_\mathcal{K}(X)$ und $\mathbf{A}$ isomorph. Darum bedeutet der in 6.3.13 definierte etwas engere Begriff einer freien Algebra keine wirkliche Einschränkung.

Hilfssatz 6.3.15 *Jede freie Algebra $\mathbf{F}_\mathcal{K}(X)$ einer Varietät $\mathcal{K}$ ist isomorph zu einem subdirekten Produkt der $\mathbf{F}_\mathcal{K}(E)$ mit $E \subseteq X$ endlich, $E \neq \emptyset$.*

Beweis. Für $x \in X$ werde wie in 6.3.14a $\overline{x} := [x](G_X(\mathcal{K}))$ gesetzt. Für jede Teilmenge $E \subseteq X$ sei $\overline{E} := \{\overline{e} \in F_\mathcal{K}(X) \mid e \in E\}$. Die von $\overline{E}$ erzeugte Unteralgebra von $\mathbf{F}_\mathcal{K}(X)$ werde mit $\mathbf{U}(\overline{E})$ bezeichnet. Man überlegt, daß $\mathbf{U}(\overline{E})$ und $\mathbf{F}_\mathcal{K}(E)$ isomorph sind. Es ist daher ausreichend zu zeigen, daß $\mathbf{F}_\mathcal{K}(X)$ isomorph zu einem subdirekten Produkt der $\mathbf{U}(\overline{E})$ ist mit $E \subseteq X$ nichtleer und endlich. Für jedes solche E werde eine Abbildung $\varphi_E : \overline{X} \to U(\overline{E})$ gewählt mit $(\varphi_E)|_{\overline{E}} = id_{\overline{E}}$. Die homomorphe Fortsetzung $\overline{\varphi}_E$ ist dann surjektiv, und es gilt $(\overline{\varphi}_E)|_{U(\overline{E})} = id_{U(\overline{E})}$. Jeder Term hängt nur von endlich vielen Variablen ab. Zu jedem Paar $s, t \in F_\mathcal{K}(X)$ gibt es daher eine endliche Teilmenge $E \subseteq X$ mit $s, t \in U(\overline{E})$. Im Fall $s \neq t$ gilt wegen $\overline{\varphi}_E(s) = s$ und $\overline{\varphi}_E(t) = t$ sogar $(s, t) \notin Kern\,(\overline{\varphi}_E)$. Es folgt $\bigcap \{Kern\,(\overline{\varphi}_E) \mid \emptyset \neq E \subseteq X, E \text{ endlich}\} = \Delta_{F_\mathcal{K}(X)}$. Nach 5.2.4 ist $\mathbf{F}_\mathcal{K}(X)$ also isomorph zu einem subdirekten Produkt der $\mathbf{F}_\mathcal{K}(X)/Kern\,(\overline{\varphi}_E)$. Wegen $\mathbf{F}_\mathcal{K}(X)/Kern\,(\overline{\varphi}_E) \cong \mathbf{U}(\overline{E})$ folgt die Behauptung. □

Satz 6.3.16 *Für jede Varietät $\mathcal{K}$ gilt*

$$\mathcal{K} = HSP(\{\mathbf{F}_\mathcal{K}(n) \mid n \in \mathbb{N}\}) = HSP(\{\mathbf{F}_\mathcal{K}(\omega)\}).$$

Beweis. Jede Algebra $\mathbf{A} \in \mathcal{K}$ ist ein homomorphes Bild von $\mathbf{F}_\mathcal{K}(X)$, falls $|X| \geq |A|$ (man wähle eine surjektive Abbildung $\varphi : \overline{X} \to A$ und wende dann 6.3.9 an). Das erste Gleichheitszeichen in 6.3.16 folgt daher aus 6.3.15, und das zweite dann aus der Tatsache, daß $\mathbf{F}_\mathcal{K}(n)$ für alle $n \in \mathbb{N}$ zu einer Unteralgebra von $\mathbf{F}_\mathcal{K}(\omega)$ isomorph ist. □

Das folgende Ergebnis wird für die Charakterisierung gleichungsdefinierter Klassen in 6.3.18 benötigt:

Satz 6.3.17 *Es sei $\mathcal{K}$ eine Klasse von Algebren desselben Typs. In jeder der Klassen $\mathcal{K}$, $H(\mathcal{K})$, $S(\mathcal{K})$ und $P(\mathcal{K})$ gelten dann dieselben Gleichungen über jeder Variablenmenge X.*

Beweis. Aus $\mathcal{K} \subseteq H(\mathcal{K})$ folgt $G_X(\mathcal{K}) \supseteq G_X(H(\mathcal{K}))$. Sei nun $s(x_1, \ldots, x_n) \approx t(x_1, \ldots, x_n)$ eine in $\mathcal{K}$ gültige Gleichung (mit $\{x_1, \ldots, x_n\} \subseteq X$). Sei $\mathbf{A} \in \mathcal{K}$, $\varphi : \mathbf{A} \to \mathbf{B}$ ein surjektiver Homomorphismus, und $b_1, \ldots, b_n \in B$. Dann gibt es $a_1, \ldots, a_n \in A$ mit $\varphi a_1 = b_1, \ldots, \varphi a_n = b_n$, und es gilt

$$\begin{aligned} s_\mathbf{B}(b_1, \ldots, b_n) &= s_\mathbf{B}(\varphi a_1, \ldots, \varphi a_n) \\ &= \varphi s_\mathbf{A}(a_1, \ldots, a_n) \\ &= \varphi t_\mathbf{A}(a_1, \ldots, a_n) \\ &= t_\mathbf{B}(\varphi a_1, \ldots, \varphi a_n) \\ &= t_\mathbf{B}(b_1, \ldots, b_n). \end{aligned}$$

Daher gilt die Gleichung $s \approx t$ auch in **B**, und es folgt $G_X(\mathcal{K}) \subseteq G_X(H(\mathcal{K}))$. Ähnlich beweist man Satz 6.3.17 für die Operatoren S und P. □

Das folgende Ergebnis stammt von G. Birkhoff:

Satz 6.3.18 (Erster Hauptsatz der Gleichungstheorie) *Eine Klasse $\mathcal{K}$ von Algebren ist genau dann gleichungsdefiniert, wenn $\mathcal{K}$ eine Varietät ist.*

Beweis. Es sei $\mathcal{K}$ gleichungsdefiniert, d. h. es gelte $\mathcal{K} = M(\Sigma)$ für eine Gleichungsmenge $\Sigma \subseteq T(X) \times T(X)$, wobei X eine Variablenmenge ist. Nach 6.3.17 gilt $HSP(\mathcal{K}) \subseteq M(\Sigma) = \mathcal{K}$. Es folgt $HSP(\mathcal{K}) = \mathcal{K}$, d. h. $\mathcal{K}$ ist eine Varietät.

Sei $\mathcal{K}$ nun eine Varietät. Für jede Variablenmenge X ist dann nach dem eben bewiesenen auch $\mathcal{M} := M(G_X(\mathcal{K}))$ eine Varietät, und es gilt

$$\begin{aligned}\mathbf{F}_\mathcal{M}(X) &= \mathbf{T}(X)/G_X(\mathcal{M}) \\ &= \mathbf{T}(X)/G_X(\mathcal{K}) \quad \text{nach 6.3.4b} \\ &= \mathbf{F}_\mathcal{K}(X).\end{aligned}$$

Mit 6.3.16 erhält man hieraus für die spezielle Wahl $X = \{x_1, x_2, \ldots\}$ insbesondere

$$\mathcal{K} = HSP(\{\mathbf{F}_\mathcal{K}(\omega)\}) = HSP(\{\mathbf{F}_\mathcal{M}(\omega)\}) = \mathcal{M}.$$

Daher ist $\mathcal{K}$ gleichungsdefiniert. □

Bemerkung 6.3.19 Mit Hilfe von Satz 6.3.18 sieht man sofort, daß Körper **nicht** durch Gleichungen axiomatisiert werden können, denn das direkte Produkt $\mathbf{K} \times \mathbf{K}$ eines Körpers **K** ist i.a. kein Körper. (Warum?)

Es steht noch die Charakterisierung der Gleichungstheorien aus. Für jede Gleichungstheorie $G_X(\mathcal{K})$ gelten offenbar die folgenden Regeln (anstelle von (s,t) wird wieder $s \approx t$ geschrieben):

(G1) für alle $s \in T(X)$ gilt $s \approx s \in G_X(\mathcal{K})$,
(G2) aus $s \approx t \in G_X(\mathcal{K})$ folgt $t \approx s \in G_X(\mathcal{K})$,
(G3) aus $s \approx t, t \approx u \in G_X(\mathcal{K})$ folgt $s \approx u \in G_X(\mathcal{K})$,
(G4) aus $f \in \mathcal{F}$ (n-stellig) und $s_i \approx t_i \in G_X(\mathcal{K})$ für $i = 1, \ldots, n$ folgt $f(s_1, \ldots, s_n) \approx f(t_1, \ldots, t_n) \in G_X(\mathcal{K})$,
(G5) aus $s(x_1, \ldots, x_n) \approx t(x_1, \ldots, x_n) \in G_X(\mathcal{K})$ und $u_1, \ldots, u_n \in T(X)$ folgt $s(u_1, \ldots, u_n) \approx t(u_1, \ldots, u_n) \in G_X(\mathcal{K})$.

Die Regeln (G1)–(G4) sagen gerade aus, daß jede Gleichungstheorie $G_X(\mathcal{K})$ eine Kongruenzrelation von $\mathbf{T}(X)$ sein muß (eine Tatsache, die in abstrakter Weise schon in 6.3.8 hergeleitet wurde). Regel (G5) kann auch folgendermaßen formuliert werden:

(G5') Aus $\varphi \in \text{End}(\mathbf{T}(X))$ und $s \approx t \in G_X(\mathcal{K})$ folgt $\varphi s \approx \varphi t \in G_X(\mathcal{K})$.

Denn: Bei beliebiger Vorgabe von $u_1, \ldots, u_n \in \mathbf{T}(X)$ existiert ein Endomorphismus φ von $\mathbf{T}(X)$ mit $\varphi x_1 = u_1, \ldots, \varphi x_n = u_n$, und für jeden solchen Endomorphismus gilt $\varphi s = s(u_1, \ldots, u_n)$, $\varphi t = t(u_1, \ldots, u_n)$.

Aus diesen Überlegungen erhält man zusammen mit der folgenden Definition den darauffolgenden Hilfssatz.

6.3 Gleichungsdefinierte Klassen und freie Algebren

Definition 6.3.20 Eine Kongruenzrelation Θ einer Algebra **A** heißt **vollinvariant**, wenn sie mit allen Endomorphismen von **A** verträglich ist, d. h. wenn aus $\varphi \in End\,\mathbf{A}$ und $a\,\Theta\,b$ immer $\varphi a\,\Theta\,\varphi b$ folgt.

Hilfssatz 6.3.21 *Für jede Klasse $\mathcal{K}$ von Algebren desselben Typs und jede Variablenmenge X ist $G_X(\mathcal{K})$ eine vollinvariante Kongruenzrelation von $\mathbf{T}(X)$.*

Es gilt auch die Umkehrung von 6.3.21:

Hilfssatz 6.3.22 *Für jede vollinvariante Kongruenzrelation Θ von $\mathbf{T}(X)$ gilt*

$$\Theta = G_X(\{\mathbf{T}(X)/\Theta\}).$$

Beweis. Gelte $s\,\Theta\,t$ für $s, t \in T(x_1, \ldots, x_n)$, mit $\{x_1, \ldots, x_n\} \subseteq X$. Für alle $u_1, \ldots, u_n \in T(X)$ folgt wegen der Vollinvarianz von Θ

$$s(u_1, \ldots, u_n)\,\Theta\,t(u_1, \ldots, u_n),$$

also, mit $\mathbf{T} = \mathbf{T}(X)$:

$$s_{\mathbf{T}/\Theta}([u_1]\Theta, \ldots, [u_n]\Theta) = t_{\mathbf{T}/\Theta}([u_1]\Theta, \ldots, [u_n]\Theta).$$

Daher ist in $\mathbf{T}(X)/\Theta$ die Gleichung $s \approx t$ erfüllt.

Werde nun umgekehrt $s \approx t \in G_X(\{\mathbf{T}(X)/\Theta\})$ vorausgesetzt. Dann gilt insbesondere

$$s_{\mathbf{T}/\Theta}([x_1]\Theta, \ldots, [x_n]\Theta) = t_{\mathbf{T}/\Theta}([x_1]\Theta, \ldots, [x_n]\Theta),$$

woraus

$$s_{\mathbf{T}}(x_1, \ldots, x_n)\,\Theta\,t_{\mathbf{T}}(x_1, \ldots, x_n)$$

folgt. Doch das ist gleichbedeutend mit $s\,\Theta\,t$. □

Aus 6.3.21 und 6.3.22 folgt unmittelbar:

Satz 6.3.23 (Zweiter Hauptsatz der Gleichungstheorie) *Ein Gleichungssystem $\Sigma \subseteq T(X) \times T(X)$ ist genau dann eine Gleichungstheorie, wenn Σ eine vollinvariante Kongruenzrelation von $\mathbf{T}(X)$ ist.*

Bemerkung 6.3.24 Eine wesentliche Konsequenz soll hier besonders diskutiert werden: Für jedes Gleichungssystem Σ stellt sich die Frage, welche Gleichungen aus den Gleichungen in Σ gefolgert werden können. Dabei steht von vornherein gar nicht fest, was „folgern" bedeuten soll. Zwei Folgerungsbegriffe bieten sich unmittelbar an:

Folgerungsbegriff A. Aus Σ folgen mit Sicherheit alle solchen Gleichungen $s \approx t$, die sich aus den Gleichungen in Σ durch „Zusammensetzen" herleiten lassen, d. h. durch — eventuell mehrfache — Anwendung der Regeln (G1)–(G5). In diesem Sinn ist die Menge der aus Σ folgenden Gleichungen nichts anderes als die kleinste Σ umfassende vollinvariante Kongruenzrelation $\Theta_{inv}(\Sigma)$ von $\mathbf{T}(X)$.

Folgerungsbegriff B. Man kann sich auf den Standpunkt stellen, daß $s \approx t$ schon dann aus Σ folgt, wenn in jeder Algebra **A**, in der alle Gleichungen aus Σ gelten, automatisch auch $s \approx t$ gilt. Die Menge der Folgerungen von Σ ist dann gerade $G_X M(\Sigma)$.

Zunächst scheint es denkbar, daß es Gleichungen geben könnte, die sich mit der Methode B folgern lassen, aber nicht mit Methode A. Satz 6.3.23 sagt nun aus, daß so eine Möglichkeit *nicht* besteht. In anderen Worten: Folgt eine Gleichung $s \approx t$ aus Σ im Sinn von B, dann kann man $s \approx t$ schon in endlich vielen Rechenschritten durch Zusammensetzen von Gleichungen aus Σ herleiten. Diese Version von 6.3.23 wird „Vollständigkeitssatz der Gleichungslogik" genannt.

6.4 Maltsev-Bedingungen

Besonders schöne Beispiele für die Verwendung von Gleichungen erhält man bei der Beschreibung bestimmter Eigenschaften von Kongruenzrelationen in gleichungsdefinierten Klassen. Das erste (und bekannteste) Beispiel dieser Art wurde 1954 von A. I. Maltsev veröffentlicht, der *kongruenzvertauschbare* Varietäten untersucht hatte:

Definition 6.4.1 Eine Algebra **A** heißt **kongruenzvertauschbar**, wenn alle Kongruenzen von **A** vertauschbar sind, d. h. wenn für $\Theta, \Psi \in Con\,\mathbf{A}$ immer $\Theta \circ \Psi = \Psi \circ \Theta$ gilt (siehe 5.1.3). Eine Klasse $\mathcal{K}$ von Algebren wird **kongruenzvertauschbar** genannt, wenn alle Algebren von $\mathcal{K}$ kongruenzvertauschbar sind.

Satz 6.4.2 *Eine Varietät $\mathcal{K}$ ist genau dann kongruenzvertauschbar, wenn es einen 3-stelligen Term p gibt, so daß in allen Algebren von $\mathcal{K}$ die Gleichungen*

$$p(x,x,y) \approx y \text{ und } p(x,y,y) \approx x$$

gelten.

Beweis. Sei $\mathcal{K}$ eine kongruenzvertauschbare Varietät. Für die Kongruenzrelationen $\Theta(\overline{x},\overline{y})$ und $\Theta(\overline{y},\overline{z})$ von $\mathbf{F}_\mathcal{K}(x,y,z)$ gilt $(\overline{x},\overline{z}) \in \Theta(\overline{x},\overline{y}) \circ \Theta(\overline{y},\overline{z})$, woraus wegen der Kongruenzvertauschbarkeit $(\overline{x},\overline{z}) \in \Theta(\overline{y},\overline{z}) \circ \Theta(\overline{x},\overline{y})$ folgt. Daher gibt es einen Term $p \in T(x,y,z)$ mit $\overline{x}\,\Theta(\overline{y},\overline{z})\,p(\overline{x},\overline{y},\overline{z})\,\Theta(\overline{x},\overline{y})\,\overline{z}$ (denn jedes Element von $\mathbf{F}_\mathcal{K}(x,y,z)$ kann in der Form $t(\overline{x},\overline{y},\overline{z})$ mit Hilfe einer geeigneten Termfunktion t dargestellt werden). Für den Homomorphismus $\varphi : \mathbf{F}_\mathcal{K}(x,y,z) \to \mathbf{F}_\mathcal{K}(x,y)$ mit $\varphi\overline{x} := \overline{x}$, $\varphi\overline{y} := \overline{y}$, $\varphi\overline{z} := \overline{y}$ gilt $\Theta(\overline{y},\overline{z}) \subseteq Kern\,\varphi$, und daher $\varphi\overline{x} = \varphi p(\overline{x},\overline{y},\overline{z})$. Es folgt

$$\overline{x} = \varphi\overline{x} = \varphi p(\overline{x},\overline{y},\overline{z}) = p(\varphi\overline{x},\varphi\overline{y},\varphi\overline{z}) = p(\overline{x},\overline{y},\overline{y}),$$

d. h. in $\mathbf{F}_\mathcal{K}(x,y)$ gilt $\overline{x} = p(\overline{x},\overline{y},\overline{y})$. Doch das bedeutet, daß in allen Algebren von $\mathcal{K}$ die Gleichung

$$p(x,y,y) \approx x$$

erfüllt ist. Analog zeigt man

$$p(x,x,y) \approx y.$$

6.4 Maltsev-Bedingungen

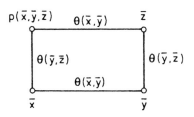

Abb. 6.1

Werde nun vorausgesetzt, daß in $\mathcal{K}$ diese beiden Gleichungen gelten. Sei $\mathbf{A} \in \mathcal{K}$, $\Theta, \Psi \in Con\,\mathbf{A}$, und $(a,b) \in \Theta \circ \Psi$. Dann gibt es ein $c \in A$ mit $a\,\Theta\,c\,\Psi\,b$, und es gilt
$$a = p(a,b,b)\,\Psi\,p(a,c,b)\,\Theta\,p(a,a,b) = b,$$
d.h. $(a,b) \in \Psi \circ \Theta$. Daher gilt $\Theta \circ \Psi \subseteq \Psi \circ \Theta$. Genauso zeigt man die umgekehrte Inklusion (was übrigens nach 5.1.4 gar nicht mehr nötig ist). □

Bemerkung 6.4.3 Ein Term p, der in einer Klasse von Algebren die Gleichungen aus 6.4.2 erfüllt, wird **Maltsev-Term** genannt. Für Gruppen $(G, \cdot, ^{-1}, e)$ ist z.B. $p(x,y,z) := xy^{-1}z$ ein Maltsev-Term. Für Quasigruppen $(Q, \cdot, /, \backslash)$ ist $p(x,y,z) := (x/(y\backslash y))\cdot(y\backslash z)$ ein Maltsev-Term. Daher sind alle Gruppen und alle Quasigruppen kongruenzvertauschbar.

Am Ende dieses Abschnitts wird geklärt, was Kongruenzvertauschbarkeit für den Kongruenzverband einer Algebra bedeutet (Satz 6.4.13). Jetzt soll der wesentliche Punkt im Beweis von 6.4.2 noch einmal in etwas allgemeinerer Form herausgestellt werden:

Satz 6.4.4 *Es sei $\mathcal{K}$ eine Varietät, und $s(x_1, \ldots, x_n, y_1, \ldots, y_m)$ und $t(x_1, \ldots, x_n, y_1, \ldots, y_m)$ seien Terme. Dann sind folgende Aussagen äquivalent:*
(i) In der freien Algebra $\mathbf{F}_{\mathcal{K}}(x_1, \ldots, x_n, y_1, \ldots, y_m)$ gilt $(s(\overline{x}_1, \ldots, \overline{x}_n, \overline{y}_1, \ldots, \overline{y}_m), t(\overline{x}_1, \ldots, \overline{x}_n, \overline{y}_1, \ldots, \overline{y}_m)) \in \Theta(\overline{y}_1, \ldots, \overline{y}_m)$,
(ii) in allen Algebren von $\mathcal{K}$ gilt die Gleichung $s(x_1, \ldots, x_n, y, \ldots, y) \approx t(x_1, \ldots, x_n, y, \ldots, y)$.

Beweis. Es sei $\varphi : \mathbf{F}_{\mathcal{K}}(x_1, \ldots, x_n, y_1, \ldots, y_m) \to \mathbf{F}_{\mathcal{K}}(x_1, \ldots, x_n, y)$ der durch $\varphi \overline{x}_i := \overline{x}_i$ und $\varphi \overline{y}_j := \overline{y}$ definierte Homomorphismus ($i = 1, \ldots, n$, $j = 1, \ldots, m$). Dann gilt $Kern\,\varphi = \Theta(\overline{y}_1, \ldots, \overline{y}_m)$: Die Inklusion $Kern\,\varphi \supseteq \Theta(\overline{y}_1, \ldots, \overline{y}_m)$ ist trivial. Der Nachweis der umgekehrten Inklusion bleibt dem Leser überlassen.

Die Gültigkeit von (ii) ist offenbar äquivalent zur Gültigkeit von $s(\overline{x}_1, \ldots, \overline{x}_n, \overline{y}, \ldots, \overline{y}) = t(\overline{x}_1, \ldots, \overline{x}_n, \overline{y}, \ldots, \overline{y})$ in $\mathbf{F}_{\mathcal{K}}(x_1, \ldots, x_n, y)$. Doch dies ist wegen $\varphi s(\overline{x}_1, \ldots, \overline{x}_n, \overline{y}_1, \ldots, \overline{y}_m) = s(\overline{x}_1, \ldots, \overline{x}_n, \overline{y}, \ldots, \overline{y})$, $\varphi t(\overline{x}_1, \ldots, \overline{x}_n, \overline{y}_1, \ldots, \overline{y}_m) = t(\overline{x}_1, \ldots, \overline{x}_n, \overline{y}, \ldots, \overline{y})$ und den Bemerkungen zu Beginn dieses Beweises äquivalent zu (i). □

Definition 6.4.5 Eine Algebra $\mathbf{A}$ heißt **kongruenzdistributiv**, wenn der Kongruenzverband von $\mathbf{A}$ distributiv ist, d.h. wenn für alle $\Theta, \Psi, \Phi \in Con\,\mathbf{A}$ die folgenden Gleichungen gelten:
$$\Theta \wedge (\Psi \vee \Phi) = (\Theta \wedge \Psi) \vee (\Theta \wedge \Phi),$$
$$\Theta \vee (\Psi \wedge \Phi) = (\Theta \vee \Psi) \wedge (\Theta \vee \Phi).$$

Bekanntlich sind diese beiden Gleichungen in jedem Verband äquivalent zueinander, so daß man zum Nachweis der Kongruenzdistributivität immer nur eine der beiden Gleichungen zeigen muß (vgl. 1.1.5m).

Eine Klasse $\mathcal{K}$ von Algebren wird natürlich **kongruenzdistributiv** genannt, wenn alle Algebren von $\mathcal{K}$ kongruenzdistributiv sind.

Satz 6.4.6 *Es sei $\mathcal{K}$ eine Varietät und m ein dreistelliger Term, so daß für alle Algebren von $\mathcal{K}$ die Gleichungen*

$$m(x,x,y) \approx m(x,y,x) \approx m(y,x,x) \approx x$$

gelten. Dann ist $\mathcal{K}$ kongruenzdistributiv.

Beweis. Sei $\mathbf{A} \in \mathcal{K}$, $\Theta, \Psi, \Phi \in Con\,\mathbf{A}$, und gelte $(a,b) \in \Theta \wedge (\Psi \vee \Phi)$. Dann gilt $(a,b) \in \Theta$, und es gibt $c_1, \ldots, c_n \in A$ mit

$$a\ \Psi\ c_1\ \Phi\ c_2\ \ldots\ \Psi\ c_n\ \Phi\ b.$$

Mit $m(a,c,b)\ \Theta\ m(a,c,a) = a$ für alle $c \in A$ erhält man dann

$$\begin{aligned}a = \ & m(a,a,b)\ (\Theta \wedge \Psi)\ m(a,c_1,b)\ (\Theta \wedge \Phi) \\ & m(a,c_2,b)\ \ldots\ (\Theta \wedge \Psi)\ m(a,c_n,b)\ (\Theta \wedge \Phi)\ m(a,b,b) = b\end{aligned}$$

Damit ist $(a,b) \in (\Theta \wedge \Psi) \vee (\Theta \wedge \Phi)$ gezeigt, insgesamt also $\Theta \wedge (\Psi \vee \Phi) \subseteq (\Theta \wedge \Psi) \vee (\Theta \wedge \Phi)$. Die umgekehrte Inklusion gilt aber in allen Verbänden. $\square$

Definition 6.4.7 Eine Klasse $\mathcal{K}$ von Algebren heißt **arithmetisch**, wenn alle Algebren von $\mathcal{K}$ kongruenzvertauschbar *und* kongruenzdistributiv sind.

Arithmetische Varietäten werden in Kapitel 7 bei der Untersuchung *primaler Algebren* eine wesentliche Rolle spielen. Sie sind 1963 von A. F. Pixley folgendermaßen charakterisiert worden:

Satz 6.4.8 *Für eine Varietät $\mathcal{K}$ sind folgende Aussagen äquivalent:*

(i) $\mathcal{K}$ ist arithmetisch,
(ii) es gibt Terme p und m wie in 6.4.2 und 6.4.6,
(iii) es gibt einen 3-stelligen Term q, so daß für alle Algebren von $\mathcal{K}$ die folgenden Gleichungen gelten:

$$q(x,y,y) \approx q(x,y,x) \approx q(y,y,x) \approx x.$$

Beweis. Sei $\mathcal{K}$ arithmetisch. Dann ist $\mathcal{K}$ insbesondere kongruenzvertauschbar, d. h. es gibt einen Maltsev-Term p. Da $\mathcal{K}$ auch kongruenzdistributiv ist, gilt in $\mathbf{F}_{\mathcal{K}}(x,y,z)$

$$\Theta(\overline{x},\overline{z}) \wedge (\Theta(\overline{x},\overline{y}) \vee \Theta(\overline{y},\overline{z})) = (\Theta(\overline{x},\overline{z}) \wedge \Theta(\overline{x},\overline{y})) \vee (\Theta(\overline{x},\overline{z}) \wedge \Theta(\overline{y},\overline{z})),$$

6.4 Maltsev-Bedingungen

woraus
$$(\overline{x}, \overline{z}) \in (\Theta(\overline{x}, \overline{z}) \wedge \Theta(\overline{x}, \overline{y})) \vee (\Theta(\overline{x}, \overline{z}) \wedge \Theta(\overline{y}, \overline{z}))$$
folgt, wegen der Kongruenzvertauschbarkeit also
$$(\overline{x}, \overline{z}) \in (\Theta(\overline{x}, \overline{z}) \wedge \Theta(\overline{x}, \overline{y})) \circ (\Theta(\overline{x}, \overline{z}) \wedge \Theta(\overline{y}, \overline{z})).$$
Daher gibt es einen Term $m \in T(x, y, z)$ mit
$$\overline{x} \; (\Theta(\overline{x}, \overline{z}) \wedge \Theta(\overline{x}, \overline{y})) \; m(\overline{x}, \overline{y}, \overline{z}) \; (\Theta(\overline{x}, \overline{z}) \wedge \Theta(\overline{y}, \overline{z})) \; \overline{z}.$$
Mit 6.4.4 erhält man hieraus die Gleichungen
$$m(x, x, y) \approx m(x, y, x) \approx m(y, x, x) \approx x.$$
Damit ist die Implikation (i)⇒(ii) gezeigt. Die Umkehrung folgt sofort mit Hilfe von 6.4.2 und 6.4.6.

Die Aussagen (ii) und (iii) sind äquivalent: Startet man mit den Termen p und m aus (ii), dann erfüllt $q(x, y, z) := p(x, m(x, y, z), z)$ die Gleichungen aus (iii). Ist umgekehrt ein Term q wie in (iii) gegeben, dann erfüllen $p(x, y, z) := q(x, y, z)$ und $m(x, y, z) := q(x, q(x, y, z), z)$ die gewünschten Gleichungen. □

Bemerkung 6.4.9 Ein Term m, der für eine Klasse von Algebren die Gleichungen aus 6.4.6 erfüllt, heißt **Majoritätsterm** (denn der Wert von m richtet sich nach der Majorität der Variablen). Ein Term q wie in 6.4.8 wird **Pixley-Term** genannt. In der Klasse der Verbände ist
$$m(x, y, z) := (x \vee y) \wedge (x \vee z) \wedge (y \vee z)$$
ein Majoritätsterm. Daher sind alle Verbände kongruenzdistributiv. Für boolesche Algebren ist
$$q(x, y, z) := (x \wedge z) \vee (x \wedge y' \wedge z') \vee (x' \wedge y' \wedge z)$$
ein Pixley-Term. Daher sind boolesche Algebren arithmetisch.

In seinem Buch „Kongruenzklassengeometrien" hat R. Wille gezeigt, wie man zu jeder mit Schnitt $\wedge$, Verbindung $\vee$ und Relationenprodukt $\circ$ gebildeten Kongruenzrelationengleichung eine Menge von Termgleichungen erhält (die **Maltsev-Bedingungen** genannt werden), so daß die Gültigkeit der betreffenden Kongruenzrelationengleichung in allen Algebren einer beliebigen Varietät zur Gültigkeit dieser Termgleichungen äquivalent ist. In diesem Sinn sind die Gleichungen in 6.4.2 und in 6.4.8 Maltsev-Bedingungen, nicht aber die in 6.4.6. Allerdings hat B. Jónsson 1967 Maltsev-Bedingungen für Kongruenzdistributivität angegeben:

Satz 6.4.10 *Eine Varietät $\mathcal{K}$ ist genau dann kongruenzdistributiv, wenn es für eine natürliche Zahl n 3-stellige Terme $d_0, \ldots, d_n$ (sog. **Jónsson-Terme**) gibt, so daß in allen Algebren von $\mathcal{K}$ die folgenden Gleichungen erfüllt sind:*

$$\begin{aligned} &d_0(x, y, z) \approx x, \\ &d_i(x, y, x) \approx x, & &0 \leq i \leq n, \\ &d_i(x, x, y) \approx d_{i+1}(x, x, y), & &0 \leq i < n, \; i \text{ gerade}, \\ &d_i(x, y, y) \approx d_{i+1}(x, y, y), & &0 < i < n, \; i \text{ ungerade}, \\ &d_n(x, y, z) \approx z. \end{aligned}$$

Beweis. Die Varietät $\mathcal{K}$ sei kongruenzdistributiv. Wie im Beweis von 6.4.8 sieht man, daß in $\mathbf{F}_\mathcal{K}(x,y,z)$

$$(\overline{x},\overline{z}) \in (\Theta(\overline{x},\overline{z}) \wedge \Theta(\overline{x},\overline{y})) \vee (\Theta(\overline{x},\overline{z}) \wedge \Theta(\overline{y},\overline{z}))$$

gilt. Daher gibt es Terme $d_1, \ldots, d_{n-1} \in T(x,y,z)$ mit

$$\begin{array}{rcl}
\overline{x} & (\Theta(\overline{x},\overline{z}) \wedge \Theta(\overline{x},\overline{y})) & d_1(\overline{x},\overline{y},\overline{z}), \\
d_1(\overline{x},\overline{y},\overline{z}) & (\Theta(\overline{x},\overline{z}) \wedge \Theta(\overline{y},\overline{z})) & d_2(\overline{x},\overline{y},\overline{z}), \\
& \vdots & \\
d_{n-1}(\overline{x},\overline{y},\overline{z}) & (\Theta(\overline{x},\overline{z}) \wedge \Theta(\overline{y},\overline{z})) & \overline{z}.
\end{array}$$

Setzt man noch $d_0(x,y,z) := x$ und $d_n(x,y,z) := z$, dann erhält man mit 6.4.4 die verlangten Gleichungen.

Werde nun vorausgesetzt, daß in $\mathcal{K}$ die im Satz angegebenen Gleichungen gelten. Es sei $\mathbf{A} \in \mathcal{K}$, $\Theta, \Psi, \Phi \in Con\,\mathbf{A}$, und $(a,b) \in \Theta \wedge (\Psi \vee \Phi)$. Dann gilt $(a,b) \in \Theta$, und es gibt $c_1, \ldots, c_m \in A$ mit

$$a \; \Psi \; c_1 \; \Phi \; c_2 \; \ldots \; \Psi \; c_m \; \Phi \; b.$$

Für $i = 1, \ldots, n-1$ gilt daher

$$d_i(a,a,b) \; \Psi \; d_i(a,c_1,b) \; \Phi \; d_i(a,c_2,b) \; \ldots \; \Psi \; d_i(a,c_m,b) \; \Phi \; d_i(a,b,b).$$

Mit $d_i(a,c,b) \; \Theta \; d_i(a,c,a) = a$ für alle $c \in A$ erhält man dann

$$d_i(a,a,b) \; (\Theta \wedge \Psi) \; d_i(a,c_1,b) \; (\Theta \wedge \Phi) \; d_i(a,c_2,b) \; \ldots \; (\Theta \wedge \Psi) \; d_i(a,c_m,b) \; (\Theta \wedge \Phi) \; d_i(a,b,b),$$

d. h.

$$d_i(a,a,b) \; \chi \; d_i(a,b,b),$$

wobei $\chi := (\Theta \wedge \Psi) \vee (\Theta \wedge \Phi)$ gesetzt wurde. Insgesamt liefert das

$$\begin{array}{rcl}
a & = d_0(a,a,b) & \\
& = d_1(a,a,b) & \chi \quad d_1(a,b,b) \\
& = d_2(a,b,b) & \chi \quad d_2(a,a,b) \\
& \vdots & \\
& \chi \quad d_{n-1}(a,d,b) & = \\
& d_n(a,d,b) & = b
\end{array}$$

(mit $d = a$ oder $d = b$, was keinen Unterschied macht). Damit ist $(a,b) \in (\Theta \wedge \Psi) \vee (\Theta \wedge \Phi)$ gezeigt. Es folgt die Kongruenzdistributivität. □

Beispiel 6.4.11 Es gibt kongruenzdistributive Varietäten, die keinen Majoritätsterm besitzen. Als Beispiel werde die von der Algebra $\mathbf{A} = (A, \cdot)$ erzeugte Varietät $\mathcal{K} := HSP(\mathbf{A})$ betrachtet. Dabei sei $\mathbf{A}$ folgendermaßen definiert:

$$A = \{0,1\} \qquad \begin{array}{c|cc} \cdot & 0 & 1 \\ \hline 0 & 0 & 0 \\ 1 & 1 & 0 \end{array}$$

6.4 Maltsev-Bedingungen

Die Terme d_0, d_1, d_2, d_3 seien definiert durch

$$d_0(x,y,z) := x,$$
$$d_1(x,y,z) := x((xy)z),$$
$$d_2(x,y,z) := z((yx)(yz)),$$
$$d_3(x,y,z) := z.$$

Man überlegt sich leicht, daß diese Terme in der Algebra **A** die Gleichungen aus Satz 6.4.10 erfüllen (mit $n = 3$). Daher ist $\mathcal{K}$ kongruenzdistributiv (denn in $\mathcal{K}$ gelten bekanntlich genau die Gleichungen, die in **A** gelten). Andererseits gibt es für **A** keinen Majoritätsterm, und daher erst recht keinen für $\mathcal{K}$. Für Einzelheiten zu diesem Beispiel siehe Aufgabe 20.

Man kann aufgrund abstrakt-verbandstheoretischer Eigenschaften des Kongruenzverbandes einer Algebra i. a. nicht entscheiden, ob die Algebra kongruenzvertauschbar ist. Allerdings muß der Kongruenzverband einer kongruenzvertauschbaren Algebra immer *modular* sein:

Definition 6.4.12 Ein Verband $(L, \vee, \wedge)$ heißt **modular**, wenn für alle $x, y, z \in L$ das **modulare Gesetz** gilt:

$$x \geq z \Rightarrow x \wedge (y \vee z) = (x \wedge y) \vee z.$$

Man kann diese Bedingung in Form einer Gleichung formulieren: Ein Verband ist genau dann modular, wenn er die Gleichung

$$x \wedge (y \vee (x \wedge z)) \approx (x \wedge y) \vee (x \wedge z)$$

erfüllt.

Satz 6.4.13 *Für jede kongruenzvertauschbare Algebra* **A** *ist Con* **A** *ein modularer Verband.*

Beweis. Sei $\Theta, \Psi, \Phi \in Con\,\mathbf{A}$, mit $\Theta \geq \Phi$. Es ist ausreichend, $\Theta \wedge (\Psi \vee \Phi) \leq (\Theta \wedge \Psi) \vee \Phi$ zu zeigen, da die umgekehrte Inklusion immer erfüllt ist. Sei $(a, b) \in \Theta \wedge (\Psi \vee \Phi)$. Dann gilt $a\,\Theta\,b$, und es gibt ein $c \in A$ mit $a\,\Psi\,c\,\Phi\,b$. Wegen $\Theta \geq \Phi$ gilt dann auch $c\,\Theta\,b$, und deshalb $a\,\Theta\,c$. Insgesamt erhält man $a\,(\Theta \wedge \Psi)\,c\,\Phi\,b$, woraus $(a, b) \in (\Theta \wedge \Psi) \vee \Phi$ folgt. □

Zum Nachweis der Modularität bzw. der Distributivität eines Verbandes kann man z. B. die einfachen Kriterien aus 6.4.14 verwenden (für Anleitungen zu den Beweisen siehe Aufgaben 22 und 23). Die in diesen Kriterien auftretenden Verbände $\mathbf{M}_3$ und $\mathbf{N}_5$ haben die Hasse-Diagramme aus Abbildung 6.2.

Satz 6.4.14 *a) Ein Verband* **L** *ist genau dann modular, wenn er keinen zu* $\mathbf{N}_5$ *isomorphen Unterverband hat.*
b) Ein Verband **L** *ist genau dann distributiv, wenn er keinen zu* $\mathbf{N}_5$ *und keinen zu* $\mathbf{M}_3$ *isomorphen Unterverband hat.*

Abb. 6.2

Abschließend ohne Beweis die 1969 von A. Day gefundene Charakterisierung **kongruenzmodularer** Varietäten (d. h. von Varietäten, in denen alle Algebren einen modularen Kongruenzverband haben). Die darin auftretenden Terme $m_0, \ldots, m_n$ werden **Day-Terme** genannt:

Satz 6.4.15 *Eine Varietät $\mathcal{K}$ ist genau dann kongruenzmodular, wenn es für eine natürliche Zahl n 4-stellige Terme $m_0, \ldots, m_n$ gibt, so daß in allen Algebren von $\mathcal{K}$ die folgenden Gleichungen erfüllt sind:*

$$\begin{aligned}
m_0(x, y, z, u) &\approx x, \\
m_i(x, x, y, y) &\approx x, & 0 &\leq i \leq n, \\
m_i(x, y, x, y) &\approx m_{i+1}(x, y, x, y), & 0 &\leq i < n, \ i \ gerade, \\
m_i(x, y, z, z) &\approx m_{i+1}(x, y, z, z), & 0 &< i < n, \ i \ ungerade, \\
m_n(x, y, z, u) &\approx y.
\end{aligned}$$

H. P. Gumm hat 1981 Maltsev-Bedingungen für Kongruenzmodularität angegeben, in denen nur 3-stellige Terme auftreten.

6.5 Anmerkungen zu Kapitel 6

In diesem Kapitel wurden sehr wirkungsvolle Methoden zur Behandlung ganzer Klassen von Algebren entwickelt. Als sehr vorteilhaft hat sich dabei das Arbeiten (und Denken) mit Termen, Gleichungen und freien Algebren erwiesen. In diesem Zusammenhang konnte eine Reihe wichtiger Themen nicht angesprochen werden. Zu den interessantesten Beispielen hierfür gehören Fragen der Entscheidbarkeit: In vielen Varietäten gibt es i. a. keine Möglichkeit zu entscheiden, ob eine Termgleichung schon aus einer vorgegebenen Menge von Gleichungen folgt. T. Evans hat einen sehr informativen Übersichtsartikel über solche *Wortprobleme* verfaßt (Term = Wort):

T. Evans: *Word problems*. Bull. Amer. Math. Soc. **84** (1978), 789–802.

Einige Themenkreise der Allgemeinen Algebra und ganz besonders dieses Kapitels haben einen offensichtlichen Bezug zur Informatik. Der interessierte Leser findet mehr hierüber in Kapitel 10.

In diesem Kapitel sind Ergebnisse aus folgenden Arbeiten zitiert worden:

G. Birkhoff: *On the structure of abstract algebras.* Proc. Camb. Phil. Soc. **31** (1935), 433–454.

A. Day: *A characterization of modularity for congruence lattices of algebras.* Canad. Math. Bull. **12** (1969), 167–173.

H. P. Gumm: *Congruence modularity is permutability composed with distributivity.* Arch. Math. **36** (1981), 569–576.

B. Jónsson: *Algebras whose congruence lattices are distributive.* Math. Scand. **21** (1967), 110–121.

A. I. Maltsev: *On the general theory of algebraic systems* (russisch). Mat. Sbornik **35** (**77**) (1954), 3–20.

A. F. Pixley: *Distributivity and permutability of congruence relations in equational classes of algebras.* Proc. Amer. Math. Soc. **14** (1963), 105–109.

6.6 Aufgaben

1. Für die Algebren $\mathbf{A} = (\{1,2\}, f)$ und $\mathbf{B} = (\{r,s,t,u\}, g)$ zeige man
   a) $IPH(\mathbf{A}) \neq IHP(\mathbf{A})$,
   b) $IPS(\mathbf{A}) \neq ISP(\mathbf{A})$,
   c) $SH(\mathbf{B}) \neq HS(\mathbf{B})$.

x	1	2
$f(x)$	2	2

g	r	s	t	u
r	r	s	t	s
s	s	t	s	t
t	t	t	s	u
u	s	t	u	r

2. Beweise: Für jede abelsche Gruppe $\mathbf{G}$ gilt $SH(\mathbf{G}) = HS(\mathbf{G})$.

3. Sei $\mathcal{F} := \{\vee, \wedge\}$, $\sigma(\vee) := 2$, $\sigma(\wedge) := 2$.

   (a) Welche der Ausdrücke $(\wedge, x, y)$, $(\wedge, x, y, z)$, $(x, \vee, y)$, $(\wedge, (\vee, x, y), z)$ sind Terme vom Typ $(\mathcal{F}, \sigma)$?

   (b) Wieviele Terme vom Typ $(\mathcal{F}, \sigma)$ über der Variablenmenge $X = \{x\}$ gibt es?

4. Es sei $\mathbf{L} = (\{a,b,c,d\}, \vee, \wedge)$ der Verband mit kleinstem Element a, größtem Element d, sowie $b \wedge c = a$ und $b \vee c = d$. Ist $h(x,y)$ eine Termfunktion bzw. eine Polynomfunktion von $\mathbf{L}$?

h	a	b	c	d
a	a	b	a	b
b	b	b	b	b
c	a	b	a	b
d	b	b	b	b

5. Sei **L** der Verband aus Aufgabe 4. Für jeden Term t aus Aufgabe 3a und die Abbildung $\varphi: \{x, y, z\} \to \{a, b, c, d\}$ mit $x \mapsto b$, $y \mapsto c$, $z \mapsto c$ bestimme man $\overline{\varphi}\, t$.

6. Bestimme alle Polynomfunktionen der Algebra $(\mathbb{N}, ')$ mit $x' := x + 1$.

7. Sei $\mathcal{L}$ die Klasse aller Verbände.

    (a) Bestimme die freien Verbände $\mathbf{F}_\mathcal{L}(1)$ und $\mathbf{F}_\mathcal{L}(2)$.

    (b) Zeige, daß $\mathbf{F}_\mathcal{L}(3)$ unendlich viele Elemente hat.
    <u>Anleitung</u>: Es ist ausreichend, irgendeinen unendlichen Verband zu finden, der von drei Elementen erzeugt wird.

8. Sei X eine Menge. Auf der Menge $W := \{x_1 x_2 \ldots x_n \mid n \in \mathbb{N}, x_1, x_2, \ldots, x_n \in X\}$ aller endlichen Zeichenketten mit Elementen aus X werde folgendermaßen eine zweistellige Operation $\cdot$ definiert: Für $w = x_1 x_2 \ldots x_n$ und $v = y_1 y_2 \ldots y_m$ mit $x_1, x_2, \ldots, x_n, y_1, y_2, \ldots, y_m \in X$ sei
$$v \cdot w := x_1 x_2 \ldots x_n y_1 y_2 \ldots y_m.$$

Zeige:

    (a) Die Algebra $\mathbf{W} = (W, \cdot)$ ist eine Halbgruppe,

    (b) $\mathbf{W}$ ist isomorph zur freien Halbgruppe mit freier Erzeugendenmenge X.

<u>Anmerkung</u>: Man nennt oft X ein **Alphabet**, die Elemente von W **Wörter** und $\mathbf{W}$ die **Wortalgebra** über X.

9. Sei **K** ein Körper, und $\mathcal{V}(\mathbf{K})$ die Klasse aller **K**-Vektorräume. Beweise:

    (a) Zu jedem Vektorraumterm $t(x_1, \ldots, x_n)$ gibt es $k_1, \ldots, k_n \in K$, so daß in $\mathcal{V}(\mathbf{K})$ die Gleichung
    $$t(x_1, \ldots, x_n) \approx k_1 x_1 + \ldots + k_n x_n$$
    gilt. Man nennt diese Darstellung die **Normalform** von t.

    (b) Haben die Terme s und t eine unterschiedliche Normalform, dann gilt die Gleichung $s \approx t$ in $\mathcal{V}(\mathbf{K})$ nicht.

    (c) Der freie Vektorraum $\mathbf{F}_{\mathcal{V}(\mathbf{K})}(n)$ ist isomorph zum n-dimensionalen Vektorraum $(K^n, +, -, 0, K)$.

10. Beweise unter den Voraussetzungen von 6.3.14b, daß $\mathbf{A} \cong \mathbf{F}_\mathcal{K}(X)$ gilt.

11. Beweise Satz 6.3.17 für die Operatoren S und P.

12. Beweise: Die von einer Algebra $\mathbf{A}$ erzeugte Varietät $\mathcal{K} := HSP(\mathbf{A})$ erfüllt genau dieselben Gleichungen wie $\mathbf{A}$, d. h. für jede Variablenmenge X gilt $G_X(\mathcal{K}) = G_X(\mathbf{A})$.

13. Leite aus den Ringaxiomen sowie der zusätzlichen Gleichung $x \cdot x \approx x$ die Gleichung $x \cdot y \approx y \cdot x$ her.

14. (a) Gib eine Vektorraumgleichung $s \approx t$ an (über dem Körper **K**), die nicht in allen Vektorräumen gilt (vgl. Aufgabe 9b).

    (b) Es sei Σ die Menge der in allen **K**-Vektorräumen gültigen Gleichungen (mit Variablen $x_1, x_2, \ldots$), und $s \approx t$ sei eine weitere Gleichung. Welche Gleichungen folgen aus $\Sigma \cup \{s \approx t\}$?

15. Beweise: Vektorräume haben keine vollinvarianten Kongruenzrelationen (mit Ausnahme der trivialen Kongruenzrelationen). Welcher Zusammenhang besteht zwischen dieser Aussage und Aufgabe 14b?

16. (a) Für drei nicht auf einer Geraden liegende Elemente a, b, c eines Vektorraums **V** berechne man den Schnittpunkt d der Geraden g_1 und g_2 (siehe Skizze).

    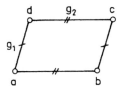

    (b) Gib einen Maltsev-Term für Vektorräume an.

17. Sei $\mathbf{D}_2$ ein Verband mit zwei Elementen.

    (a) Ist $\mathbf{D}_2$ kongruenzvertauschbar?

    (b) Besitzt $\mathbf{D}_2$ einen Maltsev-Term?

    (c) Ist die von $\mathbf{D}_2$ erzeugte Varietät $HSP(\mathbf{D}_2)$ kongruenzvertauschbar? Anmerkung: Nach Aufgabe 5.10b ist $HSP(\mathbf{D}_2)$ die Varietät der distributiven Verbände.

18. Verifiziere:

    (a) $m(x, y, z) := (x \vee y) \wedge (x \vee z) \wedge (y \vee z)$ ist ein Majoritätsterm für die Klasse der Verbände.

    (b) $q(x, y, z) := (x \wedge z) \vee (x \wedge y' \wedge z') \vee (x' \wedge y' \wedge z)$ ist ein Pixley-Term für die Klasse der booleschen Algebren.

19. Die Varietät $\mathcal{K}$ sei von endlich vielen endlichen Körpern erzeugt. Beweise, daß $\mathcal{K}$ arithmetisch ist.

20. In dieser Aufgabe seien die Bezeichnungen wie in Beispiel 6.4.11.

    (a) Zeige: Die Terme d_0, d_1, d_2, d_3 erfüllen in **A** die Gleichungen aus Satz 6.4.10 (für $n = 3$).

    (b) Beweise mit Induktion über den Aufbau der Terme: Für jede 3-stellige Termfunktion t von **A** gilt $|t^{-1}(1)| \leq 4$, wobei Gleichheit nur dann eintritt, wenn t von der Form $t(x_1, x_2, x_3) = x_i$ ist.

    (c) Zeige: Für einen Majoritätsterm m von **A** würde $|m^{-1}(1)| = 4$ gelten. Mit b) schließe man jetzt, daß es in **A** keinen Majoritätsterm geben kann.

21. (a) Zeichne die Verbände $Sub\,\mathbf{Z}_2{}^2$, $Sub\,\mathbf{Z}_2{}^3$ und $Eq(\{1,2,3,4\})$.

    (b) Welche dieser Verbände und der Verbände $\mathbf{L}_1$ und $\mathbf{L}_2$ (siehe folgende Skizze) sind modular bzw. distributiv?

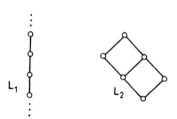

22. Beweise Satz 6.4.14a: Ein Verband $\mathbf{L}$ ist genau dann modular, wenn er keinen zu $\mathbf{N}_5$ isomorphen Unterverband hat.
    Anleitung: Sei $\mathbf{L}$ nichtmodular, d. h. es gebe $a, b, c \in L$ mit $a \geq b$, aber $a \wedge (b \vee c) > b \vee (a \wedge c)$. Man kann dann zeigen, daß die Elemente

    $$c,\ a \wedge c,\ b \vee c,\ b \vee (a \wedge c),\ a \wedge (b \vee c)$$

    einen zu $\mathbf{N}_5$ isomorphen Unterverband von $\mathbf{L}$ bilden.

23. Beweise 6.4.14b: Ein Verband ist genau dann distributiv, wenn er keinen zu $\mathbf{N}_5$ und keinen zu $\mathbf{M}_3$ isomorphen Unterverband besitzt.
    Anleitung: Sei $\mathbf{L}$ nichtdistributiv, d. h. es gebe Elemente $a, b, c \in L$ mit $a \wedge (b \vee c) > (a \wedge b) \vee (a \wedge c)$. Werde nun angenommen, daß $\mathbf{L}$ keinen zu $\mathbf{N}_5$ isomorphen Unterverband besitzt. Nach 6.4.14a ist $\mathbf{L}$ dann modular. Unter diesen Voraussetzungen kann man nun zeigen (wenngleich die Rechnungen etwas mühsam sind), daß die folgenden Elemente einen zu $\mathbf{M}_3$ isomorphen Unterverband von $\mathbf{L}$ bilden:

    $$\begin{aligned}
    d &:= (a \wedge b) \vee (a \wedge c) \vee (b \wedge c), \\
    e &:= (a \vee b) \wedge (a \vee c) \wedge (b \vee c), \\
    f &:= (a \wedge e) \vee d, \\
    g &:= (b \wedge e) \vee d, \\
    h &:= (c \wedge e) \vee d.
    \end{aligned}$$

24. Beweise Satz 6.4.15.
    Hinweis: Man kann sich am Beweis von Satz 6.4.10 orientieren.

7 Primale und funktional vollständige Algebren

Aus den fundamentalen Operationen und den Projektionsabbildungen erhält man durch Superposition die Termfunktionen bzw. die Polynomfunktionen einer Algebra (letztere, wenn man auch Konstanten einsetzen darf). Natürlich ist es interessant festzustellen, in welchen Fällen man auf diese Art *alle* endlichstelligen Operationen auf der Grundmenge der Algebra erhält, d. h. wann die Algebra *primal* bzw. *funktional vollständig* ist. In diesem Kapitel wird dieser Frage nur für Algebren mit endlicher Grundmenge nachgegangen. Gerade für Anwendungen in der Informatik bedeutet das offensichtlich keine wesentliche Einschränkung. Im Mittelpunkt des ersten Abschnitts steht der Entwicklungssatz von E. L. Post: Mit völlig elementaren Methoden wird gezeigt, wie man aus gewissen Standardoperationen alle Operationen auf einer Menge zusammensetzen kann. Im zweiten Abschnitt wird dann untersucht, was hinter Primalität und funktionaler Vollständigkeit „wirklich" steckt. Es stellt sich heraus, daß Kongruenzvertauschbarkeit und Kongruenzdistributivität hier eine entscheidende Rolle spielen (genauer gesagt die zugehörigen Maltsev-Bedingungen).

7.1 Der Entwicklungssatz von Post

Zuerst werden die beiden für dieses Kapitel grundlegenden Vokabeln präzise definiert:

Definition 7.1.1 Eine endliche Algebra **A** heißt **primal**, wenn es für jede natürliche Zahl $n \geq 1$ und jede n-stellige Operation $f : A^n \to A$ eine Termfunktion t von **A** gibt mit $f = t$, d. h. mit
$$f(a_1, \ldots, a_n) = t(a_1, \ldots, a_n)$$
für alle $a_1, \ldots, a_n \in A$. Eine endliche Algebra **A** heißt **funktional vollständig**, wenn es zu jeder endlichstelligen Operation f auf A eine Polynomfunktion p von **A** gibt mit $f = p$. Die Algebra **A** ist also genau dann funktional vollständig, wenn $\mathbf{A}_A$ primal ist (hierbei bezeichnet $\mathbf{A}_A$ die Algebra, die aus $\mathbf{A} = (A, F)$ entsteht, indem alle Elemente von A als nullstellige Operationen hinzugefügt werden: $\mathbf{A}_A = (A, F \cup A)$).

Suggestiver, aber umständlicher sind die Bezeichnungen **termfunktional vollständig** (für primal) und **polynomfunktional vollständig** (für funktional vollständig).

Bemerkungen 7.1.2 a) Jede primale Algebra ist funktional vollständig.

b) Jede funktional vollständige Algebra **A** ist einfach, d. h. Δ_A und ∇_A sind die einzigen Kongruenzrelationen von **A**.

c) Jede primale Algebra **A** ist einfach, hat nur eine nichtleere Unteralgebra (nämlich **A** selbst), und nur einen Automorphismus (nämlich die identische Abbildung).

Beweis als Übungsaufgabe. □

Man kann oft leicht erkennen, wenn Algebren nicht funktional vollständig bzw. nicht primal sind:

Beispiele 7.1.3 *a) Die endlichen abelschen Gruppen mit mehr als einem Element sind nicht funktional vollständig.*

b) Es gibt keinen funktional vollständigen Verband mit mehr als einem Element.

Beweis. a) Wegen 7.1.2b können nur solche abelschen Gruppen funktional vollständig sein, die zu einer Gruppe $(\mathbb{Z}_p, +, -, 0)$ mit p prim isomorph sind. Die Polynomfunktionen von $(\mathbb{Z}_p, +, -, 0)$ sind genau die Operationen der Form $p(x_1, \ldots, x_n) = a_0 + a_1 x_1 + \ldots + a_n x_n$ mit $a_0, \ldots, a_n \in \mathbb{Z}_p$. Wäre $(\mathbb{Z}_p, +, -, 0)$ funktional vollständig, dann könnte man die Multiplikation $x \cdot y$ auf $\mathbb{Z}_p$ in der Form $x \cdot y = a + bx + cy$ darstellen. Aus $x = y = 0$ folgt $a = 0$, aus $x = 0$, $y = 1$ folgt dann $c = 0$, und aus $x = 1$, $y = 0$ schließlich $b = 0$. Das liefert für $x = y = 1$ den Widerspruch $1 \cdot 1 = 0$.

b) Jede Polynomfunktion p eines Verbandes ist **monoton**: Aus $x_1 \leq y_1$, ..., $x_n \leq y_n$ folgt $p(x_1, \ldots, x_n) \leq p(y_1, \ldots, y_n)$. Auf jedem Verband mit mindestens zwei Elementen gibt es einstellige Operationen, die nicht monoton sind. Daher können solche Verbände nicht funktional vollständig sein. □

Der folgende Entwicklungssatz wurde 1921 von E. L. Post gefunden. Die in diesem Satz verwendeten Bezeichnungen sollen hier vorausgeschickt werden: Es sei A eine endliche Menge, 0,1 seien zwei verschiedene Elemente von A, $+$ und $\cdot$ seien zweistellige Operationen auf A mit

$$x + 0 = 0 + x = x \quad \text{und} \quad x \cdot 1 = x, \; x \cdot 0 = 0.$$

Für alle $x \in A$, und für jedes $a \in A$ sei χ_a die durch

$$\chi_a(x) := \begin{cases} 1 & \text{für } x = a, \\ 0 & \text{sonst} \end{cases}$$

definierte einstellige Operation auf A. Zur Abkürzung wird für alle $b_1, \ldots, b_m \in A$ die folgende Schreibweise verwendet:

$$\sum_{i=1}^{m} b_i := (\ldots ((b_1 + b_2) + b_3) + \ldots + b_m),$$

$$\prod_{i=1}^{m} b_i := (\ldots ((b_1 \cdot b_2) \cdot b_3) \cdot \ldots \cdot b_m).$$

Für jedes $n \in \mathbb{N}$ seien die Tupel aus A^n irgendwie linear geordnet:

$$A^n = \{(a_{1j}, \ldots, a_{nj}) \mid j = 1, 2, \ldots, |A|^n\}.$$

Satz 7.1.4 (Entwicklungssatz) *Es sei A eine endliche Menge mit $|A| \geq 2$, und f sei eine n-stellige Operation auf A mit $n \geq 1$. Mit den oben genannten Bezeichnungen gilt dann für alle $x_1, \ldots, x_n \in A$*

$$f(x_1, \ldots, x_n) = \sum_{j=1}^{|A|^n} (f(a_{1j}, \ldots, a_{nj}) \cdot \prod_{i=1}^{n} \chi_{a_{ij}}(x_i)).$$

Insbesondere ist die Algebra $(A, +, \cdot, (\chi_a \mid a \in A))$ funktional vollständig.

Der **Beweis** von 7.1.4 folgt aus

$$\prod_{i=1}^{n} \chi_{a_{ij}}(x_i) = \begin{cases} 1 & \text{für } (a_{1j}, \ldots, a_{nj}) = (x_1, \ldots, x_n), \\ 0 & \text{sonst.} \quad \square \end{cases}$$

7.1 Der Entwicklungssatz von Post

Man kann mit dem Entwicklungssatz auch oft die Primalität einer Algebra **A** nachweisen. Man muß hierfür zeigen, daß sich die Operationen $+$, $\cdot$ und χ_a aus 7.1.4 als Polynomfunktionen und alle nullstelligen Operationen (Konstanten) als Termfunktionen darstellen lassen. Diese Methode wird in folgendem Beispiel, aber auch in Satz 7.1.6 verwendet.

Beispiel 7.1.5 *Für jede Primzahl p ist der Körper* $(\mathbb{Z}_p, +, -, 0, \cdot, 1)$ *primal.*

Beweis. Die benötigten Operationen $+$ und $\cdot$ sind als fundamentale Operationen vorhanden. Um die Operationen χ_k zu erhalten, nutzt man aus, daß die multiplikative Gruppe des Körpers $\mathbb{Z}_p$ Ordnung $p-1$ hat. Daher gilt $x^{p-1} = 1$ für alle $x \in \mathbb{Z}_p \setminus \{0\}$. Für jedes $k \in \mathbb{Z}_p$ hat deshalb χ_k mit

$$\chi_k(x) := 1 - (x-k)^{p-1}$$

die gewünschte Eigenschaft. Jede Konstante $k \in \mathbb{Z}_p$ erhält man aus den Termfunktionen (zu denen die nullstellige Operation 1 gehört) als

$$k = 1 + 1 + \ldots + 1 \text{ (mit } k \text{ Summanden).} \qquad \Box$$

Satz 7.1.6 *Auf* $\mathbb{Z}_n = \{0, 1, \ldots, n-1\}$ *sei die zweistellige Operation* $\wedge$ *definiert durch*

$$x \wedge y := \min\{x, y\},$$

und die einstellige Operation g durch

$$g(x) := x + 1,$$

wobei modulo n gerechnet wird. Dann ist die Algebra $(\mathbb{Z}_n, \wedge, g)$ *primal.*

Beweis. Für jedes $k \in \mathbb{N}$ sei $g^k := g \circ g \circ \ldots \circ g$ (mit k Faktoren). Da die Operation $\wedge$ assoziativ ist, können bei mehrfacher Anwendung die Klammern weggelassen werden. Die Operationen $+$, $\cdot$ und χ_i, $i \in \mathbb{Z}_n$, seien definiert durch

$$x + y := g(g^{n-1}(x) \wedge g^{n-1}(y)),$$
$$x \cdot y := x \wedge y,$$
$$\chi_i(x) := g^{n-1}(1 \wedge g^{n-i}(x)).$$

Diese Polynomfunktionen erfüllen die Voraussetzungen von 7.1.4 (wobei das Element $n-1$ die Rolle der 1 aus 7.1.4 spielt). Die Konstanten $i \in \mathbb{Z}_n$ erhält man folgendermaßen als Termfunktionen:

$$i = g^i(x \wedge g(x) \wedge g^2(x) \wedge \ldots \wedge g^{n-1}(x)). \qquad \Box$$

Beispiele 7.1.7 *a) Auf* $\mathbb{Z}_n = \{0, 1, \ldots, n-1\}$ *sei die zweistellige Operation* $|$ *definiert durch*

$$x|y := \min\{x, y\} + 1,$$

wobei modulo n gerechnet wird. Dann ist die Algebra $(\mathbb{Z}_n, |)$ *primal. (Man nennt* $|$ *den* **Shefferstrich***.)*

b) Die zweielementige boolesche Algebra $\mathbf{B}_2 = (\{0, 1\}, \wedge, \vee, ', 0, 1)$ *ist primal.*

Beweis. Man wende 7.1.6 an mit

a) $g(x) := x|x, x \wedge y := g^{n-1}(x|y)$,

b) $g(x) := x'$ und $\wedge$ aus der booleschen Algebra. □

Der folgende Satz von H. Werner (1970) gibt eine besonders einfache Charakterisierung funktional vollständiger Algebren:

Satz 7.1.8 *Eine endliche Algebra* **A** *ist genau dann funktional vollständig, wenn die auf A durch*

$$t(x, y, z) := \begin{cases} z & \text{falls } x = y, \\ x & \text{sonst,} \end{cases}$$

definierte 3-stellige Operation eine Polynomfunktion von **A** *ist. (Man nennt* t *den* **ternären Diskriminator** *auf A.)*

Beweis. Für Algebren **A** mit $|A| \leq 1$ gilt der Satz trivialerweise. Im Fall $|A| \geq 2$ wähle man Elemente $0, 1 \in A$ mit $0 \neq 1$, und wende dann den Entwicklungssatz 7.1.4 an mit den Operationen

$$x + y := t(x, 0, y),$$
$$x \cdot y := t(y, 1, x),$$
$$\chi_0(x) := t(0, x, 1),$$
$$\chi_a(x) := t(0, t(a, x, 0), 1),\ a \in A \setminus \{0\}. \quad \square$$

Beispiel 7.1.9 *Es sei* $(R, +, -, 0, \cdot, 1)$ *ein endlicher unitärer Ring, und* g *sei die einstellige Operation auf* R *mit*

$$g(x) := \begin{cases} 0 & \text{für } x = 0, \\ 1 & \text{sonst.} \end{cases}$$

Dann ist $(R, +, -, 0, \cdot, 1, g)$ *funktional vollständig.*

Beweis. Man erhält den ternären Diskriminator auf R durch

$$t(x, y, z) := z + (x - z) \cdot g(x - y). \quad \square$$

7.2 Primalität und Maltsev-Bedingungen

Die Ergebnisse dieses Abschnitts beruhen auf folgender Beobachtung:

Satz 7.2.1 *Eine endliche Algebra* **A** *ist genau dann primal, wenn es in* **A** *einen Majoritätsterm* m *gibt, und* $\mathbf{A}^2$ *nur eine Unteralgebra mit einer nicht in* $\Delta := \{(a, a) \mid a \in A\}$ *enthaltenen Grundmenge besitzt, nämlich* $\mathbf{A}^2$ *selbst.*

Beweis. Die endliche Algebra **A** sei primal. Die folgendermaßen definierte 3-stellige Operation m auf A ist dann automatisch eine Termfunktion von **A**:

$$m(x, y, z) := \begin{cases} x & \text{falls } x = y \text{ oder } x = z, \\ y & \text{sonst.} \end{cases}$$

7.2 Primalität und Maltsev-Bedingungen

Nach Definition gelten für m die Gleichungen aus 6.4.6, d. h. m ist ein Majoritätsterm. Sei jetzt $\mathbf{B}$ eine Unteralgebra von $\mathbf{A}^2 = \mathbf{A} \times \mathbf{A}$, und sei $(a, b) \in B$, mit $a \neq b$. Für beliebige $c, d \in A$ existiert wegen der Primalität von $\mathbf{A}$ ein einstelliger Term t mit $t_\mathbf{A}(a) = c$ und $t_\mathbf{A}(b) = d$, d. h. mit $t_\mathbf{B}(a,b) = (c,d)$. Aus $B \not\subseteq \Delta$ folgt also $B = A^2$.

Der interessante Teil von 7.2.1 ist die Umkehrung der eben gezeigten Richtung. Der Beweis hierfür ist wesentlich raffinierter. Unter den angegebenen Voraussetzungen muß gezeigt werden, daß sich jede vorgegebene Abbildung $f : A^n \to A$, $n \geq 1$, als Termfunktion darstellen läßt. Da dies im Fall $|A| \leq 1$ trivialerweise gilt, werde jetzt $|A| > 1$ vorausgesetzt. Für je zwei verschiedene n-Tupel $(a_1, \ldots, a_n), (b_1, \ldots, b_n) \in A^n$ gilt $\langle (a_1, b_1), \ldots, (a_n, b_n) \rangle_{\mathbf{A} \times \mathbf{A}} = A^2$, denn mindestens ein (a_i, b_i) ist nicht in Δ enthalten. Für jedes Paar $(c, d) \in A^2$ gibt es daher einen Term t mit $t_{\mathbf{A} \times \mathbf{A}}((a_1, b_1), \ldots, (a_n, b_n)) = (c, d)$, d. h. mit $t_\mathbf{A}(a_1, \ldots, a_n) = c$ und $t_\mathbf{A}(b_1, \ldots, b_n) = d$ (vgl. 6.2.8). Setzt man speziell $c := f(a_1, \ldots, a_n)$ und $d := f(b_1, \ldots, b_n)$, so hat man eine Termfunktion gefunden, die für $(a_1, \ldots, a_n)$ und $(b_1, \ldots, b_n)$ mit f übereinstimmt. Werde jetzt angenommen, daß es für je k Elemente von A^n, $k \geq 2$, immer eine Termfunktion t von $\mathbf{A}$ gibt, die auf diesen k Elementen mit f übereinstimmt. Gilt $k = |A^n|$, so ist nichts mehr zu zeigen. Sei also $k < |A^n|$, und sei C eine $k + 1$-elementige Teilmenge von A^n. Für jedes $(z_1, \ldots, z_n) \in C$ gibt es eine Termfunktion t_z, die auf der Menge $C \setminus \{(z_1, \ldots, z_n)\}$ mit f übereinstimmt. Jetzt wähle man drei verschiedene Elemente $(a_1, \ldots, a_n), (b_1, \ldots, b_n), (c_1, \ldots, c_n) \in C$, mit zugehörigen Termfunktionen t_a, t_b, t_c. Setzt man

$$t(x_1, \ldots, x_n) := m(t_a(x_1, \ldots, x_n), t_b(x_1, \ldots, x_n), t_c(x_1, \ldots, x_n)),$$

so hat man eine Termfunktion t gefunden, die auf C mit f übereinstimmt, denn für jedes Element von C stimmen mindestens zwei von t_a, t_b, t_c mit f überein. Setzt man dieses Verfahren fort, so erhält man schließlich eine Termfunktion, die auf ganz A^n mit f übereinstimmt. □

Durch 7.2.1 wird die Aufmerksamkeit auf die Unteralgebren von $\mathbf{A}^2$ gelenkt, wobei vorausgesetzt werden kann, daß $\mathbf{A}$ einen Majoritätsterm besitzt. Natürlich besitzt $\mathbf{A}$ als primale Algebra auch einen Maltsev-Term (Beweis als Übungsaufgabe). In sämtlichen Algebren der Varietät $HSP(\mathbf{A})$ gelten genau dieselben Gleichungen wie in $\mathbf{A}$, d. h. m ist ein Majoritätsterm und p ein Maltsev-Term für die ganze Klasse $HSP(\mathbf{A})$. In anderen Worten (vgl. 6.4.7):

Bemerkung 7.2.2 *Jede primale Algebra $\mathbf{A}$ ist in einer arithmetischen Varietät enthalten.*

Für die folgende Untersuchung der Unteralgebren von $\mathbf{A}^2$ kommt es vor allem auf den Maltsev-Term an, d. h. auf die Kongruenzvertauschbarkeit von $\mathcal{K}$.

Satz 7.2.3 *Die Algebra $\mathbf{A}$ sei in einer kongruenzvertauschbaren Varietät enthalten, und $\mathbf{B}$ sei eine Unteralgebra von $\mathbf{A}^2$. Dann gibt es Unteralgebren $\mathbf{B}_1$ und $\mathbf{B}_2$ von $\mathbf{A}$, Kongruenzrelationen $\Theta_1 \in \mathrm{Con}\,\mathbf{B}_1$, $\Theta_2 \in \mathrm{Con}\,\mathbf{B}_2$ und einen Isomorphismus $\varphi : \mathbf{B}_1/\Theta_1 \to \mathbf{B}_2/\Theta_2$, so daß die Grundmenge von $\mathbf{B}$ von folgender Gestalt ist:*

$$B = \bigcup \{X \times \varphi X \mid X \in B_1/\Theta_1\}.$$

Der **Beweis** von 7.2.3 wird in vier Einzelschritte zerlegt. Abbildung 7.1 dient der Illustration des diskutierten Sachverhalts.

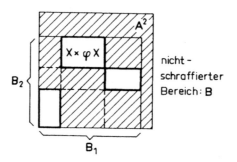

Abb. 7.1

Schritt 1. Aus $(a,d), (b,d), (b,e) \in B$ folgt $(a,e) \in B$.

Beweis. Gelte $(a,d), (b,d), (b,e) \in B$. Für die Homomorphismen $\beta_i : \mathbf{B} \to \mathbf{A}$ mit $(x_1, x_2) \mapsto x_i$ $(i = 1, 2)$ gilt dann (a,d) Kern β_2 (b,d) Kern β_1 (b,e). Sei $\mathbf{A}$ in der kongruenzvertauschbaren Varietät $\mathcal{K}$ enthalten. Da als Unteralgebra von $\mathbf{A}^2$ auch $\mathbf{B}$ in $\mathcal{K}$ liegt, muß ein Element $(y,z) \in \mathbf{B}$ existieren mit (a,d) Kern β_1 (y,z) Kern β_2 (b,e). Nach Definiton von β_1 und β_2 folgt $y = a$ und $z = e$, also $(a,e) \in B$.

Schritt 2. Sei $\mathbf{B}_1 := \beta_1(\mathbf{B})$ und $\mathbf{B}_2 := \beta_2(\mathbf{B})$ (mit den Homomorphismen β_i aus dem Beweis zu Schritt 1). Für

$$\Theta_1 := \{(a,b) \in A^2 \mid \exists d \in A : (a,d), (b,d) \in B\},$$
$$\Theta_2 := \{(d,e) \in A^2 \mid \exists a \in A : (a,d), (a,e) \in B\}$$

gilt dann $\Theta_1 \in \mathrm{Con}\, \mathbf{B}_1, \Theta_2 \in \mathrm{Con}\, \mathbf{B}_2$.

Beweis. Es ist klar, daß $\Theta_1 \subseteq B_1{}^2$ gilt. Unmittelbar aus der Definition von Θ_1 ergibt sich auch die Reflexivität und die Symmetrie. Zum Nachweis der Transitivität werde $(a,b), (b,c) \in \Theta_1$ vorausgesetzt. Dann gibt es $d, e \in A$ mit $(a,d), (b,d) \in B$ und $(b,e), (c,e) \in B$. Mit Schritt 1 folgt $(a,e) \in B$, insgesamt also $(a,c) \in \Theta_1$.

Sei nun f ein n-stelliges Operationssymbol von $\mathcal{K}$, und gelte $(a_1, b_1), \ldots, (a_n, b_n) \in \Theta_1$. Dann existieren $d_1, \ldots, d_n \in A$ mit $(a_1, d_1), (b_1, d_1), \ldots, (a_n, d_n), (b_n, d_n) \in B$. Da $\mathbf{B}$ eine Unteralgebra von $\mathbf{A}^2 = \mathbf{A} \times \mathbf{A}$ ist, gilt

$$f_{\mathbf{A} \times \mathbf{A}}((a_1, d_1), \ldots, (a_n, d_n)) = (f_{\mathbf{B}_1}(a_1, \ldots, a_n), f_{\mathbf{B}_2}(d_1, \ldots, d_n)) \in B,$$
$$f_{\mathbf{A} \times \mathbf{A}}((b_1, d_1), \ldots, (b_n, d_n)) = (f_{\mathbf{B}_1}(b_1, \ldots, b_n), f_{\mathbf{B}_2}(d_1, \ldots, d_n)) \in B.$$

Es folgt $(f_{\mathbf{B}_1}(a_1, \ldots, a_n), f_{\mathbf{B}_1}(b_1, \ldots, b_n)) \in \Theta_1$, d. h. Θ_1 ist eine Kongruenzrelation von $\mathbf{B}_1$. Durch einen analogen Beweis (mit vertauschter Rolle der Komponenten von A^2) zeigt man $\Theta_2 \in Con\, \mathbf{B}_2$.

Schritt 3. Für alle $(a,d) \in B$ sei

$$\varphi([a]\Theta_1) := [d]\Theta_2.$$

Auf diese Weise wird ein Isomorphismus $\varphi : \mathbf{B}_1/\Theta_1 \to \mathbf{B}_2/\Theta_2$ definiert.

7.2 Primalität und Maltsev-Bedingungen

Beweis. Aus $(a,b) \in \Phi_1$ und $(a,d), (b,e) \in B$ folgt mit Kongruenzvertauschbarkeit $(d,e) \in \Theta_2$ (siehe Definition von Θ_2). Daher ist φ wohldefiniert und offenbar tatsächlich eine Abbildung von B_1/Θ_1 nach B_2/Θ_2. Genauso sieht man, daß φ injektiv ist, denn aus $(a,d), (b,e) \in B$ und $(d,e) \in \Theta_2$ folgt $(a,b) \in \Theta_1$. Offenbar ist φ auch surjektiv, denn zu jedem $d \in B_2$ gibt es ein $a \in A$ mit $(a,d) \in B$. Es bleibt lediglich noch zu zeigen, daß φ die Homomorphiebedingung erfüllt. Sei also f ein n-stelliges Operationssymbol, und gelte $\varphi([a_i]\Theta_1) = [d_i]\Theta_2$, d. h. $(a_i, d_i) \in B$ $(i = 1, \ldots, n)$. Wie im Beweis von Schritt 2 folgt $(f_{\mathbf{B}_1}(a_1, \ldots, a_n), f_{\mathbf{B}_2}(d_1, \ldots, d_n)) \in B$, also

$$\varphi([f_{\mathbf{B}_1}(a_1, \ldots, a_n)]\Theta_1) = [f_{\mathbf{B}_2}(d_1, \ldots, d_n)]\Theta_2.$$

Dieser Ausdruck läßt sich sofort in die gewünschte Homomorphiebedingung umschreiben. Das komplettiert den Beweis von Schritt 3.

Schritt 4. $B = \bigcup \{X \times \varphi X \mid X \in B_1/\Theta_1\}$.

Beweis. „$\subseteq$": Sei $(a,d) \in B$. Dann gilt $\varphi([a]\Theta_1) = [d]\Theta_2$, mit $X := [a]\Theta_1$ also $(a,d) \in X \times \varphi X$.

„$empty \supseteq$": Werde jetzt umgekehrt $(a,d) \in X \times \varphi X$ vorausgesetzt, für ein $X \in B_1/\Theta_1$. Dabei sei $X = [b]\Theta_1$ und $\varphi X = [e]\Theta_2$, mit $(b,e) \in B$. Es gilt dann $(a,d) \in [b]\Theta_1 \times [e]\Theta_2$, d. h. $(a,b) \in \Theta_1$ und $(d,e) \in \Theta_2$. Nach Definition von Θ_1 bzw. Θ_2 existieren Elemente $d', a' \in A$ mit $(a,d'), (b,d'), (a',d), (a',e) \in B$. Schritt 1, angewandt auf die Paare $(b,e), (a',e), (a',d)$, liefert $(b,d) \in B$. Nochmalige Anwendung von Schritt 1 mit den Paaren $(a,d'), (b,d'), (b,d)$ ergibt $(a,d) \in B$, wie gewünscht. Damit ist nicht nur Schritt 4, sondern auch Satz 7.2.3 vollständig bewiesen. □

Folgerung 7.2.4 *Sei $\mathcal{K}$ eine kongruenzvertauschbare Varietät. Die Algebra $\mathbf{A} \in \mathcal{K}$ sei einfach und besitze nur eine nichtleere Unteralgebra (nämlich $\mathbf{A}$ selbst). Dann hat jede nichtleere, echt in $\mathbf{A}^2$ enthaltene Unteralgebra von $\mathbf{A}^2$ eine Grundmenge der Form*

$$\{(a, \varphi a) \mid a \in A\},$$

mit $\varphi \in \operatorname{Aut} \mathbf{A}$.

Beweis. Sei $\mathbf{B}$ eine nichtleere Unteralgebra von $\mathbf{A}^2$ (die leere Unteralgebra tritt ohnehin nur auf, wenn es in $\mathcal{K}$ keine nullstelligen Operationen gibt). Geht man jetzt die Aussage von Satz 7.2.3 durch, so ergibt sich, daß die Unteralgebren $\mathbf{B}_1$ und $\mathbf{B}_2$ nichtleer sein müssen, woraus unter den hier gegebenen Voraussetzungen $\mathbf{B}_1 = \mathbf{B}_2 = \mathbf{A}$ folgt. Dann gilt $\Theta_1, \Theta_2 \in \operatorname{Con} \mathbf{A}$, weshalb nur $\Theta_1, \Theta_2 \in \{\Delta, \nabla\}$ in Frage kommt. Da $\varphi : \mathbf{A}/\Theta_1 \to \mathbf{A}/\Theta_2$ ein Isomorphismus ist, folgt im Fall $\Theta_1 = \nabla$ sofort $\Theta_2 = \nabla$ und es ergibt sich $B = A^2$. Werde also jetzt $\Theta_1 = \Delta$ vorausgesetzt. Dann gilt auch $\Theta_2 = \Delta$, φ ist ein Automorphismus von $\mathbf{A}/\Delta$, und B hat die Form $B = \bigcup\{\{a\} \times \varphi\{a\} \mid a \in A\}$. Natürlich schreibt man jetzt $\mathbf{A}$ anstelle von $\mathbf{A}/\Delta$ (d. h. a anstelle von $\{a\}$). Dann ist φ ein Automorphismus von $\mathbf{A}$, und es gilt $B = \{(a, \varphi a) \mid a \in A\}$. □

Man kann übrigens leicht zeigen, daß für jeden Automorphismus φ von $\mathbf{A}$ die Menge $\{(a, \varphi a) \mid a \in A\}$ tatsächlich die Grundmenge einer Unteralgebra von $\mathbf{A}^2$ ist (siehe Aufgabe 7). Aus 7.2.4 ergibt sich unmittelbar:

Folgerung 7.2.5 *Gilt zusätzlich zu den Voraussetzungen in 7.2.4, daß* **A** *nur einen Automorphismus besitzt (nämlich die identische Abbildung), dann gibt es in* $\mathbf{A}^2$ *nur eine nichtleere, echt in* $\mathbf{A}^2$ *enthaltene Unteralgebra, nämlich die mit Grundmenge* $\Delta = \{(a,a) \mid a \in A\}$.

Ausgehend von Satz 7.2.1 kann jetzt ein Primalitätskriterium bewiesen werden, welches nur noch Eigenschaften der Algebra **A** selbst verwendet, nicht aber solche von $\mathbf{A}^2$. Das Kriterium wurde 1964 von A. L. Foster und A. F. Pixley bewiesen:

Satz 7.2.6 *Für eine endliche Algebra* **A** *sind folgende Aussagen äquivalent:*

(i) **A** *ist primal,*
(ii) **A** *ist in einer arithmetischen Varietät enthalten,* **A** *ist einfach, besitzt nur eine nichtleere Unteralgebra (nämlich* **A** *selbst), und nur einen Automorphismus (nämlich die identische Abbildung),*
(iii) **A** *hat den in 7.1.8 definierten ternären Diskriminator als Termfunktion,* **A** *besitzt nur eine nichtleere Unteralgebra und nur einen Automorphismus.*

Beweis. (i)⇒(iii): Eine primale Algebra **A** hat jede mindestens einstellige Operation auf A als Termfunktion, insbesondere also den ternären Diskriminator. Nach 7.1.2c hat **A** keine nichttrivialen Unteralgebren und Automorphismen.

(iii)⇒(ii): Man überzeugt sich leicht, daß der ternäre Diskriminator in **A** die Gleichungen

$$t(x,y,y) \approx t(x,y,x) \approx t(y,y,x) \approx x$$

erfüllt. Dieselben Gleichungen gelten in der gesamten Varietät $\mathcal{K} := HSP(\mathbf{A})$, d. h. t ist ein Pixley-Term in $\mathcal{K}$. Nach 6.4.8 ist $\mathcal{K}$ arithmetisch. Es bleibt zu zeigen, daß **A** einfach ist. Sei also $\Theta \in Con\,\mathbf{A}$, $\Theta \neq \Delta$. Dann gibt es $a,b \in A$, $a \neq b$, mit $a\,\Theta\,b$. Für alle $c \in A$ folgt $a = t(a,b,c)\,\Theta\,t(a,a,c) = c$, d. h. es gilt $\Theta = \nabla$.

(ii)⇒(i) ist eine unmittelbare Konsequenz von 7.2.1, in Verbindung mit 7.2.5 und 6.4.8. Damit ist der Beweis von 7.2.6 komplett. Es sei noch ergänzend angemerkt, daß die Implikation (i)⇒(ii) mit 7.2.2 und 7.1.2c direkt folgt, ohne den Umweg über (iii). □

Durch die Überlegungen dieses Abschnitts erscheinen einige Resultate von Abschnitt 1 in einem anderen Licht. Vor allem ist man jetzt nicht mehr ausschließlich auf die mehr zufällige „Bastelarbeit" mit dem Postschen Entwicklungssatz angewiesen (man mache sich das für die 2-elementige boolesche Algebra klar). Satz 7.2.6 liefert auch einen neuen nicht auf dem Entwicklungssatz beruhenden Beweis von Satz 7.1.8: Die Polynomfunktionen von **A** sind offenbar genau die Termfunktionen von $\mathbf{A}_A$. Daher ist **A** genau dann funktional vollständig, wenn $\mathbf{A}_A$ primal ist (vgl. 7.1.1). Will man jetzt die Äquivalenz (i)⇔(iii) aus Satz 7.2.6 auf die Algebra $\mathbf{A}_A$ anwenden, um 7.1.8 zu erhalten, so muß man lediglich zeigen, daß $\mathbf{A}_A$ keine nichttrivialen Unteralgebren und Automorphismen besitzt. Doch das gilt immer:

Hilfssatz 7.2.7 *Für jede Algebra* **A** *gilt* $Sub\,\mathbf{A}_A = \{A\}$ *und* $Aut\,\mathbf{A}_A = \{id_A\}$.

Beweis als Übungsaufgabe. □

Mit Hilfe von 7.2.7 erhält man aus 7.2.6 unmittelbar das folgende äußerst prägnante Ergebnis:

Folgerung 7.2.8 *Eine endliche, in einer arithmetischen Varietät enthaltene Algebra* **A** *ist genau dann funktional vollständig, wenn* **A** *einfach ist.*

Abschließend ohne Beweis ein Resultat von H. Werner (1974), welches zeigt, daß die Aussage von 7.2.8 noch etwas verfeinert werden kann:

Satz 7.2.9 *Eine endliche, in einer kongruenzvertauschbaren Varietät enthaltene Algebra* **A** *ist genau dann funktional vollständig, wenn* $\mathbf{A}^2$ *nur die folgenden Kongruenzrelationen hat:* Δ_{A^2}, ∇_{A^2}, *sowie die Kerne der Projektionsabbildungen* $\alpha_i : \mathbf{A}^2 \to \mathbf{A}$ $(i = 1, 2)$.

7.3 Anmerkungen zu Kapitel 7

Die Ergebnisse von Abschnitt 2 können wesentlich verallgemeinert werden. Eine Übersicht gibt der folgende Artikel von J. Hagemann und C. Herrmann. Besonders wesentliche Beiträge zur Primalität hat I. G. Rosenberg geleistet, allerdings aus einem anderen Blickwinkel:

J. Hagemann, C. Herrmann: *Arithmetical locally equational classes and representation of partial functions.* In: Coll. Math. Soc. János Bolyai, 29. Universal Algebra, Esztergom (Hungary), 1977.

I. G. Rosenberg: *Über die funktionale Vollständigkeit in den mehrwertigen Logiken.* Rozpr. ČSAV Řada Mat. Přír. Věd. **80** (1970), 3–93.

Während primale Algebren bekanntlich keine Automorphismen besitzen (außer der identischen Abbildung), stellt sich die Situation bei funktional vollständigen Algebren ganz anders dar. Tatsächlich haben Algebren mit „großen" Automorphismengruppen die Tendenz, funktional vollständig zu sein. Wer sich für dieses Thema interessiert, liest am besten:

P. P. Pálfy, L. Szabó, Á. Szendrei: *Automorphism groups and functional completeness.* Algebra Universalis **15** (1982), 385–400.

Bei Satz 7.2.1 handelt es sich um einen Spezialfall eines Resultats von K. A. Baker und A. F. Pixley. Insgesamt wurden Ergebnisse aus folgenden Arbeiten zitiert:

K. A. Baker, A. F. Pixley: *Polynomial interpolation and the Chinese remainder theorem for algebraic systems.* Math. Z. **143** (1975), 165–174.

A. L. Foster, A. F. Pixley: *Semicategorical algebras I, II.* Math. Z. **83** (1964), 147–169, und Math. Z. **85** (1964), 169–184.

H. Werner: *Eine Charakterisierung funktional vollständiger Algebren.* Arch. Math. **21** (1970), 381–385.

H. Werner: *Congruences on products of algebras and functional complete algebras.* Algebra Universalis **4** (1974), 99–105.

7.4 Aufgaben

1. Schreibe die rechte Seite von $f(x_1, \ldots, x_n) = \ldots$ in Satz 7.1.4 konkret für

$$A = \{0, 1\}, \quad \begin{array}{c|cc} f & 0 & 1 \\ \hline 0 & 1 & 0 \\ 1 & 1 & 1 \end{array}.$$

2. Stelle die Operationen $\wedge$ und $\vee$ durch den Sheffer-Strich dar.

$$\begin{array}{c|ccc} \wedge & 0 & 1 & 2 \\ \hline 0 & 0 & 0 & 0 \\ 1 & 0 & 1 & 1 \\ 2 & 0 & 1 & 2 \end{array} \qquad \begin{array}{c|ccc} \vee & 0 & 1 & 2 \\ \hline 0 & 0 & 1 & 2 \\ 1 & 1 & 1 & 2 \\ 2 & 2 & 2 & 2 \end{array}$$

Anmerkung: Es ist wesentlich schwieriger, eine Darstellung für $\vee$ zu finden als für $\wedge$.

3. Sei $\mathbf{B}_2 = (\{0,1\}, \vee, \wedge, ', 0, 1)$ die zweielementige boolesche Algebra. Zeige: Für jede Operation $f: \{0,1\}^n \to \{0,1\}$ und alle $x_1, \ldots, x_n \in \{0,1\}$ gilt:

$$f(x_1, \ldots, x_n) = \bigvee \{x_1^{a_1} \wedge \ldots \wedge x_n^{a_n} \mid (a_1, \ldots, a_n) \in \{0,1\}^n, f(a_1, \ldots, a_n) = 1\}.$$

Hierbei sei $x^a := \begin{cases} x & \text{für } a = 1, \\ x' & \text{für } a = 0. \end{cases}$

4. Vervollständige die folgende Wertetabelle des ternären Diskriminators t (auf der Menge $\{0,1\}$). Schreibe t anschließend als Termfunktion von $\mathbf{B}_2$.

x_1	x_2	x_3	$t(x_1, x_2, x_3)$
0	0	0	0
0	0	1	1
0	1	0	
0	1	1	
1	0	0	
1	0	1	
1	1	0	
1	1	1	

5. Beweise die Bemerkungen 7.1.2.

6. Zeige mit Hilfe von Satz 7.2.6, daß die zweielementige boolesche Algebra $\mathbf{B}_2$ primal ist.

7. Sei $(\mathbb{Z}_n, +, -, 0, \cdot, 1)$ der unitäre Ring der ganzen Zahlen modulo n.

   (a) Zeige: Für jede Primzahl p ist

   $$t(x, y, z) := (x - y)^{p-1} \cdot x + (1 - (x - y)^{p-1}) \cdot z$$

   der ternäre Diskriminator von $(\mathbb{Z}_p, +, -, 0, \cdot, 1)$.

7.4 Aufgaben

(b) Für welche n ist $(\mathbb{Z}_n, +, -, 0, \cdot, 1)$ primal?

8. Sei **A** eine Algebra und $\varphi \in \mathit{Aut}\,\mathbf{A}$. Beweise, daß dann $\{(a, \varphi a) \mid a \in A\}$ die Grundmenge einer Unteralgebra von $\mathbf{A}^2$ ist.

9. Beweise jetzt folgende allgemeinere Version von Aufgabe 7: Gegeben sei eine Algebra **A**, Unteralgebren $\mathbf{B}_1, \mathbf{B}_2$ von **A**, Kongruenzrelationen $\Theta_1 \in \mathit{Con}\,\mathbf{B}_1$, $\Theta_2 \in \mathit{Con}\,\mathbf{B}_2$ und ein Isomorphismus $\varphi : \mathbf{B}_1/\Theta_1 \to \mathbf{B}_2/\Theta_2$. Dann ist

$$\bigcup \{X \times \varphi X \mid X \in B_1/\Theta_1\}$$

die Grundmenge einer Unteralgebra von $\mathbf{A}^2$.
Anmerkung: Für diese Aussage muß *nicht* vorausgesetzt werden, daß **A** in einer kongruenzvertauschbaren Varietät enthalten ist (vgl. Satz 7.2.3).

8 Termbedingung und Kommutator

Unter den Gruppen sind die abelschen Gruppen besonders einfach und übersichtlich aufgebaut. Darum schenkt man auch bei Strukturuntersuchungen nichtabelscher Gruppen den „abelschen Bestandteilen" dieser Gruppen besondere Aufmerksamkeit. Als Werkzeug dient hierbei vor allem der Kommutator, mit dessen Hilfe der nichtabelsche Teil einer Gruppe herausgefiltert werden kann. In diesem Kapitel wird gezeigt, wie man die Begriffe *abelsch* und *Kommutator* auf beliebige Algebren verallgemeinern kann. Zur Definition abelscher Algebren verwendet man die *Termbedingung*, die im Mittelpunkt von Abschnitt 1 steht. Über den Kommutator allgemeiner Algebren findet man in Abschnitt 2 nicht viel mehr als die Definition, womit dem interessierten Leser ein erster Eindruck vermittelt werden soll. In Abschnitt 3 wird schließlich als Beispiel für die Anwendung der Termbedingung H. P. Gumms bekannte Charakterisierung der abelschen Algebren in kongruenzvertauschbaren Varietäten bewiesen.

8.1 Termbedingung

Der Grundbegriff für die Kommutatortheorie der Allgemeinen Algebra ist in folgender Definition enthalten:

Definition 8.1.1 Eine Algebra **A** erfüllt die **Termbedingung**, falls für alle $n \in \mathbb{N}$, alle n-stelligen Termfunktionen t von **A** und alle $a, b, c_2, \ldots, c_n, d_2, \ldots, d_n \in A$ die folgende Implikation gilt:

(TB) $\quad t(a, c_2, \ldots, c_n) = t(a, d_2, \ldots, d_n) \Rightarrow t(b, c_2, \ldots, c_n) = t(b, d_2, \ldots, d_n).$

Eine Algebra, die die Termbedingung erfüllt, wird kurz auch **abelsch** genannt.

Bemerkung 8.1.2 *Der Begriff „abelsche Algebra" verallgemeinert den Begriff „abelsche Gruppe": Eine Gruppe* $\mathbf{G} = (G, \cdot, ^{-1}, e)$ *ist genau dann abelsch im Sinne der Gruppentheorie, wenn* **G** *als Algebra abelsch ist.*

Beweis. Sei **G** als Algebra abelsch. Für die Termfunktion $t(x, y, z) := yxz$ und beliebige $a, b \in G$ gilt $t(e, e, a) = a = t(e, a, e)$. Mit der Termbedingung folgt dann $t(b, e, a) = t(b, a, e)$, d.h. $ba = ab$. Daher ist **G** eine abelsche Gruppe.

Sei nun umgekehrt **G** eine abelsche Gruppe. Die n-stelligen Termfunktionen von **G** mit $n \geq 1$ sind genau die Operationen der Form $t(x_1, \ldots, x_n) = x_1^{k_1} \cdot \ldots \cdot x_n^{k_n}$, mit $k_1, \ldots, k_n \in \mathbb{Z}$. Hierbei ist wesentlich, daß $x_1^{k_1}$ wegen der Kommutativität der Gruppenmultiplikation ganz nach links gerückt werden kann. Der Nachweis der Termbedingung für diese Terme ist eine einfache Übungsaufgabe. □

Beispiel 8.1.3 *In jeder abelschen Halbgruppe* $(S, \cdot)$ *gilt die Gleichung* $xyzw \approx xzyw$.

Beweis. Für alle $a, b, d \in S$ gilt $(ab) \cdot b \cdot d = a \cdot b \cdot (bd)$. Für die Termfunktion $t(x, y, z) := yxz$ gilt also $t(b, ab, d) = t(b, a, bd)$. Anwendung der Termbedingung liefert $t(c, ab, d) = t(c, a, bd)$ für alle $c \in S$, d.h.

$$(ab) \cdot c \cdot d = a \cdot c \cdot (bd). \quad \square$$

8.1 Termbedingung

Satz 8.1.4 *Eine Algebra* **A** *ist genau dann abelsch, wenn die Diagonale* $\Delta_A = \{(a,a) \mid a \in A\}$ *von* A^2 *die Kongruenzklasse einer Kongruenzrelation von* **A** × **A** *ist.*

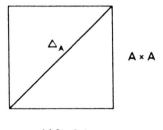

Abb. 8.1

Der Beweis von 8.1.4 beruht auf folgendem Ergebnis von Maltsev:

Satz 8.1.5 *Sei* **A** *eine Algebra und* X *eine Teilmenge von* A^2. *Werde angenommen, daß* X *reflexiv und symmetrisch ist, d. h. daß* $\Delta_A \subseteq X$ *gilt und aus* $(a,b) \in X$ *immer* $(b,a) \in X$ *folgt. Dann gilt genau dann* $(u,v) \in \Theta(X)$, *wenn es* $(a_1, b_1), \ldots, (a_k, b_k) \in X$ *und einstellige Polynomfunktionen* $p_1, \ldots, p_k$ *von* **A** *gibt mit*

$$u = p_1(a_1),$$
$$p_i(b_i) = p_{i+1}(a_{i+1}) \quad \text{für } 1 \leq i < k,$$
$$p_k(b_k) = v.$$

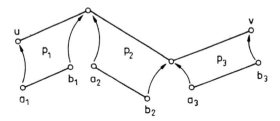

Abb. 8.2

Beweis. Die Menge Θ aller auf die angegebene Art zu gewinnenden Paare (u,v) ist offenbar eine Äquivalenzrelation auf A mit $X \subseteq \Theta \subseteq \Theta(X)$ (siehe 6.2.12). Zum Nachweis von $\Theta = \Theta(X)$ genügt es daher zu zeigen, daß Θ mit allen einstelligen Polynomfunktionen von **A** verträglich ist. Sei also $(u,v) \in \Theta$ mit $u = p_1(a_1)$, $p_i(b_i) = p_{i+1}(a_{i+1})$ für $1 \leq i < k$, und $p_k(b_k) = v$, wobei $p_1, \ldots, p_k$ einstellige Polynomfunktionen sind, und sei p eine weitere einstellige Polynomfunktion von **A**. Dann sind auch $q_1 := p \circ p_1, \ldots, q_k := p \circ p_k$ einstellige Polynomfunktionen, und es gilt

$$p(u) = q_1(a_1),$$
$$q_i(b_i) = q_{i+1}(a_{i+1}) \quad \text{für } 1 \leq i < k,$$
$$q_k(b_k) = p(v).$$

Daraus folgt $(p(u), p(v)) \in \Theta$. □

Beweis von 8.1.4. Zu zeigen ist, daß Δ eine Kongruenzklasse der von Δ erzeugten Kongruenzrelation $\Theta_{\mathbf{A}\times\mathbf{A}}(\Delta)$ von $\mathbf{A}\times\mathbf{A}$ ist. Nach 8.1.5 gilt dies genau dann, wenn für alle $a, b \in A$ und alle einstelligen Polynomfunktionen p von $\mathbf{A} \times \mathbf{A}$ die Implikation

$$(*) \qquad p((a,a)) \in \Delta \Rightarrow p((b,b)) \in \Delta$$

erfüllt ist. Jede Polynomfunktion entsteht aus einer Termfunktion, indem man für einige Variablen der Termfunktion Konstanten einsetzt. Also kann jede Polynomfunktion p von $\mathbf{A} \times \mathbf{A}$ in der Form

$$\begin{aligned}p((x,y)) &= t_{\mathbf{A}\times\mathbf{A}}((x,y),(c_2,d_2),\ldots,(c_n,d_n))\\ &= (t_{\mathbf{A}}(x,c_2,\ldots,c_n), t_{\mathbf{A}}(y,d_2,\ldots,d_n))\end{aligned}$$

geschrieben werden, wobei t ein Term ist, und $c_2, \ldots, c_n, d_2, \ldots, d_n$ Elemente von A sind. Wenn man für $t_{\mathbf{A}}$ einfach t schreibt, geht $(*)$ in die Implikation (TB) aus Definition 8.1.1 über, d. h. in die Termbedingung. □

Die Termbedingung aus 8.1.1 kann wesentlich verfeinert werden:

Definition 8.1.6 Es sei $\mathbf{A}$ eine Algebra, und α, β seien Kongruenzrelationen von $\mathbf{A}$. Man sagt, $\mathbf{A}$ erfüllt die **Termbedingung bezüglich** (α, β), falls für alle $n \in \mathbb{N}$, alle n-stelligen Termfunktionen t von $\mathbf{A}$ und alle $(a,b) \in \beta$, $(c_2, d_2), \ldots, (c_n, d_n) \in \alpha$ die Implikation

$$t(a, c_2, \ldots, c_n) = t(a, d_2, \ldots, d_n) \Rightarrow t(b, c_2, \ldots, c_n) = t(b, d_2, \ldots, d_n)$$

gilt (also dieselbe Implikation wie in 8.1.1, aber nicht mehr für alle $a, b, c_2, \ldots, c_n$, $d_2, \ldots, d_n \in A$).

Bemerkung 8.1.7 *Auch die verallgemeinerte Termbedingung aus 8.1.6 hat eine einfache Interpretation in Gruppen: Es sei $\mathbf{G} = (G, \cdot, ^{-1}, e)$ eine Gruppe, M, N seien Normalteiler von $\mathbf{G}$, und $\Theta(M)$ bzw. $\Theta(N)$ seien die entsprechenden Kongruenzrelationen von $\mathbf{G}$, mit M bzw. N als Kongruenzklassen. Dann sind die folgenden beiden Aussagen äquivalent:*

(i) $\qquad ab = ba$ *für alle* $a \in M$, $b \in N$,
(ii) $\qquad \mathbf{G}$ *erfüllt die Termbedingung bzgl.* $(\Theta(M), \Theta(N))$.

Beweis. Gelte (ii), und sei $a \in M$, $b \in N$. Für die Termfunktion $t(x,y,z) := yxz$ gilt $t(e,e,a) = a = t(e,a,e)$, woraus $t(b,e,a) = t(b,a,e)$ folgt, d. h. $ba = ab$.

Gelte nun (i). Die n-stelligen Termfunktionen einer Gruppe mit $n \geq 1$ sind genau die Operationen der Form $t(x_1, \ldots, x_n) = x_{i_1}^{k_1} \cdot \ldots \cdot x_{i_m}^{k_m}$, mit $i_1, \ldots, i_m \in \{1, \ldots, n\}$ und $k_1, \ldots, k_m \in \mathbb{Z}$. Für $t(a, c_2, \ldots, c_n) = t(a, d_2, \ldots, d_n)$, mit $(c_2, d_2), \ldots, (c_n, d_n) \in \Theta(M)$ und $(a, b) \in \Theta(N)$, ist zu zeigen, daß a überall in $t(a, c_2, \ldots, c_n)$ und in $t(a, d_2, \ldots, d_n)$ durch b ersetzt werden kann, ohne daß die Gleichheit verloren geht. Dies führt man der Reihe nach für jede Stelle durch, an der a auftritt. Ein Beispiel verdeutlicht am besten, wie man vorgehen muß: Gelte $c_3 a c_2 a c_3^{-1} = d_3 a d_2 a d_3^{-1}$, $(c_2, d_2), (c_3, d_3) \in \Theta(M)$, und sei $(a, b) \in \Theta(N)$. Dann gibt es $g_2, g_3 \in M$, $h \in N$ mit $d_2 = c_2 g_2$, $d_3 = c_3 g_3$, $b = ah$. Es gilt

$$\begin{aligned}c_3 b c_2 a c_3^{-1} &= c_3(ah)c_2 a c_3^{-1}\\ &= c_3 a(c_2 c_2^{-1}) h c_2 a c_3^{-1}\\ &= c_3 a c_2 h' a c_3^{-1} &&\text{mit } h' := c_2^{-1} h c_2 \in N,\\ &= c_3 a c_2 a h'' c_3^{-1} &&\text{mit } h'' := a^{-1} h' a \in N,\\ &= c_3 a c_2 a c_3^{-1} h''' &&\text{mit } h''' := c_3 h'' c_3^{-1} \in N.\end{aligned}$$

8.1 Termbedingung

Entsprechend erhält man

$$\begin{aligned}
d_3bd_2ad_3^{-1} &= d_3(ah)(c_2g_2)ad_3^{-1} \\
&= d_3ac_2h'g_2ad_3^{-1} \\
&= d_3ac_2g_2h'ad_3^{-1} \quad \text{wegen } h'g_2 = g_2h', \\
&= d_3ad_2h'ad_3^{-1} \\
&\vdots \\
&= d_3ad_2ad_3^{-1}h'''.
\end{aligned}$$

Damit ist $c_3bc_2ac_3^{-1} = d_3bd_2ad_3^{-1}$ gezeigt.

Anmerkung: Im Beispiel wäre es natürlich einfacher gewesen, h nach links statt nach rechts durchzurücken. Allerdings hätte das Beispiel dann nicht mehr gezeigt, wie man allgemein vorzugehen hat. □

Ähnlich wie in 8.1.4 kann man auch die verallgemeinerte Termbedingung mit Hilfe der Diagonalen Δ von A^2 charakterisieren. Hierbei werden in 8.1.8 folgende Bezeichnungen verwendet: Es sei **A** eine Algebra, und α, β seien Kongruenzrelationen von **A**. Die Menge D_β ist definiert als $D_\beta := \{((a,a),(b,b)) \mid (a,b) \in \beta\}$, und $\Theta_{\boldsymbol{\alpha}}(D_\beta)$ bezeichnet die von D_β erzeugte Kongruenzrelation der Unteralgebra $\boldsymbol{\alpha}$ von $\mathbf{A} \times \mathbf{A}$ mit Grundmenge α (jede Kongruenzrelation einer Algebra **A** ist die Grundmenge einer Unteralgebra von $\mathbf{A} \times \mathbf{A}$, vgl. 1.4.19).

Satz 8.1.8 *Die Algebra* **A** *erfüllt genau dann die Termbedingung bezüglich* (α, β), *wenn die Diagonale* Δ *von* A^2 *die Vereinigung von Kongruenzklassen der Kongruenzrelation* $\Theta_{\boldsymbol{\alpha}}(D_\beta)$ *von* $\boldsymbol{\alpha}$ *ist, d. h. wenn* $[\Delta]\Theta_{\boldsymbol{\alpha}}(D_\beta) = \Delta$ *gilt (siehe Abbildung 8.3).*

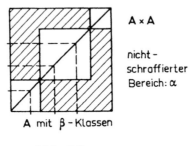

Abb. 8.3

Beweis. Nach 8.1.5 ist Δ genau dann die Vereinigung von Kongruenzklassen von $\Theta_{\boldsymbol{\alpha}}(D_\beta)$, wenn für alle $(a,b) \in \beta$ und alle einstelligen Polynomfunktionen p von $\boldsymbol{\alpha}$ die Implikation

$(**)$ $\qquad p((a,a)) \in \Delta \Rightarrow p((b,b)) \in \Delta$

erfüllt ist. Nun entstehen die Polynomfunktionen aus den Termfunktionen durch Einsetzen von Konstanten, die in diesem Fall Elemente von α sein müssen. Daher hat jede einstellige Polynomfunktion p von $\boldsymbol{\alpha}$ die Form

$$\begin{aligned}
p((x,y)) &= t_{\boldsymbol{\alpha}}((x,y),(c_2,d_2),\ldots,(c_n,d_n)) \\
&= (t_{\mathbf{A}}(x,c_2,\ldots,c_n), t_{\mathbf{A}}(y,d_2,\ldots,d_n)),
\end{aligned}$$

wobei t ein Term ist und $(c_2, d_2), \ldots, (c_n, d_n) \in \alpha$ gilt. Schreibt man wie im Beweis von 8.1.4 anstelle von $t_{\mathbf{A}}$ wieder t, dann geht $(**)$ in die Implikation aus Definition 8.1.6 über. □

8.2 Kommutator

Dieser Abschnitt, in dem für je zwei Kongruenzrelationen α, β einer Algebra $\mathbf{A}$ der *Kommutator* $[\alpha, \beta]$ eingeführt wird, kann beim Lesen übersprungen werden. Der Leser sollte sich allerdings eine weitere oft benutzte Umformulierung des Begiffs „abelsch" merken: Eine Algebra $\mathbf{A}$ ist genau dann abelsch, wenn $[\nabla_A, \nabla_A] = \Delta_A$ gilt für den Kommutator von $\alpha = \nabla_A$ und $\beta = \nabla_A$ (vgl. 8.2.1).

Zuerst wird die Termbedingung weiter verallgemeinert. Es sei $\mathbf{A}$ eine Algebra, und α, β, δ seien Kongruenzrelationen von $\mathbf{A}$. Dann wird folgendermaßen die Bedingung $(+)$ definiert:

$(+)$ Für alle $n \in \mathbb{N}$, alle n-stelligen Termfunktionen t von $\mathbf{A}$ und alle $(a, b) \in \beta$, $(c_2, d_2), \ldots, (c_n, d_n) \in \alpha$ gilt die Implikation

$$t(a, c_2, \ldots, c_n) \, \delta \, t(a, d_2, \ldots, d_n) \Rightarrow t(b, c_2, \ldots, c_n) \, \delta \, t(b, d_2, \ldots, d_n).$$

Zu vorgegebenen α und β ist die Menge aller $\delta \in Con\,\mathbf{A}$, die die Bedingung $(+)$ erfüllen, nichtleer (sie enthält z. B. ∇_A), und sie ist gegen die Bildung beliebiger Durchschnitte abgeschlossen (siehe Aufgabe 6). Daher ist folgende Definition sinnvoll:

Definition 8.2.1 Für $\alpha, \beta \in Con\,\mathbf{A}$ wird die kleinste Kongruenzrelation $\delta \in Con\,\mathbf{A}$, für die $(+)$ erfüllt ist, der **Kommutator** von α und β genannt und mit $[\alpha, \beta]$ bezeichnet.

Bemerkung 8.2.2 *Es gilt immer* $[\alpha, \beta] \leq \alpha \cap \beta$.

Beweis. Es ist hinreichend, zu zeigen, daß die Bedingung $(+)$ für $\delta = \alpha$ und für $\delta = \beta$ erfüllt ist. $\delta = \alpha$: Wegen $(c_i, d_i) \in \alpha$, $i = 2, \ldots, n$, gilt immer $t(b, c_2, \ldots, c_n) \, \alpha \, t(b, d_2, \ldots, d_n)$. $\delta = \beta$: Aus $t(a, c_2, \ldots, c_n) \, \beta \, t(a, d_2, \ldots, d_n)$ und $(a, b) \in \beta$ folgt $t(b, c_2, \ldots, c_n) \, \beta \, t(a, c_2, \ldots, c_n) \, \beta \, t(a, d_2, \ldots, d_n) \, \beta \, t(b, d_2, \ldots, d_n)$. □

Satz 8.2.3 *Für alle $\alpha, \beta \in Con\,\mathbf{A}$ ist der Kommutator $[\alpha, \beta]$ die kleinste von allen Kongruenzrelationen $\delta \leq \alpha \cap \beta$ mit folgender Eigenschaft (siehe 8.1.6):*

$(++)$ $\mathbf{A}/\delta$ erfüllt die Termbedingung bzgl. $(\alpha/\delta, \beta/\delta)$.

Beweis. Für $\delta \in Con\,\mathbf{A}$ mit $\delta \leq \alpha \cap \beta$ sind die Bedingungen $(+)$ und $(++)$ offensichtlich äquivalent. Mit 8.2.1 und 8.2.2 folgt daher die Aussage von 8.2.3. □

Satz 8.2.3 führt den Kommutator auf die Termbedingung zurück, und zeigt außerdem, daß man den Kommutatorbegriff der Gruppentheorie als Sonderfall erhält:

Beispiel 8.2.4 Für jede Gruppe **G** ist der **Kommutator** von zwei Elementen $a, b \in G$ definiert als $[a, b] := a^{-1}b^{-1}ab$, und die **Kommutatorgruppe** G' von **G** als der von $\{[a, b] \mid a, b \in G\}$ erzeugte Normalteiler von **G**. Allgemeiner versteht man unter der **Kommutatorgruppe** $[M, N]$ von zwei Normalteilern M, N von **G** den von $\{[a, b] \mid a \in M, b \in N\}$ erzeugten Normalteiler. Bekanntlich gilt: $[M, N]$ ist der kleinste Normalteiler von **G** mit der Eigenschaft, daß $gh = hg$ gilt für alle $g \in M/[M, N]$, $h \in N/[M, N]$.

Man gelangt in folgender Weise zu einer mehr anschaulichen Interpretation des Kommutatorbegriffs: Die Kommutatorgruppe einer Gruppe zeigt an, wie weit eine Gruppe davon entfernt ist, kommutativ zu sein. Entsprechend mißt der Kommutator einer Algebra die „Dicke" der von der Diagonalen erzeugten Kongruenzklasse, und zeigt damit an, wie weit eine Algebra davon entfernt ist, abelsch zu sein (jedenfalls gilt dies für Kommutatoren der Form $[\nabla_A, \nabla_A]$; für beliebige Kommutatoren gilt eine entsprechende Aussage, siehe 8.1.8).

In der Gruppentheorie können Kommutatoren bekanntlich besonders erfolgreich für die Untersuchung nilpotenter und auflösbarer Gruppen verwendet werden. Für beliebige Algebren gibt es entsprechende Begriffsbildungen:

Definition 8.2.5 Für jede Algebra **A** wird rekursiv definiert (mit $\nabla := \nabla_A$ und $\Delta := \Delta_A$):

$$\nabla^0 := \nabla, \ \nabla^{k+1} := [\nabla^k, \nabla],$$

und

$$\nabla^{(0)} := \nabla, \ \nabla^{(k+1)} := [\nabla^{(k)}, \nabla^{(k)}].$$

Die Algebra **A** heißt **nilpotent** (bzw. **auflösbar**) **vom Grad** n, falls $\nabla^n = \Delta$ (bzw. $\nabla^{(n)} = \Delta$) gilt.

Eine Algebra **A** ist offenbar genau dann nilpotent (oder auflösbar) vom Grad 1, wenn $[\nabla, \nabla] = \Delta$ gilt, d.h. wenn **A** abelsch ist. Da keineswegs immer $[\alpha, \beta] = [\beta, \alpha]$ gelten muß, unterscheidet man oft zwischen **rechtsnilpotenten** und **linksnilpotenten** Algebren. Das Arbeiten mit nilpotenten und auflösbaren Algebren, und überhaupt mit dem Kommutator, ist im allgemeinen wesentlich schwieriger als in der Gruppentheorie. Darum beschränkt man sich oft, wie auch im folgenden Abschnitt, auf abelsche Algebren bzw. die Termbedingung.

8.3 Eine Anwendung

Für „**A** ist abelsch" sind in den ersten beiden Abschnitten viele äquivalente Formulierungen angegeben worden. Zur besseren Übersicht hier eine Zusammenstellung:

Bemerkung 8.3.1 *Für jede Algebra* **A** *sind folgende Aussagen äquivalent:*

(i) **A** *ist abelsch,*
(ii) **A** *erfüllt die Termbedingung aus Definition 8.1.1,*
(iii) *die Diagonale* Δ_A *ist die Kongruenzklasse einer Kongruenzrelation von* $\mathbf{A} \times \mathbf{A}$,
(iv) $[\nabla_A, \nabla_A] = \Delta_A$,
(v) **A** *ist nilpotent vom Grad 1.*

In einer abelschen Algebra gilt die Termbedingung nicht nur für die Termfunktionen, sondern automatisch für alle Polynomfunktionen (Nachweis als Übungsaufgabe). Im Hinblick auf die Termbedingung können sich daher zwei Algebren mit denselben Polynomfunktionen nicht unterscheiden. In 8.3.4 wird die folgende Bezeichnung verwendet:

Definition 8.3.2 Zwei Algebren $\mathbf{A}_1 = (A, F_1)$ und $\mathbf{A}_2 = (A, F_2)$ auf derselben Grundmenge A heißen **polynomial äquivalent**, falls sie dieselben Polynomfunktionen haben, d. h. falls es zu jeder Polynomfunktion $p(x_1, \ldots, x_n)$ von $\mathbf{A}_1$ eine Polynomfunktion $q(x_1, \ldots, x_n)$ von $\mathbf{A}_2$ gibt mit

$$p(a_1, \ldots, a_n) = q(a_1, \ldots, a_n)$$

für alle $a_1, \ldots, a_n \in A$, und umgekehrt. Die Algebren $\mathbf{A}_1$ und $\mathbf{A}_2$ müssen hierbei *nicht* vom selben Typ sein.

Beispiel 8.3.3 Die Polynomfunktionen eines Moduls $\mathbf{M} = (M, +, -, 0, R)$ über einem Ring $\mathbf{R}$ sind genau die Operationen der Form

$$p(x_1, \ldots, x_n) = c + r_1 x_1 + \ldots + r_n x_n$$

$n \in \mathbb{N} \cup \{0\}$, $c \in M$, $r_1, \ldots, r_n \in R$. Eine Algebra $\mathbf{A} = (A, F)$ ist also genau dann polynomial äquivalent zu $\mathbf{M}$, wenn $A = M$ gilt, und wenn die Polynomfunktionen von $\mathbf{A}$ genau die o. a. Operationen sind, d. h. die Operationen aus $P(\mathbf{M})$. Trivialerweise ist z. B. die Algebra $(M, P(\mathbf{M}))$ polynomial äquivalent zu $\mathbf{M}$.

Der folgende Satz von H. P. Gumm gibt Aufschluß über die Struktur von Algebren modulo dem Kommutator $[\nabla, \nabla]$, kurz gesagt also über abelsche Algebren (in kongruenzvertauschbaren Varietäten). Gumms Ergebnis war ein wichtiger Ausgangspunkt für die Entwicklung der Kommutatortheorie allgemeiner Algebren.

Satz 8.3.4 *Sei $\mathcal{K}$ eine kongruenzvertauschbare Varietät. Für jede nichtleere Algebra $\mathbf{A} \in \mathcal{K}$ sind folgende Aussagen äquivalent:*

(i) $\mathbf{A}$ *ist abelsch,*
(ii) $\mathbf{A}$ *ist polynomial äquivalent zu einem Modul über einem Ring.*

Beweis. (ii)$\Rightarrow$(i): Es ist eine einfache Übungsaufgabe zu zeigen, daß die Polynomfunktionen eines Moduls die Termbedingung aus 8.1.1 erfüllen. Daher sind Moduln abelsch. Dasselbe gilt für jede Algebra, die zu einem Modul polynomial äquivalent ist.

(i)$\Rightarrow$(ii): Sei $\mathbf{A} \in \mathcal{K}$ eine abelsche Algebra. Dann gilt in $\mathbf{A}$ die Termbedingung. Da $\mathcal{K}$ kongruenzvertauschbar ist, gibt es in $\mathcal{K}$ einen Maltsev-Term $p(x, y, z)$ mit $p(x, x, y) \approx y$ und $p(x, y, y) \approx x$ (siehe 6.4.2). In sechs Schritten wird jetzt mit Hilfe von p eine Modulstruktur auf A definiert, und es wird gezeigt, daß $\mathbf{A}$ zu dem so definierten Modul polynomial äquivalent ist:

Schritt 1. Man wähle ein Element $0 \in A$, das im Rest dieses Beweises festgehalten wird. Mit den durch

$$\begin{aligned} x + y &:= p(x, 0, y), \\ -x &:= p(0, x, 0) \end{aligned}$$

definierten Operationen auf A ist $(A, +, -, 0)$ eine abelsche Gruppe.

8.3 Eine Anwendung

Beweis. Für alle $a \in A$ gilt offensichtlich

$$a + 0 = 0 + a = a.$$

Die Termbedingung gilt nicht nur für Termfunktionen, sondern für alle Polynomfunktionen, insbesondere also für alle mit $+$, $-$ und 0 gebildeten Ausdrücke. Für alle $a, b \in A$ darf man wegen der Termbedingung in

$$(a + 0) + (b + \underline{0}) = (a + b) + (0 + \underline{0})$$

an den unterstrichenen Stellen 0 durch ein beliebiges $c \in A$ ersetzen. Das liefert $(a+0) + (b+c) = (a+b) + (0+c)$, woraus das Assoziativgesetz folgt:

$$a + (b + c) = (a + b) + c.$$

Aus $p(\underline{0}, 0, -a) = p(\underline{0}, a, 0)$ folgt $p(a, 0, -a) = p(a, a, 0)$, d. h.

$$a + (-a) = 0.$$

Aus $a + (\underline{0} + 0) = 0 + (\underline{0} + a)$ folgt schließlich $a + (b + 0) = 0 + (b + a)$, d. h.

$$a + b = b + a.$$

Damit ist $(A, +, -, 0)$ als abelsche Gruppe nachgewiesen.

Schritt 2. Jede Polynomfunktion $f(x_1, \ldots, x_n)$ von **A** ist **affin** bzgl. der abelschen Gruppe $(A, +, -, 0)$, d. h. für alle $a_1, \ldots, a_n, b_1, \ldots, b_n \in A$ gilt

$$f(a_1 + b_1, \ldots, a_n + b_n) + f(0, \ldots, 0) = f(a_1, \ldots, a_n) + f(b_1, \ldots, b_n).$$

Beweis. Aus $f(a_1 + \underline{0}, \ldots, a_n + 0) + f(0, \ldots, 0) = f(0 + \underline{0}, \ldots, 0 + 0) + f(a_1, \ldots, a_n)$ folgt $f(a_1 + b_1, a_2 + 0, \ldots, a_n + 0) + f(0, \ldots, 0) = f(0 + b_1, 0 + 0, \ldots, 0 + 0) + f(a_1, \ldots, a_n)$. Fährt man in dieser Weise fort, so erhält man schließlich $f(a_1 + b_1, \ldots, a_n + b_n) + f(0, \ldots, 0) = f(0 + b_1, \ldots, 0 + b_n) + f(a_1, \ldots, a_n)$, woraus sofort die Behauptung folgt.

Aus Schritt 2 folgt unmittelbar:

Schritt 3. Jede einstellige Polynomfunktion r von **A** mit $r(0) = 0$ ist ein Endomorphismus der Gruppe $(A, +, -, 0)$.

Schritt 4. Sei R die Menge aller einstelligen Polynomfunktionen von **A**, die 0 auf 0 abbilden. Für $r, s \in R$ und alle $a \in A$ werde definiert:

$$\begin{aligned}
(r + s)(a) &:= r(a) + s(a), \\
(-r)(a) &:= -r(a), \\
\overline{0}(a) &:= 0, \\
(r \circ s)(a) &:= r(s(a)).
\end{aligned}$$

Dann ist $(R, +, -, \overline{0}, \circ)$ ein Ring.

Beweis. Offensichtlich gilt $r+s, -r, \overline{0}, r \circ s \in R$. Da $(A,+,-,0)$ eine abelsche Gruppe ist, hat auch $(R,+,-,\overline{0})$ diese Eigenschaft, und nach Definition ist $(R, \circ)$ eine Halbgruppe, d. h. $\circ$ ist assoziativ. Es müssen noch die Distributivgesetze gezeigt werden. Für $r,s,t \in R$ und alle $a \in A$ gilt $((r+s) \circ t)(a) = (r+s)(t(a)) = r(t(a)) + s(t(a)) = (r \circ t + s \circ t)(a)$, woraus

$$(r+s) \circ t = r \circ t + s \circ t$$

folgt. Andererseits gilt $(r \circ (s+t))(a) = r((s+t)(a)) = r(s(a)+t(a)) = r(s(a)) + r(t(a)) = (r \circ s + r \circ t)(a)$ mit dem vorletzten Gleichheitszeichen wegen Schritt 3. Es folgt

$$r \circ (s+t) = r \circ s + r \circ t,$$

womit Schritt 4 gezeigt ist.

Da $(R, +, -, \overline{0}, \circ)$ ein Ring von Endomorphismen von $(A, +, -, 0)$ ist, gilt:

Schritt 5. $(A, +, -, 0, R)$ ist ein Modul über dem Ring $(R, +, -, \overline{0}, \circ)$.

Schritt 6. Die Polynomfunktionen von **A** sind genau die Operationen der Form

$$f(x_1, \ldots, x_n) = c + r_1 x_1 + \ldots + r_n x_n,$$

mit $n \in \mathbb{N} \cup \{0\}$, $c \in A$, $r_1, \ldots, r_n \in R$.

Beweis. Offenbar sind alle Operationen der angegebenen Art Polynomfunktionen von **A**. Sei nun umgekehrt $f(x_1, \ldots, x_n)$ eine Polynomfunktion von **A**. Für alle $a_1, \ldots, a_n \in A$ folgt mit Schritt 2

$$\begin{aligned}
f(a_1, \ldots, a_n) &= f(a_1 + 0, 0 + a_2, \ldots, 0 + a_n) \\
&= (f(a_1, 0, \ldots, 0) - f(0, \ldots, 0)) + f(0, a_2, \ldots, a_n) \\
&\vdots \\
&= (f(a_1, 0, \ldots, 0) - f(0, \ldots, 0)) + \ldots + \\
&\quad (f(0, \ldots, 0, a_n) - f(0, \ldots, 0)) + f(0, \ldots, 0).
\end{aligned}$$

Für die Operationen

$$\begin{aligned}
r_1(x) &:= f(x, 0, \ldots, 0) - f(0, \ldots, 0), \\
&\vdots \\
r_n(x) &:= f(0, \ldots, 0, x) - f(0, \ldots, 0)
\end{aligned}$$

gilt $r_1, \ldots, r_n \in R$, und man erhält

$$f(a_1, \ldots, a_n) = f(0, \ldots, 0) + r_1(a_1) + \ldots + r_n(a_n).$$

Das beweist Schritt 6 und damit auch Satz 8.3.4. □

Von C. Herrmann (1979) wurde übrigens mit Hilfe des Kommutators bewiesen, daß Satz 8.3.4 sogar für kongruenzmodulare Varietäten gilt.

8.4 Anmerkungen zu Kapitel 8

Die rapide Entwicklung der Kommutatortheorie der Allgemeinen Algebra wurde hauptsächlich durch das 1976 erschienene Buch „Mal'cev varieties" von J. D. H. Smith ausgelöst, der den Kommutator in etwas anderer Weise, als es hier geschehen ist, nur für kongruenzvertauschbare Varietäten definiert hat. Von J. Hagemann und C. Herrmann (1979) wurden Smiths Ideen dann erfolgreich auf den allgemeinen Fall kongruenzmodularer Varietäten übertragen. Wie in diesem Kapitel gezeigt wurde, läßt sich der Kommutator ohne weiteres für beliebige Algebren definieren, auf eine Weise, die den Kommutatorbegriff von Hagemann/Herrmann bzw. Smith als Sonderfall enthält. Allerdings scheint es so, daß kongruenzmodulare Varietäten den geeigneten Rahmen bilden, in dem sich erfolgreich mit dem Kommutator arbeiten läßt. Eine über die hier vorgestellten Grundzüge der Kommutatortheorie weit hinausgehende Darstellung findet man in H. P. Gumms Artikel und im Buch von R. Freese und R. McKenzie:

H. P. Gumm: *Geometrical methods in congruence modular algebras.* Memoirs Amer. Math. Soc. **286** (1983).

R. Freese, R. McKenzie: *Commutator theory for congruence modular varieties.* London Mathematical Society Lecture Note Series 125, Cambridge University Press, Cambridge, 1987.

J. Hagemann, C. Herrmann: *A concrete ideal multiplication for algebraic systems and its relations to congruence distributivity.* Arch. Math. **32** (1979), 234–245.

J. D. H. Smith: *Mal'cev varieties.* Lecture Notes in Mathematics 554, Springer, Berlin, 1976.

Die Originalbeweise von 8.3.4 bzw. der kongruenzmodularen Erweiterung von 8.3.4 findet man in:

H. P. Gumm: *Algebras in permutable varieties: geometrical properties of affine algebras.* Algebra Universalis **9** (1979), 8–34.

C. Herrmann: *Affine algebras in congruence modular varieties.* Acta Sci. Math. Szeged **41** (1979), 119–125.

8.5 Aufgaben

1. (a) Erfüllt die folgende Operation f die Implikation (TB) der Termbedingung? Erfüllt $g(x,y) := f(y,x)$ die Implikation (TB)?
   (b) Erfüllt die Algebra $\mathbf{A} = (\{a,b,c,d\}, f)$ die Termbedingung?

f	a	b	c	d
a	b	a	c	d
b	a	d	b	c
c	d	c	a	b
d	c	b	d	a

2. Überlege: Ist $t(x_1, \ldots, x_n)$ ein Term, und σ eine Permutation der Ziffern $1, \ldots, n$, dann ist auch $t(x_{\sigma(1)}, \ldots, x_{\sigma(n)})$ ein Term.
   Anmerkung: Es war also keine Einschränkung, daß die Termbedingung in 8.1.1 nicht symmetrisch in den Variablen definiert war.

3. Beweise:

   (a) In einer abelschen Algebra gilt die Termbedingung automatisch auch für alle Polynomfunktionen.

   (b) Eine Algebra mit ausschließlich einstelligen fundamentalen Operationen ist abelsch.

4. (a) Zeige: Die Polynomfunktionen eines Moduls $\mathbf{M} = (M, +, -, 0, R)$ haben die Form
$$p(x_1, \ldots, x_n) = c + r_1 x_1 + \ldots + r_n x_n,$$
$n \in \mathbb{N} \cup \{0\}$, $c \in M$, $r_1, \ldots, r_n \in R$. Wie sehen die Termfunktionen von $\mathbf{M}$ aus?

   (b) Beweise jetzt, daß Moduln immer abelsch sind.

5. Gegeben sei eine Algebra $\mathbf{A}$, Kongruenzrelationen $\alpha, \beta \in Con\ \mathbf{A}$ und eine nichtleere Teilmenge $\mathcal{D} \in Con\ \mathbf{A}$. Die Bedingung (+) von Abschnitt 8.2 gelte für alle Tripel α, β, δ (mit $\delta \in \mathcal{D}$). Beweise, daß (+) dann auch für das Tripel $\alpha, \beta, \bigcap \mathcal{D}$ gilt.

6. Beweise:

   (a) Aus $\mathbf{A}_i$ abelsch $(i \in I)$ folgt $\prod_{i \in I} \mathbf{A}_i$ abelsch.

   (b) Aus $\mathbf{A}$ abelsch und $\mathbf{B} \leq \mathbf{A}$ folgt $\mathbf{B}$ abelsch.

   (c) Ist $\mathbf{A}$ abelsch und in einer kongruenzvertauschbaren Varietät enthalten, dann ist auch jedes homomorphe Bild $\mathbf{B}$ von $\mathbf{A}$ abelsch.
   Anmerkung: Für c) verwende man einen Maltsev-Term p.

Man folgere jetzt, daß die abelschen Algebren einer kongruenzvertauschbaren Varietät eine Untervarietät bilden.

9 McKenzies Strukturtheorie endlicher Algebren

Anfang der achtziger Jahre hat R. McKenzie, teilweise unterstützt von seinem Schüler D. Hobby, eine völlig neuartige Theorie entwickelt, die sich vor allem für Strukturuntersuchungen endlicher Algebren verwenden läßt. Die sehr weitreichenden Anwendungsmöglichkeiten dieser Theorie können im Rahmen eines Lehrbuchs naturgemäßnur angedeutet werden. In diesem Kapitel wird stattdessen großer Wert auf eine sorgfältige Darstellung der wesentlichen Grundzüge von McKenzies Theorie gelegt. Die folgenden Bemerkungen sollen dabei als Wegweiser dienen.

Der Kern der Theorie besteht in der Beobachtung, daß in jeder endlichen Algebra sog. *Permutationsalgebren* als „Grundbausteine" enthalten sind, wobei diese Grundbausteine einerseits viel von der Struktur der Ausgangsalgebra widerspiegeln, andererseits aber selbst sehr einfach strukturiert sind. In Abschnitt 1 wird gezeigt, auf welche Weise die als Grundbausteine dienenden Permutationsalgebren in einer endlichen Algebra enthalten sein können. Grundsätzlich besteht die Methode darin, *induzierte Algebren* auf Teilmengen der Grundmenge der Ausgangsalgebra zu betrachten (Definition 9.1.4). Besonders gut eignen sich solche Teilmengen, die man als Bild unter einer idempotenten einstelligen Polynomfunktion erhält. Diese ziemlich eigenartige Voraussetzung bewirkt den gewünschten strukturellen Zusammenhang: Die Kongruenzrelationen der induzierten Algebra sind dann gerade die Restriktionen der Kongruenzrelationen der Ausgangsalgebra (Satz 9.1.5). Um das zweite Ziel zu erreichen, nämlich induzierte Algebren von möglichst einfacher Struktur, wird das wichtige Konzept der *minimalen Algebra* benötigt (Definition 9.1.6 bzw. 9.1.8). Die besten Resultate lassen sich offenbar bei Kombination beider Konzepte erwarten, d. h. für minimale Algebren, die mit Hilfe von idempotenten einstelligen Polynomfunktionen gewonnen werden: Die minimalen Algebren sind in diesem Fall immer aus Permutationsalgebren zusammengesetzt (Satz 9.1.9). Interessanterweise stellt sich heraus, daß beide Konzepte tatsächlich kombiniert werden können, jedenfalls unter gewissen Bedingungen an den Kongruenzverband (Satz 9.1.13).

Diese Gedanken werden in Abschnitt 2 erheblich ausgebaut, wo der für die gesamte Theorie zentrale, aber auch sehr raffinierte Begriff der *zahmen Kongruenzrelation* eingeführt wird (Definition 9.2.1 bzw. 9.2.3). Es wird gezeigt, daß die zu einer zahmen Kongruenzrelation gehörigen minimalen Algebren strukturell mit der Ausgangsalgebra besonders eng verzahnt sind, so daß die Vorstellung von den in den minimalen Algebren enthaltenen Permutationsalgebren als „Bausteinen" völlig gerechtfertigt erscheint (Satz 9.2.7). Wesentlich ist die Beobachtung, daß auch die Eigenschaft „zahm" oft schon am Kongruenzverband abgelesen werden kann (Satz 9.2.11). Von überragender Bedeutung ist dabei die Tatsache, daß alle zweielementigen Verbände die notwendigen Bedingungen erfüllen: Jedes Primintervall (d. h. zweielementige Intervall) im Kongruenzverband einer beliebigen endlichen Algebra ist daher zahm, wodurch die Theorie der zahmen Kongruenzrelationen universell auf alle endlichen Algebren anwendbar wird (vgl. Bemerkung 9.2.13).

In Abschnitt 3 wird P. P. Pálfys bemerkenswertes Resultat bewiesen, daß es nur fünf Typen von Permutationsalgebren gibt, und damit auch nur fünf Typen von in endlichen Algebren enthaltenen Grundbausteinen, nämlich einstellige Algebren, Vektorräume, zweielementige boolesche Algebren, zweielementige Verbände und zweielementige Halbverbände (Sätze 9.3.2, 9.3.4 und 9.4.1). Als Anwendungsbeispiel wird in Abschnitt 4 gezeigt, daß eine zahme Algebra genau dann abelsch ist, wenn die in ihr enthaltenen Permutationsalgebren diese Eigenschaft haben, d. h. wenn nur die ersten beiden der eben aufgezählten fünf Typen auftreten (Satz 9.4.9). Eine markante Folgerung hieraus ist z. B. die Tatsache, daß alle endlichen Algebren mit einem Kongruenzverband der Form $\mathbf{M}_n$, $n \geq 3$, abelsch sind (Folgerung 9.4.11).

9.1 Minimale Algebren

Bisher wurden nur *indizierte Algebren* betrachtet, d. h. Algebren, deren fundamentale Operationen durch Operationssymbole indiziert sind. In vielen Fällen ist diese Indizierung unbequem oder sogar störend:

Definition 9.1.1 Ein Paar $\mathbf{A} = (A, F)$, bestehend aus einer Menge A sowie einer Menge F von endlichstelligen Operationen auf A, heißt **nichtindizierte Algebra**. Einer nichtindizierten Algebra ist also kein Typ zugeordnet, d. h. keine Operationssymbole und Stelligkeiten. Solange keine Mißverständnisse zu befürchten sind, werden auch nichtindizierte Algebren einfach **Algebren** genannt.

Die Definition von Unteralgebren und Kongruenzrelationen läßt sich direkt auf nichtindizierte Algebren übertragen. Für Homomorphismen und für direkte Produkte ist die Situation schwieriger, da man die Indizierung benötigt, um die fundamentalen Operationen der beteiligten Algebren einander zuzuordnen:

Definition 9.1.2 Eine Abbildung $\varphi : A_1 \to A_2$ heißt **Homomorphismus** der nichtindizierten Algebren $\mathbf{A}_1 = (A_1, F_1)$ und $\mathbf{A}_2 = (A_2, F_2)$, wenn es einen Typ $(\mathcal{F}, \sigma)$ gibt, so daß $\mathbf{A}_1$ und $\mathbf{A}_2$ beides Algebren vom Typ $(\mathcal{F}, \sigma)$ sind, und φ ein Homomorphismus der auf diese Weise indizierten Algebren ist. Entsprechend wird ein bijektiver Homomorphismus nichtindizierter Algebren **Isomorphismus** genannt, und die beteiligten Algebren **isomorph**.

Beispiel 9.1.3 Es sei $A_1 := \{0, 1\}$, $A_2 := \{a, b\}$. Die einstelligen Operationen f_i und g_i auf A_i ($i = 1, 2$) seien folgendermaßen definiert:

	0	1
f_1	0	1
g_1	0	0

	a	b
f_2	a	a
g_2	a	b

Als nichtindizierte Algebren sind $\mathbf{A}_1 = (A_1, f_1, g_1)$ und $\mathbf{A}_2 = (A_2, f_2, g_2)$ isomorph, aber nicht als Algebren vom Typ $(\mathcal{F}, \sigma)$, mit $\mathcal{F} = \{f, g\}$, $\sigma(f) = \sigma(g) = 1$.

Für jede Abbildung $f : A \to B$ und jede Teilmenge $U \subseteq A$ nennt man bekanntlich die Abbildung $f|_U : U \to B$, mit $f|_U(x) := f(x)$, die **Einschränkung** (**Restriktion**) von f auf U. Entsprechend kann man Äquivalenzrelationen, n-stellige Operationen und sogar Algebren einschränken (die Menge aller Polynomfunktionen einer Algebra $\mathbf{A}$ wird wie bisher mit $P(\mathbf{A})$ bezeichnet, und die Menge aller n-stelligen Polynomfunktionen mit $P_n(\mathbf{A})$):

9.1 Minimale Algebren

Definition 9.1.4 Sei A eine Menge, $U \subseteq A$, $\Theta \in Eq\, A$, $g \in Op_n(A)$, und $\mathbf{A}$ eine Algebra mit Grundmenge A. Es wird definiert:

(1) $\quad \Theta|_U := \Theta \cap U^2$,

(2) $\quad g|_U := g|_{U^n}$,

(3) $\quad P(\mathbf{A})|_U := \{g|_U \mid n \in \mathbb{N} \cup \{0\},\ g \in P_n(\mathbf{A}),\ g(U^n) \subseteq U\}$,

(4) $\quad \mathbf{A}|_U := (U, P(\mathbf{A})|_U)$.

Offensichtlich ist $\Theta|_U$ eine Äquivalenzrelation auf U. Man nennt $\Theta|_U$ bzw. $g|_U$ die **Einschränkung** von Θ bzw. g auf U. Die Algebra $\mathbf{A}|_U$ heißt die von $\mathbf{A}$ auf U **induzierte Algebra** (gemeint ist wirklich ind*u*ziert, nicht ind*i*ziert).

Der Begriff der induzierten Algebra spielt in diesem Kapitel eine zentrale Rolle. Ein Grund hierfür liegt in folgendem Satz von P. P. Pálfy und P. Pudlák (1980). Unter einer **idempotenten** Abbildung auf A versteht man eine Abbildung $e: A \to A$ mit $e^2 = e$. Die Menge aller idempotenten einstelligen Polynomfunktionen einer Algebra $\mathbf{A}$ wird mit $E(\mathbf{A})$ bezeichnet.

Satz 9.1.5 *Sei $\mathbf{A}$ eine Algebra, $e \in E(\mathbf{A})$ und $U := e(A)$. Dann ist die Abbildung*

$$\varphi_U : Con\,\mathbf{A} \to Con\,(\mathbf{A}|_U),\ \Theta \mapsto \Theta|_U,$$

ein surjektiver Verbandshomomorphismus.

Beweis. Man überzeugt sich leicht, daß aus $\Theta \in Con\,\mathbf{A}$ immer $\Theta|_U \in Con\,(\mathbf{A}|_U)$ folgt. Daher ist die Abbildung φ_U wohldefiniert.

φ_U ist $\wedge$-erhaltend: Für $\Theta, \Psi \in Con\,\mathbf{A}$ und $a, b \in A$ gilt $(a,b) \in \Theta|_U \wedge \Psi|_U$ genau dann, wenn $a, b \in U$ und $(a,b) \in \Theta \wedge \Psi$ erfüllt ist. Doch dies ist äquivalent zu $(a,b) \in (\Theta \wedge \Psi)|_U$. Es folgt $\varphi_U(\Theta) \wedge \varphi_U(\Psi) = \varphi_U(\Theta \wedge \Psi)$.

φ_U ist $\vee$-erhaltend: Für $\Theta, \Psi \in Con\,\mathbf{A}$ gilt offenbar $\Theta|_U, \Psi|_U \subseteq (\Theta \vee \Psi)|_U$, woraus $\Theta|_U \vee \Psi|_U \subseteq (\Theta \vee \Psi)|_U$ folgt. Sei nun $(a,b) \in \Theta \vee \Psi$, mit $a, b \in U$. Dann gibt es $a_0, a_1, \ldots, a_n \in A$ mit $a = a_0$, $b = a_n$, $a_{2i}\,\Theta\,a_{2i+1}$, $a_{2i+1}\,\Psi\,a_{2i+2}$ $(i = 0, 1, 2, \ldots)$. Wegen $e \in P_1(\mathbf{A})$ erhält man $e(a_{2i})\,\Theta\,e(a_{2i+1})$, $e(a_{2i+1})\,\Psi\,e(a_{2i+2})$ $(i = 0, 1, 2, \ldots)$. Aus $e^2 = e$ und $U = e(A)$ folgt $e|_U = id_U$. Das liefert $e(a_0) = e(a) = a$ und $e(a_n) = e(b) = b$, und insgesamt folgt $(a,b) \in \Theta|_U \vee \Psi|_U$. Damit ist $\varphi_U(\Theta) \vee \varphi_U(\Psi) = \varphi_U(\Theta \vee \Psi)$ gezeigt.

φ_U ist surjektiv: Für $\Phi \in Con\,(\mathbf{A}|_U)$ sei

$$\overline{\Phi} := \{(x,y) \in A^2 \mid \forall f \in P_1(\mathbf{A}) : (ef(x), ef(y)) \in \Phi\}.$$

Offenbar ist $\overline{\Phi}$ eine Äquivalenzrelation auf A. Sei $(x,y) \in \overline{\Phi}$ und $g \in P_1(\mathbf{A})$. Für alle $f \in P_1(\mathbf{A})$ gilt dann $(ef(gx), ef(gy)) = (e(fg)(x), e(fg)(y)) \in \Phi$, woraus $(g(x), g(y)) \in \overline{\Phi}$ folgt. Da $\overline{\Phi}$ also mit allen einstelligen Polynomfunktionen von $\mathbf{A}$ verträglich ist, gilt $\overline{\Phi} \in Con\,\mathbf{A}$ (siehe 1.4.8). Für die Surjektivität von φ_U genügt es, $\overline{\Phi}|_U = \Phi$ nachzuweisen: Sei $(x,y) \in \overline{\Phi}$, $x, y \in U$. Mit $f = id_A$ erhält man $(e(x), e(y)) \in \Phi$. Wegen $e|_U = id_U$ folgt $(x,y) \in \Phi$, womit $\overline{\Phi}|_U \subseteq \Phi$ gezeigt ist. Sei nun $(x,y) \in \Phi$. Für alle $f \in P_1(\mathbf{A})$ gilt $ef(U) \subseteq U$, d.h. $(ef)|_U$ ist eine fundamentale Operation der Algebra $\mathbf{A}|_U$. Daher gilt $(ef(x), ef(y)) \in \Phi$, woraus $(x,y) \in \overline{\Phi}$ folgt. Damit ist $\overline{\Phi}|_U \supseteq \Phi$ gezeigt. $\square$

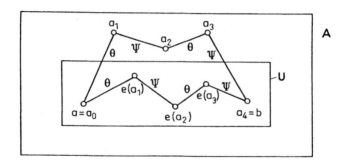

Abb. 9.1

Verwendet man in 9.1.5 anstelle von $e \in E(\mathbf{A})$ irgendein $f \in P_1(\mathbf{A})$, dann ist i.a. $Con(\mathbf{A}|_U)$ kein homomorphes Bild von $Con\,\mathbf{A}$, d. h. der enge strukturelle Zusammenhang der Algebren $\mathbf{A}$ und $\mathbf{A}|_U$ geht verloren. Dafür gewinnt man den Vorteil, die Grundmenge U von $\mathbf{A}|_U$ möglichst klein wählen zu können:

Definition 9.1.6 Sei $\mathbf{A}$ eine Algebra. Eine Menge der Form $f(A)$ mit $f \in P_1(\mathbf{A})$ heißt **minimale Menge** von $\mathbf{A}$, falls folgende Bedingungen erfüllt sind:

(1) $|f(A)| > 1$,
(2) für alle $g \in P_1(\mathbf{A})$ mit $g(A) \subseteq f(A)$ und $|g(A)| > 1$ gilt $g(A) = f(A)$.

Die Menge aller minimalen Mengen von $\mathbf{A}$ wird mit $Min\,(\mathbf{A})$ bezeichnet. Die induzierten Algebren $\mathbf{A}|_U$ mit $U \in Min\,(\mathbf{A})$ heißen **minimale Algebren** von $\mathbf{A}$.

In jeder endlichen Algebra mit mindestens zwei Elementen gibt es eine minimale Algebra (was für unendliche Algebren keineswegs immer gilt). Das folgende Ergebnis zeigt, daß man über die minimalen Algebren einer endlichen Algebra noch mehr sagen kann. Vorher einige Bezeichnungen: Unter einer **Permutation** versteht man eine bijektive Abbildung einer Menge in sich selbst. Eine Menge G von Permutationen einer Menge B, die bzgl. der Hintereinanderausführung eine Gruppe bildet, heißt **Permutationsgruppe**. Man nennt dann oft auch die Algebra (B, G) eine **Permutationsgruppe**. Eine Menge G von Permutationen auf einer *endlichen* Menge B ist bekanntlich schon dann eine Permutationsgruppe, wenn G bzgl. der Hintereinanderausführung abgeschlossen ist.

Satz 9.1.7 *Sei $\mathbf{A}$ eine endliche Algebra und $U \in Min\,(\mathbf{A})$. Dann ist jede einstellige Polynomfunktion der induzierten Algebra $\mathbf{A}|_U$ entweder eine Permutation oder konstant. Insbesondere bilden die nichtkonstanten einstelligen Polynomfunktionen von $\mathbf{A}|_U$ eine Permutationsgruppe auf U.*

Beweis. Man zeigt leicht $P(\mathbf{A}|_U) = P(\mathbf{A})|_U$, d. h. bei der Algebra $\mathbf{A}|_U$ sind alle Polynomfunktionen schon fundamentale Operationen (das gilt nicht nur für $U \in Min\,(\mathbf{A})$, sondern für alle Teilmengen von A). Also sind die einstelligen Polynomfunktionen von $\mathbf{A}|_U$ genau die Abbildungen der Form $g|_U$ mit $g \in P_1(\mathbf{A})$ und $g(U) \subseteq U$. Sei nun für ein solches g die Abbildung $g|_U$ *keine* Permutation von U, und sei $U = f(A)$ mit $f \in P_1(\mathbf{A})$. Dann gilt $gf(A) = g(U) \subset U$ und die Minimalität von U liefert $|gf(A)| = 1$, d. h. $g|_U$ ist konstant auf U. □

9.1 Minimale Algebren

Man nennt Algebren, in denen alle nichtkonstanten einstelligen Polynomfunktionen Permutationen sind, auch kurz **Permutationsalgebren**. Im dritten Abschnitt wird gezeigt, daß es nur die fünf in der Einleitung zu diesem Kapitel genannten Typen von endlichen Permutationsalgebren gibt, und damit nach dem eben bewiesenen Satz auch nur fünf Typen von minimalen Algebren endlicher Algebren.

Minimale Algebren lassen sich nicht nur für ganze Algebren sondern auch bzgl. einzelner Kongruenzrelationen definieren:

Definition 9.1.8 Sei $\mathbf{A}$ eine Algebra und $\beta \in Con\,\mathbf{A}$. Eine Menge der Form $f(A)$ mit $f \in P_1(\mathbf{A})$ heißt β-**minimale Menge** von $\mathbf{A}$ (oder **minimale Menge** bzgl. β), falls die folgenden Bedingungen erfüllt sind (für alle $h \in P_1(\mathbf{A})$ wird $h(\beta) := \{(hx, hy) \mid (x, y) \in \beta\}$ gesetzt):

(1) $f(\beta) \not\subseteq \Delta_A$, d.h. es gibt ein Paar $(x, y) \in \beta$ mit $fx \neq fy$,
(2) für alle $g \in P_1(\mathbf{A})$ mit $g(A) \subseteq f(A)$ und $g(\beta) \not\subseteq \Delta_A$ gilt $g(A) = f(A)$.

Die Menge aller β-minimalen Mengen von $\mathbf{A}$ wird mit $Min_{\mathbf{A}}(\beta)$ oder $Min\,(\beta)$ bezeichnet. Die induzierten Algebren $\mathbf{A}|_U$ mit $U \in Min\,(\beta)$ heißen β-**minimale Algebren** von $\mathbf{A}$ (oder **minimale Algebren** bzgl. β).

Bei Definition 9.1.8 handelt es sich um eine Verallgemeinerung von Definition 9.1.6: die minimalen Algebren von $\mathbf{A}$ aus 9.1.6 sind genau die ∇_A-minimalen Algebren aus 9.1.8, und es gilt $Min\,(\mathbf{A}) = Min_{\mathbf{A}}(\nabla_A)$. Natürlich liegt es nahe, auch Satz 9.1.7 zu verallgemeinern. Prinzipiell ist das auch möglich, allerdings nur unter der zusätzlichen Voraussetzung, daß die β-minimale Menge von der Form $U = e(A)$ ist, mit einer *idempotenten* einstelligen Polynomfunktion e (vgl. auch Aufgabe 5).

Satz 9.1.9 *Sei $\mathbf{A}$ eine endliche Algebra, $\beta \in Con\,\mathbf{A}$, und $U \in Min_{\mathbf{A}}(\beta)$ mit $U = e(A)$, $e \in E(\mathbf{A})$. Dann ist jede einstellige Polynomfunktion g von $\mathbf{A}|_U$ entweder eine Permutation, oder es gilt $g(\beta|_U) \subseteq \Delta_U$. Für jede $\beta|_U$-Kongruenzklasse N von $\mathbf{A}|_U$ ist die von $\mathbf{A}|_U$ auf N induzierte Algebra $(\mathbf{A}|_U)|_N$ eine Permutationsalgebra, d.h. alle nichtkonstanten einstelligen Polynomfunktionen von $(\mathbf{A}|_U)|_N$ sind Permutationen.*

Beweis. Jede einstellige Polynomfunktion g von $\mathbf{A}|_U$ läßt sich in der Form $g = h|_U$ darstellen, mit $h \in P_1(\mathbf{A})$ und $h(U) \subseteq U$. Ist g keine Permutation von U, dann gilt $he(A) = h(U) = g(U) \subset U$, und die Minimalität von U liefert $he(\beta) \subseteq \Delta_A$. Wegen e idempotent gilt $e(\beta) = \beta|_U$, woraus $g(\beta|_U) = h(\beta|_U) \subseteq \Delta_U$ folgt. Sei N nun eine $\beta|_U$-Kongruenzklasse von $\mathbf{A}|_U$. Jede einstellige Polynomfunktion von $(\mathbf{A}|_U)|_N$ ist von der Form $h|_N$, mit $h \in P_1(\mathbf{A})$, $h(U) \subseteq U$ und $h(N) \subseteq N$ (tatsächlich handelt es sich sogar um genau diese Abbildungen). Nach dem schon bewiesenen Teil von 9.1.9 ist daher $h|_U$ entweder eine Permutation auf U, oder es gilt $h(\beta|_U) \subseteq \Delta_U$. Im ersten Fall ist $h|_N$ eine Permutation auf N, und im zweiten Fall ist $h|_N$ konstant. □

Definition 9.1.10 Sei A eine Algebra, $\beta \in Con\,\mathbf{A}$ und $U \in Min_{\mathbf{A}}(\beta)$. Jede mindestens zweielementige $\beta|_U$-Kongruenzklasse N von $\mathbf{A}|_U$ wird β-**Spur** von U genannt (nach 9.1.6 ist in jeder β-minimalen Menge U mindestens eine β-Spur enthalten). Die Algebra

$(\mathbf{A}|_U)|_N$ heißt **Spuralgebra** bzgl. β. Der **Rumpf** und der **Anhang** von U bzgl. β sind folgendermaßen definiert:

$$\text{Rumpf} := \bigcup \{N \mid N \text{ ist } \beta\text{-Spur von } U\},$$
$$\text{Anhang} := U \setminus \text{Rumpf}.$$

McKenzie verwendet für Spur, Rumpf bzw. Anhang die Bezeichnungen *trace*, *body* und *tail*.

Definition 9.1.10 wird in Abbildung 9.2 veranschaulicht. In folgendem Beispiel ist die Situation allerdings wesentlich einfacher als im allgemeinen Fall.

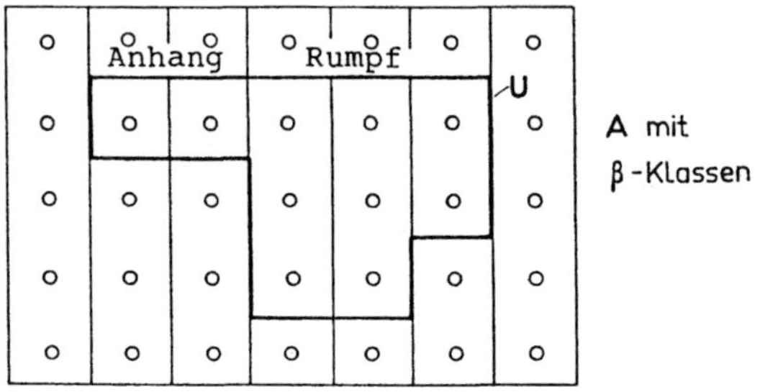

Abb. 9.2

Beispiel 9.1.11 Die einstelligen Polynomfunktionen der Gruppe $(\mathbb{Z}_6, +, -, 0)$ sind genau die Abbildungen der Form $f(x) = ax + b$, mit $a, b \in \mathbb{Z}_6$ (wobei auch die Multiplikation modulo 6 ausgeführt wird). Den Untergruppen $\{0, 3\}$ und $\{0, 2, 4\}$ von $\mathbf{Z}_6$ entsprechen die Kongruenzrelationen $\alpha := \Theta(0, 3)$ und $\beta := \Theta(0, 2, 4)$. Es gilt:

$$\begin{aligned} Min\,(\mathbf{Z}_6) &= \{\{0,3\},\{1,4\},\{2,5\},\{0,2,4\},\{1,3,5\}\}, \\ Min\,(\alpha) &= \{\{0,3\},\{1,4\},\{2,5\}\}, \\ Min\,(\beta) &= \{\{0,2,4\},\{1,3,5\}\}. \end{aligned}$$

Für alle diese minimalen Mengen besteht der Rumpf nur aus einer einzigen Spur, und der Anhang ist leer.

Wie schon in Satz 9.1.9 deutlich wird, sind die besten Ergebnisse zu erwarten, wenn man die minimalen Mengen einer Algebra mit der Methode aus 9.1.5 erhält, d. h. mit Hilfe idempotenter einstelliger Polynomfunktionen. Satz 9.1.13 wird zeigen, daß dies unter gewissen Bedingungen an den Kongruenzverband einer Algebra immer möglich ist.

Definition 9.1.12 Sei $\mathbf{L} = (L, \vee, \wedge)$ ein Verband. Unter einem **Schnittendomorphismus** von $\mathbf{L}$ versteht man einen Endomorphismus des **Schnitthalbverbandes** $(L, \wedge)$. Eine Abbildung $\varphi : L \to L$ ist also genau dann ein Schnittendomorphismus, wenn $\varphi(x \wedge y) = \varphi x \wedge \varphi y$ gilt für alle $x, y \in L$. Eine Abbildung $\varphi : L \to L$ heißt **extensiv**, falls $\varphi x \geq x$ gilt für alle $x \in L$, und **stark extensiv**, falls außerdem $\varphi x \neq x$ gilt für alle $x \neq 1$ (wobei 1 das — keineswegs immer existierende — größte Element von L bezeichnet).

9.1 Minimale Algebren 109

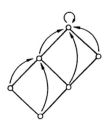

Abb. 9.3

Abbildung 9.3 zeigt ein Beispiel für einen stark extensiven Schnittendomorphismus.

Satz 9.1.13 *Sei* $\mathbf{A}$ *eine endliche Algebra und* $\beta \in Con\ \mathbf{A}$. *Das Intervall* $[\Delta_A, \beta] \subseteq Con\ \mathbf{A}$ *(als Verband betrachtet) besitze keinen nichtkonstanten stark extensiven Schnittendomorphismus. Dann ist jede* β-*minimale Menge* U *von* $\mathbf{A}$ *von der Form* $U = e(A)$, *mit* $e \in E(\mathbf{A})$.

Beweis. Sei $U \in Min_\mathbf{A}(\beta)$. Zur Abkürzung wird $K := \{f \in P_1(\mathbf{A}) \mid f(A) \subseteq U\}$ gesetzt. Für jede Kongruenzrelation $\Theta \in [\Delta_A, \beta]$ sei

$$\mu(\Theta) := \{(x,y) \in \beta \mid \forall f \in K : (fx, fy) \in \Theta\}.$$

Auf diese Weise wird eine Abbildung $\mu : [\Delta_A, \beta] \to [\Delta_A, \beta]$ definiert (dabei ist $\mu(\Theta) \leq \beta$ klar, während der Nachweis von $\mu(\Theta) \in Con\ \mathbf{A}$ dem Leser überlassen bleibt). Offenbar ist μ extensiv. Für alle $\Theta, \Psi \in [\Delta_A, \beta]$ gilt

$$\mu(\Theta \cap \Psi) = \{(x,y) \in \beta \mid \forall f \in K : (fx, fy) \in \Theta \cap \Psi\}$$
$$= \mu(\Theta) \cap \mu(\Psi).$$

Daher ist μ ein Schnittendomorphismus von $[\Delta_A, \beta]$. Da U β-minimal ist, gibt es ein $f \in K$ mit $f(\beta) \not\subseteq \Delta_A$. Deshalb gilt $\mu(\Delta_A) \subset \beta$, und μ kann nicht konstant sein. Nach Voraussetzung kann μ also nicht stark extensiv sein, d. h. es gibt ein $\Theta_0 \in [\Delta_A, \beta]$, $\Theta_0 \neq \beta$, mit $\mu(\Theta_0) = \Theta_0$. Es folgt $\mu\mu(\Delta_A) \subseteq \mu\mu(\Theta_0) = \Theta_0 \subset \beta$ (die erste Inklusion gilt, da Schnittendomorphismen ordnungserhaltend sind). Deshalb und wegen

$$\mu\mu(\Delta_A) = \{(x,y) \in \beta \mid \forall f, g \in K : fg(x) = fg(y)\}$$

existieren $f, g \in K$ und $(x,y) \in \beta$ mit $fg(x) \neq fg(y)$. Aus $f(A) \subseteq U$ und $g(A) \subseteq U$ folgt nun $fg(A) = f(A) = U$, d. h. $f(U) = U$. Da A und damit auch U endlich ist, gibt es eine natürliche Zahl k mit $f^k|_U = id_U$. Für $e := f^k$ gilt dann $e^2 = e$ und $e(A) = U$, womit 9.1.13 bewiesen ist. □

Bemerkung 9.1.14 *Sei* L *ein endlicher Verband mit kleinstem Element 0, größtem Element 1, und der Eigenschaft, daß die* **Koatome** *(d. h. die unteren Nachbarn von 1) zur 0 schneiden. Dann besitzt* L *keinen nichtkonstanten stark extensiven Schnittendomorphismus.*

Beweis. Es seien $c_1, \ldots, c_n$ die Koatome von L und φ ein stark extensiver Schnittendomorphismus. Für $i = 1, \ldots, n$ gilt $\varphi(c_i) = 1$, woraus man $\varphi(0) = \varphi(c_1 \wedge \ldots \wedge c_n) = \varphi(c_1) \wedge \ldots \wedge \varphi(c_n) = 1$ erhält. Da φ ordnungserhaltend ist, folgt $\varphi(x) = 1$ für alle $x \in L$. □

110   9 McKenzies Strukturtheorie endlicher Algebren

Satz 9.1.13 läßt sich also z. B. auf die Verbände der Form $\mathbf{M}_n$ anwenden ($n \geq 2$). Wegen $Con\ \mathbf{Z}_6 \cong \mathbf{M}_2$ sind alle minimalen Algebren aus Beispiel 9.1.11 von der Form $e(\mathbf{Z}_6)$, wobei sich $e \in E(\mathbf{Z}_6)$ jeweils leicht angeben läßt.

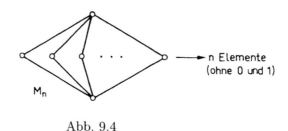

Abb. 9.4

9.2 Zahme Kongruenzrelationen

Jetzt wird der grundlegende Begriff dieses Kapitels definiert, zum leichteren Verständnis zuerst für Algebren, und in 9.2.3 dann in der allgemeinen Form für Kongruenzrelationen.

Definition 9.2.1 Eine endliche Algebra $\mathbf{A}$ heißt **zahm** (engl.: tame), wenn es ein $V \in Min\,(\mathbf{A})$ gibt, für das die folgenden Bedingungen erfüllt sind:

(0)   Es gibt ein $e \in E(\mathbf{A})$ mit $V = e(A)$,
(1) $\Theta > \Delta_A \Rightarrow \Theta|_V > \Delta_V$
(2) $\Theta < \nabla_A \Rightarrow \Theta|_V < \nabla_V$ $\Big\}$ für alle $\Theta \in Con\ \mathbf{A}$.

Die minimale Menge V aus 9.2.1 hat einen starken Einfluß auf die Struktur der zahmen Algebra $\mathbf{A}$. Dies wird schon durch die etwas technischen Bedingungen des folgenden Satzes deutlich:

Satz 9.2.2 *Sei $\mathbf{A}$ eine endliche Algebra. Für $V \in Min\,(\mathbf{A})$ gelten genau dann die Bedingungen (0), (1), (2) aus 9.2.1, wenn die folgenden Bedingungen erfüllt sind:*

(Z1)   Für alle $x, y \in A$, $x \neq y$, gibt es ein $f \in P_1(\mathbf{A})$ mit $f(A) = V$ und $f(x) \neq f(y)$,
(Z2)   in $Con\ \mathbf{A}$ gilt $\Theta(V) = \nabla_A$, d. h. für alle $x, y \in A$ gibt es $a_1, \ldots, a_k, b_1, \ldots, b_k \in V$ und $f_1, \ldots, f_k \in P_1(\mathbf{A})$ mit $x = f_1(a_1)$, $f_i(b_i) = f_{i+1}(a_{i+1})$ für $i = 1, \ldots, k-1$, und $f_k(b_k) = y$ (vgl. 8.1.5).

Satz 9.2.2 ist ein Sonderfall von Satz 9.2.4, der weiter unten bewiesen wird. Abbildung 9.5 illustriert die Bedingungen (Z1) und (Z2) aus 9.2.2.

Definition 9.2.3 Sei $\mathbf{A}$ eine endliche Algebra. Eine Kongruenzrelation $\beta \neq \Delta_A$ von $\mathbf{A}$ heißt **zahm**, wenn es ein $V \in Min_{\mathbf{A}}(\beta)$ gibt, für das die folgenden Bedingungen erfüllt sind:

(0)   Es gibt ein $e \in E(\mathbf{A})$ mit $V = e(A)$,
(1) $\Theta > \Delta_A \Rightarrow \Theta|_V > \Delta_V$
(2) $\Theta < \beta \Rightarrow \Theta|_V < \beta|_V$ $\Big\}$ für alle $\Theta \in [\Delta_A, \beta]$.

9.2 Zahme Kongruenzrelationen

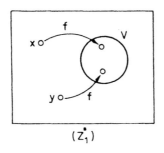
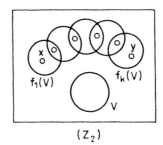

($Z_1^\bullet$) (Z_2)

Abb. 9.5

Zusatz. Man kann den Begriff der zahmen Kongruenzrelation noch weiter verallgemeinern: Sei **A** endlich und $\alpha, \beta \in Con\,\mathbf{A}$ mit $\alpha < \beta$. Das Intervall $[\alpha, \beta] \in Con\,\mathbf{A}$ wird **zahm** genannt, wenn die Kongruenzrelation β/α der Faktoralgebra $\mathbf{A}/\alpha$ zahm ist. Entsprechend werden die (β/α)-minimalen Mengen und Algebren der Faktoralgebra $\mathbf{A}/\alpha$ $[\alpha, \beta]$-**minimal** genannt. (Man beachte: wegen 4.2.1 sind die Intervalle $[\alpha, \beta] \subseteq Con\,\mathbf{A}$ und $[\Delta_{A/\alpha}, \beta/\alpha] \subseteq Con\,(\mathbf{A}/\alpha)$ isomorph.)

Satz 9.2.4 *Sei $\mathbf{A}$ eine endliche Algebra und $\beta \in Con\,\mathbf{A}$, $\beta \neq \Delta_A$. Für $V \in Min_{\mathbf{A}}(\beta)$ gelten genau dann die Bedingungen (0), (1), (2) aus 9.2.3, wenn die folgenden Bedingungen erfüllt sind:*

(Z1) Für alle $(x, y) \in \beta$, $x \neq y$, gibt es ein $f \in P_1(\mathbf{A})$ mit $f(A) = V$ und $f(x) \neq f(y)$,

(Z2) in $Con\,\mathbf{A}$ gilt $\Theta(\beta|_V) = \beta$, d. h. für alle $(x, y) \in \beta$ gibt es $(a_1, b_1), \ldots, (a_k, b_k) \in \beta|_V$ und $f_1, \ldots, f_k \in P_1(\mathbf{A})$ mit $x = f_1(a_1)$, $f_i(b_i) = f_{i+1}(a_{i+1})$ für $i = 1, \ldots, k-1$, und $f_k(b_k) = y$.

Beweis. Aus (Z1) folgt (0): Da V β-minimal ist, gibt es ein $g \in P_1(\mathbf{A})$ mit $g(A) = V$ und ein Paar $(a, b) \in \beta$ mit $ga \neq gb$. Anwendung von (Z1) auf das Paar (ga, gb) liefert ein $f \in P_1(\mathbf{A})$ mit $fg(A) = f(V) \subseteq V$ und $fg(a) \neq fg(b)$. Wegen der β-Minimalität von V folgt hieraus $f(V) = fg(A) = V$. Deshalb ist f eine Permutation auf V, und es gibt ein $n \in \mathbb{N}$ mit $(f^n)|_V = id_V$, woraus $e := f^n \in E(\mathbf{A})$ folgt. Wegen $V = e(A)$ ist damit (0) gezeigt.

Um 9.2.4 zu beweisen, reicht es nach dem eben Gezeigten, (1)⇔(Z1) und (2)⇔(Z2) nachzuweisen, wobei vorausgesetzt werden kann, daß $V = e(A)$ mit $e \in E(\mathbf{A})$ gilt.

Gelte (1) und sei $(x, y) \in \beta$, $x \neq y$. In $\mathbf{A}$ gilt dann $\Theta(x, y) > \Delta_A$, woraus $\Theta(x, y)|_V > \Delta_V$ folgt, d. h. es gibt ein Paar $(u, v) \in \Theta(x, y)$ mit $u, v \in V$ und $u \neq v$. Nach 8.1.5 existieren daher $g_1, \ldots, g_n \in P_1(\mathbf{A})$ mit $u \in \{g_1(x), g_1(y)\}$, $\{g_i(x), g_i(y)\} \cap \{g_{i+1}(x), g_{i+1}(y)\} \neq \emptyset$ für $i = 1, \ldots, n-1$, und $v \in \{g_n(x), g_n(y)\}$. Es gilt $e(u) = u$ und $e(v) = v$. Anwendung von e liefert daher $u \in \{eg_1(x), eg_1(y)\}$, $\{eg_i(x), eg_i(y)\} \cap \{eg_{i+1}(x), eg_{i+1}(y)\} \neq \emptyset$ für $i = 1, \ldots, n-1$, und $v \in \{eg_n(x), eg_n(y)\}$. Wegen $u \neq v$ gilt $eg_i(x) \neq eg_i(y)$ für (mindestens) ein i. Hieraus und aus $V = e(A)$ folgt (Z1).

Gelte umgekehrt (Z1) und sei $\Theta \in Con\,\mathbf{A}$ mit $\Delta_A < \Theta \leq \beta$. Für $(x, y) \in \Theta$, $x \neq y$, gibt es dann ein $f \in P_1(\mathbf{A})$ mit $(f(x), f(y)) \in \Theta|_V$ und $f(x) \neq f(y)$, d. h. es gilt (1).

Bedingung (2) ist wegen 9.1.5 offenbar äquivalent zu $\Theta(\beta|_V) = \beta$, d. h. zu (Z2). Damit ist Satz 9.2.4 vollständig bewiesen. □

Ab jetzt wird vorausgesetzt, daß der Leser mit dem Begriff der *zahmen Kongruenzrelation* vertraut ist. Deshalb wird für den folgenden Satz der Spezialfall $\beta = \nabla_A$ nicht mehr getrennt formuliert.

Definition 9.2.5 Es sei **A** eine Algebra mit Grundmenge A. Zwei Teilmengen B und C von A heißen **polynomial isomorph** in **A**, falls es $f, g \in P_1(\mathbf{A})$ gibt mit

$$f(B) = C, \ g(C) = B, \ gf|_B = id_B, \ fg|_C = id_C.$$

Man nennt $f|_B$ dann einen **polynomialen Isomorphismus** von B auf C.

Bemerkung 9.2.6 *Wenn B und C polynomial isomorph sind in **A**, dann sind $\mathbf{A}|_B$ und $\mathbf{A}|_C$ isomorph als nichtindizierte Algebren, und $f|_B : B \to C$ ist ein Isomorphismus dieser Algebren. Für alle $\Theta \in \operatorname{Con} \mathbf{A}$ gilt außerdem $f(\Theta|_B) = \Theta|_C$.*

Beweis. Zur Abkürzung werde $\mathbf{B} := \mathbf{A}|_B$ und $\mathbf{C} := \mathbf{A}|_C$ geschrieben. Sei $\mathcal{H} := \{h \mid n \in \mathbb{N} \cup \{0\}, \ h \in P_n(\mathbf{A}), h(B^n) \subseteq B\}$. Die fundamentalen Operationen von **B** sind genau die Operationen der Form $h|_B$ mit $h \in \mathcal{H}$. Deshalb kann **B** als Algebra vom Typ $\mathcal{H}$ aufgefaßt werden. Für jedes $h \in \mathcal{H} \cap P_n(\mathbf{A})$ sei $h' \in P_n(\mathbf{A})$ definiert durch $h'(x_1, \ldots, x_n) := fh(g(x_1), \ldots, g(x_n))$. Wegen $h'(C^n) \subseteq C$ ist $h'|_C$ eine fundamentale Operation auf **C**. Andererseits läßt sich jede fundamentale Operation von **C** auf diese Weise darstellen: Für $p \in P_n(\mathbf{A})$ mit $p(C^n) \subseteq C$ werde $h(x_1, \ldots, x_n) := gp(f(x_1), \ldots, f(x_n))$ definiert. Dann gilt $h \in \mathcal{H}$ und $p|_C = h'|_C$. Daher ist auch **C** eine Algebra vom Typ $\mathcal{H}$, und $f|_B$ ist ein Isomorphismus der auf diese Weise mit $\mathcal{H}$ indizierten Algebren **B** und **C**: Für alle $h \in \mathcal{H} \cap P_n(\mathbf{A})$ und alle $b_1, \ldots, b_n \in B$ gilt $fh(b_1, \ldots, b_n) = fh(gf(b_1), \ldots, gf(b_n)) = h'(f(b_1), \ldots, f(b_n))$, wobei die erste Gleichheit aus $gf|_B = id_B$ folgt.

Für alle $\Theta \in Con \ \mathbf{A}$ folgt $f(\Theta) \subseteq \Theta$ aus $f \in P_1(\mathbf{A})$. Wegen $f(B) = C$ gilt daher $f(\Theta|_B) \subseteq \Theta|_C$. Entsprechend erhält man $g(\Theta|_C) \subseteq \Theta_B$, woraus durch Anwendung von f dann $\Theta|_C = fg(\Theta|_C) \subseteq f(\Theta|_B)$ folgt. □

Satz 9.2.7 *Es sei β eine zahme Kongruenzrelation der endlichen Algebra **A**. Dann gilt:*

a) *Alle $U_1, U_2 \in Min_{\mathbf{A}}(\beta)$ sind polynomial isomorph in **A**.*
b) *Die Bedingungen (0), (1), (2) aus 9.2.3 und die Bedingungen (Z1), (Z2) aus 9.2.4 gelten für alle $U \in Min_{\mathbf{A}}(\beta)$.*
c) *Für $U \in Min_{\mathbf{A}}(\beta)$ und $f \in P_1(\mathbf{A})$ gelte $f(\beta|_U) \not\subseteq \Delta_A$. Dann gilt auch $f(U) \in Min_{\mathbf{A}}(\beta)$, und $f|_U$ ist ein polynomialer Isomorphismus von U auf $f(U)$.*
d) *Sei $f \in P_1(\mathbf{A})$, und gelte $f(\beta) \not\subseteq \Delta_A$. Dann gibt es ein $U \in Min_{\mathbf{A}}(\beta)$, so daß $f|_U$ ein polynomialer Isomorphismus von U auf $f(U)$ ist.*

Beweis. a) Da β zahm ist, gibt es ein $V \in Min_{\mathbf{A}}(\beta)$, das den Bedingungen (0), (1), (2) aus 9.2.3 und auch den Bedingungen (Z1), (Z2) aus 9.2.4 genügt. Für jedes $U \in Min_{\mathbf{A}}(\beta)$ wird jetzt gezeigt, daß U und V polynomial isomorph sind. Es werde ein $s \in P_1(\mathbf{A})$ gewählt, für das $U = s(A)$ und $s(\beta) \not\subseteq \Delta_A$ gilt. Dann gibt es ein Paar $(x, y) \in \beta$ mit $s(x) \neq s(y)$. Wendet man Bedingung 9.2.4 (Z2) für V auf (x, y) an, so erhält man die

9.2 Zahme Kongruenzrelationen

Existenz eines Paares $(a,b) \in \beta|_V$ und eines $h \in P_1(\mathbf{A})$ mit $sh(a) \neq sh(b)$ (denn sonst gälte $s(x) = s(y)$). Nach Voraussetzung gibt es ein $e \in E(A)$ mit $V = e(A)$. Für $s_1 := she$ gilt wegen der β-Minimalität von U dann $s_1(A) = U$, und wegen $s_1 e = s_1$ sogar $s_1(V) = s_1 e(A) = U$. Die Anwendung von Bedingung 9.2.4 (Z1) auf das Paar $(s_1(a), s_1(b))$ liefert ein $t \in P_1(\mathbf{A})$ mit $t(A) = V$ und $ts_1(a) \neq ts_1(b)$. Da V β-minimal ist, gilt $ts_1(V) = V$. Aus s_1 und t kann man jetzt leicht die gesuchten polynomialen Isomorphismen konstruieren: Die Abbildung $s_1 t|_U$ ist eine Permutation der endlichen Menge U. Daher gibt es ein $k \in \mathbb{N}$ mit $(s_1 t)^k = id_U$. Für $f := t$ und $g := (s_1 t)^{k-1} s_1$ gilt dann $f(U) = V$, $g(V) = U$ und $gf|_U = id_U$. Da sich jedes $v \in V$ in der Form $f(u)$ mit $u \in U$ schreiben läßt, gilt wegen $fg(v) = fg(f(u)) = f(gf(u)) = f(u)$ sogar $fg|_V = id_V$. Damit ist $f|_U$ als polynomialer Isomorphismus von U auf V nachgewiesen (und $g|_V$ als der dazu inverse polynomiale Isomorphismus).

b) Mit Hilfe der polynomialen Isomorphismen $f|_U$ und $g|_V$ aus dem Beweis von a) übertragen sich die Eigenschaften (Z1) und (Z2) aus 9.2.4 von V auf U, wobei man für (Z2) ausnutzt, daß nach 9.2.6 $f(\beta|_U) = \beta|_V$ gilt. Wegen Satz 9.2.4 ist damit b) bewiesen.

c) Da alle $U \in Min_\mathbf{A}(\beta)$ gleichviel Elemente haben und wegen $f(\beta|_U) \not\subseteq \Delta_A$, gilt $f(U) \in Min_\mathbf{A}(\beta)$. Es muß noch die Existenz eines $g \in P_1(\mathbf{A})$ mit $gf(U) = U$, $gf|_U = id_U$ und $fg|_{f(U)} = id_{f(U)}$ nachgewiesen werden: Sei $(a,b) \in \beta|_U$ mit $f(a) \neq f(b)$. Dann gibt es wegen 9.2.4 (Z1) ein $h \in P_1(\mathbf{A})$ mit $h(A) = U$ und $hf(a) \neq hf(b)$, woraus man $h(f(U)) = U$ folgern kann. Wie im Beweis von a) gibt es daher ein $k \in \mathbb{N}$ mit $(hf)^k = id_U$, und $g := (hf)^{k-1} h$ hat die gewünschten Eigenschaften.

d) Für $(a,b) \in \beta$ gelte $f(a) \neq f(b)$. Wegen 9.2.4 (Z2) gilt $(a,b) \in \Theta(\beta|_V)$, woraus die Existenz von $(x,y) \in \beta|_V$ und von $g \in P_1(\mathbf{A})$ mit $fg(x) \neq fg(y)$ folgt. Nach c) gilt $U := g(V) \in Min_\mathbf{A}(\beta)$, und wieder mit c) folgt, daß $f|_U$ ein polynomialer Isomorphismus von U auf $f(U)$ ist. $\square$

Wie schon der Beweis von Satz 9.2.7 zeigt, läßt sich oft mit den Eigenschaften (Z1) und (Z2) aus 9.2.4 besser arbeiten als mit den in 9.2.3 für die Definition zahmer Kongruenzrelationen verwendeten Bedingungen. Allerdings lassen sich die Bedingungen aus 9.2.3 gut für den Nachweis verwenden, daß Kongruenzrelationen einer Algebra unter gewissen Bedingungen an den Kongruenzverband der Algebra zahm sind. Für das wesentliche Ergebnis in dieser Richtung (Satz 9.2.11) wird die folgende Definition benötigt:

Definition 9.2.8 Es sei L ein Verband mit kleinstem Element 0 und größtem Element 1. Ein Homomorphismus $\varphi : L \to L'$ von L in einen Verband L' heißt 0-**trennend** bzw. 1-**trennend**, falls $\varphi^{-1}\{\varphi(0)\} = \{0\}$ bzw. $\varphi^{-1}\{\varphi(1)\} = \{1\}$ gilt. Man nennt φ 0-1-**trennend**, wenn φ 0-trennend *und* 1-trennend ist. Der Verband L heißt 0-1-**einfach**, falls jeder nichtkonstante Homomorphismus $\varphi : L \to L'$ 0-1-trennend ist. Ein 0-1-einfacher Verband, der außerdem keinen nichtkonstanten stark extensiven Schnittendomorphismus besitzt, wird **starr** genannt (engl.: tight). Siehe Definition 9.1.12!

Bemerkungen 9.2.9 a) Wegen 1.4.14 sind alle Kongruenzrelationen einer Algebra (insbesondere die eines Verbandes) genau die Kerne von Homomorphismen. Daher ist ein Verband L mit 0 und 1 genau dann 0-1-einfach, wenn alle von ∇_L verschiedenen Kongruenzrelationen von L die Mengen $\{0\}$ und $\{1\}$ als Kongruenzklassen haben. Insbesondere sind daher alle einfachen Verbände 0-1-einfach.

b) Aus Bemerkung 9.1.14 folgt: Alle endlichen 0-1-einfachen Verbände, deren Koatome zur 0 schneiden, sind starr.

Beispiele 9.2.10 Alle Verbände der Form $\mathbf{M}_n$, $n \geq 3$, sind starr. Dasselbe kann man mit Hilfe von 9.2.9b z. B. für die Verbände $Eq\ A$ mit A endlich zeigen, und für die Verbände $Con\ \mathbf{V}$, wobei $\mathbf{V}$ ein endlicher Vektorraum ist (man beachte: Die Kongruenzrelationen eines Vektorraums $\mathbf{V}$ entsprechen den Untervektorräumen, d. h. es gilt $Con\ \mathbf{V} \cong Sub\ \mathbf{V}$). Trivialerweise ist jeder zweielementige Verband starr.

Der Anlaß für die Definition 9.2.8 ist offensichtlich: Die Bedingungen (1) und (2) in 9.2.3 besagen wegen Satz 9.1.5 gerade, daß durch $\Theta \to \Theta|_V$ ein 0-1-trennender Homomorphismus des Intervalls $[\Delta_A, \beta]$ auf das Intervall $[\Delta_V, \beta|_V]$ definiert wird. Hieraus und aus 9.1.13 folgt:

Satz 9.2.11 *Sei* $\mathbf{A}$ *eine endliche Algebra. Für* $\beta \in Con\ \mathbf{A}$ *mit* $\beta \neq \Delta_A$ *sei der Verband* $[\Delta_A, \beta]$ *starr. Dann ist* β *zahm.*

Beispiel 9.2.12 Es wird Beispiel 9.1.11 fortgesetzt: Die Kongruenzrelationen α und β der zyklischen Gruppe $\mathbf{Z}_6$ sind zahm, da die Intervalle $[\Delta, \alpha]$ und $[\Delta, \beta]$ zweielementig sind. Es ist einfach (aber instruktiv), sich für α und für β von der Gültigkeit der Bedingungen (Z1) und (Z2) aus 9.2.4 zu überzeugen. Die Algebra $\mathbf{Z}_6$ selbst ist aber nicht zahm. (Warum?)

Bemerkung 9.2.13 Die sehr klare Aussage von Satz 9.2.11 zeigt, daß die Definition des Begriffs „zahm" zu Beginn dieses Abschnitts wesentlich vernünftiger war, als dies zuerst ausgesehen haben mag. Von ganz besonderer Bedeutung für die Theorie der zahmen Kongruenzrelationen ist die Tatsache, daß alle zweielementigen Verbände starr sind: Mit 9.2.11 folgt deshalb, daß in einer endlichen Algebra $\mathbf{A}$ alle Primintervalle $[\alpha, \beta] \subseteq Con\ \mathbf{A}$ zahm sind (ein Intervall $[a, b]$ in einem Verband L heißt **Primintervall**, wenn b oberer Nachbar von a ist, d. h. wenn $[a, b] = \{a, b\}$ und $a \neq b$ gilt). Für die den Primintervallen von $\mathbf{A}$ zugeordneten minimalen Mengen gelten daher die Bedingungen (Z1) und (Z2), und es wird klar, daß die Theorie der zahmen Kongruenzrelationen als Strukturtheorie *aller* endlichen Algebren zu verstehen ist.

9.3 Permutationsalgebren

Durch die Begriffsbildungen und Ergebnisse des vorigen Abschnitts rücken minimale Algebren in den Mittelpunkt des Interesses, so daß deren Struktur jetzt näher untersucht werden soll. Zuerst wird eine Definition aus dem ersten Abschnitt wiederholt:

Definition 9.3.1 Eine Algebra, in der alle nichtkonstanten einstelligen Polynomfunktionen Permutationen der Grundmenge sind, wird **Permutationsalgebra** genannt.

In einer endlichen Algebra sind alle minimalen Algebren entweder Permutationsalgebren (Satz 9.1.7), oder sie sind aus solchen Algebren zusammengesetzt, jedenfalls wenn man die minimale Algebra mit Hilfe einer idempotenten einstelligen Polynomfunktion erhält (Satz 9.1.9). Die Eigenschaft „$\mathbf{A}$ ist Permutationsalgebra" hat für endliche Algebren äußerst starke Konsequenzen. Im folgenden Satz von P. P. Pálfy (1984) werden

9.3 Permutationsalgebren

die endlichen Permutationsalgebren mit mehr als zwei Elementen bestimmt. Zusammen mit der Aufzählung aller zweielementigen Permutationsalgebren in Satz 9.3.4, die auf E. L. Post zurückgeht (1941), hat man damit eine vollständige Liste aller endlichen Permutationsalgebren zur Verfügung.

Man sagt, eine n-stellige Operation f auf einer Menge A **hängt von der i-ten Variablen ab**, falls es $a_1, \ldots, a_{i-1}, a_{i+1}, \ldots, a_n \in A$ gibt, so daß die durch

$$x \mapsto f(a_1, \ldots, a_{i-1}, x, a_{i+1}, \ldots, a_n)$$

definierte einstellige Operation nichtkonstant ist auf A.

Satz 9.3.2 *Es sei* **A** *eine endliche Permutationsalgebra mit* $|A| \geq 3$, *und* **A** *besitze eine Polynomfunktion, die von mindestens zwei Variablen abhängt. Dann ist* **A** *polynomial äquivalent zu einem Vektorraum, d. h. es gibt eine Vektorraumstruktur* $(A, +, -, 0, K)$ *auf* A, *so daß die Polynomfunktionen von* **A** *genau die Operationen der Form*

$$(x_1, \ldots, x_n) \mapsto a + k_1 x_1 + \ldots + k_n x_n$$

sind, mit $n \in \mathbb{N} \cup \{0\}$, $a \in A$, $k_1, \ldots, k_n \in K$.

Im Beweis von 9.3.2 wird die folgende Tatsache benötigt:

Hilfssatz 9.3.3 *Die Algebra* **A** *besitze eine Polynomfunktion, die von mindestens zwei Variablen abhängt. Dann besitzt* **A** *auch eine wesentlich zweistellige Polynomfunktion, d. h. eine zweistellige Polynomfunktion, die von beiden Variablen abhängt.*

Beweis. Sei f eine n-stellige Polynomfunktion mit $n \geq 3$, die von sämtlichen Variablen abhängt (Variablen, von denen eine Polynomfunktion nicht abhängt, kann man einfach weglassen). Dann gibt es $a_2, \ldots, a_n, b_1, b_3, \ldots, b_n \in A$, so daß $f(x_1, a_2, \ldots, a_n)$ von x_1 und $f(b_1, x_2, b_3, \ldots, b_n)$ von x_2 abhängt. Hängt $f(x_1, a_2, x_3, a_4, \ldots, a_n)$ von x_3 ab, dann ist nichts mehr zu beweisen. Ist das nicht der Fall, dann ersetzt man a_3 durch b_3, und auch $f(x_1, a_2, b_3, a_4, \ldots, a_n)$ hängt von x_1 ab. In derselben Weise fährt man fort: Hängt keine der Operationen $f(x_1, a_2, b_3, \ldots, b_{i-1}, x_i, a_{i+1}, \ldots, a_n)$ von x_i ab, dann hängt $f(x_1, a_2, b_3, \ldots, b_n)$ immer noch von x_1 ab, und wegen der Wahl der Elemente $b_3, \ldots, b_n$ ist $f(x_1, x_2, b_3, \ldots, b_n)$ die gesuchte wesentlich zweistellige Polynomfunktion. □

Anders als Pálfys Originalbeweis von 9.3.2 verwendet der folgende elegante Beweis von B. Jónsson nur elementare Methoden:

Der **Beweis von 9.3.2** wird in sechs Einzelschritte zerlegt. In den ersten vier Schritten wird aus den Polynomfunktionen von **A** die dem gesuchten Vektorraum zugrundeliegende Addition + konstruiert. Im fünften Schritt wird dann der Körper K des Vektorraums definiert, und in Schritt 6 wird gezeigt, daß alle Polynomfunktionen von **A** die in 9.3.2 angegebene Form haben.

Schritt 1. Jede wesentlich zweistellige Polynomfunktion von **A** ist eine Quasigruppenoperation.

Beweis. Die Operation $x \cdot y$ aus $P_2(\mathbf{A})$ hänge von beiden Variablen ab. Es wird gezeigt, daß für jedes $a \in A$ die Linksmultiplikation $L_a(x) := a \cdot x$ eine Permutation ist. Aus Symmetriegründen gilt dann dasselbe für die Rechtsmultiplikation $R_a(x) := x \cdot a$, und es folgt, daß $(A, \cdot)$ eine Quasigruppe ist (siehe 1.1.5.e).

Werde angenommen, daß es ein $a \in A$ gibt, für das L_a keine Permutation ist. Dann ist L_a konstant, d. h. es gibt ein $s \in A$ mit $L_a(x) = s$ für alle $x \in A$. Da $x \cdot y$ von der zweiten Variablen abhängt, gibt es ein $b \in A$, so daß L_b eine Permutation ist. Daher gibt es ein $c \in A$ mit $L_b(c) = s$, und es gilt $R_c(a) = R_c(b)$, woraus folgt, daß R_c konstant ist mit $R_c(x) = s$ für alle $x \in A$. Dann muß $L_{a'}$ für alle $a' \in A \setminus \{a\}$ nichtkonstant sein: Sonst gälte $L_{a'}(x) = L_{a'}(c) = s = L_a(x)$ für alle $x \in A$, d. h. $R_x(a') = R_x(a)$, weshalb dann alle Rechtsmultiplikationen konstant wären (siehe Abbildung 9.6). Jetzt wähle man ein $t \in A \setminus \{s\}$. Die Abbildung f auf A sei definiert durch $f(x) := L_x^{m!}(t)$, mit $m := |A|$. Dann gilt $f(a) = s$ und $f(x) = t$ für alle $x \neq a$, d. h. f ist keine Permutation und auch nicht konstant. Da offensichtlich $f \in P_1(\mathbf{A})$ gilt, ist ein Widerspruch erreicht und damit Schritt 1 bewiesen.

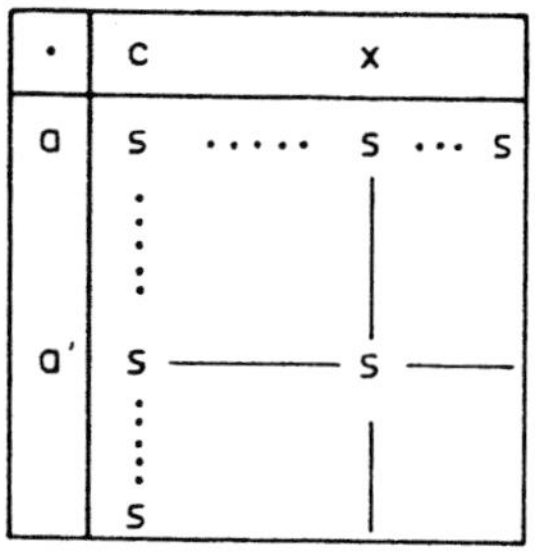

Abb. 9.6

Schritt 2. Es gibt eine Loopoperation in $P(\mathbf{A})$.

Beweis. Wegen 9.3.3 gibt es eine wesentlich zweistellige Polynomfunktion $x \cdot y$ von $\mathbf{A}$, und wegen Schritt 1 ist $x \cdot y$ eine Quasigruppenoperation. Durch $x/y := R_y^{-1}(x)$ und $x \setminus y := L_x^{-1}(y)$ erhält man zwei neue zweistellige Operationen $/$ und $\setminus$ auf A (Rechtsdivision und Linksdivision). Mit $m := |A|$ gilt $R_y^{-1} = R_y^{m!-1}$, woraus $x/y = R_y^{m!-1}(x)$ folgt. Daher ist $/$ in $P(\mathbf{A})$ enthalten. Mit einem entsprechenden Argument zeigt man dasselbe für $\setminus$. Es gibt eine Standardmethode zur Umwandlung einer Quasigruppe in eine Loop: Man wähle ein Element $0 \in A$ und setze $x + y := (x/(0 \setminus 0)) \cdot (0 \setminus y)$. Dann ist $+$ eine in $P(\mathbf{A})$ enthaltene Loopoperation mit 0 als neutralem Element.

Für den Rest des Beweises von 9.3.2 wird jetzt eine Loopoperation $+$ aus $P(\mathbf{A})$ festgehalten, mit 0 als neutralem Element.

Schritt 3. Es sei G die Menge aller nichtkonstanten einstelligen Polynomfunktionen von $\mathbf{A}$. Dann stimmen je zwei verschiedene Operationen $f, g \in G$ für höchstens ein $a \in A$ überein.

Beweis. Für $f, g \in G$ gelte $f(a) = g(a)$ und $f(b) = g(b)$ mit $a \neq b$. Die einstellige Operation $h \in P_1(\mathbf{A})$ sei definiert durch $h(x) := f(x)/g(x)$, wobei $/$ die Rechtsdivision

9.3 Permutationsalgebren

der Loopoperation + ist. Dann gilt $h(a) = h(b) = 0$. Deshalb ist h konstant, und es folgt $f = g$.

Schritt 4. $(A, +)$ ist eine abelsche Gruppe.

Beweis. Zuerst wird gezeigt, daß + kommutativ ist: Für die Rechts- und Linksmultiplikationen R_a und L_a von + gilt $R_a(0) = L_a(0) = a$ und $R_a(a) = L_a(a) = a + a$. Für $a \neq 0$ folgt hieraus mit Schritt 3 $R_a = L_a$, während $R_0 = L_0$ ohnehin gilt. Es folgt $a + x = x + a$ für alle $a, x \in A$. Die Operation + ist auch assoziativ: Für alle $a, b \in A$ gilt offensichtlich $L_a L_b(0) = L_{a+b}(0)$. Wegen der Kommutativität von + gilt auch $L_a L_b(a) = L_{a+b}(a)$. Für $a \neq 0$ folgt hieraus $L_a L_b = L_{a+b}$, d. h. es gilt $a + (b + x) = (a + b) + x$ für alle $a, b, x \in A$, $a \neq 0$. Für $a = 0$ gilt diese Gleichung aber trivialerweise. Damit ist Schritt 4 gezeigt, denn jede assoziative Loop ist eine Gruppe.

Jetzt wird ausgenutzt, daß die Endomorphismen einer abelschen Gruppe in natürlicher Weise einen Ring bilden (vgl. Schritt 4 im Beweis von 7.3.4):

Schritt 5. Es sei $K := \{k \in G \mid k(0) = 0\} \cup \{\overline{0}\}$, wobei $\overline{0}$ die konstante Abbildung mit $\overline{0}(x) = 0$ für alle $x \in A$ bezeichnet. Dann ist K die Grundmenge eines Unterrings des Rings aller Endomorphismen der abelschen Gruppe $(A, +, -, 0)$. Da K endlich ist, und alle Elemente von $K \setminus \{\overline{0}\}$ Permutationen sind, ist $\mathbf{K} = (K, +, -, \overline{0}, \circ, ^{-1}, id_A)$ sogar ein Körper, und $(A, +, -, 0, K)$ ist ein Vektorraum über $\mathbf{K}$.

Beweis. Sei $k \in K \setminus \{\overline{0}\}$. Für alle $a \in A$ stimmen die Operationen $k(a-x)$ und $k(a) - k(x)$ für $x = 0$ und $x = a$ überein. Für alle $a, x \in K$, $a \neq 0$, gilt daher $k(a - x) = k(a) - k(x)$. Also stimmen die Operationen $k(y - b)$ und $k(y) - k(b)$, $b \in A$, für alle $y \neq 0$ überein. Wegen $|A| \geq 3$ folgt dann auch die Übereinstimmung für $y = 0$, so daß man insgesamt $k(y - b) = k(y) - k(b)$ für alle $y, b \in A$ erhält. Damit ist k als Endomorphismus von $(A, +, -, 0)$ nachgewiesen. Da mit $k_1, k_2 \in K$ offensichtlich auch $k_1 + k_2$, $-k_1$, $k_1 \circ k_2$ in K enthalten sind, ist $(K, +, -, \overline{0}, \circ)$ ein Unterring des Endomorphismenrings von $(A, +, -, 0)$. Da K endlich ist, liegt mit $k \in K \setminus \{\overline{0}\}$ auch immer k^{-1} in K. Daher ist $\mathbf{K}$ ein Körper, und $(A, +, -, 0, K)$ ist ein Vektorraum über $\mathbf{K}$.

Schritt 6. Die Elemente von $P(\mathbf{A})$ sind genau die Operationen der Form

$$(x_1, \ldots, x_n) \mapsto a + k_1 x_1 + \ldots + k_n x_n,$$

mit $n \in \mathbb{N} \cup \{0\}$, $a \in A$, $k_1, \ldots, k_n \in K$.

Beweis. Jede Operation dieser Form gehört offenbar zu $P(\mathbf{A})$. Sei umgekehrt $f \in P_n(\mathbf{A})$ mit $n \geq 1$ (für $n = 0$ ist die Behauptung trivial). Die Operation g sei definiert durch $g(x_1, x_2, \ldots, x_n) := f(x_1, x_2, \ldots, x_n) - f(0, x_2, \ldots, x_n)$. Für alle $x_2, \ldots, x_n \in A$ gilt dann $g(0, x_2, \ldots, x_n) = 0$. Für $n = 1$ ist damit alles gezeigt. Sei nun $n \geq 2$. Für beliebige Elemente $b_3, \ldots, b_n$ definiere man $x * y := g(x, y, b_3, \ldots, b_n)$. Dann kann $*$ keine Quasigruppenoperation sein, da $0 * y = 0$ gilt für alle $y \in A$. Wegen Schritt 1 kann daher $*$ von höchstens einer Variablen abhängen. Werde jetzt angenommen, daß $x * y$ nur von y abhängt. Dann gibt es a, b_1, b_2 mit $a * b_1 \neq a * b_2$, woraus $a * b_i \neq 0 = 0 * b_i$ für mindestens ein $i \in \{1, 2\}$ folgt. Also hängt $x * y$ dann auch von x ab. Dieser Widerspruch zeigt, daß

$x*y$ nicht von y abhängen kann. Da die Wahl der $b_3, \ldots, b_n \in A$ beliebig war, erhält man, daß g nicht von x_2 abhängt. Entsprechend kann man zeigen, daß g nicht von $x_3, \ldots, x_n$ abhängt. Also hängt g höchstens von x_1 ab, und es gibt ein $k_1 \in K$ (mit $k_1 = \overline{0}$, falls g nicht von x_1 abhängt), so daß $g(x_1, \ldots, x_n) = k_1 x_1$ gilt für alle $x_1, \ldots, x_n \in A$. Es folgt $f(x_1, x_2, \ldots, x_n) = k_1 x_1 + f(0, x_2, \ldots, x_n)$, und mit Induktion über n erhält man, daß f die in Schritt 6 angegebene Form hat. Damit ist Schritt 6 und auch Satz 9.3.2 bewiesen. □

Jetzt werden zweielementige Algebren betrachtet. Die Grundmenge dieser Algebren sei $E := \{0, 1\}$, und als fundamentale Operationen werden die folgenden Operationen verwendet:

+	0	1
0	0	1
1	1	0

∨	0	1
0	0	1
1	1	1

∧	0	1
0	0	0
1	0	1

x	0	1
x'	1	0

Dann ist $(E, \wedge, \vee, ', 0, 1)$ eine boolesche Algebra, $(E, \wedge, \vee)$ ist ein Verband, und $(E, \vee)$ bzw. $(E, \wedge)$ ist der zugehörige Verbindungs- bzw. Schnitthalbverband. Die abelsche Gruppe $(E, +)$ ist polynomial äquivalent zum Vektorraum $(E, +, -, 0, K)$ über dem zweielementigen Körper mit Grundmenge $K := \{0, 1\}$ (die zusätzlichen fundamentalen Operationen bringen keine zusätzlichen Polynomfunktionen).

Wie E. L. Post 1941 gezeigt hat, gibt es unendlich viele Klone von Operationen auf E (eine Menge von Operationen heißt **Klon**, wenn sie gegen Superposition abgeschlossen ist und die Projektionsabbildungen enthält), aber nur sieben dieser Klone enthalten beide Konstanten:

Satz 9.3.4 *Jede Algebra* **E** *mit Grundmenge* $E = \{0, 1\}$ *ist polynomial äquivalent zu genau einer der Algebren* $\mathbf{E}_0 := (E, \emptyset)$, $\mathbf{E}_1 := (E, ')$, $\mathbf{E}_2 := (E, +)$, $\mathbf{E}_3 := (E, \vee, \wedge, ', 0, 1)$, $\mathbf{E}_4 := (E, \vee, \wedge)$, $\mathbf{E}_5 := (E, \vee)$, $\mathbf{E}_6 := (E, \wedge)$.

Der Beweis von 9.3.4 wird in 9.3.5–9.3.8 vorbereitet:

Definition 9.3.5 Es sei $(A, \leq)$ eine Halbordnung. Eine n-stellige Operation f auf A heißt **ordnungserhaltend** (oder **monoton**), wenn aus $a_1 \leq b_1, \ldots, a_n \leq b_n$ immer $f(a_1, \ldots, a_n) \leq f(b_1, \ldots, b_n)$ folgt.

Hilfssatz 9.3.6 *Sei* $(A, \leq)$ *eine Halbordnung und* $\mathbf{A} = (A, F)$ *eine Algebra, so daß* $P(\mathbf{A})$ *nicht in der Menge der ordnungserhaltenden Abbildungen enthalten ist. Dann gibt es ein* $f \in P_1(\mathbf{A})$, *das nicht ordnungserhaltend ist.*

Beweis. Für $g \in P_n(\mathbf{A})$ und $a_1, \ldots, a_n, b_1, \ldots, b_n \in A$ gelte $a_1 \leq b_1, \ldots, a_n \leq b_n$, aber $g(a_1, \ldots, a_n) \not\leq g(b_1, \ldots, b_n)$. Dann gibt es ein i mit $g(b_1, \ldots, b_{i-1}, a_i, a_{i+1}, \ldots, a_n) \not\leq g(b_1, \ldots, b_{i-1}, b_i, a_{i+1}, \ldots, a_n)$, und $f(x) := g(b_1, \ldots, b_{i-1}, x, a_{i+1}, \ldots, a_n)$ ist die gesuchte nichtordnungserhaltende einstellige Polynomfunktion. □

9.3 Permutationsalgebren

Die Operation ′ ist die einzige nichtordnungserhaltende einstellige Operation der halbgeordneten Menge $E = \{0,1\}$ (mit $0 < 1$). Mit 9.3.6 folgt daher:

Folgerung 9.3.7 *Die Algebra* **E** *mit Grundmenge $\{0,1\}$ besitze eine nichtordnungserhaltende Polynomfunktion. Dann ist ′ eine Polynomfunktion von* **E**.

Es sei g eine n-stellige ordnungserhaltende Operation auf $\{0,1\}$. Für $I \subseteq \{1,\ldots,n\}$ sei $a_I := (a_1,\ldots,a_n)$ mit $a_i = 1$ für $i \in I$ und $a_i = 0$ sonst. Man nennt I **minimal** bzgl. g, falls $g(a_I) = 1$ gilt, und $g(a_J) = 0$ für alle $J \subset I$.

Hilfssatz 9.3.8 *Die minimalen Mengen bzgl. der ordnungserhaltenden Operation g auf $\{0,1\}$ seien $I_1,\ldots,I_k$. Dann gilt*

$$g(x_1,\ldots,x_n) = \bigvee_{j=1}^{k}\left(\bigwedge_{i \in I_j} x_i\right)$$

für alle $x_1,\ldots,x_n \in \{0,1\}$.

Anmerkung. 9.3.8 gilt auch für die konstanten Operationen mit $g(x_1,\ldots,x_n) = 0$ (bzw. $= 1$). Allerdings muß man dann wie üblich $\bigvee \emptyset = 0$ und $\bigwedge \emptyset = 1$ setzen.

Beweis. Sei $a_1,\ldots,a_n \in \{0,1\}$. Da g ordnungserhaltend ist, gilt genau dann $g(a_1,\ldots,a_n) = 1$, wenn es ein I_l gibt mit $a_i = 1$ für alle $i \in I_l$. Doch das ist äquivalent zu $\bigvee_{j=1}^{k}(\bigwedge_{i \in I_j} a_i) = 1$. □

Für die in Abbildung 9.7 dargestellte ordnungserhaltende Operation g sind $I_1 = \{1,2\}$, $I_2 = \{1,3\}$ und $I_3 = \{2,3\}$ die minimalen Mengen, und es gilt

$$g(x_1,x_2,x_3) = (x_1 \wedge x_2) \vee (x_1 \wedge x_3) \vee (x_2 \wedge x_3).$$

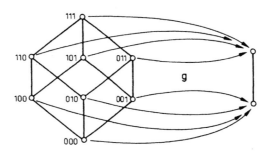

Abb. 9.7

Beweis von 9.3.4. Wenn alle Polynomfunktionen von **E** von höchstens einer Variablen abhängen, dann ist **E** polynomial äquivalent zu $\mathbf{E}_0$ oder $\mathbf{E}_1$, denn id_E und ′ sind die einzigen nichtkonstanten einstelligen Operationen auf E. In diesem Beweis wird daher vorausgesetzt, daß **E** nicht polynomial äquivalent zu $\mathbf{E}_0$ und $\mathbf{E}_1$ ist. Nach 9.3.3 besitzt **E** dann eine wesentlich zweistellige Polynomfunktion.

Wenn alle wesentlich zweistelligen Polynomfunktionen von **E** Quasigruppenoperationen sind, dann kann man Schritt 2 und anschließend Schritt 6 aus dem Beweis von 9.3.2 wörtlich auf **E** übertragen, woraus folgt, daß **E** polynomial äquivalent zu $\mathbf{E}_2$ ist (die Schritte 3, 4 und 5 gelten für **E** trivialerweise).

Für den Rest des Beweises kann jetzt vorausgesetzt werden, daß **E** eine wesentlich zweistellige Polynomfunktion $f(x,y)$ besitzt, die *keine* Quasigruppenoperation ist. Dann hat die Verknüpfungstafel von f eine konstante und eine nichtkonstante Zeile. Wird zusätzlich angenommen, daß es eine nichtordnungserhaltende Polynomfunktion von **E** gibt, dann ist wegen 9.3.7 auch $'$ eine Polynomfunktion. Die Verknüpfungstafel von $f(x',y)$ bzw. $f(x,y')$ bzw. $f(x,y)'$ erhält man aus der von $f(x,y)$ durch Vertauschen der Zeilen bzw. der Spalten bzw. der Werte 0 und 1. Auf diese Weise bekommt man aus f und $'$ die Operationen $\vee$ und $\wedge$. Ein Beispiel:

$$\begin{array}{c|cc} f & 0 & 1 \\ \hline 0 & 1 & 1 \\ 1 & 0 & 1 \end{array} \rightarrow \begin{cases} x \vee y = f(x',y), \\ x \wedge y = f(x,y')'. \end{cases}$$

Daher gilt $P(\mathbf{E}) \supseteq P(\mathbf{E}_3)$, woraus $P(\mathbf{E}) = P(\mathbf{E}_3)$ folgt, da $\mathbf{E}_3$ funktional vollständig ist (sogar primal; siehe 7.1.7b).

Es bleibt nur noch der Fall zu betrachten, daß alle Polynomfunktionen von **E** ordnungserhaltend sind. Die einzigen ordnungserhaltenden wesentlich zweistelligen Operationen auf E sind $\vee$ und $\wedge$. Wenn **E** nicht polynomial äquivalent zu $\mathbf{E}_0$, $\mathbf{E}_5$ und $\mathbf{E}_6$ ist, gilt daher $P(\mathbf{E}) \supset P(\mathbf{E}_5)$ oder $P(\mathbf{E}) \supset P(\mathbf{E}_6)$. Werde jetzt $P(\mathbf{E}) \supset P(\mathbf{E}_6)$ vorausgesetzt, und sei g eine n-stellige Polynomfunktion von **E**, die nicht in $P(\mathbf{E}_6)$ enthalten ist. Wegen 9.3.8 gibt es dann (mindestens) zwei verschiedene minimale Teilmengen $I_1, I_2 \subseteq \{1, \ldots, n\}$ bezüglich g. Setzt man

$$x_i := \begin{cases} x & \text{für } i \in I_1 \setminus I_2, \\ y & \text{für } i \in I_2 \setminus I_1, \\ 1 & \text{für } i \in I_1 \cap I_2, \\ 0 & \text{sonst}, \end{cases}$$

und definiert damit

$$h(x,y) := g(x_1, \ldots, x_n),$$

dann gilt $h(1,0) = h(0,1) = 1$ und $h(0,0) = 0$, woraus $h(x,y) = x \vee y$ folgt für alle $x, y \in E$. Also gilt $P(\mathbf{E}) \supseteq P(\mathbf{E}_4)$, und da $P(\mathbf{E}_4)$ die Menge aller ordnungserhaltenden Operationen auf E ist (nach 9.3.8), erhält man $P(\mathbf{E}) = P(\mathbf{E}_4)$. Aus Symmetriegründen folgt aus $P(\mathbf{E}) \supset P(\mathbf{E}_5)$ ebenfalls $P(\mathbf{E}) = P(\mathbf{E}_4)$.

Damit ist bewiesen, daß jede Algebra **E** auf $E = \{0, 1\}$ zu einer der Algebren $\mathbf{E}_0, \ldots, \mathbf{E}_6$ polynomial äquivalent ist. Die bisherigen Überlegungen haben auch gezeigt, daß die Mengen $P(\mathbf{E}_0), \ldots, P(\mathbf{E}_6)$ alle verschieden sind. □

Die Algebren $\mathbf{E}_0, \ldots, \mathbf{E}_6$ können durch die Mengen ihrer Polynomfunktionen geordnet werden (siehe Abbildung 9.8).

9.4 Die Typen minimaler Algebren

Nach 9.3.2 und 9.3.4 gibt es fünf **Typen** von Permutationsalgebren und damit auch fünf Typen von Spuren minimaler Algebren:

9.4 Die Typen minimaler Algebren

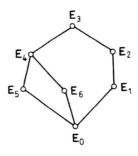

Abb. 9.8

Satz 9.4.1 *Sei* **A** *eine endliche Permutationsalgebra. Dann ist* **A** *von einem der folgenden fünf Typen:*
1. **Einstelliger Typ**: *Jede Polynomfunktion von* **A** *hängt von höchstens einer Variablen ab.*
2. **Vektorraum-Typ**: **A** *ist polynomial äquivalent zu einem Vektorraum.*
3. **Boolescher Typ**: **A** *ist polynomial äquivalent zu einer zweielementigen booleschen Algebra.*
4. **Verbands-Typ**: **A** *ist polynomial äquivalent zu einem zweielementigen Verband.*
5. **Halbverbands-Typ**: **A** *ist polynomial äquivalent zu einem zweielementigen Halbverband.*

In 9.2.7a wurde gezeigt, daß die minimalen Algebren bzgl. einer zahmen Kongruenzrelation untereinander isomorph sind. Für den Sonderfall zahmer Algebren ist daher die folgende Definition sinnvoll. Es wird die Numerierung aus 9.4.1 verwendet:

Definition 9.4.2 Die endliche Algebra **A** sei zahm. Sei eine (und damit jede) minimale Algebra von **A** vom Typ i, mit $i \in \{1, 2, 3, 4, 5\}$. Dann sagt man, **A** *ist vom* **Typ** i, und man schreibt *Typ* **A** := i.

Bemerkung 9.4.3 Für zahme Kongruenzrelationen β kann man durch eine intensive Untersuchung der β-minimalen Algebren zeigen, daß die β-Spuren einer solchen minimalen Algebra alle vom selben Typ sind (sogar paarweise isomorph, falls der Typ nicht 1 ist). Daher kann man analog zu 9.4.2 auch den **Typ** einer zahmen Kongruenzrelation β bzw. den **Typ** eines zahmen Intervalls $[\alpha, \beta] \in Con$ **A** definieren. Insbesondere ist *jedem* Primintervall einer endlichen Algebra auf diese Weise einer der Typen 1,...,5 zugeordnet, und man erhält **bewertete Kongruenzverbände**, die z. B. so aussehen können wie in Abbildung 9.9. Diagramm (iii) zeigt den bewerteten Kongruenzverband der Gruppe $\mathbf{Z}_6$ (siehe Beispiel 9.1.11). Diejenigen Leser, die sich für die Verwendung bewerteter Kongruenzverbände bei algebraischen Strukturuntersuchungen interessieren, seien auf den ausführlichen Originaltext von R. McKenzie und D. Hobby verwiesen. Hier wird in 9.4.12 nur noch ein Ergebnis in diese Richtung präsentiert (ohne Beweis). Im Rest dieses Abschnitts werden sonst nur zahme Algebren betrachtet, und nicht – allgemeiner – zahme Kongruenzrelationen. Die Anwendungsmöglichkeiten der „Theorie zahmer Kongruenzrelationen" lassen sich so mit vergleichsweise geringem Aufwand demonstrieren. Es sei noch angemerkt, daß der „Typ" aus Definition 9.4.2 nichts mit dem „Typ" aus Definition 1.1.3 zu tun hat.

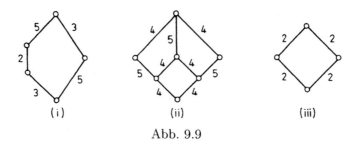

Abb. 9.9

Satz 9.4.4 *Die endliche Algebra* **A** *sei zahm.*
a) *Wenn Con* **A** *mehr als zwei Elemente hat, dann gilt Typ* **A** $\in \{1,2\}$.
b) *Wenn kein homomorphes Bild des Verbandes Con* **A** *zum Kongruenzverband eines Vektorraumes mit mehr als einem Element isomorph ist, dann gilt Typ* **A** $= 1$.

Beweis. a) Für jede minimale Menge U von **A** wird durch $\varphi_U(\Theta) := \Theta|_U$ ein Verbandshomomorphismus von Con **A** auf Con $(\mathbf{A}|_U)$ definiert (Satz 9.1.5). Sei Typ **A** $\notin \{1,2\}$. Dann gilt $|U| = 2$, woraus $\Theta|_U \in \{\Delta_U, \nabla_U\}$ folgt für alle $\Theta \in Con$ **A**. Wegen 9.2.1(1) und 9.2.1(2) kann es daher ein $\Theta \in Con$ **A** mit $\Theta \notin \{\Delta_A, \nabla_A\}$ nicht geben.

b) Da es Vektorräume mit zweielementigen Kongruenzverbänden gibt, kann $|Con$ **A**$| > 2$ vorausgesetzt werden, weshalb nach a) nur Typ **A** $= 1$ oder Typ **A** $= 2$ möglich ist. Da für jedes $U \in Min$ (**A**) der Verband Con $(\mathbf{A}|_U)$ ein homomorphes Bild von Con **A** ist, kann Typ **A** $= 2$ nicht auftreten, da dann $\mathbf{A}|_U$ polynomial äquivalent zu einem Vektorraum wäre und Con $(\mathbf{A}|_U)$ daher der Kongruenzverband dieses Vektorraums. □

Ist p eine Primzahl und $k \in \mathbb{N}$, dann nennt man die Zahl p^k eine **Primzahlpotenz**.

Beispiel 9.4.5 *Sei* **A** *eine endliche Algebra mit Con* **A** $\cong \mathbf{M}_n$, $n \geq 3$, *und* $n-1$ *sei keine Primzahlpotenz. Dann ist* **A** *zahm, und es gilt Typ* **A** $= 1$.

Beweis. Aus 9.2.10 und 9.2.11 folgt, daß **A** zahm ist. Für $n \geq 3$ ist $\mathbf{M}_n$ einfach, d. h. alle homomorphen Bilder von $\mathbf{M}_n$ mit mehr als einem Element sind zu $\mathbf{M}_n$ selbst isomorph. Mit Hilfe von 9.4.4b folgt daher Typ **A** $= 1$: Für jeden endlichen Körper **K** ist $|K|$ bekanntlich eine Primzahlpotenz, und der Kongruenzverband eines 2-dimensionalen Vektorraums über **K** ist von der Form $\mathbf{M}_{|K|+1}$. □

Jetzt soll untersucht werden, was Typ **A** $= 1$ oder Typ **A** $= 2$ für eine zahme Algebra **A** bedeutet. Dafür wird die *Termbedingung* (Definition 8.1.1) und noch eine weitere Bedingung benötigt:

Definition 9.4.6 Eine Algebra **A** erfüllt die **starke Termbedingung**, falls für alle $n \in \mathbb{N}$, alle n-stelligen Termfunktionen t von **A** und alle $b, c_1, \ldots, c_n, d_1, \ldots, d_n \in A$

9.4 Die Typen minimaler Algebren

die Implikation

(STB) $\quad t(c_1, c_2, \ldots, c_n) = t(d_1, d_2, \ldots, d_n) \Rightarrow t(b, c_2, \ldots, c_n) = t(b, d_2, \ldots, d_n)$

gilt. Eine Algebra, die die starke Termbedingung erfüllt, wird **stark abelsch** genannt.

Ein Vergleich mit 8.1.1 zeigt:

Bemerkung 9.4.7 *Jede stark abelsche Algebra* **A** *ist abelsch, d. h. aus der starken Termbedingung in* **A** *folgt die Termbedingung.*

Beispiele 9.4.8 a) Von den folgenden beiden Operationen erfüllt f für alle Belegungen die Implikation (STB) der starken Termbedingung, während g die Implikation (TB) der Termbedingung erfüllt, aber nicht die Implikation (STB). Dasselbe gilt für die Operationen $f'(x,y) := f(y,x)$, $g'(x,y) := g(y,x)$.

f	0	1	2	3
0	0	0	1	1
1	0	0	1	1
2	0	0	1	1
3	2	2	3	3

g	0	1	2	3
0	0	0	1	1
1	0	0	1	1
2	0	0	1	1
3	2	2	0	0

b) Von den endlichen Permutationsalgebren sind genau die von Typ 1 oder 2 abelsch und genau die von Typ 1 sind stark abelsch. Dies folgt leicht mit 9.4.1 (man beachte: Termbedingung bzw. starke Termbedingung übertragen sich automatisch auf alle Polynomfunktionen).

Satz 9.4.9 *Die endliche Algebra* **A** *sei zahm.*
a) Es gilt genau dann Typ **A** $= 1$, *wenn* **A** *stark abelsch ist.*
b) Es gilt genau dann Typ **A** $\in \{1, 2\}$, *wenn* **A** *abelsch ist.*

Als Hilfsmittel für den Beweis von Satz 9.4.9 wird folgendes Ergebnis benötigt:

Hilfssatz 9.4.10 *Die endliche Algebra* **A** *sei zahm und* $g \in P_1(\mathbf{A})$ *sei nichtkonstant. Dann gibt es ein* $U \in Min\,(\mathbf{A})$, *so daß auch die Restriktion* $g|_U$ *nichtkonstant ist.*

Beweis. Gelte $g(x) \neq g(y)$ für $x, y \in A$, und sei $V \in Min\,(\mathbf{A})$. Mit den Bezeichnungen von Bedingung 9.2.2(Z2) erhält man $g(x) = gf_1(a_1)$, $gf_i(b_i) = gf_{i+1}(a_{i+1})$ für $i = 1, \ldots, k-1$ und $gf_k(b_k) = g(y)$. Wegen $g(x) \neq g(y)$ muß es ein i geben mit $gf_i(a_i) \neq gf_i(b_i)$. Daher ist g auf $U := f_i(V)$ nichtkonstant. Aus 9.2.7c folgt $U \in Min\,(\mathbf{A})$, womit alles gezeigt ist.
□

Beweis von 9.4.9. a) Gelte *Typ* **A** $\neq 1$. Dann gibt es eine minimale Algebra von **A**, die nicht vom Typ 1 ist und daher die starke Termbedingung nicht erfüllt. Da alle Termfunktionen einer minimalen Algebra Restriktionen von Polynomfunktionen von **A** sind, kann auch in **A** die starke Termbedingung nicht gelten.

Zum Beweis der Umkehrung werde *Typ* **A** $= 1$ vorausgesetzt. Zur Vorbereitung werden zwei Behauptungen bewiesen:

Behauptung 1. Für $f \in P_2(\mathbf{A})$ und $U, U_1, U_2 \in \text{Min }(\mathbf{A})$ gelte $f(U_1 \times U_2) \subseteq U$. Dann hängt die Einschränkung $f|_{U_1 \times U_2}$ von höchstens einer Variablen ab.

Beweis. Wegen 9.2.7a gibt es polynomiale Isomorphismen $f_i : U \to U_i$, $i = 1, 2$. Für die durch $g(x_1, x_2) := f(f_1(x_1), f_2(x_2))$ definierte Operation auf A gilt dann $g \in P_2(\mathbf{A})$ und $g(U \times U) \subseteq U$. Daher ist $g|_U$ eine Polynomfunktion von $\mathbf{A}|_U$, und aus *Typ* $\mathbf{A} = 1$ folgt, daß $g|_U$ von höchstens einer Variablen abhängt. Diese Eigenschaft überträgt sich unmittelbar auf f. Damit ist Behauptung 1 gezeigt.

Behauptung 2. Für $f \in P_n(\mathbf{A})$ und $U \in \text{Min }(\mathbf{A})$ gelte $f(A^n) \subseteq U$. Dann hängt f von höchstens einer Variablen ab.

Beweis. Werde angenommen, daß $f(x_1, \ldots, x_n)$ von mindestens zwei Variablen abhängt, nämlich von x_1 und x_2. Dann gibt es $c_2, \ldots, c_n, d_1, d_3, \ldots, d_n \in A$, so daß die einstelligen Polynomfunktionen $g_1(x) := f(x, c_2, \ldots, c_n)$ und $g_2(y) := f(d_1, y, d_3, \ldots, d_n)$ nichtkonstant sind auf A. Wegen 9.4.10 gibt es dann $U_1, U_2 \in \text{Min }(\mathbf{A})$, so daß auch $g_1|_{U_1}$ und $g_2|_{U_2}$ nichtkonstant sind. Jetzt wird gezeigt, daß $f(x, c_2, \ldots, c_n) = f(x, c'_2, \ldots, c'_n)$ gilt für alle $c'_2, \ldots, c'_n \in A$ und alle $x \in U_1$: Wegen 9.2.2(Z2) in Verbindung mit 9.2.7c gibt es $V_1, \ldots, V_k \in \text{Min }(\mathbf{A})$ mit $c_2 \in V_1$, $c'_2 \in V_k$ und $V_i \cap V_{i+1} \neq \emptyset$ für $i = 1, \ldots, k-1$. Sei $v_1 \in V_1 \cap V_2$. Für die Polynomfunktion $h(x, y) := f(x, y, c_3, \ldots, c_n)$ gilt dann $h(U_1 \times V_1) \subseteq U$, und mit Behauptung 1 folgt $h(x, c_2) = h(x, v_1)$. Entsprechend ersetzt man der Reihe nach v_1 durch $v_2 \in V_2 \cap V_3$, …, v_{k-2} durch $v_{k-1} \in V_{k-1} \cap V_k$, und v_{k-1} durch c'_2, so daß man $f(x, c_2, c_3, \ldots, c_n) = h(x, c_2) = h(x, c'_2) = f(x, c'_2, c_3, \ldots, c_n)$ erhält, und durch Wiederholung dieses Verfahrens für $c_3, \ldots, c_n$ schließlich $f(x, c_2, \ldots, c_n) = f(x, c'_2, \ldots, c'_n)$. Genauso zeigt man $f(d_1, y, d_3, \ldots, d_n) = f(d'_1, y, d'_3, \ldots, d'_n)$ für alle $d'_1, d'_3, \ldots, d'_n \in A$ und alle $y \in U_2$. Es folgt $g_1(x) = g_2(y)$ für alle $x \in U_1$, $y \in U_2$, weshalb $g_1|_{U_1}$ und $g_2|_{U_2}$ konstant sind. Dieser Widerspruch beweist Behauptung 2.

Der Beweis von Teil a) kann jetzt leicht zuende geführt werden: Sei t eine n-stellige Termfunktion von $\mathbf{A}$, und für $a, c_2, \ldots, c_n, d_2, \ldots, d_n \in A$ gelte $t(a, c_2, \ldots, c_n) \neq t(a, d_2, \ldots, d_n)$. Für $c_1, d_1 \in A$ ist $t(c_1, c_2, \ldots, c_n) \neq t(d_1, d_2, \ldots, d_n)$ nachzuweisen. Sei $U \in \text{Min }(\mathbf{A})$. Wegen 9.2.7b kann man 9.2.2(Z1) anwenden. Es folgt die Existenz eines $s \in P_1(\mathbf{A})$ mit $st(a, c_2, \ldots, c_n) \neq st(a, d_2, \ldots, d_n)$ und $s(A) = U$. Die Operation $t' := st$ erfüllt die Voraussetzungen von Behauptung 2. Daher hängt $t'(x_1, x_2, \ldots, x_n)$ von genau einer der Variablen $x_2, \ldots, x_n$ ab, aber nicht von x_1. Es folgt $t'(c_1, c_2, \ldots, c_n) \neq t'(d_1, d_2, \ldots, d_n)$, und daraus wie gewünscht $t(c_1, c_2, \ldots, c_n) \neq t(d_1, d_2, \ldots, d_n)$.

b) Gelte *Typ* $\mathbf{A} \notin \{1, 2\}$. Dann gibt es eine minimale Algebra von $\mathbf{A}$ von Typ 3, 4 oder 5. Diese minimale Algebra erfüllt nicht die Termbedingung, weshalb auch $\mathbf{A}$ nicht die Termbedingung erfüllt.

Aus *Typ* $\mathbf{A} = 1$ folgt nach a), daß $\mathbf{A}$ abelsch ist. Werde für den Rest des Beweises *Typ* $\mathbf{A} = 2$ vorausgesetzt. Sei t eine n-stellige Termfunktion von $\mathbf{A}$, und für $a, b, c_2, \ldots, c_n, d_2, \ldots, d_n \in A$ gelte $t(a, c_2, \ldots, c_n) = t(a, d_2, \ldots, d_n)$, aber $t(b, c_2, \ldots, c_n) \neq t(b, d_2, \ldots, d_n)$. Es wird gezeigt, daß dies zum Widerspruch führt. Mit 9.2.2(Z2) und 9.2.7c folgt die Existenz von $U_1, \ldots, U_k \in \text{Min }(\mathbf{A})$ mit $a \in U_1$, $U_i \cap U_{i+1} \neq \emptyset$ für $i = 1, \ldots, k-1$, und $b \in U_k$. Wegen $t(b, c_2, \ldots, c_n) \neq t(b, d_2, \ldots, d_n)$ gibt es ein U_i und a', b' aus $U := U_i$ mit $t(a', c_2, \ldots, c_n) = t(a', d_2, \ldots, d_n)$ und $t(b', c_2, \ldots, c_n) \neq t(b', d_2, \ldots, d_n)$. Wegen 9.2.2(Z1) gibt es ein $s \in P_1(\mathbf{A})$ mit $s(A) = U$ und $st(b', c_2, \ldots, c_n) \neq st(b', d_2, \ldots, d_n)$. Mit $t' := st$

9.4 Die Typen minimaler Algebren

kann man folgendermaßen zusammenfassen:

(1) $\begin{cases} \text{Für } U \in Min\,(\mathbf{A}),\ a', b' \in U,\ t' \in P_n(\mathbf{A}) \text{ gilt} \\ t'(a', c_2, \ldots, c_n) = t'(a', d_2, \ldots, d_n) \text{ und} \\ t'(b', c_2, \ldots, c_n) \neq t'(b', d_2, \ldots, d_n). \end{cases}$

Für jedes $i \in \{2, \ldots, n\}$ lassen sich 9.2.2(Z2) und 9.2.7c auf c_i und d_i anwenden: Es gibt $U_{i1}, \ldots, U_{im_i}$ mit $c_i \in U_{i1}$, $U_{ij} \cap U_{ij+1} \neq \emptyset$ für $j = 1, \ldots, m_i - 1$ und $d_i \in U_{im_i}$. Zur Vereinfachung wird jetzt angenommen, daß alle m_i den gleichen Wert m haben (man kann jedes U_{ij} mehrfach nehmen). Für alle i und alle j gibt es nach 9.2.7a Polynomfunktionen $f_{ij} \in P_1(\mathbf{A})$, so daß $f_{ij}: U \to U_{ij}$ bijektiv ist. Für jedes j sei t_j die durch

(2) $\qquad t_j(x_1, x_2, \ldots, x_n) := t'(x_1, f_{2j}(x_2), \ldots, f_{nj}(x_n))$

definierte Polynomfunktion. Dann gilt $t_j(U^n) \subseteq U$, und $t_j|_U$ ist eine Polynomfunktion von $\mathbf{A}|_U$. Wegen *Typ* $\mathbf{A} = 2$ ist $\mathbf{A}|_U$ polynomial äquivalent zu einem Vektorraum $(U, +, -, 0, K)$. Daher läßt sich jedes t_j ($j = 1, \ldots, m$) für alle $x_1, \ldots, x_n \in U$ in der Form

(3) $\qquad t_j(x_1, \ldots, x_n) = k_{1j}x_1 + \ldots + k_{nj}x_n + u_j$

darstellen, mit $k_{1j}, \ldots, k_{nj} \in K$, $u_j \in U$. Wegen $c_i \in U_{i1}$ und $d_i \in U_{im}$ für $i = 2, \ldots, n$ gibt es $c'_i, d'_i \in U$ mit $c_i = f_{i1}(c'_i)$ und $d_i = f_{im}(d'_i)$. Für alle $x \in U$ gilt dann

(4) $\begin{cases} t'(x, c_2, \ldots, c_n) &= t_1(x, c'_2, \ldots, c'_n) \\ &= k_{11}x + k_{21}c'_2 + \ldots + k_{n1}c'_n + u_1, \\ t'(x, d_2, \ldots, d_n) &= t_m(x, d'_2, \ldots, d'_n) \\ &= k_{1m}x + k_{2m}d'_2 + \ldots + k_{nm}d'_n + u_m. \end{cases}$

Jetzt muß nur noch $k_{11} = k_{1m}$ gezeigt werden, denn dann kann man aus $t'(a', c_2, \ldots, c_n) = t'(a', d_2, \ldots, d_n)$ unmittelbar $t'(b', c_2, \ldots, c_n) = t'(b', d_2, \ldots, d_n)$ folgern, womit der gewünschte Widerspruch erreicht ist:

Behauptung. Es gilt $k_{11} = k_{1m}$.

Beweis. Für $j = 1, \ldots, m-1$ wird $k_{1j} = k_{1j+1}$ gezeigt, woraus durch Induktion dann die Behauptung folgt. Sei also $j \in \{1, \ldots, m-1\}$. Für alle $i \in \{2, \ldots, n\}$ existiert ein $w_i \in U_{ij} \cap U_{ij+1}$, und es gibt $v_i, v'_i \in U$ mit $f_{ij}(v_i) = f_{ij+1}(v'_i) = w_i$ (siehe Abbildung 9.10). Mit (2) folgt dann $t_j(x, v_2, \ldots, v_n) = t_{j+1}(x, v'_2, \ldots, v'_n)$ für alle $x \in A$, und für alle $x \in U$ erhält man mit (3) dann

$$k_{1j}x + k_{2j}v_2 + \ldots k_{nj}v_n + u_j = k_{1j+1}x + k_{2j+1}v'_2 + \ldots + k_{nj+1}v'_n + u_{j+1}.$$

Daher ist $(k_{1j} - k_{1j+1})x$ auf U konstant, woraus $k_{1j} - k_{1j+1} = 0$ folgt. Damit ist die Behauptung und auch Teil b) von 9.4.9 bewiesen. □

Folgerung 9.4.11 *Jede endliche Algebra* $\mathbf{A}$ *mit Con* $\mathbf{A} \cong \mathbf{M}_n$, $n \geq 3$, *ist abelsch. Ist $n-1$ keine Primzahlpotenz, dann ist $\mathbf{A}$ sogar stark abelsch.*

Beweis. Da die Verbände $\mathbf{M}_n$ mit $n \geq 3$ starr sind, ist wegen 9.2.11 jede endliche Algebra mit $Con\,\mathbf{A} \cong \mathbf{M}_n$ zahm. Mit 9.4.4a erhält man *Typ* $\mathbf{A} \in \{1, 2\}$, und mit 9.4.9 folgt, daß $\mathbf{A}$ abelsch ist. Ist $n-1$ keine Primzahlpotenz, dann liefern 9.4.5 und 9.4.9, daß $\mathbf{A}$ stark abelsch ist. □

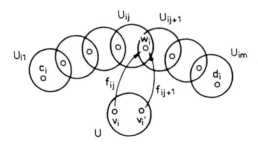

Abb. 9.10

Für die Verbände $\mathbf{M}_n$, $n-1$ keine Primzahlpotenz, hat es sich als besonders schwierig erwiesen, endliche Algebren mit einem zu $\mathbf{M}_n$ isomorphen Kongruenzverband zu finden. So hat W. Feit erst vor wenigen Jahren als erster eine endliche Algebra mit einem Kongruenzverband der Form $\mathbf{M}_7$ angegeben, wobei Feits Algebra $29! \cdot 3$ Elemente hat. Für $n \neq 7, 11$ sind gar keine solchen Algebren bekannt. Die Theorie der zahmen Kongruenzrelationen liefert in 9.4.11 einen Hinweis auf den Grund für diese Schwierigkeiten.

In ihrem Buch haben R. McKenzie und D. Hobby eine allgemeinere Version von 9.4.9 bewiesen: Ein zahmes Intervall $[\alpha, \beta]$ im Kongruenzverband einer endlichen Algebra ist genau dann abelsch (bzw. stark abelsch), wenn $[\alpha, \beta]$ von Typ 1 oder 2 (bzw. von Typ 1) ist. Der hier angegebene Beweis von 9.4.9 orientiert sich stark am Beweis des allgemeineren Ergebnisses. Zum Abschluß wird – ohne Beweis – noch ein ganz ähnliches Resultat von McKenzie und Hobby zitiert, bei dem *bewertete Kongruenzverbände* zur Beschreibung algebraischer Eigenschaften verwendet werden (siehe 9.4.3 und 8.2.5).

Satz 9.4.12 *Eine endliche Algebra* $\mathbf{A}$ *ist genau dann auflösbar, wenn alle Primintervalle von Con* $\mathbf{A}$ *von Typ 1 oder 2 sind.*

9.5 Anmerkungen zu Kapitel 9

Die wichtigste Grundidee für McKenzies Theorie haben P. P. Pálfy und P. Pudlák bereitgestellt (Satz 9.1.5). Ein anderes Ergebnis von besonderer Bedeutung ist Pálfys Klassifikation der endlichen Permutationsalgebren (Satz 9.3.2). R. McKenzie fällt das Verdienst zu, die Bedeutung dieser Resultate in vollem Umfang erkannt und daraus zusammen mit D. Hobby eine grundlegende Theorie entwickelt zu haben, die sich nicht nur auf alle endlichen Algebren, sondern z. B. auch auf *lokalendliche* Varietäten anwenden läßt (d. h. auf Varietäten, in denen alle endlich erzeugten Algebren endlich sind). Der interessierte Leser sei auf das Buch von McKenzie und Hobby verwiesen. Über Klone von Operationen, die vor allem in Abschnitt 3 behandelt wurden, kann man sich in den Büchern von R. Pöschel und L. A. Kalužnin bzw. von Á. Szendrei informieren:

D. Hobby, R. McKenzie: *The structure of finite algebras (tame congruence theory)*. AMS Contemporary Mathematics Series, Providence, R. I., 1988.

P. P. Pálfy: *Unary polynomials in algebras I*. Algebra Universalis **18** (1984), 262–273.

P. P. Pálfy, P. Pudlák: *Congruence lattices of finite algebras and intervals in subgroup lattices of finite groups.* Algebra Universalis **11** (1980), 22–27.

R. Pöschel, L. A. Kalužnin: *Funktionen- und Relationenalgebren.* Birkhäuser, Basel, 1979.

E. L. Post: *The two-valued iterative systems of mathematical logic.* Ann. Math. Studies **5**, Princeton Univ. Press, Princeton, 1941.

Á. Szendrei: *Clones in universal algebra.* Les Presses de l'Université de Montréal, Montréal, 1986.

Es ist zu erwarten, daß die Theorie der zahmen Kongruenzrelationen in den kommenden Jahren zunehmend Anwendungen in den unterschiedlichsten Bereichen der Allgemeinen Algebra finden wird. Abschließend ein Zitat von McKenzie zur Bedeutung seiner Theorie: „...strong conviction that all finite algebras are constructed, in regular and fairly comprehensible ways, out of building blocks which are themselves minimal algebras."

9.6 Aufgaben

1. Betrachte die Algebra $\mathbf{A} = (\{a,b,c,d\}, f)$ mit

x	a	b	c	d
$f(x)$	b	c	c	d

    und die Menge $U := f(A)$.

    (a) Skizziere $Con\ \mathbf{A}$ und $Con\ (\mathbf{A}|_U)$.

    (b) Zeige, daß $\varphi_U : Con\ \mathbf{A} \to Con\ (\mathbf{A}|_U)$, $\Theta \mapsto \Theta|_U$, ein Verbandshomomorphismus ist. (Frage: Kann man hier Satz 9.1.13 anwenden?)

    (c) Sei β die Kongruenzrelation von $\mathbf{A}$ mit den Klassen $\{a,b,c\}$, $\{d\}$. Zeige $U \in Min_{\mathbf{A}}(\beta)$, und bestimme Rumpf und Anhang von U bzgl. β.

2. Suche eine endliche Algebra $\mathbf{A}$ mit einem $g \in P_1(\mathbf{A})$, so daß für $V := g(A)$ die Abbildung
    $$\varphi_V : Con\ \mathbf{A} \to Con\ (\mathbf{A}|_V), \Theta \mapsto \Theta|_V,$$
    kein Verbandshomomorphismus ist.

3. Wieviele idempotente Abbildungen $f : A \to A$ gibt es auf der Menge $A := \{a,b,c,d\}$?

4. (a) Bestimme für die Algebra $\mathbf{Z}_6 = (\mathbb{Z}_6, +, -, 0)$ die Elemente von $P_1(\mathbf{Z}_6)$. Welche dieser einstelligen Polynomfunktionen liegen in $E(\mathbf{Z}_6)$, d. h. sind idempotent?

    (b) Welche der minimalen Mengen aus Beispiel 9.1.11 sind von der Form $e(\mathbb{Z}_6)$ mit $e \in E(\mathbf{Z}_6)$?

    (c) Zeige: $\mathbf{Z}_6$ ist nicht zahm.

5. Zeige durch Angabe eines Gegenbeispiels, daß man in Satz 9.1.9 auf die Voraussetzung, daß die β-minimale Menge U von der Form $U = e(A)$ ist, mit $e \in E(\mathbf{A})$, nicht verzichten kann.
   Hinweis: Es existiert ein Gegenbeispiel mit $|A| = 5$ Elementen.

6. Beweise unter den Voraussetzungen von Satz 9.1.9, daß $(\mathbf{A}|_U)|_N = \mathbf{A}|_N$ gilt.

7. Welche der folgenden Verbände sind 0-1-einfach? Welche sind starr?

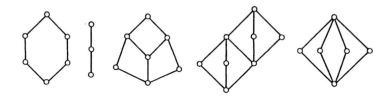

8. Gib einen 0-einfachen Verband an, der nicht 0-1-einfach ist.

9. Zeige, daß die folgenden Verbände starr sind: $\mathbf{M}_n$ für alle $n \geq 3$, $Eq\,A$ für jede endliche Menge A, $Con\,\mathbf{V}$ für jeden endlichen Vektorraum $\mathbf{V}$.

10. Zeige, daß die Algebra $\mathbf{A}$ aus Aufgabe 8.1 *keine* Permutationsalgebra ist.

11. (a) Zeige, daß die folgende dreistellige Operation auf $\{0,1\}$ ordnungserhaltend ist.
    (b) Stelle f als Polynomfunktion von $\mathbf{E}_4 = (\{0,1\}, \vee, \wedge)$ dar.

x	y	z	$f(x,y,z)$
0	0	0	0
1	0	0	0
0	1	0	0
0	0	1	0
1	1	0	1
1	0	1	0
0	1	1	1
1	1	1	1

12. Bestimme die bewerteten Kongruenzverbände (im Sinn von Bemerkung 9.4.3) von

    (a) $\mathbf{Z}_6 = (\mathbb{Z}_6, +, -, 0)$,
    (b) $\mathbf{A} = (\{a,b,c,d\}, f)$ mit

f	a	b	c	d
a	a	b	c	d
b	b	a	d	c
c	c	d	c	d
d	d	c	d	c

9.6 Aufgaben

13. Ergänze die Verknüpfungstafel von g so, daß $g(x,y)$ und auch $h(x,y) := g(y,x)$ die Implikation (STB) der starken Termbedingung erfüllen.

	a	b	c	d
a	a		b	b
b		a		
c	c			
d		a		

Erfüllt dann auch die Algebra $\mathbf{A} := (\{a,b,c,d\}, g)$ die starke Termbedingung?

14. Zeige: Von den endlichen Permutationsalgebren sind genau die von Typ 1 oder 2 abelsch, und genau die von Typ 1 sind stark abelsch.

15. Die folgende Skizze zeigt den Verband $\mathcal{L}_2$ *aller* Klone auf $E = \{0,1\}$, also auch mit allen Klonen, die nicht die Konstanten 0 und 1 enthalten (vgl. Pöschel/Kalužnin, Funktionen- und Relationenalgebren). Suche im Diagramm von $\mathcal{L}_2$ den Unterverband $\mathcal{P}_2$ aller Klone von Polynomfunktionen auf $E = \{0,1\}$, d.h. den Verband aus Abbildung 9.8.

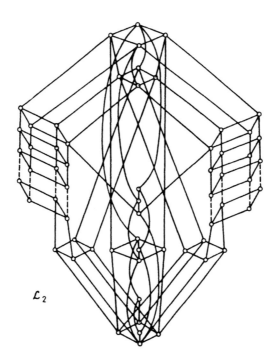

$\mathcal{L}_2$

10 Abstrakte Datentypen

Jedes Computerprogramm besteht aus einer Reihe von Regeln, nach denen die Eingabedaten verarbeitet werden. Deshalb benötigt man gerade beim Entwurf anspruchsvoller Softwaresysteme eine Sprache, in der sich diese Regeln präzise beschreiben, analysieren und diskutieren lassen. Dabei sollten die Programmbeschreibungen mit einer solchen Sprache genügend „abstrakt" gegeben werden können, d. h. unabhängig von den technischen Details einer konkreten Implementierung. Eine Methode, die von der Informatik hierfür angeboten wird, ist die *Algebraische Spezifikation*. Die betrachteten Datenelemente werden als die Elemente der Grundmenge einer Algebra aufgefaßt und die gewünschten „Verarbeitungsregeln" als die Operationen der Algebra. In diesem Sinne versteht man unter einem *Datentyp* oft nichts anderes als eine Algebra.

Die Unterschiede zwischen Allgemeiner Algebra und Algebraischer Spezifikation ergeben sich aus der unterschiedlichen Zielrichtung. Aus Sicht der Algebraischen Spezifikation möchte man gegebene Datentypen mit Hilfe von Operationssymbolen sowie einigen Axiomen (z. B. Gleichungen) vollständig spezifizieren. Im Mittelpunkt stehen dann beispielsweise Fragen der *Korrektheit* bzw. der *Modularität*: Wie stellt man fest, ob ein durch Axiome gegebener *abstrakter Datentyp* einen vorgegebenen Datentyp tatsächlich korrekt beschreibt? Unter welchen Bedingungen kann man gegebene abstrakte Datentypen als Module (Teile) verwenden, um sie in verträglicher Weise in größere abstrakte Datentypen einzubauen? Ein mehr technischer Unterschied zur Allgemeinen Algebra der bisherigen Kapitel liegt darin, daß bei der Beschreibung von Datentypen meist *mehrsortige* Algebren verwendet werden, also Algebren mit mehreren Sorten von Grundmengen. Allerdings ändert sich dadurch nur sehr wenig an der algebraischen Theorie, wie sie in den ersten sechs Kapiteln entwickelt worden ist.

10.1 Mehrsortige Algebren

Die in Beispiel 1.1.5a gegebene Definition von Gruppen kann man etwas systematischer (aber auch umständlicher) in folgender Weise aufschreiben:

GRUPPE
Sorten g
Operationen $\cdot : g \times g \to g$
                   $^{-1} : g \to g$
                   $e : \to g$
Gleichungen $(x \cdot y) \cdot z = x \cdot (y \cdot z)$
                   $e \cdot x = x \cdot e = x$
                   $x \cdot x^{-1} = x^{-1} \cdot x = e$

Man beachte: g bezeichnet hier keine Menge, sondern eine *Sorte* von Grundmengen (nämlich die Sorte „Gruppenelemente"). Jede Algebra der *Spezifikation* GRUPPE besitzt also genau eine Grundmenge der Sorte g. Das Umständliche der Notation liegt darin, daß es sich bei Gruppen um *einsortige* Algebren handelt und es in der Rubrik „Operationen" also ausgereicht hätte, lediglich die Stelligkeiten der Operationen anzugeben. In folgendem Beispiel werden zwei Sorten verwendet:

Beispiel 10.1.1 Es sollen geordnete Mengen spezifiziert werden:

10.1 Mehrsortige Algebren

ORDNUNG	
Sorten	$ord, bool$
Operationen	$\leq: ord \times ord \to bool$
	$false: \to bool$
	$true: \to bool$
Axiome	$\forall x: (x \leq x) = true$
	$\forall x, y: (x \leq y) = true \;\land\; (y \leq x) = true$
	$\Rightarrow x = y$
	$\forall x, y, z: (x \leq y) = true \;\land\; (y \leq z) = true$
	$\Rightarrow (x \leq z) = true$

Sei $(A, \leq)$ eine geordnete Menge. Dann ist $\mathbf{A} = (A_{ord}, A_{bool}, \leq_\mathbf{A}, false_\mathbf{A}, true_\mathbf{A})$ eine (mehrsortige) Algebra der Spezifikation ORDNUNG, wenn man definiert:

$$A_{ord} := A, \quad A_{bool} := \{f, t\},$$

$$false_\mathbf{A} := f, \quad true_\mathbf{A} := t,$$

$$\forall a, b \in A : (a \leq_\mathbf{A} b) := \begin{cases} t & \text{falls } a \leq b, \\ f & \text{sonst.} \end{cases}$$

Als Argumente zum Operationssymbol $\leq$ sind die Variablen x, y, z automatisch von der Sorte ord. Natürlich hätte man bei den Axiomen die Allquantoren weglassen können.

Das letzte Beispiel legt nahe, wie mehrsortige Algebren zu definieren sind:

Definition 10.1.2 Eine **Signatur** mehrsortiger Algebren ist ein Tripel $(S, \mathcal{F}, \sigma)$, wobei

- S eine Menge ist, deren Elemente **Sorten** genannt werden,

- $\mathcal{F}$ eine Menge, deren Elemente **Operationssymbole** genannt werden,

- $\sigma: \mathcal{F} \to S^* \times S$ eine Abbildung, die jedem $f \in \mathcal{F}$ die Stelligkeit und die Sorten der Argumente zuordnet (Definition von S^* siehe 10.1.3a).

Eine (**mehrsortige**) **Algebra** der Signatur $(S, \mathcal{F}, \sigma)$ ist ein geordnetes Paar $\mathbf{A} = (A, F)$, bestehend aus einer Familie $A = (A_s | s \in S)$ von **Grundmengen** und einer Familie $F = (f_\mathbf{A} | f \in \mathcal{F})$ von Abbildungen (den **fundamentalen Operationen** von $\mathbf{A}$), wobei die von σ vorgegebene Sortenzuweisung eingehalten wird: Aus $\sigma(f) = ((s_1, \ldots, s_n), s)$ folgt $f_\mathbf{A}: A_{s_1} \times \ldots \times A_{s_n} \to A_s$.

Bemerkung 10.1.3 a) Mit S^* bezeichnet man die Menge aller endlichen Folgen (auch: **Wörter**) bestehend aus Elementen von S, also $S^* := \{(s_1, \ldots, s_n) | n \in \mathbb{N} \cup \{0\}, s_1, \ldots, s_n \in S\}$. Anstelle von $\sigma(f) = ((s_1, \ldots, s_n), s)$ schreibt man bei der Angabe einer Signatur oft $f: s_1 \times \ldots \times s_n \to s$. Beispielsweise treten in der Spezifikation ORDNUNG in 10.1.1 ein zweistelliges und zwei nullstellige Operationssymbole auf, nämlich $\leq$ mit $\sigma(\leq) = ((ord, ord), bool)$ sowie $false$ und $true$ mit $\sigma(false) = \sigma(true) = (\emptyset, bool)$.

b) Im Spezialfall $S = \{s\}$ erhält man die herkömmlichen einsortigen Algebren. Für die Festlegung der Signatur genügt es dann, für jedes f die Stelligkeit n anzugeben, also den **Typ** (vgl. 1.1.3).

c) Eine Algebra (A, F) mit nur endlich vielen Sorten und nur endlich vielen fundamentalen Operationen, z. B. $A = (A_1, \ldots, A_n)$ und $F = (f_1, \ldots, f_k)$, wird oft in der Form $(A_1, \ldots, A_n; f_1, \ldots, f_k)$ notiert.

Unter einer **Spezifikation** versteht man ein Paar SPEC = (SIG, Σ), bestehend aus einer Signatur SIG sowie einer Menge Σ von Axiomen. In den folgenden Beispielen treten (mit einer Ausnahme) als Axiome nur Gleichungen auf. Man spricht dann von **Gleichungsspezifikationen**:

Beispiele 10.1.4 a) Für die folgende Signatur werden drei Beispiele angegeben:

NAT
Sorten *nat*
Operationen *const*: $\to$ *nat*
succ: *nat* $\to$ *nat*

Ein Beispiel für diese Signatur ist die Algebra **N** = $(\mathbb{N}_0, 0, g)$ mit $\mathbb{N}_0 := \mathbb{N} \cup \{0\}$, nullstelliger Operation 0 und einstelliger Operation $g(n) := n+1$ (also mit $const_\mathbf{N} = 0$ und $succ_\mathbf{N} = g$). Weitere Algebren sind **N'** = $(\{0,1,2\}, 0, h)$ mit $h(n) := n + 1 \pmod 3$, sowie **N''** = $(\mathbb{N}_0 \times \{0,1\}, (0,0), k)$ mit $k(n, i) := (n+1, i)$.

b) Es ist üblich, Spezifikationen durch die Hinzunahme weiterer Sorten, Operationen und Gleichungen zu **erweitern** (näheres hierzu in Abschnitt 10.4). In diesem Beispiel wird NAT zu NAT1 erweitert. Die zu NAT neu hinzukommenden Sorten, Operationen und Gleichungen werden nach „NAT +" aufgelistet:

NAT1 = NAT +
Sorten *bool*
Operationen *false*: $\to$ *bool*
true: $\to$ *bool*
$\le$: *nat* $\times$ *nat* $\to$ *bool*
Gleichungen $(const \le n) = true$
$(succ(n) \le const) = false$
$(succ(n) \le succ(m)) = (n \le m)$

Hierbei sind n und m Variablen der Sorte *nat*. Eine Algebra dieser Spezifikation ist **N1** = $(\mathbb{N}_0, \{f, t\}; 0, g, f, t, \le_{\mathbf{N1}})$, die zusätzlich zur Algebra **N** aus Beispiel a) zwei boolesche Konstanten f und t enthält sowie eine zweistellige Operation $\le_{\mathbf{N1}}$ mit

$$\forall n, m \in \mathbb{N}_0 : (n \le_{\mathbf{N1}} m) := \begin{cases} t & \text{falls } n \le m, \\ f & \text{sonst,} \end{cases}$$

wobei $\le$ die „natürliche" Ordnung auf $\mathbb{N}_0$ ist.

c) Unter einem **Stack** (auch: **Kellerspeicher, Stapel**) versteht man in der Informatik eine Vorrichtung, die Folgen von Datenelementen speichert und nach dem Prinzip „last in, first out" auch wieder herausgibt. Es sollen Eigenschaften eines *Stacks natürlicher Zahlen* spezifiziert werden:

NATSTACK = NAT +
Sorten *stack*
Operationen *empty*: $\to$ *stack*
push: *stack* $\times$ *nat* $\to$ *stack*
pop: *stack* $\to$ *stack*
top: *stack* $\to$ *nat*
Gleichungen $pop(push(s, n)) = s$
$top(push(s, n)) = n$

10.1 Mehrsortige Algebren

$$pop(empty) = empty$$
$$top(empty) = const$$

Hierbei sind (automatisch) n bzw. s Variablen der Sorten *nat* bzw. *stack*. Das nullstellige Operationssymbol *const* spielt die Rolle eines Error-Elements. Eine „typische" NATSTACK-Algebra ist **Nst** $= (\mathbb{N}_0, \mathbb{N}_0^*; 0, g, empty_{\mathbf{Nst}}, push_{\mathbf{Nst}}, pop_{\mathbf{Nst}}, top_{\mathbf{Nst}})$ mit $\mathbb{N}_0^* := \{(n_1, \ldots, n_k) | k, n_1, \ldots, n_k \in \mathbb{N}_0\}$, 0 und g wie in Beispiel a), $empty_{\mathbf{Nst}} := \emptyset$, sowie den für $n, n_1, \ldots, n_k \in \mathbb{N}_0$ folgendermaßen definierten Operationen:

$$push_{\mathbf{Nst}}((n_1, \ldots, n_k), n) := (n_1, \ldots, n_k, n),$$
$$pop_{\mathbf{Nst}}(n_1, \ldots, n_{k-1}, n_k) := (n_1, \ldots, n_{k-1}),$$
$$top_{\mathbf{Nst}}(n_1, \ldots, n_k) := \begin{cases} n_k & \text{falls } k \geq 1, \\ 0 & \text{falls } k = 0. \end{cases}$$

Es läßt sich darüber diskutieren, ob ein Stack natürlicher Zahlen durch **Nst** „vernünftig" definiert ist. Problematisch erscheint vor allem die Doppelrolle von 0 (als möglicher Eingabewert *und* als Error-Element). Doch auf diesen Aspekt soll hier nicht näher eingegangen werden.

d) Moduln bzw. Vektorräume können in natürlicher Weise als zweisortige Algebren dargestellt werden, mit folgender Spezifikation:

MODUL
Sorten *skalar, vektor*
Operationen $+, \cdot : skalar \times skalar \to skalar$
$- : skalar \to skalar$
$0 : \to skalar$
$\oplus : vektor \times vektor \to vektor$
$\ominus : vektor \to vektor$
$\vec{0} : \to vektor$
$\circ : skalar \times vektor \to vektor$
Gleichungen Hier folgen die Ringgleichungen (mit $+, \cdot, -, 0$), die Gleichungen für abelsche Gruppen (mit $\oplus, \ominus, \vec{0}$) und die Gleichungen für die Skalarmultiplikation (die jetzt als $r \circ x$ notiert wird). Vergleiche 1.1.5i!

Auf diese Weise erhält man *eine* Gleichungsspezifikation für die Klasse *aller* Moduln (über *beliebigen* Ringen). Zu einer Spezifikation aller Vektorräume gelangt man mit einer Erweiterung von MODUL:

VEKTORRAUM = MODUL +
Operationen $1 : \to skalar$
Variablen $v : vektor, x, y : skalar$
Axiome $1 \circ v = v$
$\forall x : (x \neq 0 \Rightarrow \exists y : x \cdot y = 1)$

In Abschnitt 2 wird erklärt werden, in welchem Sinne die Algebren **N**, **N1** und **Nst** typisch für ihre jeweiligen Spezifikationen sind.

Völlig analog zum einsortigen Fall können *Unteralgebren* definiert werden:

Definition 10.1.5 Es sei $\mathbf{A} = (A, F)$ eine Algebra der Signatur $(S, \mathcal{F}, \sigma)$ mit $A = (A_s | s \in S)$. Sei $B = (B_s | s \in S)$ eine Familie von Teilmengen $B_s \subseteq A_s$ mit der Eigenschaft, daß

$$f_\mathbf{A}(b_1, \ldots, b_n) \in B_s$$

für alle $f \in \mathcal{F}$ und alle n-Tupel $(b_1, \ldots, b_n) \in B_{s_1} \times \ldots \times B_{s_n}$ (wobei $\sigma(f) = ((s_1, \ldots, s_n), s)$ gesetzt wurde). Die Algebra $\mathbf{B} = (B, (f_\mathbf{B} | f \in \mathcal{F}))$ heißt dann **Unteralgebra** von $\mathbf{A}$, wobei $f_\mathbf{B} : B_{s_1} \times \ldots \times B_{s_n} \to B_s$ für alle $f \in \mathcal{F}$ als Einschränkung von $f_\mathbf{A}$ auf die Mengenfamilie B definiert ist.

Beispiel 10.1.6 Gegeben sei die Algebra $\mathbf{A} = (A_1, A_2; f, g)$ mit $A_1 = \{0, 1, 2, 3\}$, $A_2 = \{a, b\}$,

f	0	1	2	3
a	0	1	2	3
b	2	3	0	1

g	a	b
a	a	b
b	b	a

(und mit entsprechender Signatur). Dann ist $(\{0, 1, 2\}, \{a\})$ die Grundmengenfamilie einer Unteralgebra von $\mathbf{A}$, im Gegensatz zu $(\{0, 1, 2\}, \{a, b\})$ oder $(\{0, 2\}, \{b\})$.

Entsprechend lassen sich *Homomorphismen* und *Kongruenzrelationen* mehrsortiger Algebren definieren:

Definition 10.1.7 a) Es seien $\mathbf{A}$ und $\mathbf{B}$ zwei Algebren derselben Signatur $(S, \mathcal{F}, \sigma)$. Eine Familie $\varphi = (\varphi_s | s \in S)$ von Abbildungen $\varphi_s : A_s \to B_s$ heißt **Homomorphismus** von $\mathbf{A}$ nach $\mathbf{B}$, falls für alle $f \in \mathcal{F}$ und alle $a_1 \in A_{s_1}, \ldots, a_n \in A_{s_n}$ ($\sigma(f) = ((s_1, \ldots, s_n), s)$) die folgende Bedingung erfüllt ist:

(Hom) $\qquad \varphi_s f_\mathbf{A}(a_1, \ldots, a_n) = f_\mathbf{B}(\varphi_{s_1}(a_1), \ldots, \varphi_{s_n}(a_n)).$

Entsprechend werden **Endomorphismen**, **Isomorphismen** und **Automorphismen** definiert.

b) Eine **Kongruenzrelation** einer Algebra $\mathbf{A} = (A, F)$ ist eine Familie $\theta = (\theta_s | s \in S)$ von Äquivalenzrelationen $\theta_s \in Eq\ A_s$, so daß für alle $f \in \mathcal{F}$ und alle $a_1, b_1 \in A_{s_1}, \ldots, a_n, b_n \in A_{s_n}$ mit $a_1 \theta_{s_1} b_1, \ldots, a_n \theta_{s_n} b_n$ immer

$$f(a_1, \ldots, a_n)\, \theta_s\, f(b_1, \ldots, b_n)$$

gilt (wieder mit $\sigma(f) = ((s_1, \ldots, s_n), s)$).

Als Übung möge der Leser überlegen, wie man **direkte Produkte** mehrsortiger Algebren definiert. Generell gilt, daß sich fast alle Begriffe und Resultate aus den ersten fünf Kapiteln teils wörtlich, teils mit kleineren formalen Änderungen auf den mehrsortigen Fall übertragen lassen. Dies gilt beispielsweise für die Homomorphie- und Isomorphiesätze in Kapitel 4 und für die Resultate über direkte und subdirekte Zerlegungen in Kapitel 5.

10.2 Terme, freie Algebren und abstrakte Datentypen

Als besonders einfaches Beispiel werde zuerst die Algebra **N** aus 10.1.4a betrachtet. Die Grundmenge dieser Algebra (die natürlichen Zahlen mit 0) entsteht aus dem konstanten Operationssymbol *const* durch fortgesetztes Anwenden von *succ*:

$$\begin{aligned} 0 &= const_\mathbf{N} \\ 1 &= succ_\mathbf{N}(const_\mathbf{N}) \\ 2 &= succ_\mathbf{N}(succ_\mathbf{N}(const_\mathbf{N})) \\ &\vdots \end{aligned}$$

Die Algebra **N** ist im Sinne der folgenden beiden Regeln typisch für die Spezifikation NAT:

1. In **N** gelten keine nichttrivialen Gleichungen, d.h. auf verschiedene Weise aus den Operationssymbolen (*const* und *succ*) aufgebaute Terme liefern verschiedene Werte in **N** („no confusion"),

2. in **N** gibt es keine überflüssigen Elemente, d.h. jedes Element der Grundmenge von **N** ergibt sich mit Hilfe eines aus den Operationssymbolen aufgebauten Terms („no junk").

Die Algebra **N**′ aus 10.1.4a verstößt gegen Regel 1 (z.B. liefern *const* und $succ^3(const)$ in **N**′ denselben Wert 0), und **N**″ verstößt gegen Regel 2 (denn es lassen sich nur die Elemente in $\mathbb{N}_0 \times \{0\}$ mit Termen der Form $succ^n(const)$ darstellen).

Damit der für **N** und NAT beschriebene Sachverhalt auf beliebige Gleichungsspezifikationen übertragen werden kann, müssen einige Begriffe aus Kapitel 6 mehrsortig formuliert werden. Da oft intuitiv klar sein dürfte, wie dies zu geschehen hat, werden einige der Definitionen recht informell gegeben. Natürlich benötigt man für die Bildung von Termen anstelle einer einzigen Variablenmenge jetzt eine Familie $X = (X_s | s \in S)$ von Variablenmengen, wobei außerdem vorausgesetzt wird, daß für $s \neq t$ immer $X_s \cap X_t = \emptyset$ gilt:

Definition 10.2.1 Ein **Term** der Signatur $(S, \mathcal{F}, \sigma)$ über $X = (X_s | s \in S)$ ist ein in sinnvoller Weise aus Variablen in X und Operationssymbolen in $\mathcal{F}$ gebildeter Ausdruck. „Sinnvoll" heißt hierbei insbesondere, daß Stelligkeiten und Sorten beachtet werden. Die Menge aller Terme mit Ergebnissorte $s \in S$ wird mit $T_s(X)$ bezeichnet und die Familie all dieser Termmengen mit $T(X) = (T_s(X) | s \in S)$. Es ist klar, wie die zugehörige **Termalgebra T**(X) der Signatur $(S, \mathcal{F}, \sigma)$ definiert ist.

Beispiel 10.2.2 Gegeben sei die zu NATSTACK gehörende Signatur, also NATSTACK ohne Gleichungen (siehe 10.1.4c). Die Variablenmengen seien $X_{nat} = \{n, m\}$, $X_{stack} = \{s\}$. Dann ist

$$t(n, m, s) := push(push(push(s, n), m), succ(n))$$

ein Term der Ergebnissorte *stack*, d.h. es gilt $t(n, m, s) \in T_{stack}(X)$. Zur genaueren Beschreibung der auftretenden Sorten ist natürlich auch die Schreibweise $t : nat \times nat \times stack \to stack$ möglich. Die Ausdrücke

$$push(n, s), \quad succ(pop(empty)), \quad push(pop(s, n), m)$$

sind keine NATSTACK-Terme.

Definition 10.2.3 Es sei SPEC = (SIG, Σ) eine Gleichungsspezifikation und $X = (X_s | s \in S)$ eine mit den Sorten von SIG indizierte Familie von Variablenmengen. Sei $\mathbf{T}(X)$ die Termalgebra bzgl. SIG und $G_X(\text{SPEC})$ die Menge aller mit X-Termen formulierbaren Gleichungen, die in *allen* SPEC-Algebren gelten (näheres hierzu siehe unten). Die Faktoralgebra $\mathbf{F}_{\text{SPEC}}(X) := \mathbf{T}(X)/G_X(\text{SPEC})$ heißt dann die **freie Algebra** bzgl. SPEC mit Erzeugendenmenge X (oder die von X **freierzeugte SPEC-Algebra** o. ä.).

Bemerkung 10.2.4 Bisher konnten alle Begriffe mühelos auf den mehrsortigen Fall verallgemeinert werden. Bei den Gleichungen treten, vielleicht überraschend, erstmals Probleme auf. Als Beispiel werde folgende Spezifikation betrachtet:

SPEC	
Sorten	s, t
Operationen	$f : s \to t$
	$c, d : \to t$
Gleichungen	$f(x) = c$
	$f(x) = d$

Aus diesen Gleichungen folgt nur dann die Gleichung $c = d$, wenn die Variable x belegt werden kann, d. h. wenn die Sorte s nichtleer ist. Eine SPEC-Algebra mit $c_\mathbf{A} \neq d_\mathbf{A}$ ist z. B. $\mathbf{A} = (\emptyset, \{0, 1\}; \emptyset, 0, 1)$ mit $f_\mathbf{A} = \emptyset$ (wegen $A_s = \emptyset$), $c_\mathbf{A} = 0$ und $d_\mathbf{A} = 1$. Die Gültigkeit der Gleichung $c = d$ hängt von der Variablen x ab, die in der Gleichung selbst gar nicht vorkommt.

Allgemein muß also zu jeder Gleichung die jeweils betrachtete Variablenmenge angegeben werden.

Definition 10.2.5 Es sei $T(X)$ die Menge aller Terme der Signatur SIG und einer Familie X von Variablenmengen. Dann heißt jedes Tripel (X, t, u) mit $t, u \in T(X)$ eine **Gleichung**. Anstelle von (X, t, u) wird im folgenden meist $t \approx_X u$ geschrieben, oder ausführlicher $t(x_1, \ldots, x_n) \approx_X u(x_1, \ldots, x_n)$, falls die in t und u auftretenden Variablen in $\{x_1, \ldots, x_n\}$ enthalten sind. Die Gleichung $t \approx_X u$ **gilt** in einer SIG-Algebra $\mathbf{A}$, falls $t_\mathbf{A}(\varphi x_1, \ldots, \varphi x_n) = u_\mathbf{A}(\varphi x_1, \ldots, \varphi x_n)$ für alle Abbildungen (Belegungen) $\varphi : X \to A$ gilt. Man schreibt dann

$$\mathbf{A} \models t \approx_X u.$$

Für jede Spezifikation SPEC sei

$$G_X(\text{SPEC}) := \{(t, u) \in T(X) \times T(X) \mid \mathbf{A} \models t \approx_X u \text{ für alle SPEC-Algebren } \mathbf{A}\},$$

d. h. $G_X(\text{SPEC})$ ist die Menge aller in SPEC gültigen Gleichungen mit Variablendeklaration X.

Bemerkungen 10.2.6 a) Ein Vergleich zeigt, daß die mehrsortige Definition von $G_X(\text{SPEC})$ genau der Charakterisierung in Satz 6.3.7 für den einsortigen Fall entspricht.
  b) Eine Belegung $\varphi : X \to A$ ist genaugenommen eine Familie $\varphi = (\varphi_s | s \in S)$ von Abbildungen, mit $\varphi_s : X_s \to A_s$. Falls $X_s \neq \emptyset$ und $A_s = \emptyset$ für eine Sorte s gilt, dann gibt es keine Belegung $\varphi : X \to A$. Als Folge hiervon gelten in $\mathbf{A}$ alle Gleichungen $t \approx_X u$.
  c) Für alle Algebren der Spezifikation SPEC aus Bemerkung 10.2.4 gilt die Gleichung $c \approx_X d$ mit $X = (\{x\}, \emptyset)$, nicht aber die Gleichung $c \approx d$.

10.2 Terme, freie Algebren und abstrakte Datentypen

d) Falls in X nur die in t und u vorkommenden Variablen enthalten sind, dann schreibt man anstelle von $t \approx_X u$ einfacher $t \approx u$. In diesem Sinne sind alle Gleichungen in den Spezifikationen zu verstehen, wo jeweils $=$ anstelle von $\approx$ geschrieben wird.

e) Ebenso wird für $(t,u) \in G_X(\text{SPEC})$ meist $t \approx u \in G_X(\text{SPEC})$ geschrieben, wobei Verwechslungen mit der in d) getroffenen Konvention i. a. nicht zu befürchten sind.

Bemerkung 10.2.7 *Jetzt ist Definition 10.2.3 vollständig. Mit den in 10.2.5 gegebenen Definitionen folgt für jede Gleichungsspezifikation* SPEC *und jede Familie* X *von Variablenmengen:*

a) $G_X(\text{SPEC})$ *ist eine vollinvariante Kongruenzrelation auf* $\mathbf{T}(X)$,

b) die freie Algebra $\mathbf{F}_{\text{SPEC}}(X) = \mathbf{T}(X)/G_X(\text{SPEC})$ *ist eine* SPEC-*Algebra, d. h. in* $\mathbf{F}_{\text{SPEC}}(X)$ *gelten alle* SPEC-*Gleichungen.*

Beweis als Übungsaufgabe. Man beachte: Teil b) kann direkt bewiesen werden, d. h. ohne die im einsortigen Fall verwendeten „Umwege" (vgl. 6.3.12). □

Aus der Sicht der Regeln „no confusion, no junk" vom Anfang dieses Abschnittes sind vor allem die ohne Variablen gebildeten Terme wichtig. Es wird also jetzt der Spezialfall $X = \emptyset$ betrachtet (genaugenommen $X = (\emptyset | s \in S)$):

Definition 10.2.8 Sei SPEC eine Gleichungsspezifikation. Die Menge $T(\emptyset)$ aller ohne Variablen gebildeten SPEC-Terme wird kurz mit T bezeichnet (oder mit T_{SPEC}), und die zugehörige freie Algebra $\mathbf{F}_{\text{SPEC}}(\emptyset) = \mathbf{T}(\emptyset)/G_\emptyset(\text{SPEC})$ mit $\mathbf{F}_{\text{SPEC}}$. Man nennt $\mathbf{F}_{\text{SPEC}}$ auch die **Quotienten-Termalgebra** von SPEC.

Die Algebra **N** ist „typisch" für die Spezifikation NAT, da sie isomorph zur Termalgebra $\mathbf{T}_{\text{NAT}}$ ist und damit auch zur freien Algebra $\mathbf{F}_{\text{NAT}}$ (da die Spezifikation NAT keine Gleichungen enthält). Dieser Sachverhalt soll jetzt allgemein formuliert werden. Im Sinne der algebraischen Spezifikation wird dabei allerdings der Spieß umgedreht: Zu einer gegebenen Algebra, d. h. einem **Datentyp**, wird eine „passende" Axiomatisierung gesucht, also ein durch Gleichungen beschriebener **abstrakter Datentyp**.

Definition 10.2.9 Sei **A** eine Algebra der Signatur SIG. Eine Gleichungsspezifikation SPEC = (SIG, Σ) heißt **korrekt** bzgl. **A**, falls **A** isomorph zur Quotienten-Termalgebra $\mathbf{F}_{\text{SPEC}}$ ist.

Der Leser möge sich selbst überlegen, daß NAT1 korrekt ist bzgl. **N1**. Wie Korrektheitsbeweise systematisch geführt werden können, wird in 10.3.13 für NATSTACK und **Nst** gezeigt und anhand eines weiteren Beispiels in 10.3.14.

Es sei noch angemerkt, daß trotz der bei mehrsortigen Algebren auftretenden Besonderheiten (siehe 10.2.4) G. Birkhoffs **Erster Hauptsatz der Gleichungstheorie** in gewohnter Formulierung gilt: Eine Klasse $\mathcal{K}$ von (mehrsortigen) Algebren ist genau dann gleichungsdefiniert, wenn $\mathcal{K}$ unter direkten Produkten, Unteralgebren und homomorphen Bildern abgeschlossen ist (Satz 6.3.18).

10.3 Termersetzung und Normalformen

Gerade für Korrektheitsbeweise benötigt man Methoden, mit denen man feststellen kann, welche Gleichungen aus einer gegebenen Menge von Gleichungen folgen. Sei also SPEC = (SIG, Σ) eine Gleichungsspezifikation. Zusätzlich werde vorausgesetzt, daß die Variablendeklaration für alle Gleichungen in Σ dieselbe ist, d. h. es werden nur Gleichungen der Form $t \approx_X u$ mit einer festen Familie X von Variablenmengen betrachtet. Man kann offensichtlich die Regeln (G1)–(G5) von S. 94 als **Deduktionsregeln** verwenden, um ausgehend von Σ weitere in $G_X(\text{SPEC})$ enthaltene Gleichungen herzuleiten. In diesen Regeln muß $G_X(\mathcal{K})$ durch $G_X(\text{SPEC})$ ersetzt werden ($\mathcal{K}$ ist also jetzt die Klasse aller SPEC-Algebren). Außerdem müssen bei Anwendung von (G4) und (G5) natürlich die Sorten beachtet werden. Auch der **Zweite Hauptsatz der Gleichungstheorie** (Satz 6.3.23) gilt völlig analog für mehrsortige Signaturen, wenn man Gleichungsmengen Σ mit fester Variablendeklaration X betrachtet. Eine wichtige Folgerung wurde für den einsortigen Fall schon erwähnt:

Satz 10.3.1 *Jede Gleichung in $G_X(\text{SPEC})$ erhält man aus Σ durch endlichmaliges Anwenden der Regeln (G1)–(G5).*

Beispiel 10.3.2 Es werde die Menge Σ der vier Gleichungen von NATSTACK betrachtet, bzgl. $X = (\{n\}, \{s\})$ (siehe 10.1.4c). Dann gilt

$$push(s, succ(top(push(s, n)))) \approx$$
$$push(pop(push(s, n)), top(push(s, succ(n)))) \in G_X(\text{NATSTACK}).$$

Beweis. Nach Definition von NATSTACK gilt

(1) $pop(push(s, n)) \approx s$ ⎫
(2) $top(push(s, n)) \approx n$ ⎬ $\in \Sigma$.

Mit Hilfe der Regeln (G1)–(G5) folgert man

(3) $s \approx s$
(4) $s \approx pop(push(s, n))$
(5) $n \approx top(push(s, n))$
(6) $succ(top(push(s, n))) \approx succ(n)$ $\} \in G_X(\text{NATSTACK}).$
(7) $succ(n) \approx top(push(s, succ(n)))$
(8) $succ(top(push(s, n))) \approx top(push(s, succ(n)))$

Wegen (G1) gilt (3) für die Variable s.
Mit (G2) folgt (4) aus (1) und (5) aus (2).
Mit (G4) folgt (6) aus (2).
Mit (G5) folgt (7) aus (5), indem n durch $succ(n)$ ersetzt wird.
Mit (G3) folgt (8) aus (6) und (7).
Durch nochmalige Anwendung von (G4) folgt die behauptete Gleichung, indem man in $push(s, n)$ die Variablen s bzw. n einmal durch die linken Seiten von (4) bzw. (8) ersetzt und einmal durch die rechten Seiten. □

Mit den Regeln (G1)–(G5) gelingt der Nachweis der Gültigkeit einer Gleichung nur mit Glück, oder wenn man im voraus weiß, in welcher Reihenfolge diese Regeln anzuwenden sind. Mit Hilfe der *Termersetzungsregeln*, die in 10.3.6 definiert werden, läßt sich

10.3 Termersetzung und Normalformen

die Gültigkeit von Gleichungen in vielen Fällen auf systematische Weise überprüfen. Als Vorbereitung wird untersucht, welche bzgl. einer beliebigen Familie Y von Variablenmengen gültigen Gleichungen aus einer gegebenen Menge Σ von Gleichungen folgen, falls die Gleichungen in Σ andere (möglicherweise auch unterschiedliche) Variablendeklarationen haben. Besonders wichtig aus Sicht der Algebraischen Spezifikation ist der Fall $Y = \emptyset$: Aus Σ sollen alle ohne Variablen gültigen Gleichungen hergeleitet werden.

Definition 10.3.3 Sei SIG eine Signatur und Σ eine Menge von SIG-Gleichungen. Für jede Familie Y von Variablenmengen sei

$$\Sigma(Y) := \{t(\varphi x_1, \ldots, \varphi x_n) \approx_Y u(\varphi x_1, \ldots, \varphi x_n) | t \approx_X u \in \Sigma,\ \varphi : X \to T(Y)\}.$$

Die Gleichungen in $\Sigma(Y)$ entstehen also, indem man in den Gleichungen in Σ alle Variablen auf alle möglichen Arten durch Y-Terme ersetzt.

Beispiel 10.3.4 Aus der ersten NATSTACK-Gleichung erhält man für jedes Y unendlich viele Gleichungen. Beispiele für $Y = (\{n, m\}, \{t\})$:

$pop(push(t, m)) \approx_Y t$,
$pop(push(push(pop(t), n), top(push(t, succ(m)))))) \approx_Y push(pop(t), n)$.

Beispiele für $Y = \emptyset$:

$pop(push(empty, const)) \approx_Y empty$,
$pop(push(push(empty, succ^2(top(empty))), top(pop(empty))))$
$\approx_Y push(empty, succ^2(top(empty)))$.

Es sei noch angemerkt, daß es Gleichungen $t \approx_X u \in \Sigma$ geben kann, aus denen man keine Gleichungen von $\Sigma(Y)$ erhält (nämlich dann, wenn es keine Belegung $\varphi : X \to T(Y)$ gibt). Das nächste Resultat ist wichtig für das „Funktionieren" der Termersetzungsregeln:

Satz 10.3.5 *Für jede Signatur* SIG, *jede Menge* Σ *von* SIG-*Gleichungen und jede Familie Y von Variablenmengen gilt* $G_Y(\text{SIG}, \Sigma(Y)) = G_Y(\text{SIG}, \Sigma)$. *Insbesondere kann also jede bzgl. Y in allen (SIG, Σ)-Algebren gültige Gleichung aus den Gleichungen in $\Sigma(Y)$ hergeleitet werden (z. B. mit den Deduktionsregeln (G1)–(G5)).*

Beweis. Sei $\theta := G_Y(\text{SIG}, \Sigma)$. Mit Definition 10.2.5 folgt, daß θ die kleinste vollinvariante Kongruenzrelation auf $\mathbf{T}(Y)$ ist, so daß $\mathbf{T}(Y)/\theta$ alle Gleichungen aus Σ erfüllt. Die Gültigkeit dieser Gleichungen in $\mathbf{T}(Y)/\theta$ ist gleichbedeutend mit $\Sigma(Y) \subseteq \theta$, denn $\Sigma(Y)$ besteht gerade aus den Paaren von Termen, die aus Gleichungen in Σ durch beliebige Belegungen mit Y-Termen entstehen. Also ist θ die kleinste $\Sigma(Y)$ umfassende vollinvariante Kongruenzrelation auf $\mathbf{T}(Y)$, d. h. es gilt $G_Y(\text{SIG}, \Sigma(Y)) = \theta$. □

Bei den Termersetzungsregeln werden die vorgegebenen Gleichungen immer nur „**von links nach rechts**" verwendet. Dadurch soll erreicht werden, daß Terme zielgerichtet umgeformt werden können:

Definition 10.3.6 Eine **Termersetzungsregel** bzgl. einer Gleichungsspezifikation SPEC $= (\text{SIG}, \Sigma)$ und einer Familie Y von Variablenmengen ist ein Paar $(t_1, t_2) \in T(Y) \times T(Y)$ mit folgender Eigenschaft:

> t_2 entsteht aus t_1, indem ein Teilterm v von t_1 durch w ersetzt wird, wobei $v \approx_Y w \in \Sigma(Y)$ gilt.

Die Menge aller Termersetzungsregeln wird mit $R(\text{SPEC}, Y)$ bezeichnet. Man nennt $R(\text{SPEC}, Y)$ ein **Termersetzungssystem**. Anstelle von $(t_1, t_2) \in R(\text{SPEC}, Y)$ schreibt man gewöhnlich $t_1 \to t_2$. Für Terme $t, t' \in T(Y)$ wird die Notation $t \stackrel{*}{\to} t'$ verwendet, falls es ein $n \in \mathbb{N}$ und Terme $t_1, \ldots, t_n \in T(Y)$ gibt mit $t = t_1 \to t_2 \to \ldots \to t_n = t'$.

Der Begriff *Teilterm* wurde hier nicht definiert, dürfte aber intuitiv klar sein. Beispielsweise ist $t_1 \to t_2$ eine Termersetzungsregel bzgl. NATSTACK und $Y = (\{n\}, \{s\})$, falls

$$t_1 = push(push(pop(s), \underline{top(push(s, succ(n)))}), top(push(s, succ(n)))),$$
$$t_2 = push(push(pop(s), \underline{succ(n)}), top(push(s, succ(n)))).$$

Hierbei kommt der Teilterm $top(push(s, succ(n)))$ in t_1 zweimal vor. An der Stelle, wo der Teilterm zuerst auftritt, wird er durch $succ(n)$ ersetzt.

Die Termersetzungsregeln sind *konsistent*, d. h. man kann mit ihnen nur gültige Gleichungen ableiten: Aus $t_1 \to t_2$ folgt offenbar $t_1 \approx t_2 \in G_Y(\text{SPEC})$. Die Regeln sind auch *vollständig*, denn man kann mit ihnen *alle* Gleichungen in $G_Y(\text{SPEC})$ herleiten, jedenfalls wenn man die reflexive, symmetrische, transitive Hülle des Termersetzungssystems $R(\text{SPEC}, Y)$ betrachtet:

Satz 10.3.7 *Die kleinste $R(\text{SPEC}, Y)$ umfassende Äquivalenzrelation auf $T(Y)$ ist $G_Y(\text{SPEC})$.*

Für den **Beweis** genügt es wegen Satz 10.3.5 zu zeigen, daß die Termersetzungsregeln die gleiche Wirkung haben wie die Deduktionsregeln angewandt auf die Gleichungsmenge $\Sigma(Y)$. Insbesondere muß man überlegen, daß jede Umformung mit der Regel (G4) oder (G5) auch durch (eventuell mehrfache) Anwendung von Termersetzungsregeln erreicht werden kann, wobei diese Regeln für den Beweis in beide Richtungen verwendet werden dürfen. Die Einzelheiten seien dem interessierten Leser überlassen. Das folgende Beispiel kann als Orientierung dienen:

Beispiel 10.3.8 Die Gleichung in 10.3.2 soll mit Termersetzungsregeln hergeleitet werden. Die Rechnungen folgen also mit NATSTACK und $Y = (\{n\}, \{s\})$:

$$push(s, succ(top(push(s, n))))$$
$$\to push(s, succ(n))$$
$$\leftarrow push(s, top(push(s, succ(n))))$$
$$\leftarrow push(pop(push(s, n)), top(push(s, succ(n))))$$

Die Termersetzungsregeln werden hierbei einmal vorwärts und zweimal rückwärts angewendet.

10.3 Termersetzung und Normalformen

Man kann dieses Beispiel auch folgendermaßen interpretieren: Von jedem der beiden Ausgangsterme gelangt man **nur mit Vorwärtsschritten** zum selben Term, nämlich zu $push(s, succ(n))$. Daher bilden die Ausgangsterme eine gültige Gleichung. Jetzt soll untersucht werden, in welchen Fällen dies *automatisch* funktioniert, d. h. unabhängig davon, in welcher Reihenfolge man die Termersetzungsregeln anwendet.

Definition 10.3.9 Ein Termersetzungssystem $R(\text{SPEC}, Y)$ hat die **Church-Rosser-Eigenschaft**, falls aus $t \approx u \in G_Y(\text{SPEC})$ immer die Existenz eines Terms v folgt mit $t \xrightarrow{*} v$ und $u \xrightarrow{*} v$. Man nennt das Termersetzungssystem dann auch **konfluent**. Ein Termersetzungssystem wird **noethersch** genannt, falls es keine unendlich langen Ableitungsfolgen $t_1 \to t_2 \to \ldots$ gibt. Ein Term $t \in T(Y)$ heißt **irreduzibel**, falls kein Term $u \in T(Y)$ existiert mit $t \to u$. Eine **Normalform** eines Terms $t \in T(Y)$ ist ein irreduzibler Term $u \in T(Y)$ mit $t \xrightarrow{*} u$.

Anmerkung. In der Literatur wird *Konfluenz* üblicherweise etwas anders definiert als hier (und anschließend wird dann jeweils die Äquivalenz mit der *Church-Rosser-Eigenschaft* bewiesen).

Der Beweis des folgenden Satzes sei dem Leser als Übung überlassen:

Satz 10.3.10 *a) Sei $R(\text{SPEC}, Y)$ konfluent. Gelte $t \xrightarrow{*} t'$ und $u \xrightarrow{*} u'$, mit irreduziblen Termen t' und u'. Aus $t \approx u \in G_Y(\text{SPEC})$ folgt dann $t' = u'$.*

b) Sei $R(\text{SPEC}, Y)$ konfluent und noethersch. Dann bilden die irreduziblen Terme ein Repräsentantensystem von $G_Y(\text{SPEC})$: Zu jedem Term $t \in T(Y)$ gibt es genau einen irreduziblen Term $u \in T(Y)$ mit $t \approx u \in G_Y(\text{SPEC})$.

In den folgenden Beispielen wird jeweils der für die Spezifikation von Datentypen interessante Fall $Y = \emptyset$ betrachtet:

Beispiele 10.3.11 a) Das Termersetzungssystem $R(\text{NATSTACK}, \emptyset)$ ist noethersch, da in jeder der vier NATSTACK-Gleichungen der Term auf der rechten Seite kürzer ist (d. h. weniger Symbole hat) als der Term auf der linken Seite. Mit Hilfe von 10.3.12 wird gezeigt werden, daß $R(\text{NATSTACK}, \emptyset)$ auch konfluent ist.

b) Betrachtet werde die Spezifikation

NATF =	NAT +
Operationen	$f : nat \times nat \to nat$
Gleichungen	$f(n, succ(const)) = f(succ(const), succ(n))$
	$f(succ(n), m) = f(n, m)$

Dann ist $R(\text{NATF}, \emptyset)$ nicht noethersch, da die folgende unendliche Ableitungsfolge existiert:

$$f(const, succ(const)) \to f(succ(const), succ(const)) \to f(const, succ(const)) \to \ldots$$

c) Für die Spezifikation

NATG =	NAT +
Operationen	$g : nat \times nat \to nat$
Gleichungen	$g(n, const) = const$

$$g(n, succ(m)) = m$$
$$g(n, succ(succ(m))) = g(n, m)$$

ist $R(\text{NATG}, \emptyset)$ zwar offensichtlich noethersch, aber nicht konfluent, denn der Term $g(const, succ(succ(const)))$ besitzt zwei verschiedene Auswertungen:

(1) $g(const, succ(succ(const))) \to succ(const)$,
(2) $g(const, succ(succ(const))) \to g(const, const) \to const$.

Dies kann auch so formuliert werden: Falls es beabsichtigt war, eine zweistellige Operation g auf den natürlichen Zahlen zu definieren, so ist dies fehlgeschlagen, denn für $g(0, 2)$ ergeben sich zwei verschiedene Ergebnisse.

Man erkennt in vielen Fällen leicht, daß ein Termersetzungssystem noethersch ist. Dagegen fällt der Nachweis der Konfluenz oft schwer. Wenn man alle irreduziblen Terme schon kennt, dann können die folgenden Überlegungen helfen. Falls $R(\text{SPEC}, Y)$ noethersch ist, dann gibt es zu jedem Term aus $T(Y)$ mindestens eine Normalform. Daher kann auf der Mengenfamilie $C \subseteq T(Y)$ aller bzgl. $R(\text{SPEC}, Y)$ irreduziblen Terme eine Algebra $\mathbf{C} = (C, (f_\mathbf{C} | f \in \mathcal{F}))$ mit folgender Eigenschaft definiert werden:

$$f_\mathbf{C}(c_1, \ldots, c_n) \text{ ist eine Normalform von } f(c_1, \ldots, c_n)$$

für alle $f \in \mathcal{F}$ ($f : s_1 \times \ldots \times s_n \to s$) und alle $c_1 \in C_{s_1}, \ldots, c_n \in C_{s_n}$.

Bemerkung 10.3.12 *Für jede solche Algebra $\mathbf{C}$ gilt unter den genannten Voraussetzungen:*

$$\text{SPEC ist konfluent} \iff \mathbf{C} \text{ erfüllt alle SPEC-Gleichungen}.$$

Beweis. $\Rightarrow$: Sei $R(\text{SPEC}, Y)$ konfluent (und noethersch). Die SPEC-Gleichungen gelten in $\mathbf{C}$, da $\mathbf{C}$ isomorph zur freien Algebra $\mathbf{F}_{\text{SPEC}}(Y)$ ist. Ein Isomorphismus $\varphi : \mathbf{C} \to \mathbf{F}_{\text{SPEC}}(Y)$ wird gegeben durch $\varphi(c) = \bar{c}$, wobei $\bar{c}$ die c enthaltende Äquivalenzklasse von $G_Y(\text{SPEC})$ bezeichnet (siehe 10.3.10b).

$\Leftarrow$: Sei $R(\text{SPEC}, Y)$ nicht konfluent (aber noethersch). Dann gibt es eine Gleichung $c \approx d \in G_Y(\text{SPEC})$ mit Termen $c, d \in C$ und $c \neq d$. Sei $c = c(y_1, \ldots, y_n)$ und $d = d(y_1, \ldots, y_n)$. Da c und d irreduzibel sind, folgt $c_\mathbf{C}(y_1, \ldots, y_n) = c(y_1, \ldots, y_n)$ und $d_\mathbf{C}(y_1, \ldots, y_n) = d(y_1, \ldots, y_n)$. Die Gleichung $c \approx_Y d$ gilt also nicht in $\mathbf{C}$. $\square$

Zusatz. *Falls $R(\text{SPEC}, Y)$ konfluent und noethersch ist, dann ist $\mathbf{C}$ eindeutig bestimmt und isomorph zu $\mathbf{F}_{\text{SPEC}}(Y)$. Man nennt $\mathbf{C}$ dann eine* **Normalformenalgebra**.

Beispiel 10.3.13 NATSTACK *ist korrekt bzgl.* **Nst** *(siehe 10.1.4c).*

Beweis. Zuerst überlegt man, daß die folgenden Mengen genau die bzgl. $R(\text{NATSTACK}, \emptyset)$ irreduziblen Terme enthalten:

$C_{nat} := \{succ^n(const) | n \in \mathbb{N}_0\}$,
$C_{stack} := \{push(\ldots(push(empty, succ^{n_1}(const)), \ldots), succ^{n_k}(const)) | k, n_1, \ldots, n_k \in \mathbb{N}_0\}$.

Sei $\mathbf{C}$ die Algebra auf C mit den in naheliegender Weise definierten Operationen, also beispielsweise

$$succ_\mathbf{C}(n) := succ(n), \; push_\mathbf{C}(s, n) := push(s, n),$$
$$top_\mathbf{C}(push(s, n)) := n, \; top_\mathbf{C}(empty) := const$$

10.3 Termersetzung und Normalformen

für alle $n \in C_{nat}, s \in C_{stack}$. Es ist unmittelbar klar, daß $\mathbf{C} \cong \mathbf{Nst}$ gilt, weshalb $\mathbf{C}$ auch alle SPEC-Gleichungen erfüllt. Mit 10.3.12 folgt die Konfluenz von $R(\text{NATSTACK}, \emptyset)$, woraus man mit dem Zusatz sofort $\mathbf{Nst} \cong \mathbf{F}_{\text{NATSTACK}}$ erhält, d. h. die Korrektheit von NATSTACK bzgl. $\mathbf{Nst}$. □

Auch nicht noethersche oder nicht konfluente Termersetzungssysteme lassen sich oft gut verwenden, falls die Termersetzungsregeln nicht in beliebiger Reihenfolge angewendet werden, sondern entsprechend einer vorher festgelegten einheitlichen Strategie. Zwei elementare Beispiele sollen dies belegen.

Beispiele 10.3.14 a) Es werde folgende Spezifikation betrachtet:

NATSET =	NAT +
Sorten	set
Operationen	$empty : \to set$
	$insert : set \times nat \to set$
Gleichungen	$insert(insert(s, n), m) = insert(insert(s, m), n)$
	$insert(insert(s, n), n) = insert(s, n)$

Wegen der ersten Gleichung ist $R(\text{NATSET}, \emptyset)$ offensichtlich nicht noethersch. Sei

$$C_{nat} := \{succ^n(const) | n \in \mathbb{N}_0\},$$
$$C_{set} := \{insert(\ldots(insert(empty, succ^{n_1}(const)), \ldots), succ^{n_k}(const))|$$
$$k, n_1, \ldots, n_k \in \mathbb{N}_0, n_1 < \ldots < n_k\}.$$

Wendet man ein Operationssymbol auf Terme aus $C = (C_{nat}, C_{set})$ an, so ist das Ergebnis wieder äquivalent zu einem dieser Terme. Beispielsweise gilt

$$insert(insert(insert(empty, const), succ^3(const)), const) \to$$
$$insert(insert(insert(empty, const), const), succ^3(const)) \to$$
$$insert(insert(empty, const), succ^3(const)) \in C_{set}.$$

Auf C kann daher in naheliegender Weise eine Algebra $\mathbf{C}$ definiert werden. Aus folgenden Gründen ist $\mathbf{C}$ isomorph zu $\mathbf{F}_{\text{NATSET}}$: Da $\mathbf{C}$ eine NATSET-Algebra ist, gibt es einen eindeutig bestimmten Homomorphismus $\varphi : \mathbf{F}_{\text{NATSET}} \to \mathbf{C}$. Dieser Homomorphismus ist surjektiv, da $\mathbf{C}$ von den NATSET-Konstanten erzeugt wird, und injektiv, da $\varphi \bar{t} \approx t$ für jeden Term $t \in T_{\text{NATSET}}$ gilt (vgl. Aufgabe 8). Man nennt $\mathbf{C}$ eine **kanonische Termalgebra** (es handelt sich strenggenommen nicht um eine Normalformenalgebra). Offenbar gilt $\mathbf{C} \cong \mathbf{Nset}$ mit $\mathbf{Nset} = (\mathbb{N}_0, \mathcal{P}_e(\mathbb{N}_0); 0, succ_{\mathbf{Nset}}, \emptyset, insert_{\mathbf{Nset}})$. Hierbei bezeichnet $\mathcal{P}_e(\mathbb{N}_0)$ die Menge aller *endlichen* Teilmengen von $\mathbb{N}_0$, und $insert_{\mathbf{Nset}}$ ist definiert durch $insert_{\mathbf{Nset}}(S, n) := S \cup \{n\}$.

b) Sei BOOL die Spezifikation der booleschen Algebren aus Definition 1.1.5n. Die zugehörigen Gleichungen muß man sich in 1.1.5 zusammensuchen. Außerdem werden zusätzlich zu den Gleichungen $x \wedge 1 = x$ und $x \vee x' = 1$ die dazu symmetrischen Gleichungen $x = x \wedge 1$ und $1 = x \vee x'$ verwendet. Das folgende Beispiel zeigt, wie ein Term mit den Regeln aus $R(\text{BOOL}, \{x_1, \ldots, x_n\})$ systematisch in seine **disjunktive Normalform** umgeformt werden kann (die im Sinne von 10.3.9 keine Normalform ist):

$$(x' \wedge (x \vee y'))' \xrightarrow{*} x'' \vee (x \vee y')' \xrightarrow{*} x'' \vee (x' \wedge y'')$$
$$\xrightarrow{*} x \vee (x' \wedge y) \xrightarrow{*} (x \wedge 1) \vee (x' \wedge y) \xrightarrow{*}$$
$$(x \wedge (y \vee y')) \vee (x' \wedge y) \xrightarrow{*} (x \wedge y) \vee (x \wedge y') \vee (x' \wedge y).$$

Abschließend sei daran erinnert, daß es Spezifikationen mit unlösbarem *Wortproblem* gibt, wo die Gültigkeit von Gleichungen also i. a. nicht *entscheidbar* ist (vgl. Anmerkungen zu Kapitel 6).

10.4 Erweiterungen und Parametrisierungen

Für die Spezifikation großer Datentypen ist es oft nützlich, wenn man kleinere, gut bekannte Datentypen „einbauen" kann. In diesem Abschnitt sollen typische Methoden hierfür vorgestellt werden, allerdings in sehr elementarer Weise und hauptsächlich an Beispielen orientiert. Außerdem werden, ohne daß dies im einzelnen erwähnt wird, ausschließlich *Gleichungsspezifikationen* betrachtet.

Definition 10.4.1 Eine Spezifikation SPEC1 = $((S_1, \mathcal{F}_1, \sigma_1), \Sigma_1)$ heißt **Erweiterung** einer Spezifikation SPEC = $((S, \mathcal{F}, \sigma), \Sigma)$, falls $S_1 \supseteq S$, $\mathcal{F}_1 \supseteq \mathcal{F}$, $\sigma_1 \supseteq \sigma$ (d. h. $\sigma_1(f) = \sigma(f)$ für alle $f \in \mathcal{F}$) und $\Sigma_1 \supseteq \Sigma$. Man notiert Erweiterungen oft in der Form SPEC1 = SPEC + SPEC', wobei SPEC' die neu hinzugekommenen Sorten, Operationssymbole und Axiome spezifiziert, also mit SPEC' = $((S_1 \setminus S, \mathcal{F}_1 \setminus \mathcal{F}, \sigma_1 \setminus \sigma), \Sigma_1 \setminus \Sigma)$.

Man beachte, daß SPEC' hierbei i. a. keine Spezifikation ist. Beispielsweise gilt NATF = NAT + $((S', \mathcal{F}', \sigma'), \Sigma')$, mit $S' = \emptyset$, $\mathcal{F} = \{f\}$ usw. (siehe 10.3.11b). Natürlich kommt es darauf an, daß bei einer Erweiterung der durch die Ausgangsspezifikation axiomatisierte Datentyp „erhalten" bleibt:

Definition 10.4.2 Sei SPEC1 = $((S_1, \mathcal{F}_1, \sigma_1), \Sigma_1)$ eine Erweiterung von SPEC = $((S, \mathcal{F}, \sigma), \Sigma)$. Für jede SPEC1-Algebra $\mathbf{A} = ((A_s | s \in S_1), (f_\mathbf{A} | f \in \mathcal{F}_1))$, nennt man die Algebra $(\mathbf{A})_{\text{SPEC}} := ((A_s | s \in S), (f_\mathbf{A} | f \in \mathcal{F}))$ den SPEC-**Redukt** von $\mathbf{A}$. Offenbar ist $(\mathbf{A})_{\text{SPEC}}$ immer eine SPEC-Algebra. Hieraus folgt insbesondere, daß es genau einen Homomorphismus $\varphi : \mathbf{F}_{\text{SPEC}} \to (\mathbf{F}_{\text{SPEC1}})_{\text{SPEC}}$ gibt. Die Erweiterung SPEC1 von SPEC heißt

- **konsistent**, falls φ injektiv ist,

- **vollständig**, falls φ surjektiv ist.

Beispiele 10.4.3 a) Die Erweiterung NATSTACK von NAT ist konsistent, da Terme $succ^n(const)$ und $succ^m(const)$ mit $n \neq m$ verschieden bleiben. Die Erweiterung ist vollständig, da jeder *nat*-Term von NATSTACK zu einem Term der Form $succ^n(const)$ äquivalent ist.

b) Betrachtet werde die folgende Erweiterung, bei der NATSET um eine Operation *delete* angereichert wird:

NATSETD =	NATSET +
Operationen	$delete : set \times nat \to set$
Gleichungen	$delete(empty, n) = empty$
	$delete(insert(s, n), n) = s$

Die Erweiterung ist inkonsistent, denn in NATSETD gilt

$$empty \approx delete(insert(empty, const), const)$$
$$\approx delete(insert(insert(empty, const), const), const)$$
$$\approx insert(empty, const).$$

10.4 Erweiterungen und Parametrisierungen

In Beispiel 10.4.9 wird gezeigt werden, wie man *delete* (das Entfernen eines Elements aus einer endlichen Menge natürlicher Zahlen) korrekt spezifizieren kann.

c) Die folgende Erweiterung ist konsistent, aber nicht vollständig:

INT =	NAT +
Operationen	$pred : nat \to nat$
Gleichungen	$succ(pred(n)) = n$
	$pred(succ(n)) = n$

Keiner der Terme $pred^n(const)$, $n \in \mathbb{N}$, ist zu einem NAT-Term äquivalent. Es gilt $\mathbf{F}_{\text{SPEC1}} \cong (\mathbb{Z}, 0, g, h)$, mit $g(n) := n+1$ und $h(n) := n-1$.

In diesen Beispielen wurden die folgenden offensichtlichen Kriterien verwendet:

Bemerkung 10.4.4 *Eine Erweiterung* SPEC1 *von* SPEC *ist*

a) genau dann konsistent, wenn aus $t, u \in T_{\text{SPEC}}$ *und* $t \approx u \in G_\emptyset(\text{SPEC1})$ *immer* $t \approx u \in G_\emptyset(\text{SPEC})$ *folgt,*

b) genau dann vollständig, wenn es für jede SPEC*-Sorte* s *und jeden Term* $t \in (T_{\text{SPEC1}})_s$ *einen Term* $t' \in T_{\text{SPEC}}$ *mit* $t \approx t' \in G_\emptyset(\text{SPEC1})$ *gibt.*

Es sei noch angemerkt, daß man zu korrekten Spezifikationen großer Datenmengen oft mit *schrittweisen Erweiterungen* gelangt, wobei für jeden Erweiterungsschritt Konsistenz und Vollständigkeit nachzuprüfen sind.

Im zweiten Teil dieses Abschnitts werden, größtenteils anhand des Beispiels NAT-STACK, *parametrisierte Spezifikationen* behandelt. Die Grundidee ergibt sich aus der naheliegenden Beobachtung, daß man Stacks beliebiger Mengen und nicht nur natürlicher Zahlen betrachten kann. Eine adäquate Beschreibung könnte folgendermaßen aussehen. Zunächst benötigt man eine Spezifikation für beliebige Mengen mit einer zusätzlichen Konstanten, die bzgl. Stack als Error-Element dienen wird:

DATA1	
Sorten	*data*
Operationen	$const : \to data$

Diese Spezifikation wird jetzt als *Parameter* von STACK verwendet:

STACK(DATA1) = DATA1 +
Sorten
Operationen } Hier folgen dieselben Angaben wie in NATSTACK, wobei
Gleichungen   aber *nat* jedesmal durch *data* ersetzt wird (siehe 10.1.4c).

Definition 10.4.5 Eine **parametrisierte Spezifikation** ist eine Gleichungsspezifikation der Form SPEC1 = SPEC + $((S_1, \mathcal{F}_1, \sigma_1), \Sigma_1)$. Hierbei heißt $((S_1, \mathcal{F}_1, \sigma_1), \Sigma_1)$ der **Rumpf** und SPEC der **formale Parameter** der Spezifikation.

Der formale Parameter SPEC = $((S, \mathcal{F}, \sigma), \Sigma)$ kann durch einen **aktuellen Parameter** SPEC′ = $((S', \mathcal{F}', \sigma'), \Sigma')$ ersetzt werden. Man benötigt hierzu eine Vorschrift $h :$ SPEC $\to$ SPEC′ für die **Parameter-Übergabe**, also ein Paar $h = (h_1, h_2)$ von Abbildungen $h_1 : S \to S'$ und $h_2 : \mathcal{F} \to \mathcal{F}'$, welches σ und Σ erhält: Für $f \in \mathcal{F}$ mit $f : s_1 \times \ldots \times s_n \to s$ gelte $h_2(f) = h_1(s_1) \times \ldots \times h_1(s_n) \to h_1(s)$, und es sei $h_2(\Sigma) \subseteq \Sigma'$ (wobei die Bedeutung von $h_2(\Sigma)$ offensichtlich ist).

Definition 10.4.6 Die resultierende Spezifikation ist $\text{SPEC1}' = \text{SPEC}'+((S_1, \mathcal{F}_1, \sigma_1), \Sigma_1)_h$. Hierbei werden die in $((S_1, \mathcal{F}_1, \sigma_1), \Sigma_1)$ vorkommenden Sorten und Operationssymbole aus S bzw. $\mathcal{F}$ entsprechend h ersetzt.

In STACK(DATA1) = DATA1 +... ist DATA1 der formale Parameter und ... der Rumpf. Mit der durch $h_1(data) := nat$ und $h_2(const) := const$ definierten Parameter-Übergabe $h : \text{DATA1} \to \text{NAT}$ ergibt sich als Resultat die Spezifikation NATSTACK, wofür jetzt auch $\text{STACK}_h(\text{NAT})$ oder kürzer STACK(NAT) geschrieben wird. Die Korrektheit von STACK(NAT) läßt sich *nicht* mit der Quotienten-Termalgebra überprüfen, da die Sorte *data* nur ein Element enthält. Stattdessen kann man die Abbildung $\Phi : M(\text{DATA1}) \to M(\text{STACK}(\text{DATA1}))$ verwenden, die jeder DATA1-Algebra $\mathbf{A} = (A, const)$ die „typische" STACK(DATA1)-Algebra

$$\Phi(\mathbf{A}) := (A, A^*; const, empty, push, pop, top)$$

mit den in naheliegenderweise definierten Operationen zuordnet (vgl. 10.1.4c). Man nennt Φ einen **Modellfunktor** (auf den kategorientheoretischen Hintergrund dieses Begriffes soll hier nicht eingegangen werden). Korrektheit läßt sich jetzt sinnvoll beschreiben:

Definition 10.4.7 Die parametrisierte Spezifikation STACK(DATA1) heißt **korrekt** bzgl. Φ und einer Parameter-Übergabe $h : \text{DATA1} \to \text{SPEC}'$, falls folgende Bedingungen erfüllt sind:

(1) $(\mathbf{F}_{\text{STACK}(\text{SPEC}')})_{\text{SPEC}'} \cong \mathbf{F}_{\text{SPEC}'}$,

(2) $(\mathbf{F}_{\text{STACK}(\text{SPEC}')})_{\text{STACK}(h(\text{DATA1}))} \cong \Phi((\mathbf{F}_{\text{SPEC}'})_{h(\text{DATA1})})$.

Bedingung (1) besagt, daß $\mathbf{F}_{\text{SPEC}'}$ isomorph ist zum SPEC'-Redukt von $\mathbf{F}_{\text{STACK}(\text{SPEC}')}$ oder, anders formuliert, daß $\mathbf{F}_{\text{STACK}(\text{SPEC}')}$ eine konsistente und vollständige Erweiterung von $\mathbf{F}_{\text{SPEC}'}$ ist (**Schutz des aktuellen Parameters**). Bedingung (2) bedeutet, daß $\mathbf{F}_{\text{STACK}(\text{SPEC}')}$ entsprechend dem Modellfunktor Φ als Stack funktioniert (**Verträglichkeit mit dem Modellfunktor**). Hierbei bezeichnet $h(\text{DATA1})$ die Spezifikation DATA1, bei der *data* durch $h_1(data)$ und *const* durch $h_2(const)$ ersetzt wurde. Der Leser möge sich 10.4.7 mit $h : \text{DATA1} \to \text{NAT}$ von oben klarmachen. Tatsächlich ist STACK(DATA1) eine sehr gutartige parametrisierte Spezifikation:

Bemerkung 10.4.8 STACK(DATA1) *ist korrekt bzgl.* Φ *und jeder Parameter-Übergabe* $h : \text{DATA1} \to \text{SPEC}'$.

Der **Beweis** ist eine nicht allzu schwere Übungsaufgabe. Man kann also ohne weiteres „funktionierende" Spezifikationen bilden wie STACK(NAT1), STACK(INT) oder auch STACK(STACK(NAT)) (d. h. einen Stack, in dem Stacks natürlicher Zahlen gespeichert werden). Allerdings muß bei diesem Beispiel darauf geachtet werden, daß Sorten und Operationssymbole verschiedene Namen bekommen, wenn sie nicht zum „gemeinsamen Anteil" von Rumpf und Parameter gehören. In STACK(STACK(NAT)) kann man beispielsweise in der äußeren Stack-Ebene *stack*, *push*, usw. verwenden und *stack'*, *push'*, usw. auf der inneren Stack-Ebene.

10.4 Erweiterungen und Parametrisierungen

Beispiel 10.4.9 Der formale Parameter sei

	DATA2	
Sorten	*data, bool*	
Operationen	$false, true : \to bool$	
	$eq : data \times data \to bool$	
Gleichungen	$eq(n,n) = true$	

Es werde die folgende parametrisierte Spezifikation betrachtet:

SET1(DATA2) =	DATA2 +
Sorten	*set*
Operationen	$empty : \to set$
	$insert, delete : set \times data \to set$
	$if\_then\_else\_ : bool \times set \times set \to set$
Gleichungen	$insert(insert(s,n),m) = insert(insert(s,m),n)$
	$insert(insert(s,n),n) = insert(s,n)$
	$delete(empty,n) = empty$
	$delete(insert(s,n),m) = if\ eq(n,m)$
	$\quad then\ delete(s,n)\ else\ insert(delete(s,m),n)$
	$if\ true\ then\ s_1\ else\ s_2 = s_1$
	$if\ false\ then\ s_1\ else\ s_2 = s_2$

Der Modellfunktor $\Phi : M(\text{DATA2}) \to M(\text{SET1}(\text{DATA2}))$ sei definiert durch

$$\Phi(A) := (A, \{f, t\}, \mathcal{P}_e(A); false, true, eq, empty, insert, delete, if\_then\_else\_)$$

mit den offensichtlichen Definitionen für die Operationen, also insbesondere mit $eq(n,m) = t$ falls $n = m$, und $eq(n,m) = f$ sonst. Man kann zeigen (Beweis als Übung), daß SET1(DATA2) korrekt ist bzgl. Φ und der auf naheliegende Weise definierten Parameter-Übergabe $h :$ DATA2 $\to$ NAT2. Dabei sei NAT2 die folgende Spezifikation:

NAT2 =	NAT +
Sorten	*bool*
Operationen	$false, true : \to bool$
	$eq : nat \times nat \to bool$
Gleichungen	$eq(const, const) = true$
	$eq(const, succ(n)) = false$
	$eq(succ(n), const) = false$
	$eq(succ(n), succ(m)) = eq(n,m)$

Natürlich muß die Korrektheitsdefinition in 10.4.7 sinngemäß abgeändert werden, also z. B. mit NAT2 bzw. SET1(NAT2) anstelle von SPEC' bzw. STACK(SPEC') in Bedingung (1). Durch SET1(NAT2) werden also Mengen natürlicher Zahlen mit den Operationen „Einfügen eines Elements" und „Entfernen eines Elements" korrekt spezifiziert (vgl. 10.4.3.b). Es werden dabei zwei **versteckte Operationssymbole** verwendet, nämlich *eq* und *if_then_else_*, die gegenüber dem an *insert* und *delete* interessierten Benutzer des abstrakten Datentyps nicht in Erscheinung treten.

Der parametrisierte Datentyp SET1(DATA2) ist für $h :$ DATA2 $\to$ SPEC' beispielsweise dann **nicht korrekt**, wenn es in $\mathbf{F}_{\text{SPEC}'}$ Elemente n, m mit $n \neq m$ und $eq(n,m) = true$ gibt, oder wenn es in $\mathbf{F}_{\text{SPEC}'}$ mehr als zwei Elemente der Sorte $h_1(bool)$ gibt.

Abschließend sei bemerkt, daß parametrisierte Datentypen vor allem deshalb nur sehr oberflächlich dargestellt werden konnten, da in diesem Bereich zusätzliche mathematische Begriffsbildungen (z. B. aus der Kategorientheorie) benötigt werden, die hier nicht zur Verfügung standen.

10.5 Anmerkungen zu Kapitel 10

In diesem Kapitel wurden einige typische Grundbegriffe und Beispiele vorgestellt. Das Hauptziel aber war, die direkten Zusammenhänge zwischen Allgemeiner Algebra und einem konkreten Teilgebiet der Informatik sichtbar zu machen. Mit Hilfe der in den vorherigen Kapiteln erworbenen algebraischen Grundlage sollte es dem interessierten Leser jetzt leichtfallen, sich in weiterführende Literatur zur Algebraischen Spezifikation einzuarbeiten. Im folgenden sind einige Standardlehrbücher angegeben. Es sei noch angemerkt, daß die Methoden der Algebraischen Spezifikation erst dann ihre volle Kraft entfalten können, wenn sehr große und komplizierte Datentypen betrachtet werden. Die hier betrachteten einfachen Beispiele sollten dagegen in erster Linie die verwendeten Begriffe illustrieren.

H.-D. Ehrich, M. Gogolla, U. W. Lipeck: *Algebraische Spezifikation abstrakter Datentypen*. B. G. Teubner, Stuttgart, 1989.

H. Ehrig, B. Mahr: *Fundamentals of algebraic specification 1*. Springer, Berlin, 1985.

H. A. Klaeren: *Algebraische Spezifikation*. Springer, Berlin, 1983.

10.6 Aufgaben

1. Betrachtet werde die Spezifikation

   NAT' =   NAT +
   Operationen $+ : nat \times nat \to nat$
   Gleichungen $const + const = const$
                     $n + succ(m) = succ(n + m)$
                     $succ(n) + m = succ(n + m)$

   Welche der Algebren $\mathbf{N2} = (\mathbb{N}_0, 0, succ, +)$, $\mathbf{N3} = (\mathbb{Z}, 0, succ, +)$, $\mathbf{N4} = (\{0,1,2\}, 0, succ, +)$ sind NAT'-Algebren? Hierbei seien die Operationen in $\mathbf{N2}$ und $\mathbf{N3}$ wie üblich definiert, also insbesondere mit $succ(n) := n + 1$. In $\mathbf{N4}$ sei $succ(0) := 1$, $succ(1) := 2$, $succ(2) := 0$ (Nachfolger modulo 3), aber $n + m := \max\{n, m\}$.

2. (a) Kann eine VEKTORRAUM-Algebra $\mathbf{V}$ im Sinne von 10.1.4.d Unteralgebren haben, die keine Unteralgebren im Sinne der Spezifikation aus 1.1.5i sind, also keine Untervektorräume?

   (b) Dieselbe Frage für Kongruenzrelationen von $\mathbf{V}$.

3. Betrachtet werde die Spezifikation SPEC = (SIG, Σ) mit
   SIG
   Sorten s, t, u
   Operationen $c :\to s$

10.6 Aufgaben

$$f : s \to t$$
$$g : t \to t$$
$$h : t \times u \to t$$

sowie $\Sigma := \{g(f(x)) \approx_X f(x),\ g^2(y) \approx_{X'} y,\ h(y, z) \approx_{X''} y\}$ mit $X = (\{x\}, \{y\}, \{z\})$, $X' = (\emptyset, \{y\}, \emptyset)$, $X'' = (\emptyset, \{y\}, \{z\})$.

(a) Gilt in allen SPEC-Algebren die Gleichung $g(f(x)) \approx_Y f(x)$ mit $Y = (\{x\}, \{y\}, \emptyset)$ bzw. mit $Y = (\{x\}, \emptyset, \{z\})$?

(b) Bestimme die Gleichungsmengen $\Sigma(\emptyset)$ und $G_\emptyset(\text{SPEC})$ sowie die Quotienten-Termalgebra $\mathbf{F}_{\text{SPEC}}$.

4. Liegen die folgenden Gleichungen in $G_X(\text{NATSTACK})$, mit $X = (\{n\}, \{s\})$?

   (a) $push(s, top(pop(push(s, n)))) \approx push(pop(push(s, n)), top(push(s, top(s))))$,

   (b) $push(push(pop(s), top(s)), top(s)) \approx push(s, top(push(s, top(s))))$.

5. Bzgl. welcher der drei Algebren **N2**, **N3**, **N4** ist die Spezifikation NAT' aus Aufgabe 1 korrekt?

6. Mit den Regeln aus $R(\text{NATSTACK}, \emptyset)$ bestimme man die Normalform von

   $$push(push(pop(empty), const), succ(top(push(empty, succ^2(const))))).$$

7. Beweise Satz 10.3.10.

8. Beweise folgende Verallgemeinerung der Methode aus Beispiel 10.3.14a. Sei SPEC eine Gleichungsspezifikation, X eine Familie von Variablenmengen und $C \subseteq T(X)$ eine Mengenfamilie, auf der eine Algebra **C** definiert ist. Dann ist **C** isomorph zur freien Algebra $\mathbf{F}_{\text{SPEC}}(X)$, falls folgende Bedingungen erfüllt sind:

   (0) **C** ist eine SPEC-Algebra,

   (1) für alle $f \in \mathcal{F}$ ($f : s_1 \times \ldots \times s_n \to s$) und alle $c_1 \in C_{s_1}, \ldots, c_n \in C_{s_n}$ gilt

   $$f_{\mathbf{C}}(c_1, \ldots, c_n) \approx f(c_1, \ldots, c_n) \in G_X(\text{SPEC}),$$

   (2) für jede Variable $x \in X$ gibt es einen Term $c_x \in C$ mit $x \approx c_x \in G_X(\text{SPEC})$,

   (3) **C** wird von $\{c_x | x \in X\}$ erzeugt.

   Anleitung: Da Satz 6.3.9 auch mehrsortig gilt, gibt es wegen (0) genau einen Homomorphismus $\overline{\varphi} : \mathbf{F}_{\text{SPEC}}(X) \to \mathbf{C}$ mit $\overline{\varphi}(\overline{x}) = c_x$ für alle $x \in X$. Mit algebraischer Induktion über den Aufbau der Terme zeigt man unter Verwendung von (1) und (2), daß $\overline{\varphi}(\overline{t}) \approx t$ gilt für alle $t \in \mathbf{T}(X)$. Hieraus folgt die Injektivität von $\overline{\varphi}$. Die Surjektivität folgt mit (3).

9. Wende die Methode aus Aufgabe 8 auf die Spezifikation BOOL und $X = \{x_1, \ldots, x_n\}$ an. Wieviele Elemente hat die freie Algebra $\mathbf{F}_{\text{BOOL}}(x_1, \ldots, x_n)$? Vgl. 10.3.14b.

10. Untersuche, ob die Spezifikationen NATF bzw. NATG aus 10.3.11b, als Erweiterungen von NAT betrachtet, konsistent und vollständig sind.

11. Gib eine konsistente und vollständige Erweiterung NAT″ von NAT′ an, die korrekt die Multiplikation natürlicher Zahlen spezifiziert (siehe Aufgabe 1).

12. Beweise Bemerkung 10.4.8.

Symbolverzeichnis

Symbol	Seite	Symbol	Seite
$\forall$	1	$\varphi \mathbf{A}$	9
$\exists$	1	$End\, \mathbf{A}$	9
$Op_n(A)$	1	$Aut\, \mathbf{A}$	9
$Op(A)$	1	id_A	9
$(\mathcal{F}, \sigma)$	1	$\varphi_2 \circ \varphi_1$	9
$\sigma(f)$	2	$\varphi\, \mathbf{U}$	10
$\mathbf{A}$	2	$\varphi^{-1}\mathbf{V}$	10
(A, F)	2	$(a, b) \in \Theta$	11
$f_\mathbf{A}$	2	$a = b\ (mod\, \Theta)$	11
$(A, f_1, \ldots, f_k)$	2	$a\, \Theta\, b$	11
$(\sigma_1, \ldots, \sigma_k)$	2	$[a]\Theta$	11
$(G, \cdot)$	2	$Eq\, A$	11
$(G, \cdot, ^{-1}, e)$	2	∇_A	11
(G, p)	2	Δ_A	11
$(H, \cdot)$	3	$\Theta \wedge \Psi$	12
$(M, \cdot, e)$	3	$\Theta \vee \Psi$	12
$(Q, \cdot)$	3	$(Eq\, A, \vee, \wedge)$	12
$(Q, \cdot, /, \backslash)$	3	$\Theta_1 \circ \Theta_2$	12
$(L, \cdot, e)$	3	Θ_N	13
$(L, \cdot, /, \backslash, e)$	3	$Con\, \mathbf{A}$	13
$(R, +, -, 0, \cdot)$	3	$p_i(x_1, \ldots, x_n)$	13
$(R, +, -, 0, \cdot, 1)$	3	$\mathbf{A}/\Theta$	14
$(K, +, -, 0, \cdot, 1)$	4	$Kern\, \varphi$	14
$(M, +, -, 0, R)$	4	$\pi_\Theta : A \to A/\Theta$	15
$(V, +, -, 0, K)$	4	$(Con\, \mathbf{A}, \vee, \wedge)$	16
$(L, \vee, \wedge)$	4	$\Theta(X)$	16
$(L, \vee, \wedge, 0, 1)$	4	$\Theta(a_1, \ldots, a_n)$	16
$(L, \vee)$	5	$[X]\Theta$	17
$(L, \wedge)$	5	$\mathcal{M}$	21
$(B, \vee, \wedge, ', 0, 1)$	5	$\mathcal{P}(A)$	21
$\mathbf{B} \leq \mathbf{A}$	6	$\mathcal{H}$	21
$Sub\, \mathbf{A}$	6	$\mathcal{C}(X)$	21
$\langle X \rangle$	6	$\mathcal{C}_\mathcal{H}$	22
$\langle X \rangle_\mathbf{A}$	6	$\mathcal{H}_\mathcal{C}$	22
$\langle x_1, \ldots, x_n \rangle$	6	$(\mathcal{H}, \vee, \wedge)$	22
$E(X)$	7	$(A, \leq)$	24
$B \wedge C$	7	$\bigvee B$	25
$B \vee C$	7	$\bigwedge B$	25
$(Sub\, \mathbf{A}, \vee, \wedge)$	7	$[a, b]$	25
(Hom)	8	$a \prec b$	25
$\mathbf{A} \cong \mathbf{B}$	8	$(L, \leq)$	25
$\varphi : \mathbf{A} \to \mathbf{B}$	9	$\mathcal{D}(L)$	33

Symbolverzeichnis

$\mathcal{L}(D)$	33	$\mathbf{F}_{\mathcal{K}}(x_1,\ldots,x_n)$	66
$[L]$	33	$\mathbf{F}_{\mathcal{K}}(n)$	66
(σ,τ)	34	$\mathbf{F}_{\mathcal{K}}(x_1,x_2,\ldots)$	66
$(G,\leq^\delta)$	34	$\mathbf{F}_{\mathcal{K}}(\omega)$	66
G^δ	34	$p(x,y,z)$	70
$(\mathcal{D},\mathcal{L})$	35	$m(x,y,z)$	72
(E,K)	36	$q(x,y,z)$	72
$E(G)$	36	$d_i(x,y,z)$	73
$K(G)$	36	$\mathbf{M}_3$	75
$S_{G,0,1}(\varphi)$	37	$\mathbf{N}_5$	75
$P_{G,0,1}(\varphi)$	37	$m_i(x,y,z,u)$	76
$\Theta_L(x,y)$	38	$\mathbf{A}_A$	81
A^*	38	χ_a	82
Θ/Ψ	44	$x\vert y$	83
$\mathbf{B}^\Theta$	45	$t(x,y,z)$	84
$\Theta\vert_B$	45	(TB)	92
$\mathbf{B}\times\mathbf{C}$	48	D_β	95
$\beta(b,c)$	48	$\Theta_{\boldsymbol{\alpha}}(D_\beta)$	95
$\gamma(b,c)$	48	$[\alpha,\beta]$	96
$\prod_{i\in I}\mathbf{A}_i$	50	$[M,N]$	97
$\mathbf{A}^I$	50	∇^k	104
$\mathbf{A}_1\times\ldots\times\mathbf{A}_n$	50	$P_n(\mathbf{A})$	105
$\alpha_j(a)$	51	$\Theta\vert_U$	105
$S(\mathcal{K})$	58	$g\vert_U$	105
$H(\mathcal{K})$	58	$P(\mathbf{A})\vert_U$	105
$P(\mathcal{K})$	58	$\mathbf{A}\vert_U$	105
$I(\mathcal{K})$	58	$E(\mathbf{A})$	105
$HSP(\mathcal{K})$	59	$Min\,(\mathbf{A})$	106
$T(X)$	60	$Min_{\mathbf{A}}(\beta)$	107
$\mathbf{T}(X)$	60	$\mathbf{M}_n$	110
$\overline{\varphi}:\mathbf{T}(X)\to\mathbf{A}$	61	$\mathbf{E}_i$	118
$T(\mathbf{A})$	61	$Typ\,\mathbf{A}$	121
$T(x_1,\ldots,x_n)$	62	(STB)	123
$P_A(X)$	63	GRUPPE	130
$P(\mathbf{A})$	63	ORDNUNG	131
$s\approx t$	63	$(S,\mathcal{F},\sigma)$	131
$s(x_1,\ldots,x_n)\approx t(x_1,\ldots,x_n)$	63	S^*	131
$A\models s\approx t$	63	$\mathbf{A}$	131
$M(\Sigma)$	64	(A,F)	131
$G_X(\mathcal{K})$	64	$\sigma(f)$	131
$\mathbf{T}(X)/G_X(\mathcal{K})$	65	$f_{\mathbf{A}}$	131
$\overline{x}$	65	$(A_1,\ldots,A_n;f_1,\ldots,f_k)$	131
$\overline{X}$	65	SPEC	132
$\varphi:\mathbf{T}(X)/G_X(\mathcal{K})\to\mathbf{A}$	65	(SIG,Σ)	132
$t(x_1,\ldots,x_n)$	66	NAT	132
$\mathbf{F}_{\mathcal{K}}(X)$	66	NAT1	132

Symbolverzeichnis

NATSTACK	132
MODUL	133
VEKTORRAUM	133
(Hom)	134
$T_s(X)$	135
$T(X)$	135
$\mathbf{T}(X)$	135
$G_X(\text{SPEC})$	136
$\mathbf{F}_{\text{SPEC}}(X)$	136
(X, t, u)	136
$t \approx_X u$	136
$t(x_1, \ldots, x_n) \approx_X u(x_1, \ldots, x_n)$	136
$t \approx u$	136
$A \models t \approx_X u$	136
T	137
T_{SPEC}	137
$\mathbf{F}_{\text{SPEC}}$	137
$\Sigma(Y)$	139
$R(\text{SPEC}, Y)$	140
$t_1 \to t_2$	140
$t \stackrel{*}{\to} t'$	140
NATSET	143
BOOL	143
$\text{SPEC1} = \text{SPEC} + \text{SPEC}'$	144
$(\mathbf{A})_{\text{SPEC}}$	144
INT	145
STACK(DATA1)	145
$\Phi(\mathbf{A})$	146
SET1(DATA2)	147
NAT2	147

Anhang

Universelle Coalgebra

H. P. Gumm
Philipps-Universität Marburg
Fachbereich Mathematik und Informatik
35032 Marburg
gumm@mathematik.uni-marburg.de

Inhaltsverzeichnis

1 Zustandsbasierte Systeme   **159**
    1.1 Black Boxes 159
    1.2 Funktionales Programmieren mit Strömen 160
    1.3 Datentypen 162
    1.4 Automaten 163
    1.5 Objektorientierte Programme 166
    1.6 Nichtdeterministische Systeme 166
    1.7 Gemeinsamkeit: Der Begriff der Coalgebra 168
    1.8 Warum Co-Algebra? 169
    1.9 Aufgaben 170

2 Grundbegriffe der Kategorientheorie   **170**
    2.1 Spezielle Morphismen 171
    2.2 Terminale Objekte, Summen, Pushouts 172
    2.3 Die Kategorie der Mengen 174
    2.4 Funktoren 176
    2.5 Eigenschaften von Mengenfunktoren 178
    2.6 Natürliche Transformationen 178
    2.7 Aufgaben 178

3 Coalgebren   **179**
    3.1 Unterstrukturen 181
    3.2 Homomorphe Bilder, Faktorisierungen 182
    3.3 Colimiten in $\mathbf{Set}_F$ 183
    3.4 Bisimulationen 186
    3.5 Epis und Monos in $\mathbf{Set}_F$ 189
    3.6 Kongruenzen 190
    3.7 Covarietäten 191
    3.8 Aufgaben 192

4 Terminale Coalgebren   **192**
    4.1 Terminale Automaten 193
    4.2 Existenz terminaler Coalgebren 195
    4.3 Schwach Terminale Coalgebren 195
    4.4 Beschränkte Funktoren 196
    4.5 Cofreie Coalgebren 198
    4.6 Musterdefinierte Klassen sind Covarietäten 200
    4.7 Der Co-Birkhoffsche Satz 201
    4.8 Programmieren mit terminalen Coalgebren 201
    4.9 Beweise durch Coinduktion 202
    4.10 Aufgaben 204

5 Anmerkungen zum Anhang   **204**

6 Symbolverzeichnis zum Anhang   **207**

1 Zustandsbasierte Systeme

Universelle Coalgebra ist die Theorie allgemeiner zustandsbasierter Systeme. Diese zeichnen sich dadurch aus, dass ihr Verhalten von einem internen Zustand abhängig ist, welcher nicht unmittelbar beobachtet werden kann. Insbesondere darf die Ausgabe (**output**), welche ein solches System produziert, nicht nur von der Eingabe (**input**) sondern auch von einem inneren **Zustand** abhängen. Ebenso kann jede Eingabe als **Seiteneffekt** den Zustand ändern. Insbesondere können daher zwei aufeinander folgende identische Eingaben verschiedene Ausgaben produzieren.

Beispiel 1.0.1 DIGITALUHR. *Eine Digitaluhr habe drei Knöpfe* SET, MODE, STP. *Die Anzeige ist nicht nur von dem zuletzt gedrückten Knopf abhängig, sondern auch von früheren Eingaben.*

Bei der **Spezifikation** eines zustandsbasierten Systems ist man nur an seinem Ein-Ausgabe-Verhalten interessiert. Die Zustände des Systems sind Teil der Implementierung. Den Benutzer interessiert nur das beobachtbare Verhalten.

Ein Konstrukteur wird daher zunächst versuchen, ein funktionsfähiges System zu implementieren, das sich korrekt verhält. In einem zweiten Schritt kann das System optimiert werden - etwa durch Verwendung einer minimalen Anzahl von Zuständen. Bei der Minimierung werden überflüssige Zustände entfernt. Zu diesem Zweck bezeichnen wir zwei Zustände als **ununterscheidbar**, wenn sie sich nicht durch das extern beobachtbare Ein-Ausgabe-Verhalten des Systems unterscheiden lassen.

Der mathematische Begriff, den wir für diesen Zweck einführen werden, heißt **Bisimilarität**. Intuitiv sind zwei Zustände s und s' **bisimilar**, wenn sie allein anhand des Ein-Ausgabe-Verhaltens **nicht unterscheidbar** sind. Wir schreiben dafür $s \sim s'$. Die Relation $\sim$ wird sich als reflexiv und symmetrisch herausstellen, zudem ist sie mit dem System-Verhalten in einem noch zu definierenden Sinne „verträglich".

Im Falle, dass $\sim$ sogar transitiv ist, mithin eine verträgliche Äquivalenzrelation, kann man von **Beobachtungs-Äquivalenz** sprechen. Wir werden allerdings auch Systeme kennen lernen, bei denen $\sim$ nicht transitiv ist. Für solche Fälle erscheint uns der Begriff der **Ununterscheidbarkeit** angemessener.

Bevor wir eine allgemeine mathematische Definition von Coalgebren geben, wollen wir einige prototypische Systeme betrachten und die zugehörigen Verträglichkeits- bzw. Ununterscheidbarkeits-Begriffe entwickeln und motivieren.

1.1 Black Boxes

Wir stellen uns ein Gerät vor, das zwei mit h und t beschriftete Knöpfe besitzt. Drückt man die Taste h, so wird in einem Display eine Zahl oder allgemeiner ein Element d einer Datenmenge D sichtbar. Mit der Taste t kann man den inneren Zustand verändern, so dass ein erneutes Drücken von h ein anderes Datum $d' \in D$ in der Anzeige ergeben kann.

Wir können das System durch ein Paar von Abbildungen beschreiben, wobei S die Menge aller *inneren Zustände* (engl.: *states*) des Systems darstellt:

$$h : S \to D$$
$$t : S \to S.$$

Zwei Zustände mit unterschiedlichen Ausgaben sind offensichtlich unterscheidbar. Allgemeiner sind sie aber auch unterscheidbar, wenn eine Serie identischer Eingaben (Tasten-Kombinationen) in verschiedenen Ausgaben resultieren. $s \sim s'$ bedingt also sowohl $h(s) = h(s')$ als auch $t(s) \sim t(s')$. Diese Bedingung an eine Ununterscheidbarkeitsrelation formulieren wir als Schluss-Regel in der folgenden Gestalt:

$$\frac{s \sim s'}{h(s) = h(s'), \ t(s) \sim t(s')}$$

Diese Schreibweise bedeutet, dass aus den über dem Bruchstrich geschriebenen Prämissen die darunter aufgeführte Conclusion gefolgert werden darf.

Wir behaupten nicht, dass durch die obige Schlussregel eine Relation $\sim$ eindeutig definiert wäre. Wir wollen daher jede Relation $\sim$, welche die Schlussregel erfüllt, eine **Bisimulation** nennen.

Beispiel 1.1.1 *Wir betrachten eine Black Box mit einer acht-elementigen Zustandsmenge. Die Transitionsfunktion t wird in der folgenden Abbildung durch Pfeile dargestellt, und die Ausgabe durch die Beschriftung der Zustände.*

$$\boxed{33} \to \boxed{17} \rightleftarrows \boxed{42} \leftarrow \boxed{17} \leftarrow \boxed{42} \leftarrow \boxed{33} \qquad \boxed{42} \rightleftarrows \boxed{17}$$

Zwei mit verschiedenen Werten beschriftete Zustände sind sofort unterscheidbar. Aber auch die beiden mit 33 beschrifteten Zustände sind unterscheidbar: Drücken wir nämlich t *und danach* h*, so erhalten wir in einem Falle die Ausgabe 17, im anderen Falle 42. Im Gegensatz dazu sind alle Zustände mit Ausgabe 42 ununterscheidbar, ebenso alle Zustände mit Ausgabe 17.*

1.2 Funktionales Programmieren mit Strömen

Ströme sind unendliche Listen, wie sie in vielen Betriebssystemen zur Verfügung stehen. Das erste Element eines Stromes s heißt der *Kopf* (engl.: **head**) von s. Entfernt man es, so bleibt immer noch ein Strom übrig, den man als *Rest* (engl.: **tail**) von s bezeichnet. Mathematisch kann man einen unendlichen Strom τ von Daten aus D als Abbildung $\tau : \omega \to D$ definieren, wobei ω die geordnete Menge der natürlichen Zahlen bezeichnet und $\tau(k)$ für jedes $k \in \omega$ das k-te Element des Stromes τ.

Beispiel 1.2.1 *In Unix bezeichnet* yes *den Strom, der aus einer unendlichen Folge des ASCII-Zeichens* y *besteht, also*

$$\texttt{yes} = [\ \texttt{y}, \texttt{y}, \texttt{y}, \ldots\ ].$$

Mit dem Befehl remove * | yes, *zum Beispiel, kann man sämtliche Dateien löschen. Die bei jeder einzelnen Datei f zu erwartenden Frage:*
    Do you really want to delete f [y/n]?
wird automatisch - und so oft nötig - mit y *beantwortet.*

1 Zustandsbasierte Systeme

Einen Strom von Elementen einer Datenmenge D, zusammen mit den Funktionen hd und tl, kann man als spezielle Black Box auffassen, deren Zustandsmenge D^ω aus allen Abbildungen von ω nach D besteht:

$$hd : D^\omega \to D$$
$$tl : D^\omega \to D^\omega$$

Für ein beliebiges $\tau \in D^\omega$, d.h. $\tau : \omega \to D$ ist dabei $h(\tau) := hd(\tau) := \tau(0)$ festgelegt und $t(\tau) := tl(\tau)$ mit $tl(\tau)(k) := \tau(k+1)$. Schreibt man τ als unendliche Liste $[\tau(0), \tau(1), \ldots]$, so repräsentiert $hd(\tau) = \tau(0)$ gerade den „head" und $tl(\tau) = [\tau(1), \ldots]$ den „tail" der Liste.

Ströme haben eine besondere Eigenschaft, denn je zwei Zustände sind unterscheidbar. Für jede Bisimulation $\sim$ erfüllen sie die folgende Eigenschaft, die wir später unter dem Namen **Coinduktion** als Beweisprinzip einsetzen werden:

$$\frac{s \sim s'}{s = s'}.$$

Moderne **funktionale Programmiersprachen**, wie etwa „Haskell" oder „ML", können mit Strömen als Datentypen umgehen. Unendliche Ströme dürfen als Argumente oder Ergebnisse von Funktionen verwendet werden und erlauben einen sehr eleganten Programmierstil. In dem folgenden Beispiel zeigen wir eine Interaktion mit einer solchen funktionalen Sprache. Nach einer Eingabe-Aufforderung „>" gibt der Programmierer eine (hier kursiv hervorgehobene) Definition ein. In unserem Beispiel handelt es sich um Ströme von ganzen Zahlen oder um Operationen auf solchen Strömen. Ist das Ergebnis ein Strom, so werden die ersten Elemente (die genaue Anzahl ist einstellbar) ausgedruckt.

>   *ones = [1 : ones]*
>   [1, 1, 1, ...]
>   *from n = [n : from (n+1)]*
>   *nats = from (0)*
>   [0, 1, 2, ...]
>   *add ([n_1 : l_1], [n_2 : l_2]) = [($n_1 + n_2$) : add (l_1, l_2)]*
>   *add nats ones == from 1*
>   [true, true, true, ...]

Mit [h : t] bezeichnet man in vielen funktionalen Sprachen die (endliche oder unendliche) Liste mit erstem Element h und Restliste (tail) t. In dem gezeigten Beispiel wurde zunächst ein Strom ones definiert, der aus einer unendlichen Folge von 1-en besteht. Das System zeigt jeweils den Anfang des Stromes auf dem Bildschirm an, wobei „..." für die restlichen Elemente steht. Nach der Definition der einstelligen Funktion from folgt ihr Aufruf mit dem Argument 0. Das Ergebnis wird mit nats bezeichnet. Es folgt die Definition einer Additions-Operation add für Ströme. Am Ende prüfen wir nach, ob die Gleichung

     add nats ones == from 1

gilt. (Haskell verwendet ein einfaches Gleichheitszeichen für eine Definition und ein doppeltes Gleichheitszeichen für die Gleichheitsrelation.)

Natürlich kann die Antwort nicht überzeugen, da die Gleichheit der Ströme nur auf den ersten Gliedern überprüft wurde – immerhin ist das Ergebnis dort immer wahr (true). Wir werden uns später mit der Frage beschäftigen, wie man eine solche Behauptung beweisen kann und wieso Definitionen der obigen Art stets eine – und nur eine – Lösung zulassen.

1.3 Datentypen

Datentypen, wie z.B. der unvermeidliche *Stack* wurden bisher als freie (0-erzeugte) Algebren modelliert. Zu einer Menge D von Daten betrachtete man die freie Algebra zum mehrsortigen Typ

$$\begin{aligned} emptyStack &: &&\to Stack \\ push &: D \times Stack &&\to Stack. \end{aligned}$$

Jeder Stack ist dann entweder der leere Stack (*emptyStack*), oder er ist von der Form $push(d_1(push(d_2(\ldots(push(d_n, emptyStack)\ldots)$. Die Operationen *top* und *pop* tauchen in dieser Modellierung nicht direkt auf, sie entstehen als Umkehrfunktionen von *push* und *pop* auf die folgende Weise: Unter Zuhilfenahme einer ein-elementigen Menge $1 := \{*\}$ und der Notation „+" für die disjunkte Vereinigung zweier Mengen lassen sich *emptyStack* und *push* zu einer Abbildung

$$k : 1 + D \times Stack \to Stack$$

mit $k(*) := emptyStack$ und $k(d, s) := push(d, s)$ kombinieren. Diese Abbildung ist bijektiv. Ihre Umkehrabbildung

$$l : Stack \to 1 + D \times Stack$$

wird durch

$$l(s) = \begin{cases} * & \text{falls } s = emptyStack \\ (d, s') & \text{falls } s = push(d, s'). \end{cases}$$

gegeben, die offensichtlich die partiell definierten Funktionen *top* und *pop* zu einer total definierten Funktion zusammenfasst.

Berücksichtigt man, dass auch die Operationen h und t einer Black Box zu einer einzigen Abbildung

$$h \times t : S \to D \times S$$

zusammengefasst werden können, so lässt sich ein Stack mit der obigen Funktion

$$l : Stack \to 1 + D \times Stack$$

als Black Box deuten, die „kaputtgehen" kann, was durch $l(s) = *$ beschrieben wird. In allen anderen Fällen liefert l ein Paar (d, s') aus einem Ergebnis d und einem neuen Zustand s' zurück. Zwei Zustände sind ununterscheidbar, $s \sim s'$, wenn entweder $l(s) = * = l(s')$ gilt, oder $top(s) = top(s')$ und $pop(s) \sim pop(s')$. Als Schlussregel formuliert hat man also:

$$\frac{s \sim s'}{(empty(s) \land empty(s')) \lor (top(s) = top(s') \land pop(s) \sim pop(s'))}.$$

1 Zustandsbasierte Systeme

Interpretiert man die Elemente von *Stack* als Zustände, so erhält man, ausgehend von einem beliebigen Zustand s_0 durch fortgesetztes Anwenden von l die Zustände s_0, s_1, ..., s_i, ..., wobei immer $s_{i+1} = pop(s_i)$ gilt, und man beobachtet parallel dazu die Folge von Ausgaben $top(s_0), \ldots, top(s_i), \ldots$ Die Folgen brechen ab, sofern irgendwann einmal $l(s_i) = *$ eintritt, falls also der Stack leer ist. In jedem Fall ist eine Beobachtung also durch eine endliche oder unendliche Folge von Elementen aus D gegeben.

Umgekehrt kann man aus der Menge $D^\infty = D^* + D^\omega$ aller endlichen und unendlichen Folgen von Elementen aus D ein System des obigen Typs bauen, indem man setzt:

$$l(\sigma) = \begin{cases} * & \text{falls } \sigma = \varepsilon, \\ (hd(\sigma), tl(\sigma)) & \text{sonst.} \end{cases}$$

Man überprüft leicht, dass für dieses System die oben als Co-Induktion bezeichnete Schlussregel gilt:

$$\frac{s \sim s'}{s = s'}.$$

1.4 Automaten

Sei Σ eine Menge (von Zeichen) und D eine beliebige Menge (von Daten). Ein **Automat** über Σ mit Output D besteht aus einer Menge S von *Zuständen*, einer *Transitionsfunktion* δ und einer *Ausgabefunktion* γ mit

$$\delta : S \times \Sigma \to S$$
$$\gamma : S \to D.$$

Wenn der Automat im Zustand $s \in S$ den Input $e \in \Sigma$ erhält, geht er in den neuen Zustand $s' = \delta(s, e)$ über. Außerdem ist jedem Zustand $s \in S$ ein Ausgabewert $\gamma(s) \in D$ zugeordnet.

Man kann das Verhalten des Automaten auch über mehrere Eingaben hinweg verfolgen. Ist der Automat im Zustand s_0 und gibt man nacheinander die Zeichen $e_1, \ldots, e_n$ ein, dann durchläuft der Automat die Zustände s_0, $s_1 = \delta(s_0, e_1), \ldots, s_n = \delta(s_{n-1}, e_n)$. Dabei werden die Ausgaben $d_1 = \gamma(s_1), \ldots, d_n = \gamma(s_n)$ erzeugt. Zwei Zustände s und s' sind also ununterscheidbar, falls sie die gleiche Ausgabe bewirken und falls identische Eingaben wieder zu ununterscheidbaren Zuständen führen. Daher definieren wir eine Bisimulation $\sim$ eines Automaten durch die folgende Schlussregel:

$$\frac{s \sim s'}{\gamma(s) = \gamma(s'), \ \forall e \in \Sigma. \ \delta(s, e) \sim \delta(s', e)}.$$

Wörter

Die Inputmenge Σ eines Automaten nennt man auch ein **Alphabet**. Ein Alphabet stellt man sich als (meist endliche) Menge von möglichen Eingabezeichen - etwa Tasten einer Tastatur - vor. Eine endliche Folge von Zeichen aus Σ bezeichnen wir als ein **Wort**. Dabei ist es sinnvoll, auch das **leere Wort** ε zuzulassen. Jedes nichtleere Wort w ist dann von der Form $w = e \cdot v$, wobei e der erste Buchstabe von w ist, und v das Restwort, das übrig bleibt, wenn man den ersten Buchstaben entfernt. Das Konkatenations-Symbol „·", mit dem man das Anfügen eines Zeichens vor ein Wort kennzeichnet, wird oft weggelassen. Induktiv definiert man die Menge Σ^* aller *Wörter über* Σ:

(i) $\varepsilon \in \Sigma^*$,

(ii) ist $e \in \Sigma$ und $w \in \Sigma^*$, so ist $e \cdot w \in \Sigma^*$.

Die Transitionsfunktion δ eines Automaten lässt sich zu einer Funktion $\delta^* : S \times \Sigma^* \to S$ fortsetzen:

$$\delta^*(s, \varepsilon) = s,$$

$$\delta^*(s, e \cdot v) = \delta^*(\delta(s, e), v).$$

Auf einem beliebigen Σ-Automaten mit Output D definiert man die so genannte **Nerode-Kongruenz** durch:

$$s \sim_N s' : \iff \forall w \in \Sigma^*. \gamma(\delta^*(s, w)) = \gamma(\delta^*(s', w)).$$

Hilfssatz 1.4.1 *Die Nerode-Kongruenz ist die größte Bisimulation und gleichzeitig die größte Kongruenz θ der mehrsortigen Algebra* $\mathbf{A} = (A, \Sigma, D; \delta, \gamma)$ *mit* $\theta \leq Kern\ \gamma$.

Beweis. Aus $s \sim_N s'$ folgt erstens $\gamma(s) = \gamma(\delta^*(s, \varepsilon)) = \gamma(\delta^*(s', \varepsilon)) = \gamma(s')$, und zweitens für jedes $e \in \Sigma$ und beliebiges $w \in \Sigma^*$

$$\begin{aligned}\gamma(\delta^*(\delta(s, e), w)) &= \gamma(\delta^*(s, e \cdot w)) \\ &= \gamma(\delta^*(s', e \cdot w)) \\ &= \gamma(\delta^*(\delta(s', e), w)),\end{aligned}$$

folglich also $\delta(s, e) \sim_N \delta(s', e)$. Damit ist $\sim_N$ als Bisimulation nachgewiesen.

Sei $\sim$ eine beliebige Bisimulation, wir müssen $\sim\ \subseteq\ \sim_N$ zeigen. Durch Induktion über den Aufbau des Wortes w zeigen wir für alle $w \in \Sigma^*$:

$$\forall s, s' \in A.\ s \sim s' \implies \gamma(\delta^*(s, w)) = \gamma(\delta^*(s', w)).$$

Im Falle des leeren Wortes $w = \varepsilon$ folgt die Behauptung direkt aus der Eigenschaft der Bisimulation $\sim$. Im Fall $w = e \cdot v$ sei die Behauptung für das Wort v bereits bewiesen. Seien $s \sim s'$ beliebig, dann gilt insbesondere auch für das Paar von Zuständen $\delta(s, e)$ und $\delta(s', e)$:

$$\gamma(\delta^*(\delta(s, e), v)) = \gamma(\delta^*(\delta(s', e), v)),$$

also

$$\gamma(\delta^*(s, e \cdot v)) = \gamma(\delta^*(s', e \cdot v)).$$

Jede Bisimulation $\sim$ ist mit den Operationen δ und γ verträglich, und außerdem gilt $\sim\ \subseteq\ Kern\ \gamma$. Als Schnitt von Abbildungskernen ist $\sim_N$ sogar eine Äquivalenzrelation, mithin eine Kongruenz.

Sei $\theta \subseteq Kern\ \gamma$ eine Kongruenzrelation, wir müssen $\theta \subseteq\ \sim_N$ zeigen. Für jedes Paar $(s, s') \in \theta$ gilt $\gamma(s) = \gamma(s')$, also $\delta^*(s, \varepsilon) = \delta^*(s', \varepsilon)$. Sei nun $w = e \cdot u$, wobei wir annehmen können, dass für beliebige $(s, s') \in \theta$ schon gezeigt ist, dass $\delta^*(s, u) = \delta^*(s', u)$. Insbesondere gilt dann auch $(\delta(s, e), \delta(s', e)) \in \theta$ und $\delta^*(\delta(s, e), u) = \delta^*(\delta(s', e), u)$. Es folgt $\delta^*(s, e \cdot u) = \delta^*(\delta(s, e), u) = \delta^*(\delta(s', e), u) = \delta^*(s', e \cdot u)$. □

1 Zustandsbasierte Systeme

Akzeptoren

Eine wichtige Rolle spielen Automaten bei der *Erkennung* von Wörtern (engl.: **token**) einer Programmiersprache. Für diese Zwecke benutzt man Automaten mit endlich vielen Zuständen S und einer vorgegebenen Teilmenge $F \subseteq S$ von **akzeptierenden Zuständen akzeptierend**, auch **Endzustände** genannt. Ein Wort $w \in \Sigma^*$ ist genau dann ein Wort der Programmiersprache, wenn es aus einem **Anfangszustand** $s_0 \in S$ in einen akzeptierenden Zustand führt, wenn also $\delta^*(s_0, w) \in F$ gilt.

Solche Automaten heißen bf Akzeptoren. Die Menge der akzeptierenden Zustände kann man mit Hilfe einer Ausgabefunktion $\gamma : S \to \{0, 1\}$ codieren:

$$\gamma(s) = \begin{cases} 1 & \text{falls } s \in F \\ 0 & \text{sonst.} \end{cases}$$

Automaten stellt man gerne durch ihre Graphen dar. Die Knoten entsprechen den Zuständen des Automaten. Man zieht eine mit $e \in \Sigma$ beschriftete Kante von s nach s', wenn $\delta(s, e) = s'$. Akzeptierende Zustände werden durch eine doppelte Umrandung hervorgehoben.

Beispiel 1.4.2 *Der folgende Graph stellt einen Automaten dar, der reelle Zahlkonstanten in der Programmiersprache Pascal akzeptiert.*

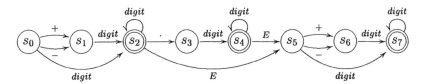

„digit" *steht in diesem Beispiel für eine beliebige Ziffer. Fehlende Kanten, z.B. die von s_0 ausgehende und mit „." beschriftete Kante, führen alle in einen hier nicht dargestellten Fehlerzustand.*

Eine korrekt geschriebene reelle Zahl, muss vom Anfangszustand s_0 in einen der drei Endzustände führen. Für die Eingabe $0.0314159E + 02$ gilt z.B. $\delta(s_0, 0.0314159E + 02) = s_7 \in F$.

Sprachen

Allgemein bezeichnet man jede Teilmenge $L \subseteq \Sigma^*$ als **Sprache** über Σ. Für jedes Zeichen $e \in \Sigma$ definiert man die **Ableitung** von L nach e durch

$$L_e := \{w \in \Sigma^* \mid e \cdot w \in L\}.$$

Ordnet man jedem Zustand s eines Akzeptors die Sprache zu, die aus allen Wörtern besteht, welche von s aus in einen akzeptierenden Zustand führen, also

$$\mathcal{L}(\mathbf{A}, s) := \{w \in \Sigma^* \mid \delta^*(s, w) \in F\},$$

so verifiziert man leicht:

Hilfssatz 1.4.3 $\delta(s, e) = s' :\iff \mathcal{L}(\mathbf{A}, s)_e = \mathcal{L}(\mathbf{A}, s').$

1.5 Objektorientierte Programme

Im objektorientierten Programmieren versteht man unter einer **Klasse** eine Ansammlung von Datenelementen, sogenannten *Objekten*. Alle Objekte einer Klasse besitzen eine gemeinsame Struktur, welche durch eine Liste von **Attributen** und **Methoden** gegeben ist. Der Benutzer kann auf Objekte nur über die als **public** gekennzeichneten Methoden zugreifen und er kann nur die gleichermaßen gekennzeichneten Attribute verändern. Eine wichtige Eigenschaft von Klassen und Objekten ist, dass sie um Attribute und Methoden *erweitert* werden können.

Wir zeigen hier die Definition einer Klasse, die ein Bankkonto implementieren soll, in der Programmiersprache Java.

```
class Konto{
    private int stand;
    Account(){ stand = 0; }
    public trans(int n){ stand += n; }
    public show(){ return stand; }
}
```

Wenn ein Konto eröffnet wird, so wird die ganzzahlige Variable `stand` mit 0 initialisiert. Diese als `private` gekennzeichnete Variable ist dem Benutzer der Klasse nicht direkt zugänglich, er kann nur die öffentliche Methode `show` benutzen, um sie zu lesen, bzw. `trans`, um sie zu verändern.

Der Benutzer muss nicht wissen, wie die Methoden `trans` und `show` implementiert sind. Er will nur sicher sein, dass sie richtig funktionieren. Dazu zählt zum Beispiel die Gewissheit, dass die folgende Gleichung für jedes Konto x und beliebige ganze Zahlen n_1 und n_2 erfüllt ist:

$$x.\texttt{trans}(n_1).\texttt{trans}(n_2).\texttt{show}() \ == \ x.\texttt{trans}(n_1 + n_1).\texttt{show}()$$

Man beachte, dass Methoden immer von rechts auf ihr Argument angewandt werden. Die Forderung besagt also, dass zwei aufeinander folgende Überweisungen den gleichen Kontostand ergeben wie eine Überweisung der Summe der Beträge. Das Konto x kann neben dem Kontostand noch weitere Bestandteile umfassen, auf die der Benutzer keinen Zugriff hat. Aus diesem Grunde wird der Benutzer auch nicht darauf bestehen können, dass die stärkere Forderung

$$x.\texttt{trans}(n_1).\texttt{trans}(n_2) \ == \ x.\texttt{trans}(n_1 + n_2)$$

für das Konto immer erfüllt ist. So könnte die Bank nachträglich einen Zähler für die Zugriffe auf das Konto einführen. Bei jeder Transaktion würde dieser Zähler erhöht. Nach dieser Änderung wäre in der Tat die letzte Forderung verletzt. Da der Benutzer aber ohnehin nur mittels `show()` sein Konto abfragen kann, würde ihm die erste, schwächere Forderung genügen - und diese bleibt ja erhalten.

1.6 Nichtdeterministische Systeme

Viele informatische Systeme bestehen aus mehreren zusammenwirkenden Komponenten. Große Programme bestehen aus parallel ablaufenden Prozessen, technische Systeme aus

1 Zustandsbasierte Systeme

vielen zusammenwirkenden Mess-, Auswertungs- und Steuerungskomponenten. Die genaue Abfolge und das zeitliche Ineinandergreifen der Aktionen der einzelnen Komponenten sind nicht vorhersehbar, so dass das komplette System nach außen nicht eindeutig bestimmt (determiniert) ist. Um solche Systeme zu spezifizieren, schränkt man die erlaubten Zustandsübergänge durch eine Übergangsrelation R ein. R muss nicht rechtseindeutig sein, so dass man hier von einem nicht-deterministischen System spricht. Auf diese Weise gelangt man auch zum Begriff eines nicht-deterministischen Automaten. Die uns hier interessierenden Phänomene können wir bereits anhand nicht-deterministischer Automaten ohne Input studieren, so dass wir uns hier auf solche Modelle konzentrieren. Sie sind in der Logik und in der theoretischen Informatik als *Kripke-Strukturen* bekannt.

Definition 1.6.1 *Sei Φ eine Menge. Eine **Kripke-Struktur** über Φ besteht aus einer Menge S von Zuständen, einer zweistelligen Relation $R \subseteq S \times S$ und einer Abbildung $v : S \to \mathbb{P}(\Phi)$.*

In vielen Anwendungen besteht Φ aus einer Menge von elementaren (atomaren) Aussagen. $v(s)$ ist dann die Menge aller atomaren Aussagen, die im Zustand s wahr sind, und sRs' bedeutet, dass das System vom Zustand s in den Zustand s' übergehen kann. Für einen solchen Übergang, auch **Transition** genannt, verwendet man manchmal eine Pfeilnotation: $s \xrightarrow{R} s'$.

Beispiel 1.6.2 *Ein System bestehe aus einer Gruppe von parallelen Prozessen. Jeder Prozess ist ein Programm, in dem einige Variablen deklariert sind. Ein Zustand des Systems ist dann durch eine Belegung der Programmvariablen durch konkrete Werte gegeben.*

Atomare Aussagen werden oft durch Boolesche Ausdrücke beschrieben, in denen diese Variablen vorkommen, etwa „Hauptstraße = frei", „Nebenstraße = wartend". Zustandsübergänge werden oft durch Ausdrücke beschrieben, welche einen Zustand s zur Zeit t und einen erlaubten Nachfolgezustand s' zur Zeit $t+1$ in Verbindung setzen, etwa:

```
ampel = rot   ==>   (ampel' = rot OR ampel' = rotgelb).
```

Kripke-Strukturen kann man grafisch darstellen, indem man die Zustände durch kleine Kreise und die erlaubten Übergänge durch Pfeile repräsentiert. Die atomaren Aussagen aus $v(s)$ werden neben den Zustand s geschrieben. Das folgende Bild zeigt zwei Kripke-Strukturen, auf die wir uns später noch beziehen wollen:

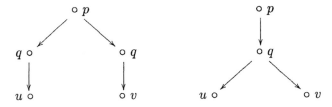

Anhand dieses Beispieles wollen wir untersuchen, wann zwei Zustände unterscheidbar sind. Offensichtlich können wir Zustände unterscheiden, wenn in ihnen unterschiedliche atomare Aussagen gelten. Für eine Ununterscheidbarkeitsrelation (Bisimulation) $\sim$ heißt dies, dass

$$\frac{x \sim y}{v(x) = v(y)}.$$

Schließlich muss es zu jeder Transition aus x eine entsprechende Transition aus y geben, denn sonst wären x und y unterscheidbar. „Entsprechend" heißt hier, dass die erreichten Zustände ununterscheidbar sind. Formal heißt dies:

$$\frac{x \sim y \wedge x \to x'}{\exists y'.(y \to y' \wedge x' \sim y')} \quad \text{und} \quad \frac{x \sim y \wedge y \to y'}{\exists x'.(x \to x' \wedge x' \sim y')}.$$

Eine Relation $\sim$ zwischen Kripke-Strukturen, die diesen Bedingungen genügt, heißt **Bisimulation**. Die beiden charakterisierenden Bedingungen kann man grafisch darstellen:

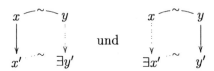

1.7 Gemeinsamkeit: Der Begriff der Coalgebra

Wir suchen nun Gemeinsamkeiten der bisher betrachteten Systeme. Stets hatten wir eine Menge S von Zuständen und eine oder mehrere Transitionen, die jedem Zustand eine „Kombination von Zuständen und Ausgaben" zuordnet.

Die folgende Aufstellung zeigt, dass alle betrachteten Systeme durch eine einzige Abbildung

$$\alpha : S \to F(S)$$

kodiert werden können, wobei F eine „mengentheoretische Konstruktion" ist, die aus einer Menge S eine neue Menge konstruiert, welche die benötigten Kombinationen von Zuständen und Ausgaben bereitstellt.

Um alle Systeme in diese einheitliche Form zu bringen, nutzen wir aus, dass man ein Paar von Abbildungen $h : S \to \mathbb{N}$ und $t : S \to S$ durch eine einzige Abbildung $\alpha : S \to \mathbb{N} \times S$ ersetzen kann. Analog lässt sich eine Abbildung $\delta : S \times \Sigma \to S$ durch eine Abbildung $\delta' : S \to S^\Sigma$ ersetzen, wenn man $\delta'(s)(e) = \delta(s, e)$ setzt. Ebenso kann man eine zweistellige Relation $R \subseteq A \times B$ auch als Abbildung $R : A \to \mathbb{P}(B)$ verwenden, wenn man $R(a) := \{b \in B \mid a \, R \, b\}$ setzt.

Black Box
$$\left. \begin{array}{l} h : S \to \mathbb{N} \\ t : S \to S \end{array} \right\} \qquad \alpha : S \to \mathbb{N} \times S$$

Bankkonto
$$\left. \begin{array}{l} \texttt{show} : S \to \mathbb{Z} \\ \texttt{trans} : S \times \mathbb{Z} \to S \end{array} \right\} \qquad \alpha : S \to \mathbb{Z} \times S^\mathbb{Z}$$

Automat
$$\left. \begin{array}{l} \gamma : S \to D \\ \delta : S \times \Sigma \to S \end{array} \right\} \qquad \alpha : S \to D \times S^\Sigma$$

Akzeptor
$$\left. \begin{array}{l} F \subseteq S \\ \delta : S \times \Sigma \to S \end{array} \right\} \qquad \alpha : S \to \{0, 1\} \times S^\Sigma$$

Φ-Kripke-Struktur

$$\left.\begin{array}{l} R \subseteq S \times S \\ v : S \to \mathbb{P}(\Phi) \end{array}\right\} \qquad \alpha : S \to \mathbb{P}(\Phi) \times \mathbb{P}(S)$$

Unser abschließendes Beispiel zeigt, dass die Theorie der Coalgebren auch für klassische Gebiete der Mathematik interessant sein kann: Einen *topologischen Raum* (S, τ) repräsentieren wir hier durch die Abbildung $\mathcal{U} : S \to \mathbb{F}(S)$ in die Menge aller sog. *Filter* auf S. Jedem Punkt $s \in S$ wird dabei sein *Umgebungsfilter* $\mathcal{U}(s)$ zugeordnet.

Topologischer Raum

$$\tau \subseteq \mathbb{P}(\mathbb{P}(S)) \qquad \alpha : S \to \mathbb{F}(S)$$

Nachdem wir eine klare strukturelle Gemeinsamkeit der betrachteten Systeme herausgearbeitet haben, können wir uns nun an eine erste Definition für den Begriff der Coalgebra wagen. Für eine feste „mengentheoretische Konstruktion" F definieren wir eine **Coalgebra vom Typ** F als ein Paar, $\mathbf{A} = (A, \alpha_A)$ bestehend aus einer Menge A und einer Abbildung

$$\alpha_A : A \to F(A).$$

Leider ist aber der Begriff der „mengentheoretischen Konstruktion" noch nicht genügend präzise. Wir werden nur solche Konstruktionen zulassen, die sich auf Abbildungen fortsetzen lassen. Dies bedeutet, dass jede Abbildung $f : S \to S'$ „auf natürliche Weise" eine Abbildung $Ff : F(S) \to F(S')$ induziert.

Die Sprache der **Kategorientheorie**, die wir im nächsten Kapitel einführen, stellt uns genau die Begriffe und Definitionen bereit, mit denen wir solche Konstruktionen und ihre Eigenschaften präzise beschreiben können. Anschließend entwickeln wir die Strukturtheorie der Coalgebren zum Typ F. Dabei entdecken wir überraschend viele Gemeinsamkeiten mit der Strukturtheorie Allgemeiner Algebren. Um diese herauszuarbeiten und sichtbar zu machen, ist die Sprache der Kategorientheorie unerlässlich.

1.8 Warum Co-Algebra?

Zum Abschluss dieses Kapitels wollen wir aber noch die Frage klären, warum wir von „Co"-Algebren sprechen, und was diese mit Algebren gemeinsam haben.

Sei $\mathbf{A}$ eine Algebra vom Typ $F = (f_i)_{i \in I}$, mit Stelligkeiten $\sigma(f_i) = n_i$, dann kann man alle individuellen Operationen $f_i : A^{n_i} \to A$ auch zu einer gemeinsamen Abbildung

$$f : \biguplus_{i \in I} A^{n_i} \to A$$

von der disjunkten Vereinigung der A^{n_i} nach A kombinieren.

Umgekehrt lässt sich jede derartige Abbildung f in eine Familie von n_i-stelligen Operationen aufspalten. Damit ist eine universelle Algebra nichts anderes als ein Paar $\mathbf{A} = (A, f^A)$, bestehend aus einer Menge A und einer Abbildung

$$f^A : F(A) \to A,$$

wenn man $F(X) = \biguplus_{i \in I} X^{n_i}$ als „mengentheoretische Konstruktion" verwendet. Man sieht leicht, wie sich die Konstruktion F auf Abbildungen fortsetzt. Zu einer Abbildung $g : X \to Y$ erhält man eine offensichtliche Abbildung $F(g) : F(X) \to F(Y)$. Ist $h : Y \to Z$ eine weitere Abbildung, so gilt sogar: $F(h \circ g) = F(h) \circ F(g)$, und $F(id_X) = id_{F(X)}$. In der Sprache des folgenden Kapitels bedeutet dies: F ist ein **Funktor**.

1.9 Aufgaben

(i) Seien $\sim$ und $\approx$ zwei Bisimulationen auf Black Boxes. Zeigen Sie, dass das Relationenprodukt $\sim \circ \approx$ und die Vereinigung $\sim \cup \approx$ wieder Bisimulationen sind.

(ii) Zeigen Sie, dass es auf Black Boxes immer eine größte Bisimulation gibt und dass diese eine Kongruenz der mehrsortigen Algebra $\mathbf{B} = (B, D; h, t)$ ist.

(iii) Zeigen Sie, dass Ströme über einer beliebigen Datenmenge D das Coinduktions-Prinzip erfüllen: Für jede Bisimulation $\sim$ zwischen Strömen gilt: $s \sim s' \implies s = s'$.

(iv) Auf Σ^*, der Menge aller Wörter über dem Alphabet Σ, bezeichne $\oplus$ die Operation, die zwei Wörter konkateniert. Sie ist induktiv über den Aufbau der Wörter definiert durch:

$$\begin{aligned} \varepsilon \oplus w &:= w \\ (e \cdot v) \oplus w &:= e \cdot (v \oplus w) \end{aligned}$$

a) Zeigen Sie, dass die resultierende Algebra $\boldsymbol{\Sigma}^* = (\Sigma^*; \oplus, \varepsilon)$ das freie Monoid über der Erzeugendenmenge Σ ist.

b) Zeigen Sie, dass die Funktion $\texttt{length}$, die einem Wort seine Länge zuordnet, der eindeutige Homomorphismus von $\boldsymbol{\Sigma}^* = (\Sigma^*; \oplus, \varepsilon)$ nach $\mathbb{N} = (\mathbb{N}; +, 0)$ ist.

2 Grundbegriffe der Kategorientheorie

Eine **Kategorie** besteht aus einer Klasse O von **Objekten** und einer Klasse M von **Morphismen** zwischen diesen Objekten. Jeder Morphismus hat genau ein Start- und ein Ziel-Objekt. Ist f ein Morphismus mit Start $\mathbf{A}$ und Ziel $\mathbf{B}$, so schreiben wir $f: \mathbf{A} \to \mathbf{B}$ oder $\mathbf{A} \xrightarrow{f} \mathbf{B}$.

Für unsere Zwecke genügt es, **konkrete Kategorien** zu betrachten, bei denen die Objekte jeweils Mengen mit einer zusätzlichen Struktur sind und die Morphismen strukturerhaltende Abbildungen zwischen diesen Objekten. Dabei müssen folgende Eigenschaften erfüllt sein:

⋆ die identische Abbildung id_X auf der Grundmenge X eines jeden Objektes ist ein Morphismus, und

⋆⋆ Morphismen sind gegen Hintereinander-Ausführung abgeschlossen. Sind also $\mathbf{A}$, $\mathbf{B}$ und $\mathbf{C}$ Objekte, $f: \mathbf{A} \to \mathbf{B}$ und $g: \mathbf{B} \to \mathbf{C}$ Morphismen, so ist auch $g \circ f: \mathbf{A} \to \mathbf{C}$ ein Morphismus.

Beispiel 2.0.1 *Folgendes sind Beispiele konkreter Kategorien:*

- *die Klasse aller Gruppen mit den Gruppen-Homomorphismen,*

- *die Klasse aller abelschen Gruppen mit den Homomorphismen,*

- *die Klasse aller allgemeinen Algebren eines festen Typs mit ihren Homomorphismen,*

2 Grundbegriffe der Kategorientheorie

- *die Klasse aller topologischen Räume mit den stetigen Abbildungen,*
- *die Klasse aller Mengen mit ihren Abbildungen,*

Wie sich bald herausstellen wird, bildet auch die Klasse aller Coalgebren eines festen Typs F eine Kategorie $\mathbf{Set}_F$.

Kommutative Diagramme

Mit Diagrammen stellt man Gleichheiten von Morphismen graphisch dar. Die Objekte werden durch Punkte • oder Namen bezeichnet, einen Morphismus von $\mathbf{A}$ nach $\mathbf{B}$ stellt man durch einen Pfeil dar. Ein Weg von einem Objekt $\mathbf{A}$ zu einem Objekt $\mathbf{C}$ entspricht der Komposition der Morphismen entlang des Weges. Ein Diagramm heißt **kommutativ**, wenn für beliebige Objekte $\mathbf{A}$ und $\mathbf{B}$ in dem Diagramm, je zwei Wege von $\mathbf{A}$ nach $\mathbf{B}$ denselben Morphismus ergeben. Beispielsweise sollen die folgenden Diagramme ausdrücken, dass $f = h \circ g$ ist, dass $\psi_1 \circ \varphi = \psi_2 \circ \varphi$ bzw. $\star^H \circ (\varphi \times \varphi) = \varphi \circ \star^G$. Letzteres heißt übrigens, dass $\varphi : \mathbf{G} \to \mathbf{H}$ ein Homomorphismus zwischen den Gruppoiden $(G, \star^G)$ und $(H, \star^H)$ ist.

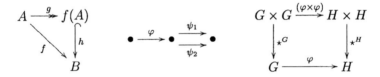

Will man betonen, dass es sich bei einem Morphismus um einen *Epimorphismus*, bzw. einen *Monomorphismus* handelt (siehe die nachfolgende Definition), so benutzt man spezielle Pfeile: ↠ für Epimorphismen, ↣ oder ↪ für Monomorphismen.

2.1 Spezielle Morphismen

Definition 2.1.1 *Sei* $f : \mathbf{A} \to \mathbf{B}$ *ein Morphismus. f heißt*

- **linksinvertierbar**, *falls es einen Morphismus* $h : \mathbf{B} \to \mathbf{A}$ *gibt mit* $h \circ f = id_A$.

- **rechtsinvertierbar**, *falls es einen Morphismus* $g : \mathbf{B} \to \mathbf{A}$ *gibt mit* $f \circ g = id_B$.

- **Isomorphismus**, *falls es einen Morphismus* $g : \mathbf{B} \to \mathbf{A}$ *gibt mit* $f \circ g = id_B$ *und* $g \circ f = id_A$.

Hilfssatz 2.1.2 *Ist* $f : \mathbf{A} \to \mathbf{B}$ *links- und rechtsinvertierbar, so ist f ein Isomorphismus.*

Beweis. Es gibt $g, h : \mathbf{B} \to \mathbf{A}$ mit $f \circ g = id_B$ und $h \circ f = id_A$. Es folgt $h = h \circ id_B = h \circ f \circ g = id_A \circ g = g$. □

Insbesondere folgt aus diesem Hilfssatz, dass es für einen Isomorphismus *genau ein g* gibt wie in der Definition gefordert, man schreibt dafür f^{-1}. Gibt es einen Isomorphismus zwischen den Objekten $\mathbf{A}$ und $\mathbf{B}$, so heißen diese **isomorph** und man schreibt: $\mathbf{A} \cong \mathbf{B}$. Morphismen, die nicht notwendigerweise invertierbar, wohl aber **linkskürzbar** bzw. **rechtskürzbar** sind, heißen *mono* bzw. *epi*:

Definition 2.1.3 *Ein Morphismus $f : \mathbf{A} \to \mathbf{B}$ heißt*

- **Monomorphismus** *(bzw. mono), falls für alle $g_1, g_2 : \mathbf{C} \to \mathbf{A}$ gilt:*

$$f \circ g_1 = f \circ g_2 \implies g_1 = g_2.$$

- **Epimorphismus** *(bzw. epi), falls für alle $h_1, h_2 : B \to C$ gilt:*

$$h_1 \circ f = h_2 \circ f \implies h_1 = h_2.$$

Offensichtlich ist jeder linksinvertierbare Morphismus mono und jeder rechtsinvertierbare epi. Die Umkehrung ist i.A. aber nicht richtig., wie das folgende Beispiel zeigt.

Beispiel 2.1.4 *Sei $\mathbf{Rng}$ die Kategorie, mit den Ringen als Objekten und den Ring-Homomorphismen als Morphismen. Die natürliche Einbettung $\iota : \mathbb{Z} \to \mathbb{Q}$ ist gleichzeitig mono und epi. Letzteres folgt aus der Tatsache, dass ein beliebiger Ring-Homomorphismus $\varphi : \mathbb{Q} \to R$ schon durch die Werte auf den ganzen Zahlen festgelegt ist, denn $\varphi(\frac{p}{q}) \cdot \varphi(q) = \varphi(\frac{p}{q} \cdot q) = \varphi(p)$.*

2.2 Terminale Objekte, Summen, Pushouts

Ein Objekt $\mathbf{T}$ in einer Kategorie heißt **terminal**, falls von jedem Objekt $\mathbf{A}$ genau ein Morphismus $\tau_A : \mathbf{A} \to \mathbf{T}$ existiert.

Terminale Objekte sind, sofern sie existieren, eindeutig bestimmt. Wäre nämlich $\mathbf{Q}$ ebenfalls terminal, so gäbe es jeweils genau einen Morphismus $\tau_Q : \mathbf{Q} \to \mathbf{T}$ und genau einen Morphismus $\sigma_T : \mathbf{T} \to \mathbf{Q}$. Von $\mathbf{T}$ nach $\mathbf{T}$ hätte man sowohl id_T als auch $\tau_Q \circ \sigma_T$. Es folgt $\tau_Q \circ \sigma_T = id_T$ und analog $\sigma_T \circ \tau_Q = id_Q$. Somit ist τ_Q ein Isomorphismus.

Definition 2.2.1 *Sei $(\mathbf{A}_i)_{i \in I}$ eine Familie von Objekten. Ein Objekt $\mathbf{S}$ zusammen mit Morphismen $e_i : \mathbf{A}_i \to \mathbf{S}$ heißt **Summe** der $\mathbf{A}_i$, falls für jeden „Konkurrenten", d.h. für jedes andere Objekt $\mathbf{Q}$ mit Morphismen $(q_i : \mathbf{A}_i \to \mathbf{Q})_{i \in I}$ genau ein Morphismus $s : \mathbf{S} \to \mathbf{Q}$ existiert, so dass $q_i = s \circ e_i$ für alle $i \in I$ gilt.*

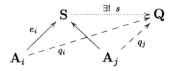

Wenn ein solches Objekt $\mathbf{S}$ existiert, dann ist es bis auf Isomorphie eindeutig und man schreibt dafür $\mathbf{S} = \sum_{i \in I} \mathbf{A}_i$. Die Familie der „kanonischen Injektionen" e_i ist in folgendem Sinne **gemeinsam epi**: Für beliebige Morphismen $h_1, h_2 : \mathbf{S} \to \mathbf{C}$ in irgendein Objekt $\mathbf{C}$ gilt

$$(\forall i \in I.\; h_1 \circ e_i = h_2 \circ e_i) \implies h_1 = h_2.$$

Definition 2.2.2 *Sei $(f_i : \mathbf{A} \to \mathbf{B})_{i \in I}$ eine Familie von Morphismen. Ein Morphismus $g : \mathbf{B} \to \mathbf{C}$ heißt **Co-Equalizer** der f_i, falls*

- $g \circ f_i = g \circ f_j$ *für alle $i, j \in I$, und*

2 Grundbegriffe der Kategorientheorie

- *für jedes Objekt $\mathbf{Q}$ und jeden Morphismus $q : \mathbf{B} \to \mathbf{Q}$, so dass $q \circ f_i = q \circ f_j$ für alle $i, j \in I$ gilt, gibt es genau ein $h : \mathbf{C} \to \mathbf{Q}$ mit $q = h \circ g$.*

$$\mathbf{A} \xrightarrow[f_j]{f_i} \mathbf{B} \xrightarrow{g} \mathbf{C} \xrightarrow{h} \mathbf{Q}$$

Definition 2.2.3 *Sei $(f_i : \mathbf{A} \to \mathbf{B}_i)_{i \in I}$ eine Familie von Morphismen. Ein Objekt $\mathbf{P}$ mit einer Familie von Morphismen $(p_i : \mathbf{B}_i \to \mathbf{P})_{i \in I}$ heißt* **Pushout** *der f_i, falls*

(i) $\forall i, j \in I.\ p_i \circ f_i = p_j \circ f_j$, und

(ii) zu jedem „Konkurrenten", d.h. zu jedem anderen Objekt $\mathbf{Q}$, ebenfalls mit einer Familie $(q_i : \mathbf{B}_i \to \mathbf{Q})_{i \in I}$ von Morphismen, so dass $q_i \circ f_i = q_j \circ f_j$ für alle $i, j \in I$ gilt, gibt es genau einen Morphismus $h : \mathbf{P} \to \mathbf{Q}$ mit $h \circ p_i = q_i$ für alle $i \in I$.

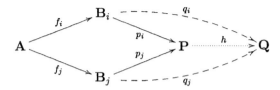

Satz 2.2.4 *Existieren beliebige Summen und Coequalizer, so auch beliebige Pushouts. Für die kanonischen Injektionen $e_i : \mathbf{B}_i \to \sum_{i \in I} \mathbf{B}_i$ sei $g : \sum_{i \in I} \mathbf{B}_i \to \mathbf{P}$ der Coequalizer der Familie $(e_i \circ f_i)_{i \in I}$. Dann ist $(g \circ e_i)_{i \in I}$ der Pushout der $(f_i)_{i \in I}$.*

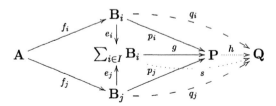

Beweis. Offensichtlich gilt $(g \circ e_i) \circ f_i = (g \circ e_j) \circ f_j$.

Sei nun $\mathbf{Q}$ mit Abbildungen $q_i : \mathbf{B}_i \to \mathbf{Q}$ ein Konkurrent des Pushout, also $q_i \circ f_i = q_j \circ f_j$ für alle $i, j \in I$. Dann ist $\mathbf{Q}$ automatisch auch ein Konkurrent der Summe, so dass es eine eindeutige Abbildung $s : \sum_{i \in I} \mathbf{B}_i \to \mathbf{Q}$ gibt mit $q_i = s \circ e_i$ für alle $i \in I$. Es folgt $s \circ e_i \circ f_i = s \circ e_j \circ f_j$, so dass s zum Konkurrent des Coequalizers g wird. Damit erhält man den eindeutigen Morphismus $h : \mathbf{P} \to \mathbf{Q}$ mit $s = h \circ g$. Es folgt $q_i = s \circ e_i = h \circ (g \circ e_i)$ für jedes $i \in I$.

Die Eindeutigkeit von h folgert man leicht aus der Tatsache, dass der Coequalizer g epi ist (Aufgabe in Abschnitt 2.7) und die Familie der $(e_i)_{i \in I}$ gemeinsam epi. □

Allgemeiner kann man den Begriff des **Colimes eines Diagramms** definieren. Summen, Coequalizer und Pushouts sind dann Colimites von Diagrammen der folgenden Form:

Man kann wie oben zeigen, dass aus Summen und Coequalizern die Colimites beliebiger Diagramme gewonnen werden können. Für unsere Zwecke werden allerdings Summen, Coequalizer und Pushouts genügen.

2.3 Die Kategorie der Mengen

Die Kategorie **Set** aller Mengen hat als Objekte alle Mengen und als Morphismen alle Abbildungen. Man überlegt sich leicht, dass hier die Epimorphismen gerade die surjektiven Abbildungen sind und die Monomorphismen die injektiven. Jede injektive Abbildung $f : X \to Y$ ist auch linksinvertierbar, sofern $X \neq \emptyset$ ist. Zu festem beliebigen $x_0 \in X$ setzt man

$$f_{x_0}^-(y) := \begin{cases} x \text{ falls } f(x) = y \\ x_0 \text{ falls } y \notin f[X]. \end{cases}$$

Die Frage, ob auch jede surjektive Abbildung eine rechtsinverse besitzt, hat eine vielleicht überraschende Antwort:

Hilfssatz 2.3.1 (Auswahlaxiom) *Das Auswahlaxiom ist äquivalent zu der Aussage, dass jede surjektive Abbildung rechtsinvertierbar ist.*

Beweis. Eine surjektive Abbildung $f : X \to Y$ liefert eine Familie $(f^{-1}\{y\})_{y \in Y}$ von nicht-leeren Teilmengen von X. Eine Auswahlfunktion für diese Familie ist offensichtlich rechtsinvers zu f.

Umgekehrt liefert jede Familie $(X_i)_{i \in I}$ nicht-leerer Mengen eine surjektive Abbildung $f : \bigcup_{i \in I} X_i \to I$. Eine dazu rechtsinverse Abbildung ist eine Auswahlfunktion. □

Diagramm-Lemmata für Mengen

Hilfssatz 2.3.2 (Diagramm-Lemma) *Sei $f : X \twoheadrightarrow Y$ eine surjektive Abbildung und $g : X \to Z$ beliebig. Genau dann wenn $Kern\ f \subseteq Kern\ g$ ist, gibt es eine Abbildung $h : Y \to Z$ mit $h \circ f = g$. Diese ist eindeutig bestimmt.*

$$X \xrightarrow{f} Y$$
$$\searrow_{g} \quad \downarrow h$$
$$Z$$

Beweis. Wegen $Kern\ f \subseteq Kern(h \circ f) = Kern\ g$ ist die Notwendigkeit der Bedingung offensichtlich. Umgekehrt rechnet man nach, dass durch

$$h := \{(f(x), g(x)) \mid x \in X\}$$

der Graph einer Abbildung $h : Y \to Z$ mit $h \circ f = g$ gegeben ist. Gäbe es ein weiteres h' mit $h' \circ f = g$, so hätte man $h \circ f = g = h' \circ f$. Man kann den Epimorphismus f rechts kürzen und erhält $h = h'$. □

Sind e, f, g, m Abbildungen mit $f \circ e = m \circ g$, wobei e surjektiv (epi) ist und m injektiv (mono), so nennen wir die Konfiguration ein **E-M-Quadrat**. Eine **Diagonale** eines solchen Quadrates ist ein Morphismus d mit $d \circ e = g$, der also das obere Dreieck kommutativ macht.

$$\begin{array}{ccc} X & \xrightarrow{e} & Y \\ g \downarrow & \swarrow d & \downarrow f \\ Z & \xrightarrow{m} & U \end{array}$$

Hilfssatz 2.3.3 (Diagonal-Eigenschaft) *In der Kategorie* **Set** *hat jedes E-M-Quadrat eine eindeutige Diagonale. Diese lässt automatisch auch das untere Dreieck kommutieren.*

Beweis. Es gilt $Kern\,e \subseteq Kern(f \circ e) = Kern(m \circ g) = Kern\,g$, weil m injektiv ist. Nach dem vorigen Hilfssatz existiert genau eine Abbildung $d: Y \to Z$ mit $d \circ e = g$, also eine Diagonale.

Ist d eine Diagonale, so gilt $m \circ d \circ e = m \circ g = f \circ e$. Wir können e rechts kürzen, also ist $m \circ d = f$. □

Summen in Set

Sei $(X_i)_{i \in I}$ eine Familie von Mengen. Die *Summe der X_i* ist die disjunkte Vereinigung

$$\sum_{i \in I} X_i := \bigcup_{i \in I} \{(i, x) \mid x \in X_i\}$$

mit den durch $e_i(x) := (i, x)$ definierten Abbildungen.

Sei Q ein Konkurrent, also eine Menge mit Abbildungen $q_i : X_i \to Q$, so gibt es genau eine Abbildung $\sigma : \sum_{i \in I} X_i \to Q$ mit $\sigma \circ e_i = q_i$. Diese ist durch $\sigma(i, x) := q_i(x)$ definiert.

Von nun an schreiben wir $X + Y$ für die disjunkte Vereinigung der Mengen X und Y.

Coequalizer in Set

Hilfssatz 2.3.4 *Sind $(f_i)_{i \in I} : X \to Y$ Abbildungen, so sei Θ die durch die Menge*

$$R := \{(f_i(x), f_j(x)) \mid x \in X, i, j \in I\}$$

erzeugte Äquivalenzrelation. Die kanonische Abbildung $\pi_\Theta : Y \to Y/\Theta$ mit $\pi_\Theta(y) = [y]\Theta$ ist dann der Coequalizer der f_i.

Beweis. Offensichtlich gilt für alle $i, j \in I$: $\pi_\Theta \circ f_i = \pi_\Theta \circ f_j$. Für jeden Konkurrenten, also jede Abbildung $q : Y \to Z$ mit $q \circ f_i = q \circ f_j$ für alle $i, j \in I$ muss $\Theta \subseteq Kern\,q$ sein, so dass nach Hilfssatz 2.3.2 genau eine Abbildung $h : A/\Theta \to Z$ existiert mit $h \circ \pi_\theta = q$. □

Pushouts in Set

Aufgrund von Satz 2.2.4 können wir Pushouts aus Summen und Coequalizern konstruieren. Als Coequalizer einer Familie $(f_i : X \to Y_i)_{i \in I}$ von Abbildungen ergibt sich auf diese Weise der Pushout als $(\pi_\Theta \circ e_i)_{i \in I}$, wobei $e_i : X_i \to \sum_{i \in I} Y_i$ die kanonischen Einbettungen sind und Θ die Äquivalenzrelation auf $\sum_{i \in I} Y_i$, die von allen Paaren $(f_i(x), f_j(x))$ mit $x \in X$ und $i, j \in I$ erzeugt wird. Für uns ist der folgende Spezialfall relevant:

Hilfssatz 2.3.5 *Sei $(\theta_i)_{i \in I}$ eine Familie von Äquivalenzrelationen auf einer Menge X und sei $\Theta := \bigvee_{i \in I} \theta_i$. Der Pushout der $\pi_{\theta_i} : X \to X/\theta_i$ ist X/Θ mit der Familie von Abbildungen $\pi_i : X/\theta_i \to X/\Theta$, die durch $\pi_i([x]\theta_i) := [x]\Theta$ definiert sind.*

Beweis. Zunächst gilt $\pi_i \circ \pi_{\theta_i} = \pi_\Theta = \pi_j \circ \pi_{\theta_j}$ für alle $i, j \in I$.

Sei Q mit Abbildungen $q_i : X/\theta_i \to Q$ ein Konkurrent, d.h. $g := q_i \circ \pi_{\theta_i} = q_j \circ \pi_{\theta_j}$ für alle $i, j \in I$, dann gilt $\theta_i \subseteq Kern\ g$ für alle $i \in I$, also $\Theta \subseteq Kern\ g$. Lemma 2.3.2 liefert die eindeutige Abbildung $h : X/\Theta \to Q$ mit $h \circ \pi_\Theta = g$. Für jedes i gilt $q_i \circ \pi_{\theta_i} = g = h \circ \pi_\Theta = h \circ \pi_i \circ \pi_{\theta_i}$, daher gilt $q_i = h \circ \pi_i$. □

2.4 Funktoren

Funktoren stellen Beziehungen zwischen Kategorien her. Ein Funktor F zwischen Kategorien $\mathbb{C}$ und $\mathbb{D}$ ordnet

- jedem Objekt $\mathbf{A} \in \mathbb{C}$ ein Objekt $F(\mathbf{A}) \in \mathbb{D}$ zu,
- jedem $\mathbb{C}$-Morphismus $f : \mathbf{A} \to \mathbf{B}$ einen $\mathbb{D}$-Morphismus $Ff : F(\mathbf{A}) \to F(\mathbf{B})$,

so dass die folgenden Gleichungen gelten:

$$F id_\mathbf{A} = id_{F(\mathbf{A})}$$
$$F(f \circ g) = Ff \circ Fg$$

Ein Funktor verhält sich also wie ein Paar von Abbildungen. Eine davon, die Objekt-Abbildung, ist zwischen den Objekten definiert, die andere zwischen den Morphismen.

$$\begin{array}{ccc} \mathbf{A} & \longmapsto & F(\mathbf{A}) \\ {\scriptstyle f}\downarrow & \longmapsto & \downarrow{\scriptstyle Ff} \\ \mathbf{B} & \longmapsto & F(\mathbf{B}) \end{array}$$

Formal handelt es sich nur deswegen nicht wirklich um „Abbildungen", weil die Definitionsbereiche echte Klassen (die Klasse aller Mengen, bzw. aller Mengen-Abbildungen) sind. Dennoch schreiben wir $F : \mathbb{C} \to \mathbb{D}$.

Für unsere Zwecke spielen nur **Mengenfunktoren** $F : \textbf{Set} \to \textbf{Set}$ eine Rolle. Es handelt sich um die im vorigen Kapitel angesprochenen „mengentheoretischen Konstruktionen" $X \to F(X)$, die sich auch auf Abbildungen $f : X \to Y$ übertragen lassen als $Ff : F(X) \to F(Y)$.

Beispiel 2.4.1 *Der **Identitätsfunktor** $\mathcal{I}$ mit $\mathcal{I}(X) = X$ für jede Menge X und $\mathcal{I}f = f$ für jede Mengen-Abbildung f ist ein Funktor.*

Beispiel 2.4.2 *Sei C eine fest vorgegebene Menge. Mit C bezeichnen wir auch den **konstanten Funktor** mit $C(X) = C$ für jede Menge X und $Cf = id_C$ für jede Abbildung $f : X \to Y$.*

Beispiel 2.4.3 *Sei C wieder eine fest gewählte Menge. Der **Potenzfunktor** $(-)^C$ ordnet jeder Menge X die Menge X^C aller Abbildungen von C nach X zu und jeder Abbildung $f : X \to Y$ die Abbildung die Abbildung f^C mit $f^C(u) = f \circ u$.*

2 Grundbegriffe der Kategorientheorie

Beispiel 2.4.4 *Der* **Listenfunktor** $(-)^*$ *ordnet einer Menge X die Menge X^* aller endlichen Listen von Elementen aus X zu. (Die Elemente von X^* kann man auch als Wörter über dem Alphabet X deuten). Eine Abbildung $f: X \to Y$ lässt sich elementweise zu einer Abbildung $f^*: X^* \to Y^*$ fortsetzen.*

Beispiel 2.4.5 *Der* **Potenzmengenfunktor** $\mathbb{P}$ *ordnet einer Menge X die Menge $\mathbb{P}(X)$ aller Teilmengen von X zu. Einer Abbildung $f: X \to Y$ zwischen zwei beliebigen Mengen X und Y ordnen wir die Abbildung $\mathbb{P}(f): \mathbb{P}(X) \to \mathbb{P}(Y)$ mit $(\mathbb{P}f)(U) := f[U]$ zu.*

Beispiel 2.4.6 *Sind $F, G: \mathbf{Set} \to \mathbf{Set}$ Funktoren, dann auch $F \circ G$, $F \times G$ und $F + G$ wenn man für ein beliebiges $X \in \mathbf{Set}$ und eine beliebige Abbildung $f: X \to Y$ setzt:*

(i) $(F \circ G)(X) := F(G(X))$ *und* $(F \circ G)f := F(Gf)$,

(ii) $(F \times G)(X) := F(X) \times G(X)$ *und* $(F \times G)(f)(u, v) := ((Ff)(u), (Ff)(v))$,

(iii) $(F + G)(X) := F(X) + G(X)$ *und* $(F + G)(f)(u) = \begin{cases} (Ff)(u), & \text{falls } u \in F(X) \\ (Fg)(u), & \text{falls } u \in G(X). \end{cases}$

Beispiel 2.4.7 (3-2-Funktor) *Für eine beliebige Menge X sei*

$$(X)_2^3 := \{(x_1, x_2, x_3) \in X^3 \mid x_1 = x_2 \lor x_1 = x_3 \lor x_2 = x_3\}.$$

Für eine beliebige Abbildung $f: X \to Y$ sei $(f)_2^3: (X)_2^3 \to (Y)_2^3$ komponentenweise erklärt, also $(f)_2^3(x_1, x_2, x_3) := (f(x_1), f(x_2), f(x_3))$. Auf diese Weise erhalten wir einen Funktor $(-)_2^3$.

Beispiel 2.4.8 *Jeder universell algebraische Typ definiert auch einen Funktor. Seien zum Beispiel die Operations-Symbole $\cdot$, $^{-1}$ und e mit den Stelligkeiten 2, 1 und 0 gegeben. Dieser Typ bestimmt einen Funktor F mit $F(X) = (X \times X) + X + \{*\}$ für jede Menge X. Für eine Abbildung $f: X \to Y$ setzen wir:*

$$(Ff)(u) = \begin{cases} (f(x_0), f(x_1)) & \text{falls } u = (x_0, x_1) \in X \times X \\ f(u) & \text{falls } u \in X \\ * & \text{falls } u = * \end{cases}$$

Beispiel 2.4.9 *Sei $\Delta = (\mathcal{F}, \sigma)$ ein Typ von universellen Algebren. Dann wird durch $\Delta(X) = \sum_{f \in \mathcal{F}} X^{\sigma(f)}$ die Objekt-Abbildung eines Funktors definiert.*

Beispiel 2.4.10 *Für eine beliebige Menge X definieren wir $\mathcal{P}(X) := \mathbb{P}(X)$, und für eine Abbildung $f: X \to Y$ sei $\mathcal{P}f: \mathbb{P}(Y) \to \mathbb{P}(X)$ durch $(\mathcal{P}f)(V) := \{x \in X \mid f(x) \in V\}$ definiert. Diese Konstruktion ergibt keinen Funktor, da die Richtung der Abbildungen umgedreht wird. Man erkennt aber leicht, dass die Hintereinander-Ausführung $\mathcal{P} \circ \mathcal{P}$ ein Funktor ist.*

2.5 Eigenschaften von Mengenfunktoren

Hilfssatz 2.5.1 *Sei F : **Set** $\to$ **Set** ein Mengenfunktor, $X \neq \emptyset$ und $f : X \to Y$ eine Abbildung. Ist f injektiv, dann auch Ff.*

Beweis. Sei g linksinvers zu f, dann gilt $g \circ f = id_X$, also auch $F(g) \circ F(f) = F(g \circ f) = F(id_X) = id_{F(X)}$. Somit hat $F(f)$ ein linksinverses und ist daher selber injektiv. $\square$

Der nächste Hilfssatz erlaubt uns, stets $F(X) \neq \emptyset$ anzunehmen:

Hilfssatz 2.5.2 *Falls $F(X) = \emptyset$ für eine Menge $X \neq \emptyset$, dann folgt $F(Y) = \emptyset$ für alle Mengen Y und $Ff = \emptyset$ für jede Abbildung f.*

Beweis. Ist $X \neq \emptyset$, so gibt es für jede Menge Y eine Abbildung $f : Y \to X$, also auch eine Abbildung $Ff : F(Y) \to F(X)$. $\square$

2.6 Natürliche Transformationen

Wenn wir einen **Set**-Funktor als „Mengenkonstruktion" deuten, so erhebt sich die Frage, wie man „natürliche" Beziehungen zwischen zwei solchen Konstruktionen beschreiben kann. Zum Beispiel kann man aus jeder Liste eine Menge machen, indem man Duplikate entfernt. Diese Transformation ist im Sinne der folgenden Definition „natürlich" und mit den Abbildungen verträglich:

Definition 2.6.1 *Seien $F, G : \mathbb{C} \to \mathbb{D}$ Funktoren. Eine **natürliche Transformation** η **von F nach G** ordnet jedem Objekt $X \in \mathbb{C}$ einen $\mathbb{D}$-Morphismus $\eta_X : F(X) \to G(X)$ zu, so dass für jeden $\mathbb{C}$-Morphismus $f : X \to Y$ gilt:*

$$Gf \circ \eta_X = \eta_Y \circ Ff.$$

$$\begin{array}{ccc} X & F(X) \xrightarrow{\eta_X} G(X) \\ \downarrow f & \downarrow Ff \quad\quad \downarrow Gf \\ Y & F(Y) \xrightarrow{\eta_Y} G(Y) \end{array}$$

Man schreibt $\eta : F \dot\to G$, falls η eine natürliche Transformation von F nach G ist.

Beispielsweise hat man eine natürliche Transformation η vom Listenfunktor $(-)^*$ zum endlichen Potenzmengenfunktor $\mathbb{P}_\omega$. Einer Menge X ordnet η die Abbildung $\eta_X : X^* \to \mathbb{P}_\omega(X)$ zu, die jede endliche Liste $l \in X^*$ in die Menge $|l|$ aller Elemente von l transformiert.

Eine natürliche Transformation zwischen Mengenfunktoren F und G nennen wir **surjektive natürliche Transformation**, falls η_X für jede Menge $X \neq \emptyset$ surjektiv ist.

2.7 Aufgaben

(i) Jeder Coequalizer ist epi.

(ii) Die Familie der kanonischen Injektionen $e_i : \mathbf{A}_i \to \sum_{i \in I} \mathbf{A}_i$ in eine Summe ist *gemeinsam epi* (siehe Definition 2.2.1).

3 Coalgebren

(iii) Eine Algebra vom Typ $(2,1,0)$ ist eine Abbildung $\gamma_X : F(X) \to X$, wobei F der Funktor aus Beispiel 2.4.8 ist. Ein Homomorphismus zwischen zwei Algebren $\mathbf{A} = (A, \gamma_A)$ und $\mathbf{B} = (B, \gamma_B)$ des Typs $(2, 1, 0)$ ist eine Abbildung $\varphi : A \to B$ so dass das folgende Diagramm kommutiert:

$$\begin{array}{ccc} F(A) & \xrightarrow{F\varphi} & F(B) \\ \gamma_A \downarrow & & \downarrow \gamma_B \\ A & \xrightarrow{\varphi} & B \end{array}$$

(iv) $f : \mathbf{A} \to \mathbf{B}$ ist genau dann epi, wenn das folgende ein Pushout-Diagramm ist:

$$\begin{array}{ccc} A & \xrightarrow{f} & B \\ f \downarrow & & \downarrow id_B \\ B & \xrightarrow{id_B} & B \end{array}$$

(v) („*Pushouts von epis sind epi*") Ist f in dem folgenden Pushout-Diagramm epi, dann auch das „gegenüberliegende" f':

$$\begin{array}{ccc} A & \xrightarrow{f} & B \\ g \downarrow & & \downarrow g' \\ C & \xrightarrow{f'} & P \end{array}$$

(vi) Ein Objekt $\mathbf{I}$ in einer Kategorie $\mathfrak{C}$ heißt **initial**, wenn es in jedes Objekt $\mathbf{A} \in \mathfrak{C}$ genau einen Morphismus $\iota : \mathbf{I} \to \mathbf{A}$ gibt. Bestimmen Sie das initiale und das terminale Objekt in der Kategorie aller Algebren eines festen Typs.

(vii) In der Kategorie aller Algebren eines festen Typs ist die Summe $\mathbf{T}(\{x\}) + \mathbf{T}(\{y\})$ der Termalgebren $\mathbf{T}(\{x\})$ und $\mathbf{T}(\{y\})$ isomorph zu $\mathbf{T}(\{x, y\})$.

(viii) Sei $\mathbf{1}$ der einelementige Verband. Bestimmen Sie $\mathbf{1}+\mathbf{1}$ in der Kategorie aller Verbände.

(ix) Bestimmen Sie die Summe $G_1 + G_2$ zweier Gruppen G_1 und G_2 in der Kategorie aller Gruppen.

3 Coalgebren

Definition 3.0.1 *Ein* **Typ** *ist ein Mengenfunktor. Eine* **Coalgebra vom Typ** F *ist ein Paar* $\mathcal{A} = (A, \alpha_A)$, *bestehend aus einer Menge A und einer Abbildung*

$$\begin{array}{c} A \\ \downarrow \alpha_A \\ F(A) \end{array}$$

Offensichtlich deckt diese Definition alle aufgeführten Beispiele zustandsbasierter Systeme ab. Wichtig ist zunächst der Homomorphie-Begriff:

Definition 3.0.2 *Seien* $\mathbf{A} = (A, \alpha_A)$ *und* $\mathbf{B} = (B, \alpha_B)$ *Coalgebren. Eine Abbildung* $\varphi : A \to B$ *heißt* **Homomorphismus** *von* $\mathbf{A}$ *nach* $\mathbf{B}$*, falls*

$$\alpha_B \circ \varphi = F\varphi \circ \alpha_A,$$

falls also das folgende Diagramm kommutiert:

$$\begin{array}{ccc} A & \dashrightarrow^{\varphi} & B \\ {\scriptstyle \alpha_A}\downarrow & & \downarrow{\scriptstyle \alpha_B} \\ F(A) & \dashrightarrow_{F\varphi} & F(B) \end{array}$$

Die folgenden Eigenschaften ergeben sich sofort aus den entsprechenden Bedingungen an einen Funktor:

Satz 3.0.3 $\mathbf{A} = (A, \alpha_A)$, $\mathbf{B} = (B, \alpha_B)$ *und* $\mathbf{C} = (C, \alpha_C)$ *seien Coalgebren vom Typ* F.

(i) $id_A : \mathbf{A} \to \mathbf{A}$ *ist ein Homomorphismus.*

(ii) Sind $\varphi : \mathbf{A} \to \mathbf{B}$ *und* $\psi : \mathbf{B} \to \mathbf{C}$ *Homomorphismen, dann auch* $\psi \circ \varphi : \mathbf{A} \to \mathbf{C}$

Beweis. (i): $\alpha_A \circ id_A = \alpha_A = id_{F(A)} \circ \alpha_A = F(id_A) \circ \alpha_A$. Für (ii) rechnen wir nach:

$$\alpha_C \circ (\psi \circ \varphi) = (\alpha_C \circ \psi) \circ \varphi = F(\psi) \circ \alpha_B \circ \varphi = F(\psi) \circ F(\varphi) \circ \alpha_A = F(\psi \circ \varphi) \circ \alpha_A \quad \Box$$

Folgerung 3.0.4 *Die Klasse aller Coalgebren zu einem festen Typ* F *mit den oben definierten Homomorphismen als Morphismen bildet eine Kategorie, die wir mit* $\mathbf{Set}_F$ *bezeichnen.*

Isomorphismen, Diagramm-Lemma für Coalgebren

Satz 3.0.5 *Ein bijektiver Homomorphismus ist ein Isomorphismus.*

Beweis. Wir rechnen nach, dass die Umkehrabbildung von φ, ein Homomorphismus ist:

$$\begin{aligned} \alpha_A \circ \varphi^{-1} &= F(\varphi^{-1}) \circ F(\varphi) \circ \alpha_A \circ \varphi^{-1} \\ &= F(\varphi^{-1}) \circ \alpha_B \circ \varphi \circ \varphi^{-1} \\ &= F(\varphi^{-1}) \circ \alpha_B. \end{aligned}$$

$\Box$

Hilfssatz 3.0.6 *Seien* $\mathbf{A}$*,* $\mathbf{B}$ *und* $\mathbf{C}$ *Coalgebren und* $f : A \to B$*,* $g : B \to C$ *Mengenabbildungen, so dass* $\varphi := g \circ f : \mathbf{A} \to \mathbf{C}$ *ein Homomorphismus ist. Dann gilt:*

(i) Ist f *ein surjektiver Homomorphismus, dann ist auch* g *ein Homomorphismus.*

(ii) Ist g *ein injektiver Homomorphismus, dann ist auch* f *ein Homomorphismus.*

3 Coalgebren

Beweis.

$$
\begin{CD}
A @>f>> B @>g>> C \\
@V\alpha_A VV @V\alpha_B VV @VV\alpha_C V \\
F(A) @>>F(f)> F(B) @>>F(g)> F(C).
\end{CD}
$$
(mit φ oben von A nach C und $F(\varphi)$ unten von $F(A)$ nach $F(C)$)

(i): Wenn f und $\varphi = g \circ f$ Homomorphismen sind, gilt:

$$\begin{aligned}
\alpha_C \circ g \circ f &= \alpha_C \circ \varphi \\
&= F(\varphi) \circ \alpha_A \\
&= F(g \circ f) \circ \alpha_A \\
&= F(g) \circ F(f) \circ \alpha_A \\
&= F(g) \circ \alpha_B \circ f
\end{aligned}$$

f ist surjektiv, also rechtskürzbar, so dass $\alpha_C \circ g = F(g) \circ \alpha_B$ folgt.

Der Beweis von (ii) ist analog, allerdings müssen wir hier unter Verwendung von Hilfssatz 2.5.1 ausnutzen, dass mit g auch $F(g)$ injektiv, somit linkskürzbar ist. □

Wir verbinden dieses Ergebnis mit dem Diagramm-Lemma für Mengen:

Folgerung 3.0.7 (Diagramm-Lemma für Coalgebren) *Seien $\varphi : \mathbf{A} \to \mathbf{B}$ und $\psi : \mathbf{A} \to \mathbf{C}$ Homomorphismen und φ surjektiv. Genau dann gibt es einen Homomorphismus $\chi : \mathbf{B} \to \mathbf{C}$ mit $\chi \circ \varphi = \psi$, wenn $\operatorname{Kern} \varphi \subseteq \operatorname{Kern} \psi$.*

3.1 Unterstrukturen

Definition 3.1.1 *Sei $\mathbf{A} = (A, \alpha_A)$ eine Coalgebra. Eine Teilmenge $S \subseteq A$ heißt **offen**, falls es eine Struktur-Abbildung $\alpha_S : S \to F(S)$ gibt, so dass $\subseteq_S^A : S \to A$ ein Homomorphismus ist. $\mathbf{S} = (S, \alpha_S)$ heißt dann **Untercoalgebra** von $\mathbf{A}$ und wir schreiben $\mathbf{S} \leq \mathbf{A}$.*

Hilfssatz 3.1.2 *Auf jeder offenen Teilmenge $S \subseteq A$ gibt es eine eindeutige Struktur-Abbildung $\alpha_S : S \to F(S)$, mit der $\mathbf{S} = (S, \alpha_S)$ eine Untercoalgebra von $\mathbf{A}$ wird.*

Beweis. Für $S = \emptyset$ ist die Behauptung klar. Ansonsten nehmen wir an, es gäbe zwei Struktur-Abbildungen $\sigma_1, \sigma_2 : S \to F(S)$, für die die kanonische Einbettung $\subseteq_S^A$ ein Homomorphismus ist. Es folgt:

$$F(\subseteq_S^A) \circ \sigma_1 = \alpha_A \circ \subseteq_S^A = F(\subseteq_S^A) \circ \sigma_2.$$

Wegen Hilfssatz 2.5.1 können wir $F(\subseteq_S^A)$ links kürzen, so dass $\sigma_1 = \sigma_2$ folgt. □

Dieser Hilfssatz erlaubt uns, die Begriffe „offene Teilmenge" und „Untercoalgebra" synonym zu verwenden.

3.2 Homomorphe Bilder, Faktorisierungen

Der folgende Hilfssatz und sein Beweis sind analog zu 3.1.2:

Hilfssatz 3.2.1 *Ist $\varphi : \mathbf{A} \to \mathbf{B}$ ein surjektiver Homomorphismus, so ist die Coalgebra-Struktur α_B auf B eindeutig durch φ und α_A bestimmt. Wir können die Struktur auf B sogar direkt angeben als:*

$$\alpha_B = \{(\varphi(a), (F\varphi)(\alpha_A(a))) \mid a \in A\}.$$

Aus diesem Grunde definieren wir:

Definition 3.2.2 *Ist $\varphi : \mathbf{A} \twoheadrightarrow \mathbf{B}$ ein surjektiver Homomorphismus, so heißt* **B homomorphes Bild** *von* **A**.

Satz 3.2.3 (Faktorisierungssatz) *Sei $\varphi : \mathbf{A} \to \mathbf{B}$ ein Homomorphismus, sei $\varphi = g \circ f$ eine Zerlegung von φ in eine surjektive Abbildung $f : A \twoheadrightarrow Q$, gefolgt von einer injektiven Abbildung $g : Q \rightarrowtail B$. Dann gibt es auf Q eine eindeutige F-Coalgebra-Struktur α_Q, so dass f ein Homomorphismus ist. Bezüglich dieser Struktur ist g automatisch ein Homomorphismus.*

Beweis.

$$\begin{array}{ccccc}
A & \xrightarrow{f} & Q & \xrightarrow{g} & B \\
\alpha_A \downarrow & & \downarrow \alpha_Q & & \downarrow \alpha_B \\
F(A) & \xrightarrow{Ff} & F(Q) & \xrightarrow{Fg} & F(B)
\end{array}$$

Weil $\varphi = g \circ f$ ein Homomorphismus ist, hat man

$$\begin{aligned}
\alpha_B \circ (g \circ f) &= F(g \circ f) \circ \alpha_A \\
&= F(g) \circ F(f) \circ \alpha_A.
\end{aligned}$$

Mit g ist auch $F(g)$ injektiv, so dass f, $\alpha_B \circ g$, $F(f) \circ \alpha_A$ und $F(g)$ ein E-M-Quadrat bilden. Die aufgrund von Hilfssatz 2.3.3 eindeutig existierende Diagonale ist die gesuchte Struktur-Abbildung α_Q auf Q. □

Ist $f : A \to B$ eine Abbildung, so sei

$$f[A] := \{f(a) \mid a \in A\}$$

das **Bild** von A unter f, und $f' : A \to f[A]$ sei die Bild-Restriktion von f. Da wir f als

$$f = \subseteq_{f[A]}^{B} \circ f'$$

surjektiv-injektiv zerlegen können, folgt aus 3.2.3:

Folgerung 3.2.4 *Ist $\varphi : \mathbf{A} \to \mathbf{B}$ ein Homomorphismus, so ist $\varphi[A]$ ein homomorphes Bild von* **A** *und eine Untercoalgebra von* **B**.

Ist $\mathbf{U} \leq \mathbf{A}$ eine Untercoalgebra von $\mathbf{A}$ und $\varphi : \mathbf{A} \to \mathbf{B}$ ein Homomorphismus, so liefert die surjektiv-injektiv-Zerlegung von $\varphi \circ \subseteq_{U}^{A}$:

Folgerung 3.2.5 *$\varphi[U]$ ist eine Untercoalgebra von* **B**.

Kongruenzen, Faktorcoalgebren

Wie in der Universellen Algebra definieren wir Kongruenzen als Äquivalenzrelationen, die die Struktur respektieren. In diesem Falle bedeutet dies:

Definition 3.2.6 *Eine Kongruenz auf einer Coalgebra* $\mathbf{A}$ *ist ein Kern eines Homomorphismus* $\varphi : \mathbf{A} \to \mathbf{B}$ *für irgendein* $\mathbf{B}$.

Ist θ eine Kongruenz auf $\mathbf{A}$, dann gibt es einen Homomorphismus $\varphi : \mathbf{A} \to \mathbf{B}$ mit $Kern\, \varphi = \theta$. Wir können φ surjektiv wählen. Es lässt sich dann als $f \circ \pi_\theta$ schreiben, mit f bijektiv. Satz 3.2.3 liefert eine eindeutige Coalgebra-Struktur α_θ auf A/θ. Die Coalgebra $\mathbf{A}/\theta = (A/\theta, \alpha_\theta)$ nennen wir **Faktorcoalgebra**. In Verbindung mit Satz 3.0.5 folgt, dass f sogar ein Isomorphismus ist. Wir erhalten also:

Satz 3.2.7 *Ist* $\varphi : \mathbf{A} \to \mathbf{B}$ *ein surjektiver Homomorphismus mit Kern* θ, *so gilt* $\mathbf{A}/\theta \cong \mathbf{B}$.

Insbesondere ist also jede Kongruenz θ Kern eines Homomorphismus $\pi_\theta : \mathbf{A} \to \mathbf{A}/\theta$. Daher können wir auch direkt eine Bedingung dafür formulieren, dass eine Äquivalenzrelation eine Kongruenz ist. Aus der Homomorphie-Bedingung 3.0.2 und dem Diagramm-Lemma 2.3.2 erhalten wir nämlich $\theta \subseteq Kern(F\pi_\theta) \circ \alpha_A$, was bedeutet:

Folgerung 3.2.8 *Eine Äquivalenzrelation* θ *auf einer Coalgebra* $\mathbf{A}$ *ist genau dann eine Kongruenzrelation, wenn für je zwei Elemente* $a, b \in A$ *gilt:*

$$a\theta b \implies (F\pi_\theta)(\alpha_A(a)) = (F\pi_\theta)(\alpha_A(b)).$$

3.3 Colimiten in $\mathbf{Set}_F$

Ist $\mathbf{A}_i = (A_i, \alpha_i)$ für jedes $i \in I$ eine Coalgebra, so können wir auf der disjunkten Vereinigung $\sum_{i \in I} A_i$ eine Coalgebra-Struktur definieren. Mit den kanonischen Injektionen $e_i : A_i \to \sum_{i \in I} A_i$ und den Abbildungen $F(e_i) \circ \alpha_i$ wird nämlich $F(\sum_{i \in I} A_i)$ zum Konkurrenten der Summe in der Kategorie **Set**, so dass man eine eindeutige Struktur-Abbildung α auf $\sum_{i \in I} A_i$ gewinnt, die augenscheinlich alle e_i zu Homomorphismen macht. Da diese auch injektiv sind, folgt, dass jedes $\mathbf{A}_i$ sogar isomorph zu einer Untercoalgebra von $\sum_{i \in I} \mathbf{A}_i$ ist.

$$\begin{array}{ccc} A_i & \xrightarrow{e_i} & \sum_{i \in I} A_i \\ \alpha_i \downarrow & & \downarrow \alpha \\ F(A_i) & \xrightarrow{F(e_i)} & F(\sum_{i \in I} A_i) \end{array}$$

Man kann α auch direkt angeben als

$$\alpha(i, a) := F(e_i) \circ \alpha_i(a).$$

$\sum_{i \in I} \mathbf{A}_i = (\sum_{i \in I} A_i, \alpha)$ heißt **Summe der** $\mathbf{A}_i$, $i \in I$.

Salopp ausgedrückt, ist die disjunkte Vereinigung von Coalgebren wieder eine Coalgebra. Man vergleiche dazu auch das Beispiel der Kripke-Strukturen auf Seite 167. Man kann dieses entweder als zwei disjunkte Kripke-Strukturen auffassen, oder als eine Summe von zwei disjunkten Komponenten.

Satz 3.3.1 *Die disjunkte Summe der Coalgebren $\mathbf{A}_i$ ist die Summe der $\mathbf{A}_i$ in der Kategorie $\mathbf{Set}_F$.*

Beweis. Sei $\mathbf{Q} = (Q, \gamma)$ mit Homomorphismen $\varphi_i : \mathbf{A}_i \to \mathbf{Q}$ ein Konkurrent von $\sum_{i \in I} \mathbf{A}_i$ in der Kategorie $\mathbf{Set}_F$, d.h. $\mathbf{Q}$ ist eine Coalgebra und jedes φ_i ein Homomorphismus.

$$\begin{array}{ccccc}
Q & \xleftarrow{\varphi_i} & A_i & \xrightarrow{e_i} & \sum_{i \in I} A_i \\
{\scriptstyle \gamma}\downarrow & & {\scriptstyle \alpha_i}\downarrow & & \downarrow{\scriptstyle \alpha} \\
F(Q) & \xleftarrow{F(\varphi_i)} & F(A_i) & \xrightarrow{F(e_i)} & F(\sum_{i \in I} A_i)
\end{array}$$

mit σ oben und $F(\sigma)$ unten.

Betrachten wir nur die obere Zeile des Diagramms, dann ist Q mit den Abbildungen φ_i auch ein Konkurrent von $\sum_{i \in I} A_i$, der Summe der A_i in der Kategorie der Mengen. Somit existiert eine eindeutige Abbildung σ mit $\varphi_i = \sigma \circ e_i$ für alle $i \in I$. Es bleibt zu zeigen, dass σ sogar ein Homomorphismus ist. Für jedes i gilt

$$\begin{aligned}
\gamma \circ \sigma \circ e_i &= \gamma \circ \varphi_i \\
&= F(\varphi_i) \circ \alpha_i \\
&= F(\sigma) \circ F(e_i) \circ \alpha_i \\
&= F(\sigma) \circ \alpha \circ e_i.
\end{aligned}$$

Da die e_i gemeinsam epi sind, folgt $\gamma \circ \sigma = F(\sigma) \circ \alpha$. □

Eine Anwendung dieses Satzes ist:

Satz 3.3.2 *Sei $(U_i)_{i \in I}$ eine Familie von Untercoalgebren von $\mathbf{A}$, dann ist auch die Vereinigung $\bigcup_{i \in I} U_i$ eine Untercoalgebra von $\mathbf{A}$.*

Beweis. Da $\subseteq_{U_i}^{A} : \mathbf{U}_i \to \mathbf{A}$ für jedes i ein Homomorphismus ist, wird $\mathbf{A}$ zum Konkurrenten der disjunkten Summe $\mathbf{S} = \sum_{i \in I} \mathbf{U}_i$. Es gibt also (genau) einen Homomorphismus $\varphi : \mathbf{S} \to \mathbf{A}$ mit $\varphi \circ e_i = \subseteq_{U_i}^{A}$ für jedes i. Das Bild von $\mathbf{S}$ unter φ

$$\varphi[\mathbf{S}] = \{\varphi(i, u) \mid i \in I, u \in U_i\} = \bigcup_{i \in I} (\varphi \circ e_i)[U_i] = \bigcup_{i \in I} U_i.$$

ist nach Folgerung 3.2.4 eine Untercoalgebra von $\mathbf{A}$. □

Ist $\mathbf{A} = (A \alpha_A)$ eine Coalgebra, so existiert aufgrund dieses Satzes zu jeder Teilmenge $S \subseteq A$ eine größte Untercoalgebra, die in S enthalten ist. Wir bezeichnen diese als die von S **coerzeugte** Untercoalgebra und schreiben dafür $[S]$.

Folgerung 3.3.3 *Die Menge aller Untercoalgebren einer Coalgebra $\mathbf{A}$ bildet einen Verband $Sub(\mathbf{A})$ mit kleinstem Element $\emptyset$ und größtem Element A.*

Dass Untercoalgebren unter Vereinigungen abgeschlossen sind, erscheint nicht verwunderlich, da Unter*algebren* in der dualen Theorie der Universellen Algebra ja gegen beliebige Schnitte abgeschlossen sind. Überraschend ist daher folgendes Ergebnis aus [GS02]:

3 Coalgebren

Satz 3.3.4 *Der Schnitt von endlich vielen Untercoalgebren ist eine Untercoalgebra.*

Beweis. Seien U und V Untercoalgebren von $\mathbf{A} = (A, \alpha_A)$. Für $U \cap V = \emptyset$ ist die Behauptung trivial, da die leere Menge immer eine Untercoalgebra ist. Sei von jetzt ab also $w \in U \cap V$ gewählt. Wir definieren Abbildungen $p_w : U \to U \cap V$ und $q_w : A \to V$ als

$$p_w(u) := \begin{cases} u & \text{falls } u \in U \cap V \\ w & \text{sonst} \end{cases} \quad \text{und} \quad q_w(a) := \begin{cases} a & \text{falls } a \in V \\ w & \text{sonst.} \end{cases}$$

Wir benötigen die Eigenschaften

$$\subseteq_{U \cap V}^{V} \circ\, p_w = q_w \circ \subseteq_U^A \quad \text{und} \quad q_w \circ \subseteq_V^A = id_V.$$

Damit zeigen wir, dass

$$\gamma := F(p_w) \circ \alpha_U \circ \subseteq_{U \cap V}^{U}$$

eine Coalgebra-Struktur auf $U \cap V$ definiert, die $U \cap V$ zur Untercoalgebra von $\mathbf{A}$ macht:

$$\begin{aligned}
F(\subseteq_{U \cap V}^{A}) \circ \gamma &= F(\subseteq_V^A) \circ F(\subseteq_{U \cap V}^V) \circ F(p_w) \circ \alpha_U \circ \subseteq_{U \cap V}^U \\
&= F(\subseteq_V^A) \circ F(q_w) \circ F(\subseteq_U^A) \circ \alpha_U \circ \subseteq_{U \cap V}^U \\
&= F(\subseteq_V^A) \circ F(q_w) \circ \alpha_A \circ \subseteq_U^A \circ \subseteq_{U \cap V}^U \\
&= F(\subseteq_V^A) \circ F(q_w) \circ \alpha_A \circ \subseteq_V^A \circ \subseteq_{U \cap V}^V \\
&= F(\subseteq_V^A) \circ F(q_w) \circ F(\subseteq_V^A) \circ \alpha_V \circ \subseteq_{U \cap V}^V \\
&= F(\subseteq_V^A) \circ \alpha_V \circ \subseteq_{U \cap V}^V \\
&= \alpha_A \circ \subseteq_V^A \circ \subseteq_{U \cap V}^V \\
&= \alpha_A \circ \subseteq_{U \cap V}^A
\end{aligned}$$

□

$Sub(\mathbf{A})$ bildet somit einen topologischen Raum. Umgekehrt wurde in [Gum01] gezeigt, dass man auf jedem topologischen Raum eine Coalgebra eines bestimmten Typs definieren kann, so dass die offenen Mengen genau die Untercoalgebren werden. Dies belegt, dass das System der Untercoalgebren i.A. nicht unter beliebigen Schnitten abgeschlossen ist.

Coequalizer in $\mathbf{Set}_F$

Hilfssatz 3.3.5 *Sei $(\varphi_i : \mathbf{A} \to \mathbf{B})_{i \in I}$ eine Familie von Coalgebra-Homomorphismen und $\pi_\Theta : B \to B/\Theta$ der Coequalizer der Abbildungen φ_i in der Kategorie $\mathbf{Set}$. Dann gibt es auf B/Θ eine eindeutige Struktur-Abbildung α_Θ, so dass $\pi_\Theta : \mathbf{B} \to \mathbf{B}/\Theta = (B/\Theta, \alpha_\Theta)$ der Coequalizer der Homomorphismen φ_i in $\mathbf{Set}_F$ ist.*

Beweis. Für beliebige $i, j \in I$ gilt:

$$\begin{aligned}
F(\pi_\Theta) \circ \alpha_B \circ \varphi_i &= F(\pi_\Theta) \circ F(\varphi_i) \circ \alpha_A \\
&= F(\pi_\Theta \circ \varphi_i) \circ \alpha_A \\
&= F(\pi_\Theta \circ \varphi_j) \circ \alpha_A \\
&= F(\pi_\Theta) \circ \alpha_B \circ \varphi_j.
\end{aligned}$$

Damit ist aber $F(\pi_\Theta) \circ \alpha_B$ ein Konkurrent, in der Kategorie der Mengen, des Coequalizers π_Θ. Dies liefert eine Struktur-Abbildung α_Θ auf B/Θ, bezüglich der π_Θ ein Homomorphismus ist.

$$\begin{array}{ccc}
A \xrightarrow[\varphi_j]{\varphi_i} B & \xrightarrow{\pi_\Theta} & B/\Theta \\
\alpha_A \downarrow \quad \alpha_B \downarrow & & \downarrow \alpha_\Theta \\
F(A) \xrightarrow[F(\varphi_j)]{F(\varphi_i)} F(B) & \xrightarrow{F(\pi_\Theta)} & F(B/\Theta)
\end{array}$$

Sei jetzt die Coalgebra $\mathbf{Q} = (Q, \alpha_Q)$ mit dem Homomorphismus $\psi : \mathbf{B} \to \mathbf{Q}$ ein Konkurrent von $\mathbf{B}/\Theta$, d.h. $\psi \circ \varphi_i = \psi \circ \varphi_j$ für alle $i, j \in I$. Es folgt $\Theta \subseteq \text{Kern } \psi$, so dass nach Hilfssatz 3.0.7 genau ein Homomorphismus $\chi : \mathbf{B}/\Theta \to \mathbf{Q}$ existiert mit $\psi = \chi \circ \pi_\Theta$. □

Pushouts in Set_F

Aus Satz 2.2.4 in Verbindung mit den Hilfssätzen 3.3.1 und 3.3.5 folgt:

Hilfssatz 3.3.6 *Sei $(\varphi_i : \mathbf{A} \to \mathbf{B}_i)_{i \in I}$ eine Familie von Homomorphismen. Sei $\psi_i : B_i \to P$ der Pushout der Abbildungen φ_i in Set. Dann gibt es auf P eine eindeutige Coalgebra-Struktur α_P, so dass die ψ_i Homomorphismen nach $\mathbf{P} = (P, \alpha_P)$ sind und $\mathbf{P}$ mit den ψ_i der Pushout der φ_i in Set_F ist.*

Allgemeiner kann man dieses Lemma sogar für beliebige Colimiten formulieren: *Colimiten in Set_F werden genauso gebildet wie in Set, d.h. sie haben die gleiche Grundmenge, und die kanonischen Abbildungen sind Homomorphismen.*

3.4 Bisimulationen

Der Begriff der Bisimulation ist zentral für die Theorie der Coalgebren. Bisimulationen axiomatisieren den Begriff der Ununterscheidbarkeit.

Definition 3.4.1 *Seien $\mathbf{A}$ und $\mathbf{B}$ Coalgebren und $R \subseteq A \times B$ eine zweistellige Relation. R heißt **Bisimulation**, wenn man auf R eine Coalgebra-Struktur ρ definieren kann, so dass die Projektionen $\pi_A : R \to A$ und $\pi_B : R \to B$ Homomorphismen sind.*

$$\begin{array}{ccc}
A & \xleftarrow{\pi_A} R \xrightarrow{\pi_B} & B \\
\alpha_A \downarrow & \downarrow \rho & \downarrow \alpha_B \\
F(A) & \xleftarrow{F(\pi_A)} F(R) \xrightarrow{F(\pi_A)} & F(B)
\end{array}$$

Ein wichtiger Spezialfall einer Bisimulation ist der Graph eines Homomorphismus. Es gilt sogar:

Satz 3.4.2 *Eine Abbildung $f : A \to B$ zwischen Coalgebren $\mathbf{A} = (A, \alpha_A)$ und $\mathbf{B} = (B, \alpha_B)$ ist genau dann ein Homomorphismus, wenn ihr Graph*

$$G(f) := \{(a, f(a)) \mid a \in A\}$$

eine Bisimulation zwischen $\mathbf{A}$ und $\mathbf{B}$ ist.

3 Coalgebren

Beweis. Die Abbildung $\pi_A : G(f) \to A$ ist bijektiv mit inverser Abbildung π_A^{-1}. Ist $G(f)$ eine Bisimulation, so sind π_A und π_B Homomorphismen und, aufgrund von Satz 3.0.5, auch π_A^{-1}. Daher ist $f = \pi_B \circ \pi_A^{-1}$ ein Homomorphismus.

Umgekehrt, sei f als Homomorphismus vorausgesetzt Wir definieren eine Struktur-Abbildung auf $G(f)$ durch

$$\rho(a, f(a)) := F(\pi_A^{-1}) \circ \alpha_A(a),$$

das heißt

$$\rho = F(\pi_A^{-1}) \circ \alpha_A(a) \circ \pi_A.$$

Man rechnet nach:

$$F(\pi_A) \circ \rho = F(\pi_A) \circ F(\pi_A^{-1}) \circ \alpha_A \circ \pi_A = \alpha_A \circ \pi_A,$$

und

$$\begin{aligned} F(\pi_B) \circ \rho &= F(\pi_B) \circ F(\pi_A^{-1}) \circ \alpha_A \circ \pi_A \\ &= F(f) \circ \alpha_A \circ \pi_A \\ &= \alpha_B \circ f \circ \pi_A \\ &= \alpha_B \circ \pi_B. \end{aligned}$$

$\square$

Beispiel 3.4.3 *Eine Φ-Kripke-Struktur $\mathbf{A} = (A, \overset{A}{\to}, v_A)$ fassen wir als Coalgebra vom Typ $\mathbb{P}(\Phi) \times \mathbb{P}(-)$ mit $\alpha_A(a) = (v_A(a), \overset{A}{\to}(a))$ auf. Ist $\mathbf{B} = (B, \overset{B}{\to}, v_B)$ eine weitere Kripke-Struktur und R eine Bisimulation zwischen $\mathbf{A}$ und $\mathbf{B}$, so muss für alle $(a, b) \in R$ eine Menge $\Gamma \subseteq \Phi$ von Propositionen und eine Menge $M \subseteq R$ existieren mit*

(i) $v_A(a) = \Gamma = v_B(b)$,

(ii) $\pi_A[M] = \overset{A}{\to}(a)$ und

(iii) $\pi_B[M] = \overset{B}{\to}(b)$.

Falls $a\,R\,b$ besagt die erste Bedingung gerade

$$v_A(a) = v_B(b),$$

während „$\supseteq$" in Bedingung (ii) kombiniert mit „$\subseteq$" in (iii) besagt:

$$a\overset{A}{\to}a' \implies \exists b'. b\overset{B}{\to}b' \wedge a'Rb'.$$

Analog erhält man aus den umgekehrten Inklusionen:

$$b\overset{B}{\to}b' \implies \exists a'. a\overset{A}{\to}a' \wedge a'Rb'.$$

Somit deckt sich der gerade eingeführte Begriff der Bisimulation mit dem auf Seite 168 motivierten Begriff.

Für den folgenden Charakterisierungs-Satz benötigen wir – zum ersten und einzigen Mal in diesem Kapitel – das Auswahlaxiom (siehe Hilfssatz 2.3.1):

Satz 3.4.4 *Seien* **A** *und* **B** *Coalgebren. Für eine Coalgebra* **P** *seien Homomorphismen* $\varphi_A : \mathbf{P} \to \mathbf{A}$ *und* $\varphi_B : \mathbf{P} \to \mathbf{B}$ *gegeben. Dann ist*

$$(\varphi_A, \varphi_B)[P] := \{(\varphi_A(p), \varphi_B(p)) \mid p \in P\}$$

eine Bisimulation zwischen **A** *und* **B**, *und jede Bisimulation ist von dieser Form.*

Beweis. Die letzte Behauptung ist klar, denn jede Bisimulation R erlaubt eine Coalgebra-Struktur **R** so dass π_A^R und π_A^R Homomorphismen sind. Offensichtlich gilt $(\pi_A^R, \pi_B^R)[R] = R$.

Sei jetzt **P** mit Homomorphismen $\varphi_A : \mathbf{P} \to \mathbf{A}$ und $\varphi_B : \mathbf{P} \to \mathbf{B}$ gegeben. Für die surjektive Abbildung $(\varphi_A, \varphi_B) : P \to (\varphi_A, \varphi_B)[P]$ liefert das Auswahlaxiom eine rechtsinverse Abbildung μ. Auf $(\varphi_A, \varphi_B)[P] \subseteq A \times B$ definieren wir die Struktur-Abbildung

$$\rho := F((\varphi_A, \varphi_B)) \circ \alpha_P \circ \mu.$$

Wir müssen zeigen, dass π_A und π_B Homomorphismen sind:

$$\begin{aligned}
F(\pi_A) \circ \rho &= F(\pi_A) \circ F((\varphi_A, \varphi_B)) \circ \alpha_P \circ \mu \\
&= F(\pi_A \circ (\varphi_A, \varphi_B)) \circ \alpha_P \circ \mu \\
&= F(\varphi_A) \circ \alpha_P \circ \mu \\
&= \alpha_A \circ \varphi_A \circ \mu \\
&= \alpha_A \circ \pi_A \circ (\varphi_A, \varphi_B) \circ \mu \\
&= \alpha_A \circ \pi_A.
\end{aligned}$$

Analog folgt: $F(\pi_B) \circ \rho = \alpha_B \circ \pi_B$, somit ist $(\varphi_A, \varphi_B)[P]$ eine Bisimulation. □

In der universellen Algebra sind verträgliche Relationen gerade die Unteralgebren des kartesischen Produktes. Im Falle der Coalgebren haben wir auf dem kartesischen Produkt keine kanonische Struktur zur Verfügung, dennoch verhalten sich Bisimulationen in vielen Fällen wie „zweidimensionale Untercoalgebren". So sind Bisimulationen auch gegen Vereinigungen abgeschlossen:

Satz 3.4.5 *Die Vereinigung* $\bigcup_{i \in I} R_i$ *von Bisimulationen* R_i *zwischen* **A** *und* **B** *ist eine Bisimulation.*

Beweis. Sei $(R_i)_{i \in I}$ eine Familie von Bisimulationen zwischen **A** und **B** und $\mathbf{R} := \sum_{i \in I} \mathbf{R}_i$ die Summe der Coalgebren $\mathbf{R}_i$. Für jedes $i \in I$ sind $\pi_A^i : \mathbf{R}_i \to \mathbf{A}$ und $\pi_B^i : \mathbf{R}_i \to \mathbf{B}$ Homomorphismen. Damit werden **A** und **B** zu Konkurrenten der Summe und es gibt eindeutige Homomorphismen $\pi_A : \mathbf{R} \to \mathbf{A}$ und $\pi_B : \mathbf{R} \to \mathbf{B}$ mit

$$\pi_A \circ e_i = \pi_A^i \text{ und } \pi_B \circ e_i = \pi_B^i$$

für alle $i \in I$. Es gilt nun:

$$\begin{aligned}
(\pi_A, \pi_B)[R] &= \{(\pi_A(i,x), \pi_B(i,x)) \mid i \in I, x \in R_i\} \\
&= \bigcup_{i \in I} \{((\pi_A \circ e_i)(x), (\pi_B \circ e_i)(x)) \mid x \in R_i\} \\
&= \bigcup_{i \in I} \{(\pi_A^i(x), \pi_B^i(x)) \mid x \in R_i\} \\
&= \bigcup_{i \in I} R_i
\end{aligned}$$

Nach Satz 3.4.4 ist $(\pi_A, \pi_B)[R]$ eine Bisimulation, also auch $\bigcup_{i \in I} R_i$. □

Folgerung 3.4.6 *Seien* **A** *und* **B** *Coalgebren und* $R \subseteq A \times B$ *eine Relation. Dann gibt eine größte Bisimulation* $[R]$, *welche in* R *enthalten ist. Wir nennen diese den* **Bisimulationskern** *von* R.

Wichtig ist der Spezialfall $R = A \times B$:

Folgerung 3.4.7 *Zwischen zwei Coalgebren* **A** *und* **B** *gibt es immer eine größte Bisimulation.*

Definition 3.4.8 *Die größte Bisimulation zwischen zwei Coalgebren* **A** *und* **B** *bezeichnen wir mit* $\sim_{A,B}$, *bzw. mit* $\sim_A$, *falls* **A** = **B**. *Zwei Punkte* $a \in A$, $b \in B$ *heißen* **bisimilar**, *falls* $(a,b) \in \sim_{A,B}$.

Dei größte Bisimulation stellt gerade die Ununterscheidbarkeitsrelation dar, die in der Einführung zu diesem Kapitel mehrfach angesprochen wurde. Für diese Interpretation können wir jetzt aufgrund von Satz 3.4.4 charakterisieren, wann zwei Punkte ununterscheidbar sind:

Satz 3.4.9 *Zwei Punkte* $a \in A$ *und* $b \in B$ *zweier F-Coalgebren* **A** *und* **B** *sind genau dann bisimilar, wenn es eine F-Coalgebra* **P** *gibt, Homomorphismen* $\varphi : \mathbf{P} \to \mathbf{A}$ *und* $\psi : \mathbf{P} \to \mathbf{A}$, *sowie einen Punkt* $p \in P$ *mit* $\varphi(p) = a$ *und* $\psi(p) = b$.

Kurz gesagt: Zwei Punkte sind ununterscheidbar, wenn sie von einem gemeinsamen Punkt als „homomorphe Bilder" gewonnen werden können.

3.5 Epis und Monos in $\mathbf{Set}_F$

In jeder Kategorie gilt, dass ein Morphismus $\varphi : \mathbf{A} \to \mathbf{B}$ genau dann epi ist, wenn das folgende ein Pushout-Diagramm ist (siehe Seite 179):

$$\begin{array}{ccc} A & \xrightarrow{\varphi} & B \\ \varphi \downarrow & & \downarrow id_B \\ B & \xrightarrow{id_B} & B \end{array}$$

Da der Pushout in der Kategorie $\mathbf{Set}_F$ gleichzeitig der Pushout in der Kategorie $\mathbf{Set}$ ist, gilt auch in $\mathbf{Set}_F$:

Folgerung 3.5.1 *Ein Homomorphismus ist genau dann epi, wenn er surjektiv ist.*

Ein analoges Resultat für Monos kann man nicht erwarten. Dies zeigt das folgende Beispiel:

Beispiel 3.5.2 *Auf der zwei-elementigen Menge $\{0,1\}$ betrachten wir eine Coalgebra-Struktur zum Funktor $(-)_2^3$ von Beispiel 2.4.7. Wir setzen: $\alpha(0) := (0,0,1)$ und $\alpha(1) = (1,0,0)$. Die Abbildung $\tau : \{0,1\} \to \{\star\}$ ist ein surjektiver Homomorphismus auf die einelementige $(-)_2^3$-Coalgebra. Wir behaupten, dass τ mono ist.*

Angenommen, es gäbe Homomorphismen $\varphi, \psi : \mathbf{A} \to \{0,1\}$ mit $\varphi \neq \psi$, dann gäbe es ein $a \in \mathbf{A}$ mit $\varphi(a) = 0$ und $\psi(a) = 1$. Für $(x, y, z) := \alpha_A(a)$ rechnet man nun aus: $(\varphi(x), \varphi(y), \varphi(z)) = ((\varphi)_2^3 \circ \alpha)(a) = (\alpha \circ \varphi)(a) = (0,0,1)$ und analog $(\psi(x), \psi(y), \psi(z)) = (1,0,0)$. Es folgt $x \neq z$, $y \neq z$ und $x \neq y$, im Widerspruch zu $(x, y, z) \in (A)_2^3$.

Eine Charakterisierung von Monomorphismen gelingt mit dem folgenden Ergebnis:

Satz 3.5.3 *Ein Homomorphismus $\varphi : \mathbf{A} \to \mathbf{B}$ ist genau dann mono, wenn $[Ker\ \varphi] = \Delta$, d.h. wenn der Kern von φ keine nicht-triviale Kongruenz enthält.*

Beweis. $[Ker\ \varphi]$ ist eine Bisimulation, d.h. die Projektionen $\pi_1, \pi_2 : [Ker\ \varphi] \to \mathbf{A}$ sind Homomorphismen und $\varphi \circ \pi_1 = \varphi \circ \pi_2$. Ist φ mono, so folgt $\pi_1 = \pi_2$, also $[Ker\ \varphi] = \Delta$.

Sei nun $[Ker\ \varphi] = \Delta$ und seien $\psi_1, \psi_2 : \mathbf{Q} \to \mathbf{A}$ Homomorphismen mit $\varphi \circ \psi_1 = \varphi \circ \psi_2$. Dies bedeutet $(\psi_1, \psi_2)[Q] \subseteq Ker\ \varphi$. Aus Satz 3.4.4 folgt sogar $(\psi_1, \psi_2)[Q] \subseteq [Ker\ \varphi]$. Wegen $[Kern\ \varphi] = \Delta$ gilt somit $\psi_1 = \psi_2$. □

3.6 Kongruenzen

Kongruenzen sind als Kerne von Homomorphismen definiert. Insbesondere sind sie Äquivalenzrelationen. Wie in der universellen Algebra ist Δ_A immer eine Kongruenz auf $\mathbf{A}$, nicht aber die Allrelation $A \times A$, wie man sich schon an dem Beispiel der folgenden Kripke-Struktur leicht überlegen kann.

Auch der mengentheoretische Schnitt zweier Kongruenzen muss keine Kongruenz sein. Glücklicherweise existiert aber stets das Supremum einer Menge von Kongruenzen, und dieses Supremum ist identisch mit dem Supremum im Verband aller Äquivalenzrelationen: Es ist die transitive Hülle der Vereinigung, $(\bigcup_{i \in I} \theta_i)^*$. Daher bilden auch die Kongruenzen einer Coalgebra $\mathbf{A}$ einen Verband $Con(\mathbf{A})$.

Satz 3.6.1 *Sei $(\theta_i)_{i \in I}$ eine Familie von Kongruenzen auf der Coalgebra $\mathbf{A}$. Dann ist $\Theta := (\bigcup_{i \in I} \theta_i)^*$ das Supremum der θ_i.*

Beweis. Nach Hilfssatz 2.3.5 ist die Familie $(\pi_i : A/\theta_i \to A/\Theta)_{i \in I}$ der Pushout der $(\pi_{\theta_i})_{i \in I}$. Somit ist es auch der Pushout in der Kategorie $\mathbf{Set}_F$. Es folgt, dass $\pi_\Theta = \pi_i \circ \pi_{\theta_i}$ ein Homomorphismus ist, sein Kern Θ also eine Kongruenz. □

Folgerung 3.6.2 *Die Kongruenzen einer Coalgebra bilden einen vollständigen Verband. Das größte Element dieses Verbandes nennen wir ∇_A oder einfach ∇. Im Allgemeinen kann $\nabla_A \neq A \times A$ sein.*

Auf dem Faktor $\mathbf{A}/\nabla$ gibt es keine echte Kongruenz mehr, man könnte $\mathbf{A}/\nabla$ daher als **einfach** bezeichnen. Es gilt insbesondere:

Hilfssatz 3.6.3 *Jeder Homomorphismus* $\varphi : \mathbf{A}/\nabla \to \mathbf{B}$ *ist injektiv.*

Definition 3.6.4 *Punkte a und b einer Coalgebra heißen* **beobachtungsäquivalent**, *falls es Homomorphismen φ, ψ gibt mit $\varphi(a) = \psi(b)$.*

Hilfssatz 3.6.5 *Zwei Punkte a und b einer Coalgebra $\mathbf{A}$ sind genau dann beobachtungsäquivalent, wenn sie kongruent modulo ∇_A sind.*

Beweis. Zu $\varphi, \psi : \mathbf{A} \to \mathbf{B}$ sei $\phi : \mathbf{B} \to \mathbf{C}$ der Coequalizer. Aus $\varphi(a) = \psi(b)$ folgt $(a,b) \in Kern\ \phi \circ \varphi \subseteq \nabla$. □

Man kann den Begriff der Beobachtungs-Äquivalenz auch für Punkte $a \in \mathbf{A}$, $b \in \mathbf{B}$ verschiedener Coalgebren ausdehnen. Es zeigt sich, dass a und b genau dann beobachtungsäquivalent sind, wenn $(a,b) \in \nabla_{\mathbf{A}+\mathbf{B}}$.

Kongruenzen und Bisimulationen

Es liegt nahe, die größte Bisimulation mit der größten Kongruenz zu vergleichen:

Hilfssatz 3.6.6 *Ist R eine Bisimulation auf $\mathbf{A}$, so ist die kleinste R umfassende Äquivalenzrelation schon eine Kongruenz.*

Beweis. Auf R gibt es eine Struktur-Abbildung α_R, so dass $\mathbf{R} = (R, \alpha_R)$ eine Coalgebra ist und $\pi_1, \pi_2 : \mathbf{R} \to \mathbf{A}$ Homomorphismen sind. Als Abbildungen von Mengen haben diese den Coequalizer $\pi_\theta : A \to A/\theta$, wobei θ nach Hilfssatz 2.3.4 die von den Paaren $(\pi_1(r), \pi_2(r))$, also von R, erzeugte Äquivalenzrelation ist.
Wegen Hilfssatz 3.3.5 ist π_θ ein Homomorphismus, θ daher eine Kongruenz. □

Da die größte Bisimulation $\sim_A$ auf einer Coalgebra $\mathbf{A}$ automatisch reflexiv und symmetrisch ist, folgt für die transitive Hülle $(\sim_A)^*$:

Folgerung 3.6.7 $(\sim_A)^*$ *ist eine Kongruenz, insbesondere* $\sim_A \subseteq \nabla_A$.

3.7 Covarietäten

Sei $\mathcal{K}$ eine Klasse von F-Coalgebren. Definiere

$I(\mathcal{K})$ – die Klasse aller isomorphen Kopien,

$H(\mathcal{K})$ – die Klasse aller homomorphen Bildern,

$S(\mathcal{K})$ – die Klasse aller Untercoalgebren,

$\Sigma(\mathcal{K})$ – die Klasse aller Summen

von Coalgebren aus $\mathcal{K}$. Eine **Covarietät** sei eine Klasse von Coalgebren, die unter den Operatoren H, S und Σ abgeschlossen ist.

Alle eingeführten Operatoren sind offensichtlich Hüllenoperatoren, und für jede Klasse $\mathcal{K}$ hat man schnell die Inklusionen:

$$HS(\mathcal{K}) \subseteq SH(\mathcal{K}),$$

$$H\Sigma(\mathcal{K}) \subseteq \Sigma H(\mathcal{K}),$$

$$\Sigma S(\mathcal{K}) \subseteq S\Sigma(\mathcal{K}).$$

Im letzten Falle kann man sogar die Gleichheit $\Sigma S(\mathcal{K}) = S\Sigma(\mathcal{K})$ zeigen, wir werden diese Tatsache aber nicht benötigen. Im Vergleich zur Universellen Algebra drehen sich die Operatoren S und H um:

Satz 3.7.1 *Zu jeder Klasse $\mathcal{K}$ von Coalgebren ist $SH\Sigma(\mathcal{K})$ die kleinste $\mathcal{K}$ umfassende Covarietät.*

3.8 Aufgaben

(i) Sei $\varphi : \mathbf{A} \to \mathbf{B}$ nicht surjektiv. Finden Sie eine Coalgebra $\mathbf{C}$ und Homomorphismen $\psi, \phi : \mathbf{B} \to \mathbf{C}$ mit $\psi \neq \phi$, aber $\psi \circ \varphi = \phi \circ \varphi$.

(ii) Sei ∇ die größte Kongruenz auf $\mathbf{A}$. Für jede Coalgebra $\mathbf{Q}$ gibt es höchstens einen Homomorphismus $\varphi : \mathbf{Q} \to \mathbf{A}/\nabla$.

(iii) Für die zwei-elementige $(-)_2^3$-Coalgebra von Beispiel 2.4.7 gilt $\sim \, \neq \, \nabla$.

(iv) Finden Sie ein Beispiel zweier Bisimulationen R und S, so dass $R \circ S$ keine Bisimulation ist.

(v) Für jede Klasse $\mathcal{K}$ gilt: $S\Sigma(\mathcal{K}) = \Sigma S(\mathcal{K})$.

(vi) Definieren Sie das Produkt von Coalgebren, indem Sie die Pfeile in Definition 2.2.1 umdrehen. Seien $\mathbf{A}, \mathbf{B}$ die $\mathbb{P}$-Coalgebren

$$\mathbf{A} = \bullet \circlearrowright \qquad \mathbf{B} = \bullet$$

Zeigen Sie, dass das Produkt $\mathbf{A} \times \mathbf{B}$ in $\mathbf{Set}_\mathbb{P}$ die leere $\mathbb{P}$-Coalgebra ist.

4 Terminale Coalgebren

In der universellen Algebra spielen die freien Algebren eine zentrale Rolle. Von der freien Algebra über der leeren Erzeugendenmenge gibt es genau einen Homomorphismus in jede Algebra des gleichen Typs. Sie ist daher ein *initiales Objekt*.

In der universellen Coalgebra haben die *terminalen* Coalgebren, sofern sie existieren, eine ähnlich herausragende Bedeutung. Man kann ihre Elemente als „Verhalten" interpretieren. Jedes mögliche „Verhalten" eines beliebigen Punktes einer beliebigen Coalgebra ist genau einmal in der terminalen Coalgebra vorhanden.

4 Terminale Coalgebren

Die terminale Coalgebra kann man als *cofreie Coalgebra* über einer einelementigen Menge von Covariablen verstehen. Die Elemente beliebiger cofreier Coalgebren entsprechen dann „Verhaltensmustern".

Definition 4.0.1 *Eine F-Coalgebra* **T** *heißt* **terminal**, *wenn für jede F-Coalgebra* **A** *genau ein Homomorphismus* $\tau : \mathbf{A} \to \mathbf{T}$ *existiert.*

Offensichtlich sind terminale Coalgebren, sofern sie existieren, bis auf Isomorphie eindeutig bestimmt.

Verhalten

Die zentrale Rolle, die terminale Coalgebren spielen, wird an dem folgenden Satz deutlich:

Satz 4.0.2 *Sei* **T** *die terminale F-Coalgebra. Zu jeder Coalgebra* $\mathbf{A} \in \mathbf{Set}_F$ *und jedem* $a \in A$ *gibt es genau ein Element* $t \in T$ *mit* $a \sim t$.

Beweis. Zu **A** gibt es einen Homomorphismus $\tau : \mathbf{A} \to \mathbf{T}$. Nach Satz 3.4.2 ist $a \sim \tau(a) \in T$. Angenommen es gäbe ein weiteres Element $t' \in T$ mit $a \sim t'$. Nach 3.4.9 würde dann eine Coalgebra **P** existieren zwei Homomorphismen $\varphi : \mathbf{P} \to \mathbf{A}$ und $\psi : \mathbf{P} \to \mathbf{T}$ sowie ein Element $p \in P$ mit $\varphi(p) = a$ und $\psi(p) = t'$. Mit ψ und $\tau \circ \varphi$ haben wir dann aber zwei Homomorphismen von **P** nach **T**. Es folgt $\psi = \tau \circ \varphi$, also auch $t' = \psi(p) = \tau \circ \varphi(p) = \tau(a) = t$. □

Wenn wir also bisimilaren Zuständen das gleiche Verhalten zuschreiben, kann man die terminale Coalgebra als die Menge aller „Verhaltensweisen" auffassen. Zu allen denkbaren Zuständen enthält sie bis auf Bisimilarität genau einen Repräsentanten. Allerdings soll diese Sprechweise nicht verdecken, dass Bisimilarität im Allgemeinen keine Äquivalenzrelation sein muss.

Ist R irgendeine Bisimulation auf der terminalen Coalgebra, so folgt für $\pi_1, \pi_2 : \mathbf{R} \to \mathbf{T}$, dass $\pi_1 = \pi_2$ ist, also $R = \Delta$. Dies kann man als Extensionalitätsprinzip deuten: „Zwei Elemente, die nicht unterscheidbar sind, sind gleich." Als Beweisregel formuliert bezeichnet man es als **Coinduktionsprinzip**:

$$\frac{x \sim y}{x = y}.$$

4.1 Terminale Automaten

Zu fest gewählten Mengen D und Σ betrachten wir den Funktor $F(-) := D \times (-)^\Sigma$. Es handelt sich um das Produkt des konstanten Funktors D mit dem Potenzfunktor $(-)^\Sigma$, siehe Seite 176. F-Coalgebren sind Automaten mit Output-Datenmenge D und Input-Alphabet Σ (Seiten 163, 168). Einer Coalgebra-Struktur $\alpha : S \to D \times S^\Sigma$ entspricht gerade der Automat $\mathbf{S} = (S, \delta, \gamma)$ mit

(i) $\gamma(s) = \pi_1(\alpha(s))$,

(ii) $\delta(s, e) := (\pi_2(\alpha(s)))(e)$.

Mit dieser Übersetzung stimmen auch Automaten-Homomorphismen, die gewöhnlich durch die Bedingungen

(i) $\gamma(\varphi(a)) = \gamma(a)$

(ii) $\delta(\varphi(a), e) = \varphi(\delta(a, e))$

definiert werden, mit den Coalgebra-Homomorphismen überein.

Der terminale Automat **T** hat als Zustands-Menge alle unendlichen Bäume t, deren Knoten mit Elementen aus D beschriftet sind, und jeweils genau $|\Sigma|$ viele Nachfolger haben. Dann ist $\gamma(t)$ die Beschriftung der Wurzel von t und $\delta(t,e)$ der Unterbaum t_e von t, dessen Wurzel gerade der e-te Sohn von t ist.

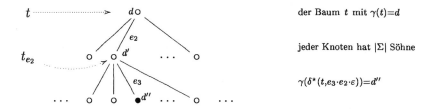

der Baum t mit $\gamma(t)=d$

jeder Knoten hat $|\Sigma|$ Söhne

$\gamma(\delta^*(t, e_3 \cdot e_2 \cdot \varepsilon)) = d''$

Jeder Knoten k ist eindeutig durch den Pfad beschrieben, der von k zur Wurzel führt. Dieser Weg entspricht einem Wort $w \in \Sigma^*$. Daher entsprechen die D-beschrifteten Σ-verzweigenden Bäume genau den Abbildungen $\tau : \Sigma^* \to D$. Die Grundmenge von T ist also D^{Σ^*}.

Satz 4.1.1 *Der terminale Automat mit Eingabe-Alphabet Σ und Ausgabe-Menge D ist $\mathbf{T} = (D^{\Sigma^*}, \delta, \gamma)$ mit $\delta(\tau, e)(w) = \tau(e \cdot w)$ und $\gamma(\tau) = \tau(\varepsilon)$.*

Beweis. Sei $\mathbf{A} = (A, \delta', \gamma')$ ein beliebiger Automat mit Input-Alphabet Σ und Output-Menge D. Ein Homomorphismus $\varphi : \mathbf{A} \to \mathbf{T}$ muss

(i) $\varphi(a)(\varepsilon) = \gamma(\varphi(a)) = \gamma'(a)$ und

(ii) $\varphi(a)(e \cdot w) = \delta(\varphi(a), e)(w) = \varphi(\delta'(a, e))(w)$

erfüllen. Umgekehrt wird durch (i) und (ii) eine eindeutige Abbildung $\varphi : A \to T$ für alle a induktiv über den Aufbau der Wörter $w \in \Sigma^*$ definiert. □

Im Spezialfall $D = \mathbf{2} = \{0, 1\}$ kann man die Ausgabefunktion γ als charakteristische Funktion für die Menge der akzeptierenden Zustände ansehen. Die Elemente von $\mathbf{2}^{\Sigma^*}$ sind gerade die Teilmengen von Σ^*, also die Sprachen über Σ. Jedes $t \in T$ entspricht der Sprache $\mathcal{L}(\mathbf{T}, t)$, siehe Seite 165, und die Transitionsfunktion δ des terminalen Automaten entspricht genau der Ableitung, d.h.

$$\delta(t, e) = t' \iff \mathcal{L}_e(\mathbf{T}, t) = \mathcal{L}(\mathbf{T}, t').$$

4 Terminale Coalgebren

4.2 Existenz terminaler Coalgebren

Nicht für jeden Funktor F existiert eine terminale F-Coalgebra. Dies ist eine direkte Konsequenz aus dem folgenden Satz, der als „Lambek's Lemma" [Lam68] bekannt ist:

Hilfssatz 4.2.1 (Lambek) *Ist* **T** *terminale F-Coalgebra, so ist die Struktur-Abbildung $\alpha : T \to F(T)$ bijektiv.*

Beweis. Auf der Menge $F(T)$ haben wir eine natürliche F-Coalgebra-Struktur $F(\alpha) : F(T) \to F(F(T))$. Trivialerweise ist α auch ein Homomorphismus von **T** in diese Coalgebra $F(\mathbf{T}) = (F(T), F(\alpha))$.

$$\begin{array}{ccccc} T & \xrightarrow{\alpha} & F(T) & \xrightarrow{\beta} & T \\ \alpha \downarrow & & \downarrow F(\alpha) & & \downarrow \alpha \\ F(T) & \xrightarrow{F(\alpha)} & F(F(T)) & \xrightarrow{F(\beta)} & F(T) \end{array}$$

Da **T** terminal ist, existiert genau ein Homomorphismus $\beta : F(\mathbf{T}) \to \mathbf{T}$. Von **T** nach **T** haben wir jetzt aber zwei Homomorphismen, $\beta \circ \alpha$ und id_T, so dass $\beta \circ \alpha = id_T$ aus der Eindeutigkeit folgt. Weil β ein Homomorphismus ist, gilt

$$\alpha \circ \beta = F(\beta) \circ F(\alpha) = F(\beta \circ \alpha) = F(id_T) = id_{F(T)}.$$

$\square$

Da es keine Bijektion zwischen einer Menge T und ihrer Potenzmenge $\mathbb{P}(T)$ gibt, folgt insbesondere:

Folgerung 4.2.2 *Es gibt keine terminale Kripke-Struktur.*

4.3 Schwach Terminale Coalgebren

Definition 4.3.1 *Eine F-Coalgebra* **W** *heißt* **schwach terminal**, *falls es zu jeder F-Coalgebra* **A** *mindestens einen Homomorphismus $\varphi : \mathbf{A} \to \mathbf{W}$ gibt.*

Hilfssatz 4.3.2 *Sei* **W** *schwach terminal, dann ist* $\mathbf{W}/\nabla$, *der Faktor nach der größten Kongruenz, terminal.*

Beweis. Für jede F-Coalgebra **A** haben wir einen Homomorphismus $\varphi : \mathbf{A} \to \mathbf{W}$, also auch einen Homomorphismus $\pi_\nabla \circ \varphi : \mathbf{A} \to \mathbf{W}/\nabla$.

Seien $\varphi_1, \varphi_2 : \mathbf{A} \to \mathbf{W}/\nabla$ Homomorphismen, so bilden wir den Coequalizer ψ von φ_1 und φ_2. Nach Hilfssatz 3.6.3 ist ψ injektiv. Wegen $\psi \circ \varphi_1 = \psi \circ \varphi_2$ folgt $\varphi_1 = \varphi_2$.

$$\begin{array}{c} W \\ \downarrow \pi_\nabla \\ A \underset{\varphi_2}{\overset{\varphi_1}{\rightrightarrows}} W/\nabla \xrightarrow{\psi} B \end{array}$$

$\square$

Hilfssatz 4.3.3 *Seien $F, G : \mathbf{Set} \to \mathbf{Set}$ Mengenfunktoren und $\eta : G \twoheadrightarrow F$ eine surjektive natürliche Transformation. Ist $\mathbf{T} = (T, \pi)$ schwach terminale G-Coalgebra, so ist $\mathbf{T}_\eta = (T, \eta_T \circ \pi)$ schwach terminale F-Coalgebra.*

Beweis. Sei $\mathbf{A} = (A, \alpha)$ eine nicht-leere F-Coalgebra. Das Auswahlaxiom liefert ein $h : F(A) \to G(A)$ mit $\eta_A \circ h = id_{F(A)}$. Von der G-Coalgebra $\mathbf{A}_G := (A, h \circ \alpha_A)$ gibt es dann einen G-Homomorphismus $\varphi : \mathbf{A}_G \to \mathbf{T}$. Es folgt

$$F(\varphi) \circ \alpha = F(\varphi) \circ \eta_A \circ (h \circ \alpha) = \eta_T \circ G(\varphi) \circ (h \circ \alpha) = (\eta_T \circ \pi) \circ \varphi.$$

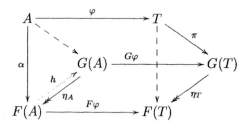

so dass $\varphi : \mathbf{A} \to \mathbf{T}_\eta$ ein F-Homomorphismus ist. □

4.4 Beschränkte Funktoren

Schränkt man den Potenzmengenfunktor ein, indem man nur die Teilmengen unterhalb einer festen Kardinalität κ betrachtet,

$$\mathbb{P}_\kappa(X) := \{U \subseteq X \mid |U| < \kappa\},$$

so gibt es wieder eine terminale Coalgebra.

Für die Praxis ist der Fall $\kappa = \omega$, die Kardinalzahl der natürlichen Zahlen, von Bedeutung: Kripke-Strukturen, in denen jeder Punkt nur endlich viele Nachfolger hat, heißen **bildendlich**. Im Zusammenhang mit verteilten Programmen spricht man von „beschränktem Nondeterminismus". Bild-endliche Kripke-Strukturen sind sind die Coalgebren des Funktors $F(-) := \mathbb{P}(\Phi) \times \mathbb{P}_\omega(-)$. Die Existenz einer terminalen bild-endlichen Kripke-Struktur, allgemeiner einer terminalen $\mathbb{P}_\kappa$-Coalgebra wird aus den Ergebnissen dieses Abschnittes folgen.

Definition 4.4.1 *Sei κ eine Kardinalzahl. Ein Mengenfunktor F heißt κ-beschränkt, falls es zu jedem Element a einer F-Coalgebra $\mathbf{A}$ eine Untercoalgebra $\mathbf{U} \leq \mathbf{A}$ gibt mit $a \in U$ und $|U| < \kappa$.*

F heißt schwach κ-beschränkt, wenn jede nicht-leere F-Coalgebra A eine nicht-leere Untercoalgebra U mit $|U| < \kappa$ besitzt.

Wir sagen, dass F beschränkt, bzw. schwach beschränkt ist, wenn es ein κ gibt, so dass F κ-beschränkt, bzw. schwach κ-beschränkt ist.

Hilfssatz 4.4.2 *Der Funktor $(-)^\Sigma$ ist $|\Sigma|^*$-beschränkt. Sei $F : \mathbf{Set} \to \mathbf{Set}$ κ-beschränkt, dann gilt:*

(i) für jede feste Menge D ist $D \times F(-)$ ebenfalls κ-beschränkt.

(ii) Ist $\eta : F \twoheadrightarrow G$ eine surjektive natürliche Transformation, dann ist G auch κ-beschränkt.

Bemerkung 4.4.3 $\mathbb{P}_\kappa(-)$ ist κ^*-beschränkt mit $\kappa^* := max\{\kappa, \omega\}$; aufgrund des Hilfssatzes auch der Funktor $\mathbb{P}(\Psi) \times \mathbb{P}(-)_\kappa$. Dessen Coalgebren sind Ψ-Kripke-Strukturen, in denen jeder Punkt a weniger als κ viele Nachfolger hat. Ist R^* die reflexiv transitive Hülle von R, so ist $R^*(a) := \{b \mid aR^*b\}$ eine Untercoalgebra der Mächtigkeit κ^*.

Satz 4.4.4 ([GS02]) *Für einen Funktor $F : \mathbf{Set} \to \mathbf{Set}$ sind äquivalent:*

(i) F ist beschränkt.

(ii) F ist schwach beschränkt.

(iii) Es gibt Mengen D und Σ und eine surjektive natürliche Transformation $\eta : D \times (-)^\Sigma \twoheadrightarrow F$.

Beweis. Jeder beschränkte Funktor ist schwach beschränkt. Ist $\eta : D \times (-)^\Sigma \twoheadrightarrow F$ eine surjektive natürliche Transformation, so ist F aufgrund von Hilfssatz 4.4.2 beschränkt.

Es bleibt daher nur $(ii) \to (iii)$ zu zeigen. Sei F also schwach κ-beschränkt. Wir setzen $D := F(\kappa)$ und $\Sigma = \kappa$. Der Funktor $G := D \times (-)^\kappa$ transformiert eine Abbildung $f : X \to Y$ in die Abbildung $Gf : D \times X^\kappa \to D \times Y^\kappa$ mit $(Gf)(d, \tau) := (d, f \circ \tau)$.

Für jede Menge X setzen wir $\eta_X(d, \tau) := (F\tau)(d)$. Man rechnet nach, dass η eine natürliche Transformation wird:

$$(Ff \circ \eta_X)(d, \tau) = (Ff)((F\tau)(d)) = (F(f \circ \tau))(d) = \eta_Y(d, f \circ \tau) = (\eta_Y \circ (Gf))(d, \tau).$$

Die Beschränktheit des Funktors F benötigen wir nur, um die Surjektivität von η_X für $X \neq \emptyset$ zu zeigen. Sei dazu $w \in F(X)$ beliebig gewählt. Wir benötigen ein $u \in F(\kappa)$ und ein $\tau \in X^\kappa$ mit $\eta_X(u, \tau) = w$.

Die konstante Abbildung $\alpha_w : X \to F(X)$ mit $\alpha_w(x) := w$ für alle $x \in X$ definiert eine Coalgebra $\mathbf{X} = (X, \alpha_w)$ auf X. Da F schwach κ-beschränkt ist, finden wir eine nichtleere Unteralgebra $S \leq \mathbf{X}$ und eine surjektive Abbildung $\gamma : \kappa \twoheadrightarrow S$. Setze $\tau := \subseteq_S^X \circ \gamma$.

$$\begin{array}{ccccc} \kappa & \xrightarrow{\gamma} & S & \xrightarrow{\subseteq} & X \\ & & \downarrow{\alpha_S} & & \downarrow{\alpha_w} \\ F(\kappa) & \xrightarrow{F\gamma} & F(S) & \xrightarrow{\subseteq} & F(X) \end{array}$$

Für ein beliebiges $s \in S$ sei $v := \alpha_S(s) \in F(S)$. Mit Hilfe des Auswahlaxioms ist $F(\gamma)$ surjektiv (Hilfssatz 2.3.1), wir finden daher ein $u \in F(\kappa)$ mit $(F\gamma)(u) = v$. Wir rechnen nach:

$$\eta_X(u, \tau) = (F\tau)(u) = (F(\subseteq_S^X \circ \gamma))(u) = ((F \subseteq_S^X) \circ (F\gamma))(u) = (F \subseteq_S^X)(v) = w. \qquad \square$$

Wenn wir dieses Ergebnis mit Satz 4.1.1 und Lemma 4.3.3 kombinieren, erhalten wir:

Satz 4.4.5 *Ist F ein (schwach) κ-beschränkter Funktor, so ist die Menge T_F^κ aller unendlichen κ-verzweigenden Bäume, deren Knoten mit Elementen aus $F(\kappa)$ beschriftet sind, die Grundmenge einer schwach terminalen F-Coalgebra. Die Struktur-Abbildung ist gegeben durch*
$$\alpha(t) = (F(\vartheta(t)))(\gamma(t)),$$
wobei $\gamma(t)$ die Beschriftung der Wurzel von t ist und $\vartheta(t)$ die Abbildung, die jedem $e \in \kappa$ den e-ten Sohn t_e von t zuordnet.

Folgerung 4.4.6 *Ist F (schwach) κ-beschränkt, so existiert die terminale F-Coalgebra.*

Als Beispiel betrachten wir den Funktor $\mathbb{P}_\omega$. Eine schwach terminale Coalgebra besteht aus allen ω-verzweigenden unendlichen Bäumen $T_{\mathbb{P}_\omega}^\omega$, in denen jeder Knoten durch eine endliche Teilmenge $E \subseteq \omega$ beschriftet ist. Sei t ein solcher Baum und $\{e_1, \ldots, e_n\}$ die Beschriftung der Wurzel von t, dann ist $\{t_{e_1}, \ldots, t_{e_n}\}$ die Nachfolgermenge von t, d.h.

$$t \xrightarrow{R} \{t_{e_1}, \ldots, t_{e_n}\} \iff t(\varepsilon) = \{e_1, \ldots, e_n\}.$$

Man erhält die terminale Coalgebra, wenn man nach der größten Kongruenz faktorisiert. Für beliebige Kripke-Strukturen ist die Komposition $R \circ S$ zweier Bisimulationen wieder eine Bisimulation, so dass die größte Bisimulation transitiv ist, also mit der größten Kongruenz übereinstimmt. $T_{\mathbb{P}}^\omega / \sim$ ist folglich terminal.

4.5 Cofreie Coalgebren

Wir verallgemeinern jetzt den Begriff der terminalen Coalgebra zu dem der *cofreien* über einer Menge X von „Covariablen".

Definition 4.5.1 *Sei X eine Menge und $\mathbf{T}_X$ eine Coalgebra mit einer Abbildung $\varepsilon_X : T_X \to X$. Das Paar $(\mathbf{T}_X, \varepsilon_X)$ heißt **cofrei** über X, falls für jede F-Coalgebra A und jede Abbildung $g : A \to X$ genau ein Homomorphismus $\tilde{g} : \mathbf{A} \to \mathbf{T}_X$ existiert mit $g = \varepsilon_X \circ \tilde{g}$.*

Die Menge X fasst man auch als *Farbmenge* auf und die Abbildungen g und ε_X als *Färbungen*. So gesehen gibt es also für jede Färbung g von $\mathbf{A}$ durch Farben aus X genau einen Homomorphismus $\tilde{g} : \mathbf{A} \to \mathbf{T}_X$, der mit der Färbung ε_X von $\mathbf{T}_X$ verträglich ist.

$$\begin{array}{ccc} & & X \\ & \nearrow^{g} & \uparrow{\varepsilon_X} \\ \mathbf{A} & \xrightarrow{\tilde{g}} & \mathbf{T}_X \end{array}$$

Aus der Eindeutigkeitsforderung folgt sofort:

Folgerung 4.5.2 *Für jede Coalgebra $\mathbf{A}$ gilt:*

(i) *Jeder Homomorphismus $\varphi : \mathbf{A} \to \mathbf{T}_X$ ist von der Form $\varphi = \tilde{g}$ mit $g = \varepsilon_X \circ \varphi$.*

(ii) *Sind $\varphi_1, \varphi_2 : \mathbf{A} \to \mathbf{T}_X$ Homomorphismen mit $\varepsilon \circ \varphi_1 = \varepsilon \circ \varphi_2$, dann folgt $\varphi_1 = \varphi_2$.*

4 Terminale Coalgebren

Offensichtlich sind cofreie Coalgebren, sofern sie existieren, bis auf Isomorphie eindeutig bestimmt. Die Coalgebra über einer ein-elementigen Menge ist gerade die terminale Coalgebra. Da man ein Paar, bestehend aus einer F-Coalgebra und einer X-Färbung auch als Coalgebra des Funktors $X \times F(-)$ auffassen kann, gilt auch:

Hilfssatz 4.5.3 *Die über der Farbmenge X cofreie F-Coalgebra $\mathbf{T}_X$ ist die terminale Coalgebra für den Funktor $X \times F(-)$.*

Weil mit F auch der Funktor $X \times F(-)$ beschränkt ist, folgt:

Satz 4.5.4 *Ist F beschränkt, so existieren cofreie F-Coalgebren über jeder Farbmenge X.*

Seien nun X und Y Mengen und $f : X \to Y$ eine beliebige Abbildung. Wenn die cofreien Coalgebren $\mathbf{T}_X$ und $\mathbf{T}_Y$ existieren, so induziert f einen Homomorphismus $T(f) := \widetilde{f \circ \varepsilon_X} : T_X \to T_Y$. Man prüft leicht nach:

Satz 4.5.5 *Existiert für jede Farbmenge X die cofreie Coalgebra, so ist T ein Set-Endofunktor.*

Verhaltensmuster

Wenn wir die Elemente der terminalen Coalgebra als Verhalten interpretieren, dann liegt es nahe, die Elemente der cofreien Coalgebra als **Verhaltensmuster** aufzufassen. Verhaltensmuster lassen sich heranziehen, um Klassen von Coalgebren zu definieren.

Verhaltensmuster sind also Elemente cofreier Coalgebren. Sie übernehmen die Rolle, welche Gleichungen in der Universellen Algebra spielen. Allerdings bietet es sich hier an, Klassen von Algebren nicht durch das Erfüllen, sondern das *Vermeiden* von Verhalten zu definieren. Statt Verhaltensmuster sagt man daher auch **Cogleichung**.

Diese Vorgehensweise kennt man aus vielen Gebieten der Mathematik. In der Verbandstheorie, z.B., lässt sich die Klasse der modularen Verbände durch das Nichtenthalten des Verbandes $\mathbf{N_5}$ charakterisieren, die Klasse der distributiven Verbände durch das Vermeiden von $\mathbf{N_5}$ und $\mathbf{M_3}$. Die Klasse aller planaren Graphen kann man durch das Nichtenthalten des 5-elementigen vollständigen Graphen und des Kuratowski-Graphen charakterisieren.

Definition 4.5.6 *Sei $p \in \mathbf{T}_X$ ein Verhaltensmuster, $\mathbf{A}$ eine Coalgebra und $g : A \to X$ eine Färbung. Ein Element $a \in A$ **erfüllt** das Verhaltensmuster p unter der Färbung g, falls $\tilde{g}(a) \neq p$ ist. Wir schreiben in diesem Fall:*

$$\mathbf{A}, a \models_g p.$$

Wir sagen weiter, dass
$$\mathbf{A}, a \models p, :\Longleftrightarrow \forall g : A \to X.\ \mathbf{A}, a \models_g p,$$
$$\mathbf{A} \models p :\Longleftrightarrow \forall a \in A.\ \mathbf{A}, a \models p.$$

Für eine Klasse $\mathcal{K}$ von Coalgebren und eine Menge P von Verhaltensmustern definieren wir in nahe liegender Weise:

$$\mathcal{K} \models P :\Longleftrightarrow \forall\, \mathbf{A} \in \mathcal{K}.\forall\, p \in P.\mathbf{A} \models p.$$

Hilfssatz 4.5.7 *Sei $p \in T_X$ ein Verhaltensmuster und $X \subseteq Y$. Für eine beliebige Coalgebra $\mathbf{A}$ hat man*

$$\mathbf{A} \models p \iff \mathbf{A} \models T(\subseteq_X^Y)(p).$$

Beweis. Zur injektiven Abbildung $\subseteq_X^Y \colon X \to Y$ sei π irgendeine linksinverse. Es folgt $T(\pi) \circ T(\subseteq_X^Y) = T(id_X) = id_{T_X}$, insbesondere $T(\pi)(T(\subseteq_X^Y)(p)) = p$. Für ein $a \in A$ gibt es also genau dann einen Homomorphismus φ mit $\varphi(a) = p$, wenn es einen Homomorphismus ψ gibt mit $\psi(a) = T(\subseteq_X^Y)(p)$. □

Hilfssatz 4.5.8 *Sei P ein Menge von Verhaltensmustern, dann gibt es eine feste Menge X und eine Menge $P' \subseteq T_X$, so dass für jede Coalgebra $\mathbf{A}$ gilt:*

$$\mathbf{A} \models P \iff \mathbf{A} \models P'.$$

Beweis. Für jedes $p \in P$ gibt es eine Menge X_p, so dass $p \in T_{X_p}$. Sei $X := \Sigma_{p \in P} X_p$ die disjunkte Vereinigung mit den kanonischen Einbettungen $e_p \colon X_p \to X$, dann folgt aus dem vorigen Hilfssatz, dass man $P' = \{\, e_p(p) \mid p \in P \}$ wählen kann. □

Aufgrund von Hilfssatz 4.5.3 und der Beschreibung schwach terminaler und terminaler Coalgebren (Satz 4.4.5 und Folgerung 4.4.6) lassen sich im Falle eines beschränkten Funktors F dessen Verhaltensmuster als unendliche Bäume deuten, deren Knoten mit Elementen aus $F(\kappa)$ beschriftet sind, und die eine Farbe aus X tragen. Somit haben Verhaltensmuster in der Tat eine nahe Verwandtschaft zu unendlichen Termen.

4.6 Musterdefinierte Klassen sind Covarietäten

Sei P eine Menge von Cogleichungen. Die Klasse aller Coalgebren, die P erfüllt, heißt die **Modellklasse** von P und wird mit $\mathcal{M}od(P)$ bezeichnet.

Satz 4.6.1 *$\mathcal{M}od(P)$ ist eine Covarietät.*

Beweis. Wir zeigen, dass $\mathcal{M}od(P)$ unter homomorphen Bildern, Summen und Untercoalgebren abgeschlossen ist. Sei $p \in T_X$ eine Cogleichung.
  H: Sei $\varphi \colon \mathbf{A} \twoheadrightarrow \mathbf{B}$ epi. Angenommen, $\mathbf{B}$ erfülle p nicht, dann gibt es ein $b \in B$ und einen Homomorphismus $\psi \colon \mathbf{B} \to \mathbf{T}_X$ mit $\psi(b) = p$. Weil φ surjektiv ist, gibt es ein $a \in A$ mit $\varphi(a) = b$, also $(\psi \circ \varphi)(a) = p$, also gilt auch $\mathbf{A} \not\models p$.
  Σ: Zu jedem $a \in \sum_{i \in I} A_i$ gibt es ein i und ein $a_i \in A_i$ mit $e_i(a_i) = a$. Ein Homomorphismus $\psi \colon \sum_{i \in I} A_i \to T_X$ mit $\psi(a) = p$ liefert einen Homomorphismus $\psi \circ e_i \colon A_i \to \mathbf{T}_X$ mit $\psi \circ e_i(a_i) = p$.
  S: Sei $\mathbf{U} \leq \mathbf{A}$ und $u \in U$. Wir nehmen an, dass es einen Homomorphismus $\psi \colon \mathbf{U} \to \mathbf{T}_X$ gibt mit $\psi(u) = p$ und zeigen, dass wir ψ zu einem Homomorphismus $\psi' \colon \mathbf{A} \to \mathbf{T}_X$ *fortsetzen* können, so dass $\psi = \psi' \circ \subseteq_U^A$ gilt, mithin $\psi'(u) = p$.
  Mit $g = \varepsilon_X \circ \psi$ gilt $\psi = \tilde{g}$. Wir setzen $g \colon U \to X$ zu einer Abbildung $g' \colon A \to X$ fort mit $g' \circ \subseteq_U^A = g$. Für $\psi' := \tilde{g'}$ gilt dann $\varepsilon_X \circ \psi' \circ \subseteq_U^A = g' \circ \subseteq_U^A = g = \varepsilon_X \circ \psi$. Folgerung 4.5.2 erlaubt uns, ε_X links zu kürzen, so dass wir $\psi' \circ \subseteq_U^A = \psi$ erhalten.

4.7 Der Co-Birkhoffsche Satz

Um einen Birkhoffschen Satz zu gewinnen, definieren wir für eine beliebige Klasse $\mathcal{K}$ von Coalgebren und eine feste Menge X von Covariablen die X-**Cogleichungs-Klasse** von $\mathcal{K}$:

$$\mathcal{C}eq_X(\mathcal{K}) := \{p \in T_X \mid \forall \mathbf{A} \in \mathcal{K}.\mathbf{A} \models p\}.$$

Wir können nun die coalgebraische Variante des Birkhoffschen Satzes beweisen:

Satz 4.7.1 (Co-Birkhoff) *Sei F ein durch κ beschränkter Funktor. Für jede Klasse $\mathcal{K}$ von F-Coalgebren gilt:*

$$\mathcal{M}od(\mathcal{C}eq_\kappa(\mathcal{K})) = SH\Sigma(\mathcal{K}).$$

Beweis. Wegen Satz 4.6.1 ist $Mod(\mathcal{C}eq_\kappa(\mathcal{K}))$ eine Covarietät, umfasst also $SH\Sigma(\mathcal{K})$.

Sei jetzt $\mathbf{A} \in Mod(\mathcal{C}eq_\kappa(\mathcal{K}))$. Wir finden zu jedem $a \in A$ eine Untercoalgebren $\mathbf{U}_a \leq \mathbf{A}$ mit $a \in U_a$ und $|U_a| < \kappa$. Es folgt $A = \bigcup_{a \in A} U_a$, daher erhalten wir einen surjektiven Homomorphismus $\sum_{a \in A} \mathbf{U}_a \twoheadrightarrow \mathbf{A}$. Es genügt nun, zu zeigen, dass jedes $\mathbf{U}_a$ in $SH\Sigma(\mathcal{K})$ ist.

Wir können von jetzt ab $|A| < \kappa$ annehmen, daher gibt es eine injektive Abbildung $g : A \to \kappa$. Es folgt, dass $\tilde{g} : \mathbf{A} \to \mathbf{T}_\kappa$ ebenfalls injektiv ist, somit ist $\mathbf{A}$ isomorph zu der Untercoalgebra $\mathbf{C} := \tilde{g}[\mathbf{A}]$ von $\mathbf{T}_\kappa$.

Jedes Element von $c \in C$ ist eine Cogleichung, welche von $\mathbf{A}$ offensichtlich nicht erfüllt wird. Es muss also ein $\mathbf{B}_c \in \mathcal{K}$ geben mit $\mathbf{B}_c \not\models c$, d.h., einen Homomorphismus $\psi_c : \mathbf{B}_c \to \mathbf{T}_\kappa$ mit $c \in \psi_c[B_c]$. Jedes $\psi_c[B_c]$ ist eine Untercoalgebra von $\mathbf{T}_\kappa$, folglich ist auch die Vereinigung $B := \bigcup_{c \in C} \psi_c[B_c]$ eine Untercoalgebra von $\mathbf{T}_\kappa$. Weil alle B_c in $\mathcal{K}$ sind, folgt $B \in H(\Sigma(\mathcal{K})) \subseteq SH\Sigma(\mathcal{K})$. Es gilt andererseits $\mathbf{A} \cong \mathbf{C} \leq \mathbf{B}$, so dass $\mathbf{A} \in SH\Sigma(\mathcal{K})$ folgt. □

4.8 Programmieren mit terminalen Coalgebren

Wir kehren nun zu den Beispielen aus der Informatik zurück, mit denen wir unseren Exkurs über Coalgebren begonnen haben. Ist D eine Menge von Daten, dann haben wir „black boxes" als Coalgebren des Funktors $F(-) := D \times (-)$ kennen gelernt.

Die terminale Coalgebra $\mathbf{T}$ dieses Funktors hat als Grundmenge D^ω, die Menge aller unendlichen Ströme. Die Strukturabbildung setzt sich aus den Abbildungen

(i) $hd : D^\omega \to D$

(ii) $tl : D^\omega \to D^\omega$

zusammen. Zu jeder anderen F-Coalgebra $\mathbf{S} = (S, \alpha)$ mit Struktur-Abbildungen

(i) $\alpha_1 : S \to D$

(ii) $\alpha_2 : S \to S$

gibt es nun genau einen Homomorphismus $\tau : \mathbf{S} \to \mathbf{T}$. Dies bedeutet aber:

(i) $hd(\tau(s)) = \alpha_1(s)$

(ii) $tl(\tau(s)) = \tau(\alpha_2(s))$.

Durch Induktion kann man zeigen, dass durch diese Bedingungen genau ein Homomorphismus $\tau : \mathbf{S} \to \mathbf{T}$ definiert wird, und dass das k-te Element des Stromes $\tau(s)$ gerade $\alpha_1(\alpha_2^{k-1}(s))$ ist. Diesen Homomorphismus kann man aber als Programm auffassen, das man in der funktionalen Notation folgendermaßen schreiben kann:

$$\tau(s) = [\alpha_1(s) : \tau(\alpha_2(s))].$$

Insbesondere werden die eingangs diskutierten funktionalen Programme ones, from und add auf streams durch die folgenden black boxes definiert:

und $\mathbf{A} := (\mathbb{N} \times \mathbb{N}, (+, suc))$, wobei $+$ die Addition auf den natürlichen Zahlen ist und $suc(n_1, n_2) := (n_1 + 1, n_2 + 1)$.

Die Tatsache, dass die Stream-Coalgebra D^ω terminal ist, garantiert also, dass durch die Definitionen in Abschnitt 1.2 eindeutig Programme gegeben sind.

4.9 Beweise durch Coinduktion

Coinduktion können wir verwenden, wenn wir Eigenschaften der eben erwähnten funktionalen Programme herleiten wollen. Das Coinduktionsprinzip gilt für terminale Coalgebren. Es besagt:

$$\frac{s \sim s'}{s = s'}.$$

Jede Bisimulation ist in $\sim$ enthalten. Um zu zeigen, dass zwei Elemente s und s' gleich sind, genügt es also, irgendeine Bisimulation R zu finden, die das Paar (s, s') enthält. Das Finden einer geeigneten Bisimulation für solche Zwecke ist eine kreative, gelegentlich nicht-triviale Aufgabe.

Funktionale Programme

Hier wollen wir ein einfaches Beispiel vorführen. Wir wollen zeigen, dass die in Abschnitt 1.2 aufgeworfene Frage, nach der Gleichheit der Programme

$$add\ nats\ ones\ ==\ from\ 1$$

einfach durch Coinduktion gezeigt werden kann. Die Vorgehensweise ist einfach:

1. Finde eine Bisimulation R, die das Paar $(add\ nats\ ones,\ from\ 1)$ enthält,

2. Schließe $(add\ nats\ ones,\ from\ 1) \in \sim$,

3. Schließe mittels Coinduktion $add\ nats\ ones = from\ 1$.

In unserem Falle wählen wir
$$R := \{(add\ (from\ n)\ ones,\ from(n+1)) \mid n \in \mathbb{N}\}.$$

Um zu zeigen, dass R eine Bisimulation ist, müssen wir die Bisimulationsregel für Black Boxes nachprüfen:
$$\frac{sRs'}{hd(s) = hd(s'),\ tl(s)\ R\ tl(s')}$$

$$\begin{aligned}
hd(add\ (from\ n)\ ones) &= hd(from\ n) + hd(ones) \\
&= n + 1 \\
&= hd(from\ (n+1))
\end{aligned}$$

$$\begin{aligned}
tl(add\ (from\ n)\ ones) &= add(tl(from\ n), tl(ones)) \\
&= add(from(n+1), ones) \\
&R\ from(n+2) \\
&= tl(from\ (n+1)).
\end{aligned}$$

Sprachen

Akzeptoren sind Automaten mit Eingabemenge Σ und Ausgabemenge $D = \{0,1\}$, also Coalgebren zum Funktor $F(-) = \{0,1\} \times (-)^\Sigma$. Die terminale Coalgebra besteht aus allen Sprachen $L \subseteq \Sigma^*$ über dem Alphabet Σ. L ist ein akzeptierender Zustand falls $\varepsilon \in L$ ist, und die Transitionsfunktion wird durch die Ableitung gegeben:
$$\delta(L, e) = L_e = \{w \in \Sigma^* \mid e \cdot w \in L\}.$$

Auf den Sprachen über dem Alphabet Σ hat man andererseits auch klassische Operationen wie z.B. die Vereinigung
$$L + M := L \cup M,$$
die Konkatenation
$$L \cdot M := \{u \cdot w \mid u \in L, v \in M\},$$
oder den Kleene-Stern
$$L^* := \{u_1 \cdot u_2 \cdot \ldots \cdot u_n \mid n \in \mathbb{N}, u_1, u_2, \ldots, u_n \in L\}.$$

Nützlich sind auch noch die speziellen Sprachen $\mathbf{0} := \emptyset$ und $\mathbf{1} := \{\varepsilon\}$.

Relativ leicht kann man nun die Differentiationsregeln herleiten:
$$\begin{aligned}
\mathbf{1}_e &= \mathbf{0} \\
(L + M)_e &= L_e + M_e \\
(L \cdot M)_e &= \begin{cases} (L_e \cdot M) + M_e & \text{falls } \varepsilon \in L \\ (L_e \cdot M) & \text{sonst} \end{cases} \\
(L^*)_e &= L_e \cdot L^*.
\end{aligned}$$

Rutten zeigt in [Rut98], wie man z.B. die Gleichung $(1 + L \cdot L^*) = L^*$ mittels Coinduktion gewinnen kann. Es genügt zu zeigen, dass

$$R := \{(1 + LL^*, L^*) \mid L \subseteq \Sigma^*\} \cup \{(L, L) \mid L \subseteq \Sigma^*\}$$

eine Bisimulation ist. Wir müssen also die Bedingung

$$\frac{s \; R \; s'}{\gamma(s) = \gamma(s'), \; \forall e \in \Sigma. \delta(s,e) \; R \; \delta(s',e)}$$

nachprüfen. In unserem Falle wird daraus

$$\frac{S \; R \; S'}{\varepsilon \in S \iff \varepsilon \in S', \; \forall e \in \Sigma. \; S_e \; R \; S'_e}.$$

Für die gegebene Relation ist dies rasch verifiziert. Es gilt $\varepsilon \in 1 + L \cdot L^*$ und auch $\varepsilon \in L^*$. Für die zweite Bisimulationsbedingung rechnen wir nach:

$$\begin{aligned}
(1 + LL^*)_e &= \mathbf{1}_e + (LL^*)_e \\
&= 0 + L_e \cdot L^* \\
&= L_e \cdot L^* \\
R \; & L_e \cdot L^* \\
&= (L^*)_e.
\end{aligned}$$

4.10 Aufgaben

Sei F ein Typ, so dass die terminale F-Coalgebra **T** existiert.

(i) Eine F-Coalgebra **A** erfüllt das Coinduktionsprinzip (siehe Seite 193) gdw. der Morphismus von **A** in die terminale Coalgebra mono ist.

(ii) Für eine F-Coalgebra **A** gilt $\frac{x \; \nabla \; y}{x = y}$ gdw. $\mathbf{A} \leq \mathbf{T}$.

(iii) Für den Identitätsfunktor $\mathcal{I}$ besteht die cofreie $\mathcal{I}$-Coalgebra über der Farbmenge X aus allen unendlichen Folgen von Elementen aus X, also X^ω. Die Strukturabbildung ist die *tail*-operation: $tail(a_k)_{k \in \omega} = (a_{k+1})_{k \in \omega}$.

(iv) Zeigen Sie: Die folgende Cogleichung über der Farbmenge $\{schwarz, weiß\}$

$$\circ \longrightarrow \bullet \circlearrowright$$

definiert genau die Klasse aller $\mathcal{I}$-Coalgebren (A, α) mit $\forall s \in A. \exists n \in \omega. \alpha^n(s) = s$.

5 Anmerkungen zum Anhang

Coalgebren, als duale Konstruktionen zu klassischen Universellen Algebren, wurden schon von Drbohlav [Drb69] betrachtet. Allerdings hatte die zu enge Definition einer „Coalgebra vom Typ $(n_i)_{i \in I}$", als Menge A mit einer Familie von Abbildungen $f_i : A \to n_i \cdot A$ von A

5 Anmerkungen zum Anhang

in die n_i-fache disjunkte Summe, keine überzeugenden Anwendungen. Erst durch die Verallgemeinerung des Typs zu einem beliebigen **Set**-Endofunktor F und die Spezialisierung auf den Potenzmengenfunktor $\mathbb{P}(-)$ bzw. den Potenzfunktor $(-)^\Sigma$ erhält man relevante Beispiele wie z.B. Kripke-Strukturen und Automaten.

Automaten wurden bereits von Arbib und Manes [AM82] coalgebraisch beschrieben. In Aczel und Mendler [AM89] findet sich zum ersten Mal die abstrakte Definition von Bisimulationen. Damit wird auch formal ein Zusammenhang hergestellt zwischen ähnlichen Phänomenen - der Nerode Kongruenz der Automatentheorie und der Bisimulation in Kripke-Strukturen. Es wuchs die Einsicht, dass für zustandsbasierte Systeme eine coalgebraische Beschreibung Vorteile bieten könnte. Einflussreich ist in diesem Zusammenhang das Buch [BM96] von J. Barwise und L. Moss. Anwendungen für die objektorientierte Programmierung werden von H. Reichel ([Rei95] und B. Jacobs ([Jac96]) aufgezeigt.

Eine systematische Entwicklung einer allgemeinen mathematischen Theorie der Coalgebren findet sich zum ersten Mal bei J. Rutten in [Rut00]. Allerdings verwendet Rutten, wie zuvor auch Aczel und Mendler, die zusätzliche Hypothese, dass der Typfunktor „schwache Pullbacks" und beliebige Schnitte erhält. Unter diesen Umständen sind Untercoalgebren auch unter beliebigen Schnitten abgeschlossen und jede Coalgebra ist „konjunkte Summe" (siehe [GS01]) von eins-erzeugten. Bisimulationen sind unter dem Relationenprodukt abgeschlossen, und die größte Bisimulation ist eine Kongruenz. Es folgt, dass die Begriffe von Beobachtungs-Äquivalenz und Ununterscheidbarkeit zusammenfallen. Unter dieser Voraussetzung wurde in [Gum99b] zunächst auch der Satz von Birkhoff formuliert und bewiesen.

Die allgemeine Theorie, also Coalgebren für einen beliebigen Funktor, wurde zum ersten Male in [Gum99a] systematisch entwickelt. Auch der Birkhoffsche Satz lässt sich in dem allgemeinen Rahmen für den Fall beschränkter Funktoren gewinnen. Die Charakterisierung beschränkter Funktoren aus [GS02] führte sogar auf eine syntaktische Beschreibung von Cogleichungen als Äquivalenzklassen unendlicher Bäume.

Viele Punkte konnten wir in der Kürze nicht ansprechen - dazu gehören die genaueren syntaktischen Beschreibungen von Cogleichungen, der alternative Zugang zu einer Syntax mittels terminaler Sequenzen ([AK95], [Wor99]), die coalgebraischen Logiken von Moss [Mos99] bzw. von Pattinson [Pat02] (siehe auch [KP02]), sowie Verallgemeinerungen, in der die Basiskategorie **Set** durch andere Kategorien ersetzt wird. In der angegebenen Literatur findet der Leser zahlreiche Verweise:

[AK95]   J. Adámek, V. Koubek: *On the greatest fixed point of a set functor.* Theor. Comput. Sci. **150** (1995), 57–75.

[AM82]   M.A. Arbib, E.G. Manes: *Parametrized data types do not need highly constrained parameters.* Inf. Control **52** (1982), 139–158.

[AM89]   P. Aczel, N. Mendler: *A final coalgebra theorem.* In: Proceedings Category Theory and Computer Science (Hrsg. D.H. Pitt et al.), Lecture Notes in Computer Science 389, Springer, Berlin, 1989, 357–365.

[BM96]   J. Barwise, L. Moss: *Vicious circles. On the mathematics of non-wellfounded phenomena.* CSLI Lecture Notes 60, 1996.

[Drb69]   K. Drbohlav: *On coalgebras*. Summer Session on the Theory of Ordered Sets and General Algebras, University of J.E. Puryne, Brno, 1969, 81–87.

[GS01]   H.P. Gumm, T. Schröder: *Covarieties and complete covarieties*. Theor. Comput. Science **260** (2001), 71–86.

[GS02]   H.P. Gumm, T. Schröder: *Coalgebras of bounded type*. Math. Struct. Comput. Sci. **260** (2001), 71–86.

[Gum99a]   H.P. Gumm: *Elements of the general theory of coalgebras*. LUATCS 99, Rand Afrikaans University, Johannesburg, South Africa, 1999.

[Gum99b]   H.P. Gumm: *Equational and implicational classes of coalgebras*. Theor. Comput. Sci. **260** (2001), 57–69.

[Gum01]   H.P. Gumm: *Functors for Coalgebras*. Algebra Universalis **45** (2001), 135–147.

[Jac96]   B. Jacobs: *Objects and classes, co-algebraically*. In: Object-Orientation with Parallelism and Persistence (Hrsg. B. Freitag et al.), Kluwer Acad. Publ., Dordrecht, 1996, 83–103.

[KP02]   A. Kurz, D. Pattinson: *Definability, canonical models, compactness for finitary coalgebraic modal logic*. Electronic Notes in Theoretical Computer Science **65** (2002), no. 1.

[Lam68]   J. Lambek: *A fixpoint theorem for complete categories*. Math. Z. **103** (1968), 151–161.

[Mos99]   L.S. Moss: *Coalgebraic logic*. Ann. Pure Appl. Logic **96** (1999), 277–317.

[Pat02]   D. Pattinson: *Coalgebraic modal logic: soundness, completeness and decidability*, Technical report, LMU München, 2002.

[Rei95]   H. Reichel: *An approach to object semantics based on terminal co-algebras*. Math. Struct. Comp. Sci. **5** (1995), 129–152.

[Rut98]   J.J.M.M. Rutten: *Automata and coinduction (an exercise in coalgebra)*. In: Proceedings CONCUR 98 (Hrsg. D. Sangiorigi), Lecture Notes in Computer Science 1466, Springer, Berlin, 1998, 194–218.

[Rut00]   J.J.M.M. Rutten: *Universal coalgebra: a theory of systems*. Theor. Comput. Sci. **249** (2000), 3–80.

[Wor99]   J. Worrell: *Terminal sequences for accessible endofunctors*. Electronic Notes in Theoretical Computer Science **19** (1999), no. 4.

6 Symbolverzeichnis zum Anhang

Mengen, Relationen, Funktionen

$\rightarrowtail$ – injektive Abbildung

$\subseteq_X^Y$ – kanonische Teilmengen-Inklusion

$\twoheadrightarrow$ – surjektive Abbildung /epi

π_i, π_A – Projektionen auf Komponenten

$f[A]$ – Bild von A unter f

$\xrightarrow{R}$ – Pfeilnotation für Relation R

X^* – die endlichen Folgen von Elementen aus X

X^M – die Abbildungen von M nach X

$\mathbf{2}$ – Menge $\{0,1\}$

ω – kleinste unendliche Kardinalzahl

κ – Kardinalzahl

Kategorien, Funktoren

$\mathbf{Set}$ – die Kategorie der Mengen

$\mathbb{P}$ – Potenzmengenfunktor

$\mathbb{P}_\kappa, \mathbb{P}_\omega$ – beschränkte Version von $\mathbb{P}$

$F \xrightarrow{\cdot} G$ – natürliche Transformation

$F \xtwoheadrightarrow{\cdot} G$ – surjektive nat. Transformation

$\mathcal{P}$ – kontravarianter Potenzmengenfunktor

Coalgebren

$\mathbf{A}, \mathbf{B}, \mathbf{C}, \ldots$ – Coalgebren

$\mathbf{Set}_F$ – Kategorie der F-Coalgebren

α_A – Strukturabbildung auf $\mathbf{A}$

$\leq$ – Untercoalgebra

$[X]$ – von X co-erzeugte Untercoalgebra

θ, Θ – Kongruenzen

$\bigvee_{i \in I} \theta_i$ – Supremum der θ_i

∇, ∇_A – größte Kongruenz auf $\mathbf{A}$

Δ, Δ_A – kleinste Kongruenz auf $\mathbf{A}$

π_θ – Projektion auf θ-Klassen

φ, ψ – Homomorphismen

$\sum_{i \in I} \mathbf{A}_i$ – Summe der $\mathbf{A}_i$

e_i – kanonische Einbettung in die Summe

$[R]$ – Bisimulationskern

$\sim, \sim_\mathbf{A}, \sim_{\mathbf{A},\mathbf{B}}$ – größte Bisimulationen

$S(\mathcal{K})$ – Klasse aller Untercoalgebren

$\Sigma(\mathcal{K})$ – Klasse aller Summen

$H(\mathcal{K})$ – Klasse aller homomorphen Bilder

$\mathcal{C}eq_X$ – Cogleichungen in X

$\mathcal{M}od$ – Modelle

$\mathbf{T}_X$ – cofreie über X

ε_X – kanonische Färbung der cofreien $\mathbf{T}_X$

Wörter, Sprachen, Automaten

ε – leeres Wort

$c \cdot w$ – Anfügen von Zeichen c an Wort w

Σ^* – Menge aller Wörter über X

$\mathbf{1}$ – ein-elementige Sprache $\{\varepsilon\}$

L_e – Ableitung der Sprache L nach Buchstaben e

$\mathcal{L}(\mathbf{A}, s)$ – vom Automaten $\mathbf{A}$ mit Anfangszustand s erkannte Sprache

δ – Übergangsfunktion von Automaten

γ – Ausgabefunktion von Automaten

t_e – e-ter Sohn des Baumes t

Index

Ableitung, 165
akzeptierend, Akzeptor, 165
Alphabet, 163
Attribut, 166
Automat, 163

beobachtungs-äquivalent, 159, 191
beschränkt, 196
Bild, 182
bildendlich, 196
bisimilar, 159, 189
Bisimulation, 160, 168, 186, 205
Bisimulationskern, 189

Co-Equalizer, 172
Coalgebra, 169, 179
coerzeugt, 184
cofrei, 198
Cogleichung, 199
Cogleichungs-Klasse, 201
Coinduktion, 161, 193
Colimes eines Diagramms, 173
Covarietät, 192

Diagonale, 174

E-M-Quadrat, 174
einfach, 191
Endzustand, 165
epi, Epimorphismus, 172
erfüllt, 199

Faktorcoalgebra, 183
funktionale Programmiersprachen, 161
Funktor, 169

gemeinsam epi, 172

head, 160
homomorphes Bild, 182
Homomorphismus, 180

Identitätsfunktor, 176
initial, 179
invertierbar, 171
isomorph, Isomorphismus, 171

kürzbar, 171
κ-beschränkt, 196
Kategorie, 170
Klasse, 166
kommutativ, 171
konkrete Kategorie, 170
konstanter Funktor, 176
Kripke-Struktur, 167

Listenfunktor, 177

Mengenfunktor, 176
Methoden, 166
Modellklasse, 200
mono, Monomorphismus, 172

natürliche Transformation, 178
Nerode-Kongruenz, 164

Objekt, 166
offen, 181

Potenzfunktor, 176
Potenzmengenfunktor, 177
public, 166
Pushout, 173

schwach κ-beschränkt, 196
schwach beschränkt, 196
schwach terminal, 195
Seiteneffekt, 159
Spezifikation, 159
Sprache, 165
Summe, 172, 183
surjektive natürliche Transformation, 178

tail, 160
terminal, 172, 193
token, 165
Transition, 167
Typ, 179

unterscheidbar, 159
ununterscheidbar, 159

Verhaltensmuster, 199

Wort, 163

Literaturverzeichnis

J. Adámek, V. Koubek: *On the greatest fixed point of a set functor.* Theor. Comput. Sci. **150** (1995), 57–75.

M.A. Arbib, E.G. Manes: *Parametrized data types do not need highly constrained parameters.* Inf. Control **52** (1982), 139–158.

P. Aczel, N. Mendler: *A final coalgebra theorem.* In: Proceedings Category Theory and Computer Science (Hrsg. D.H. Pitt et al.), Lecture Notes in Computer Science 389, Springer, Berlin, 1989, 357–365.

K. A. Baker, A. F. Pixley: *Polynomial interpolation and the Chinese remainder theorem for algebraic systems.* Math. Z. **143** (1975), 165–174.

J. Barwise, L. Moss: *Vicious circles. On the mathematics of non-wellfounded phenomena.* CSLI Lecture Notes 60, 1996.

G. Birkhoff: *On the structure of abstract algebras.* Proc. Camb. Phil. Soc. **31** (1935), 433–454.

G. Birkhoff: *Subdirect unions in universal algebra.* Bull. Amer. Math. Soc. **50** (1944), 764–768.

G. Birkhoff: *Lattice theory.* AMS Colloquium Publications vol. 25, Providence, R.I., dritte Ausgabe, zweite Auflage, 1973.

G. Birkhoff, O. Frink: *Representation of lattices by sets.* Trans. Amer. Math. Soc. **64** (1948), 299–313.

S. Burris, H. P. Sankappanavar: *A course in universal algebra.* Springer, New York, 1981.

P. M. Cohn: *Universal algebra.* D. Reidel, Dordrecht, 1981 (ursprünglich erschienen 1965 bei Harper & Row).

P. Crawley, R. P. Dilworth: *Algebraic theory of lattices.* Prentice Hall, Englewood Cliffs, 1973.

B. A. Davey, H. A. Priestley: *Introduction to lattices and order.* Cambridge University Press, Cambridge, 1990.

A. Day: *A characterization of modularity for congruence lattices of algebras.* Canad. Math. Bull. **12** (1969), 167–173.

K. Drbohlav: *On coalgebras.* Summer Session on the Theory of Ordered Sets and General Algebras, University of J.E. Puryne, Brno, 1969, 81–87.

H.-D. Ehrich, M. Gogolla, U. W. Lipeck: *Algebraische Spezifikation abstrakter Datentypen.* B. G. Teubner, Stuttgart, 1989.

H. Ehrig, B. Mahr: *Fundamentals of algebraic specification 1.* Springer, Berlin, 1985.

M. Erné: *Einführung in die Ordnungstheorie.* B.I.-Wissenschaftsverlag, Mannheim, 1982.

T. Evans: *Word problems.* Bull. Amer. Math. Soc. **84** (1978), 789–802.

A. L. Foster, A. F. Pixley: *Semicategorical algebras I, II.* Math. Z. **83** (1964), 147–169, und Math. Z. **85** (1964), 169–184.

R. Freese, R. McKenzie: *Commutator theory for congruence modular varieties.* London Mathematical Society Lecture Note Series 125, Cambridge University Press, Cambridge, 1987.

G. Grätzer: *General lattice theory.* Academic Press, New York, 1978.

G. Grätzer: *Universal algebra.* Springer, New York, 1979 (ursprünglich erschienen 1968 bei van Nostrand).

G. Grätzer, E. T. Schmidt: *Characterizations of congruence lattices of abstract algebras.* Acta Sci. Math. Szeged **24** (1963), 34–59.

H. P. Gumm: *Algebras in permutable varieties: geometrical properties of affine algebras.* Algebra Universalis **9** (1979), 8–34.

H. P. Gumm: *Congruence modularity is permutability composed with distributivity.* Arch. Math. **36** (1981), 569–576.

H. P. Gumm: *Geometrical methods in congruence modular algebras.* Memoirs Amer. Math. Soc. **286** (1983).

H. P. Gumm: *Elements of the general theory of coalgebras.* LUATCS 99, Rand Afrikaans University, Johannesburg, South Africa, 1999.

H. P. Gumm: *Equational and implicational classes of coalgebras.* Theor. Comput. Sci. **260** (2001), 57–69.

H. P. Gumm: *Functors for Coalgebras.* Algebra Universalis **45** (2001), 135–147.

H. P. Gumm, T. Schröder: *Covarieties and complete covarieties.* Theor. Comput. Science **260** (2001), 71–86.

H.P. Gumm, T. Schröder: *Coalgebras of bounded type.* Math. Struct. Comput. Sci. **260** (2001), 71–86.

J. Hagemann, C. Herrmann: *Arithmetical locally equational classes and representation of partial functions.* In: Coll. Math. Soc. János Bolyai, 29. Universal Algebra, Esztergom (Hungary), 1977.

J. Hagemann, C. Herrmann: *A concrete ideal multiplication for algebraic systems and its relations to congruence distributivity.* Arch. Math. **32** (1979), 234–245.

H. Hermes: *Einführung in die Verbandstheorie.* Springer, Berlin, 1955.

C. Herrmann: *Affine algebras in congruence modular varieties.* Acta Sci. Math. Szeged **41** (1979), 119–125.

D. Hobby, R. McKenzie: *The structure of finite algebras (tame congruence theory).* AMS Contemporary Mathematics Series, Providence, R. I., 1988.

Th. Ihringer: *Congruence lattices of finite algebras: the characterization problem and the role of binary operations.* Algebra-Berichte 53, Fischer, München, 1986.

B. Jacobs: *Objects and classes, co-algebraically.* In: Object-Orientation with Parallelism and Persistence (Hrsg. B. Freitag et al.), Kluwer Acad. Publ., Dordrecht, 1996, 83–103.

B. Jónsson: *Algebras whose congruence lattices are distributive.* Math. Scand. **21** (1967), 110–121.

B. Jónsson: *Topics in universal algebra.* Lecture Notes in Mathematics 250, Springer, Berlin, 1972.

H. A. Klaeren: *Algebraische Spezifikation.* Springer, Berlin, 1983.

A. Kurz, D. Pattinson: *Definability, canonical models, compactness for finitary coalgebraic modal logic.* Electronic Notes in Theoretical Computer Science **65** (2002), no. 1.

J. Lambek: *A fixpoint theorem for complete categories.* Math. Z. **103** (1968), 151–161.

A. I. Maltsev: *On the general theory of algebraic systems* (russisch). Mat. Sbornik **35 (77)** (1954), 3–20.

R. N. McKenzie, G. F. McNulty, W. F. Taylor: *Algebras, lattices, varieties, vol. 1.* Wadsworth, Belmont, Cal., 1987.

L.S. Moss: *Coalgebraic logic.* Ann. Pure Appl. Logic **96** (1999), 277–317.

E. Noether: *Hyperkomplexe Größen und Darstellungstheorie.* Math. Z. **30** (1929), 641–692.

P. P. Pálfy: *Unary polynomials in algebras I.* Algebra Universalis **18** (1984), 262–273.

P. P. Pálfy, P. Pudlák: *Congruence lattices of finite algebras and intervals in subgroup lattices of finite groups.* Algebra Universalis **11** (1980), 22–27.

P. P. Pálfy, L. Szabó, Á. Szendrei: *Automorphism groups and functional completeness.* Algebra Universalis **15** (1982), 385–400.

D. Pattinson: *Coalgebraic modal logic: soundness, completeness and decidability,* Technical report, LMU Mnchen, 2002.

A. F. Pixley: *Distributivity and permutability of congruence relations in equational classes of algebras.* Proc. Amer. Math. Soc. **14** (1963), 105–109.

R. Pöschel, L. A. Kalužnin: *Funktionen- und Relationenalgebren.* Birkhäuser, Basel, 1979.

E. L. Post: *The two-valued iterative systems of mathematical logic.* Ann. Math. Studies **5**, Princeton Univ. Press, Princeton, 1941.

P. Pudlák: *A new proof of the congruence lattice representation theorem.* Algebra Universalis **6** (1976), 269–275.

H. Reichel: *An approach to object semantics based on terminal co-algebras.* Math. Struct. Comp. Sci. **5** (1995), 129–152.

I. G. Rosenberg: *Über die funktionale Vollständigkeit in den mehrwertigen Logiken.* Rozpr. ČSAV Řada Mat. Přír. Věd. **80** (1970), 3–93.

J. J. M. M. Rutten: *Automata and coinduction (an exercise in coalgebra).* In: Proceedings CONCUR 98 (Hrsg. D. Sangiorigi), Lecture Notes in Computer Science 1466, Springer, Berlin, 1998, 194–218.

J. J. M. M. Rutten: *Universal coalgebra: a theory of systems.* Theor. Comput. Sci. **249** (2000), 3–80.

J. D. H. Smith: *Mal'cev varieties.* Lecture Notes in Mathematics 554, Springer, Berlin, 1976.

Á. Szendrei: *Clones in universal algebra.* Les Presse de l'Université de Montréal, Montréal, 1986.

B. L. van der Waerden: *Moderne Algebra.* 2 Bände, Springer, Berlin, 1931.

H. Werner: *Eine Charakterisierung funktional vollständiger Algebren.* Arch. Math. **21** (1970), 381–385.

H. Werner: *Congruences on products of algebras and functional complete algebras.* Algebra Universalis **4** (1974), 99–105.

H. Werner: *Which partition lattices are congruence lattices?* In: Coll. Math. Soc. Janos Bolyai, 14. Lattice theory, Szeged (Hungary), 1974.

R. Wille: *Kongruenzklassengeometrien.* Lecture Notes in Mathematics 113, Springer, Berlin, 1970.

J. Worrell: *Terminal sequences for accessible endofunctors.* Electronic Notes in Theoretical Computer Science **19** (1999), no. 4.

Namen- und Sachverzeichnis

abelsche Algebra 92
abelsche Gruppe 3
abgeschlossene Klasse von Algebren 59
abgeschlossene Menge 21
abgeschlossenes Intervall 25
Abhängigkeit von einer Variablen 115
Ableitung 165
Absorption 4
abstrakter Datentyp 137
Äquivalenzklasse 11
Äquivalenzrelation 11
Äquivalenzrelationenverband 12
affine Operation 99
aktueller Parameter 145
akzeptierend 165
Akzeptor 165
Algebra 2
Algebra (mehrsortig) 131
Algebra über einem Ring 2
algebraische Induktion 62
algebraischer Verband 30
allgemeine Algebra 2
Allquantor 1
Allrelation 11
Alphabet 78, 163
Anhang 108
Antisymmetrie 24
Antitonie 36
arithmetisch 72
Assoziativität 1, 2, 4
Attribut 166
auflösbare Algebra 97
Automat 163
Automorphismengruppe 9
Automorphismus 9
Automorphismus (mehrsortig) 134

Baker, K. A. 89
Belegung 136
beobachtungsäquivalent 159, 191
beschränkt 196
beschränkter Verband 4
bewerteter Kongruenzverband 121

Bild 182
bildendlich 196
Birkhoff, G. vii, viii, 30, 31, 40, 55, 58, 68, 77
bisimilar 159, 189
Bisimulation 160, 168, 186, 205
Bisimulationskern 189
Block 12
boolesche Algebra 5
boolescher Typ 121
boolesches Produkt 55
Burris, S. viii, 55

Church-Rosser-Eigenschaft 141
Co-Equalizer 172
Coalgebra 169, 179
coerzeugt 184
cofrei 198
Cogleichung 199
Cogleichungs-Klasse 201
Cohn, P. M. viii
Coinduktion 159, 193
Colimes eines Diagramms 173
Covarietät 192
Crawley, P. 30

Datentyp 137
Davey, B. A. 30
Day, A. 76, 77
Day-Terme 76
Deduktionsregeln 138
Diagonale 11, 174
Dilatation 33
Dilworth, R. P. 30
direkt irreduzibel 50
direkt unzerlegbar 50
direktes Produkt 48, 50
direktes Produkt (mehrsortig) 134
disjunktive Normalform 143
Diskriminator 84
distributiver Verband 5
Distributivität 3
duale Ordnung 34
dualer Isomorphismus 34

E-M-Quadrat 174
echte Klasse 58
Ecke 36
Eckenbewertung 36
Ehrich, H.-D. 148
Ehrig, H. 148
Einbettung 9, 10
einfach 191
einfache Algebra 13
Einschränkung 104
einstellige Algebra 19
einstellige zulässige Operation 33
einstelliger Typ 121
1-trennend 113
endliche Algebra 51
endlichstellige Operation 1
Endomorphismenhalbgruppe 9
Endomorphismenring 19
Endomorphismus 9
Endomorphismus (mehrsortig) 134
Endzustand 165
Entwicklungssatz 82
epi 172
Epimorphismus 9, 172
erfüllt 199
Erné, M. 31
Error-Element 133
Erweiterung 144
erzeugte Kongruenzrelation 16
erzeugte Menge 21
erzeugte Unteralgebra 6
Evans, T. 76
Existenz der freien Algebra 66
Existenzquantor 1
Extensivität 7, 21, 34, 58, 108

Faktoralgebra 14
Faktorcoalgebra 183
Faktormenge 12
Feit, W. 126
Folgerungsbegriff 69, 70
formaler Parameter 145
Foster, A. L. 88, 89
Freese, R. 101
freie Algebra 66
freie Algebra (mehrsortig) 136

freie Erzeugendenmenge 66
freierzeugte Algebra 66
freierzeugte Algebra (mehrsortig) 136
Frink, O. 31
fundamentale Operation 2
fundamentale Operation (mehrsortig) 131
funktional vollständig 81

funktionale Programmiersprachen 161
Funktor 169
galoissche Körpererweiterung 35
Galoisverbindung 34
Galoisverbindung der Gleichungstheorie 64
gemeinsam epi 172
geordnete Menge 24
gerichtet 22
geschnitten 4
Gleichung 2, 63
Gleichung (mehrsortig) 136
gleichungsdefinierte Klasse 64
Gleichungsspezifikation 132
Gleichungssystem 64
Gleichungstheorie 64
Gogolla, M. 148
Grätzer, G. viii, 31, 40
Graph 36
graphische Komposition 37
größte untere Schranke 25
größtes Element 25
Grundmenge 2
Grundmenge (mehrsortig) 131
Gruppe 1, 2
Gruppoid 3
Gumm, H. P. 76, 77, 92, 98, 101

Hagemann, J. 89, 101
halbgeordnete Menge 24
Halbgruppe 3
Halbordnung 24
Halbverband 5
Halbverbands-Typ 121
Hasse-Diagramm 25
Hauptkongruenz 16

Hauptsätze der Gleichungstheorie 68, 69
Hauptsätze der Gleichungstheorie
   (mehrsortig) 137, 138
head 160
Herrmann, C. 89, 101
Hermes, H. 56
Hobby, D. 103, 121, 126
homomorphes Bild 9, 182
Homomorphiebedingung 9
Homomorphiesatz 44
Homomorphismus 9, 178
Homomorphismus (mehrsortig) 134
Homomorphismus nichtindizierter
   Algebren 104
Hülle 21
Hüllenoperator 7, 21
Hüllensystem 7, 21

Ideal eines Rings 20
Idempotenz 4, 5, 7, 21, 58, 105
identische Abbildung 9
Identität 11
Identitätsfunktor 176
indizierte Algebra 5, 104
induktiver Hüllenoperator 22
induktives Hüllensystem 22
induktives Mengensystem 22
induzierte Algebra 105
Infimum 25
initial 179
Inklusionsabbildung 10
Intervall 25
inverses Element 1, 2
invertierbar 171
irreduzibler Term 141
isomorph 8, 171
Isomorphiesätze 44, 45
Isomorphismus 8, 171
Isomorphismus (mehrsortig) 134
Isomorphismus nichtindizierter Algebren 104

Jónsson, B. 40, 73, 77, 115
Jónsson-Terme 73

Kaluznin, L. A. 126, 127, 129

kanonische Abbildung 15
kanonischer Homomorphismus 15
kanonische Termalgebra 143
Kante 36
Kantenbewertung 36
κ-beschränkt 196
Kategorie 170
Kellerspeicher 132
Kern 14
Kette 24
Klaeren, H. A. 148
Klasse 58, 166
kleinste obere Schranke 25
kleinstes Element 25
Klon 118, 129
Koatom 109
Körper 4
kommutativ 171
kommutative Gruppe 3
Kommutativität 4
Kommutator der Allgemeinen Al-
   gebra 96
Kommutator der Gruppentheorie 97
Kommutatorgruppe 97
kommutierendes Diagramm 52
kompaktes Element 29
konfluent 141
kongruenzdistributiv 71
Kongruenzklasse 14
kongruenzmodular 76
Kongruenzrelation 13
Kongruenzrelation (mehrsortig) 134
Kongruenzverband 16
kongruenzvertauschbar 70
konkrete Kategorie 170
konsistente Erweiterung 144
konsistente Termersetzungsregeln 140
Konstante 1
konstanter Funktor 176
korrekt 146, 147
Kripke-Struktur 167
kürzbar 171
K-Vektorraum 4

Lipeck, U. W. 148
linear geordnete Menge 24

lineare Hülle 19
Linksmultiplikation 3
linksnilpotente Algebra 97
Listenfunktor 177
Loop 3

Mahr, B. 148
Majoritätsterm 73
Maltsev, A. I. 70, 77, 93
Maltsev-Bedingungen 73
Maltsev-Term 71
maximales Element 25
McKenzie, R. N. viii, 5, 101, 103, 121, 126, 127
McNulty, G. F. viii
mehrsortige Algebra 131
Mengenfunktor 176
Mengensystem 21
Methoden 166
minimal bzgl. g 119
minimale Algebra 106, 107, 111
minimale Menge 106, 107, 111
minimales Element 25
Modell 64
Modellklasse 200
Modellfunktor 146
Modul über einem Ring 4
Modul über einem unitären Ring 4
modularer Verband 75
modulares Gesetz 75
modulo 11
mono 172
Monoid 3
Monomorphismus 172
Monotonie 7, 21, 27, 58, 82, 118

nach oben gerichtet 22
Nachbar 25
Nebenklasse 13
Nerode-Kongruenz 164
neutrales Element 1, 2
nichtindizierte Algebra 104
nilpotente Algebra 97
Noether, E. 47
noethersch 141

Normalform 141
Normalformenalgebra 142
Normalteiler 12
0-1-einfach 113
0-1-trennend 113
0-trennend 113
n-stellige Operation 1
n-stellige Relation 11

obere Schranke 25
oberer Nachbar 25
Objekt 166
offen 181
Operation 1
Operationssymbol 1
Operationssymbol (mehrsortig) 131
Ordnung 24
ordnungserhaltend 27, 118
Ordnungsisomorphismus 27

Pálfy, P. P. 89, 103, 105, 114, 115, 126, 127
Parameter 145
Parameter-Übergabe 145
parametrisierte Spezifikation 145
partielle Algebra 4
Partition 12
Permutation 106
Permutationsalgebra 107, 114
Permutationsgruppe 106
Pixley, A. F. 72, 77, 88, 89
Pixley-Term 73
Pöschel, R. 126, 127, 129
Polynom 62
Polynom über einem Ring 62
Polynomfunktion 63
polynomfunktional vollständig 81
polynomial äquivalent 98
polynomialer Isomorphismus 112
Post, E. L. 82, 115, 118, 127
Potenzfunktor 176
Potenzmengenfunktor 177
Priestley, H. A. 30
primal 81
Primintervall 114

Primzahlpotenz 122
Projektionsabbildung 13, 48
public 166
Pudlák, P. 40, 105, 126, 127

Pushout 173
Quasigruppe 3
Quotiententermalgebra 137

Rechtsmultiplikation 3
rechtsnilpotente Algebra 97
Redukt 144
Reflexivität 11, 24
Relation 11, 35
Relationenprodukt 12
Restriktion 104
Ring 3
R-Modul 4
Rosenberg, I. G. 89
Rumpf einer minimalen Algebra 108
Rumpf einer parametrisierten Spezifikation 145
Russellsche Antinomie 58

Sankappanavar, H. P. viii, 55
Schutz des aktuellen Parameters 146
Shefferstrich 83
Schnittendomorphismus 108
Schnitthalbverband 108
Schmidt, E. T. 40
schwach κ-beschränkt 196
schwach beschränkt 196
schwach terminal 195
Seiteneffekt 159
Signatur 131
Smith, J. D. H. 101
Sorte 131
SPEC-Redukt 144
Spezifikation 132, 159
Sprache 165
Spur 107
Spuralgebra 108
Stack 132
Stapel 132
stark abelsche Algebra 123

stark extensive Abbildung 108
starke Termbedinung 122
starr 113
Stelligkeit 2
subdirekt irreduzibel 54
subdirekt unzerlegbar 54
subdirekte Darstellung 54
subdirektes Produkt 52
Summe 172, 183
Superposition 62
Supremum 25
Symmetrie 11
Szabó, L. 89
Szendrei, Á. 89, 126, 127

tail 160
Taylor, W. F. viii
Term 60
Term (mehrsortig) 135
Termalgebra 60
Termalgebra (mehrsortig) 135
Termbedingung 92
Termbedingung bzgl. (α, β) 94
Termersetzungsregel 140
Termersetzungssystem 140
Termfunktion 61
termfunktional vollständig 81
terminal 172, 193
ternärer Diskriminator 84
token 165
Transformation 178
Transition 167
Transitivität 11, 24
Translation 13
triviale Klasse von Algebren 67
Typ 1, 179
Typ einer Permutationsalgebra 120
Typ einer zahmen Algebra 121
Typ eines zahmen Intervalls 121

Ultraprodukt 55
unitärer Ring 3
Unteralgebra 6
Unteralgebra (mehrsortig) 7
Unteralgebrenverband 7

untere Schranke 25
unterscheidbar 159
ununterscheidbar 159
unvergleichbare Elemente 24

van der Waerden, B. L. vii, 47
Variable 60
Varietät 59
Vektorraum über einem Körper 4
Vektorraum-Typ 121
Verband 4, 25
Verband mit 0 und 1 4
Verbands-Typ 121
verbunden 4
vergleichbare Elemente 24
Verhaltensmuster 199
verstecktes Operationssymbol 147
vertauschbare Äquivalenzrelationen 48
verträglich 13
verträgliche Kantenbewertung 36
Verträglichkeit mit dem Modell-
    funktor 146
vollinvariante Kongruenzrelation 69
vollständige Erweiterung 144
vollständige Termersetzungsregeln 140
vollständiger Graph 38
vollständiger Homomorphismus 26
vollständiger Unterverband 26
vollständiger Verband 26
Vollständigkeitssatz der Glei-
    chungslogik 70

Werner, H. 36, 40, 84, 89
Whitehead, A. N. vii
Wille, R. 40, 73
wohldefiniert 13
Wort 78, 131, 163
Wortalgebra 78

zahme Algebra 110
zahme Kongruenzrelation 111
zahmes Intervall 111
Zornsches Lemma 55
zulässige Operation 33

Berliner Studienreihe zur Mathematik

Bislang erschienene Titel:

Band 1 *H. Herrlich*: Einführung in die Topologie. Metrische Räume
Band 2 *H. Herrlich*: Topologie I: Topologische Räume
Band 3 *H. Herrlich*: Topologie II: Uniforme Räume
Band 4 *K. Denecke, K. Todorov*: Algebraische Grundlagen der Arithmetik
Band 5 *E. Eichhorn, E.-J. Thiele (Hrsg.)*: Vorlesungen zum Gedenken an Felix Hausdorff
Band 6 *G. H. Golub, J. M. Ortega*: Wissenschaftliches Rechnen und Differentialgleichungen
Band 7 *G. Stroth*: Lineare Algebra
Band 8 *K. H. Hofmann*: Analysis I: an Introduction to Mathematics via Analysis in English and German
Band 9 *Th. Ihringer*: Diskrete Mathematik
Band 10 *Th. Ihringer*: Allgemeine Algebra

Heldermann Verlag